工程管理专业系列规划教材

建筑工程制图与 AutoCAD

（第二版）

（含习题集）

孙世青　主编
任红霞　孙　刚　副主编
关俊良　主审

科学出版社
北　京

内 容 简 介

本书是在第一版的基础上,结合几年来各院校教学实践与教学改革的经验修订而成。书中采用了最新技术制图标准和建筑制图标准(2010 标准)。

本书分为两篇。第一篇(第 1~10 章)的主要内容是正投影基础理论、立体的投影,图样画法,建筑施工图、结构施工图、道桥施工图的绘制与阅读;第二篇(第 11~18 章)的主要内容包括 AutoCAD 2010 的基本操作、实体绘图命令、图层和实体特性、图形编辑、标注和填充、块的创建和引用、布局和图形输出等。

本书配有习题集和 CAI 课件(课件下载地址:www.abook.cn),课件与教材内容紧密配合,可用于课堂教学、课后复习和读者自学。

本书可作为高等职业院校土建类各专业开设的"建筑工程制图"课程和"AutoCAD"课程教材,也可供从事建筑类计算机绘图的工程技术人员参考。

图书在版编目(CIP)数据

建筑工程制图与 AutoCAD(含习题集)/孙世青主编. —2 版. —北京:科学出版社,2015
（工程管理专业系列规划教材）
ISBN 978-7-03-045211-5

Ⅰ.①建… Ⅱ.①孙… Ⅲ.①建筑制图-高等职业教育-教材 Ⅳ.①TU204

中国版本图书馆 CIP 数据核字（2015）第 164507 号

责任编辑:张雪梅 袁星星 / 责任校对:王万红
责任印制:吕春珉 / 封面设计:耕者设计工作室

科学出版社 出版
北京东黄城根北街 16 号
邮政编码:100717
http://www.sciencep.com

北京路局票据印刷厂 印刷
科学出版社发行 各地新华书店经销

*

2004 年 9 月第 一 版　开本:787×1092　1/16
2015 年 8 月第 二 版　印张:24 3/4+19 1/2
2015 年 8 月第七次印刷　字数:560 000
定价:69.00 元(含习题集)
(如有印装质量问题,我社负责调换〈路局票据〉)
销售部电话 010-62134988　编辑部电话 010-62135397-2021（VA03）

版权所有,侵权必究

举报电话:010-64030229;010-64034315;13501151303

第二版前言

本书第一版经过几年的使用，表明基本能够满足高职院校建筑类人才培养的要求，配套的习题集也基本满足教学的需要。但随着教学改革的深入，教学内容需要不断充实工程实际中出现的新材料和新的表达方法，加之新颁布的建筑工程制图系列标准，必须对教材内容做较大的更改。

为了进一步提高教材的质量，紧密结合实际需要，在听取多所院校教师对教材与习题集所提出的宝贵意见，结合编者使用本书的体会，在学习了新的制图标准规范的基础上，对本书做了如下修订：

1. 对全书章节目录体系做了变更，使得章节体系更为合理。

2. 住房和城乡建设部自 2011 年 3 月起实施新制图标准，即 2010 标准，原标准（2001 标准）同时废止。书中对相关内容进行全面修改。第 1 章中的"基本制图标准"着重介绍了有关基本内容。在专业制图部分，结合当前建筑物特点，更换了教材中的实例，该实例贴近生产实际且贯穿建筑施工图和结构施工图，做到内容具有连续性。

3. 钢筋混凝土结构部分，结合钢筋平面整体表示法新规则（11G 101—1～3），在教材中增加了这部分内容，将传统表示法与平法表示法对照编写，使读者容易学习和掌握。

4. 结合教材内容修改第一版习题集内容。增加了专业部分的习题练习，选择一套新的建筑施工图供读者读图练习，以提高读者阅读工程图的能力。增加了计算机绘图练习题，针对建筑工程类专业特点和教材专业制图部分的图样，在每一环节都精选了练习题，弥补了原习题集中计算机绘图没有习题的缺憾。

5. 新编教材配套的辅助教学软件内容编排新颖，交互功能强，有助于读者理解和自学书中内容。

本书由河北工程技术高等专科学校孙世青任主编，河北工程技术高等专科学校任红霞、孙刚任副主编，编写组成员还有三峡大学职业技术学院叶青，平顶山工学院李红群、韩剑。编写分工如下：孙世青编写第 1、2、5、7 章（含习题集相应的章）；叶青编写第 3、10 章（含习题集相应的章）；李红群编写第 4、6 章（含习题集相应的章）；孙刚编写第 8、9 章（含习题集相应的章）；韩剑编写第 11 章；任红霞编写第 12～18 章（含习题集第 11～18 章）。

与本书配套的教学软件由孙世青编制。

本书在编写过程中得到关俊良教授的指导和帮助，在此深表谢意。

本书参考了部分同类教材、习题集等文献，在此对相关文献的作者表示衷心的感谢。

由于编者水平有限，书中难免存在缺点和疏漏之处，真诚欢迎广大读者给予批评和指正。

第一版前言

本书根据高职高专的培养目标和要求,从全面提高学生素质和创新能力出发,紧密结合土建工程制图(CAD)的最新发展与科研成果,力求为教学改革及培养和造就高素质的应用型人才服务。

本书内容充实全面,其编排体系由浅入深,循序渐进;在讲述基本概念的同时,列举大量实例,有助于学生绘图、读图和用计算机绘图能力的提高。

本书同时配有习题集,考虑到各校在学时安排上的不同,习题的数量和难度有一定的伸缩性,各校可根据具体情况和教学需要选用。

本书编写具体分工如下:关俊良编写第十三章、第十四章、孙世青编写第一、二、三、五章,叶青编写第九、十二章,李红群编写第四、六章,俞广东编写第十七、十八、十九、二十章,沈蓓蓓编写第十、十一章,王军编写第七、八章,韩剑编写第十五、十六章。全书由关俊良、孙世青统稿。

由于水平有限,书中难免存在不足之处,恳请读者批评指正。

目 录

第二版前言

第一版前言

绪论 1

第一篇 建筑工程制图

第1章 制图的基本知识 5

1.1 制图工具及其使用 5
    1.1.1 常用绘图工具 5
    1.1.2 全自动绘图机 8

1.2 基本制图标准 8
    1.2.1 图纸幅面与格式 8
    1.2.2 图线与画法 9
    1.2.3 字体 11
    1.2.4 比例 13
    1.2.5 尺寸标注 13

1.3 平面图形的画法 18
    1.3.1 尺规绘图的基本方法 18
    1.3.2 平面图形分析 22
    1.3.3 平面图形的画法 23

1.4 绘图步骤与方法 24
    1.4.1 用绘图仪器和工具绘图 24
    1.4.2 草图画法 25

思考题 28

第2章 投影法基础 29

2.1 投影的基本知识 29
    2.1.1 投影的概念与分类 29
    2.1.2 正投影的基本性质 31
    2.1.3 三面投影图的形成及规律 32

2.2 点、直线、平面的投影 34

2.2.1　点的投影 ·· 34
　　2.2.2　直线的投影 ·· 36
　　2.2.3　平面的投影 ·· 39
　　2.2.4　点、直线、平面的从属关系 ·· 42
思考题 ··· 44

第3章　立体的投影 ·· 45

3.1　平面体的投影 ·· 45
　　3.1.1　平面体投影图的画法 ·· 45
　　3.1.2　平面体投影图的识读 ·· 50
　　3.1.3　平面体的截交线 ··· 51
3.2　曲面体的投影 ·· 54
　　3.2.1　曲面体投影图的画法 ·· 54
　　3.2.2　曲面体投影图的识读 ·· 59
　　3.2.3　曲面体的截交线 ··· 60
3.3　两立体相交 ··· 65
　　3.3.1　两平面立体相交 ··· 66
　　3.3.2　平面立体与曲面立体相交 ·· 67
　　3.3.3　两圆柱体相交 ·· 69
思考题 ··· 72

第4章　轴测投影 ·· 73

4.1　轴测投影的基本知识 ··· 73
　　4.1.1　轴测图的形成 ·· 73
　　4.1.2　轴测图的分类 ·· 74
　　4.1.3　轴测图的基本性质 ·· 74
4.2　平面体轴测图的画法 ··· 74
　　4.2.1　平面体正等测图的画法 ··· 74
　　4.2.2　平面体斜二测图的画法 ··· 78
　　4.2.3　投影方向的选择 ··· 78
　　4.2.4　水平斜轴测图 ·· 79
4.3　曲面体轴测图的画法 ··· 80
　　4.3.1　圆柱体正等测图的画法 ··· 80
　　4.3.2　曲面体斜二测图的画法 ··· 84
思考题 ··· 85

第5章　组合体的视图 ·· 86

5.1　组合体及其形体分析 ··· 86

    5.1.1 组合体的组合形式 86
    5.1.2 组合体的分析方法 86
  5.2 组合体视图的画法和尺寸标注 88
    5.2.1 组合体视图的画法 88
    5.2.2 组合体的尺寸标注 92
  5.3 组合体视图的阅读 95
    5.3.1 形体分析法 96
    5.3.2 线面分析法 97
    5.3.3 根据两视图补画第三视图 99
  思考题 102

第 6 章　图样画法 103

  6.1 视图 103
    6.1.1 基本视图 103
    6.1.2 辅助视图 105
  6.2 剖面图 106
    6.2.1 剖面图的基本概念 106
    6.2.2 剖面图的画法 106
    6.2.3 剖面图的种类 109
    6.2.4 常用的剖切方式 112
  6.3 断面图 113
    6.3.1 断面图的基本概念 113
    6.3.2 断面图的种类与画法 114
    6.3.3 识读工程图实例 115
  6.4 简化画法 116
  思考题 117

第 7 章　标高投影 118

  7.1 直线、平面的标高投影 118
    7.1.1 基本概念 118
    7.1.2 直线的标高投影 119
    7.1.3 平面的标高投影 120
    7.1.4 平面与平面的交线 123
  7.2 曲面的标高投影 124
    7.2.1 正圆锥面的标高投影 124
    7.2.2 地形面的表示法 126
  7.3 工程实例 127
  思考题 131

第 8 章　房屋建筑施工图 ……………………………………………………………………132

8.1　概述 …………………………………………………………………………………132
8.1.1　房屋的组成及作用 ……………………………………………………………132
8.1.2　房屋施工图的产生、分类及编排顺序 ………………………………………132
8.1.3　房屋施工图的有关规定 ………………………………………………………134

8.2　建筑平、立、剖面图的画法 ………………………………………………………137
8.2.1　建筑平面图的绘制方法与步骤 ………………………………………………137
8.2.2　建筑立面图的绘制方法与步骤 ………………………………………………140
8.2.3　建筑剖面图的绘制方法与步骤 ………………………………………………141

8.3　图纸目录与总平面图 ………………………………………………………………143
8.3.1　图纸目录 ………………………………………………………………………143
8.3.2　总平面图 ………………………………………………………………………143

8.4　建筑平面图 …………………………………………………………………………147
8.4.1　建筑平面图的数量 ……………………………………………………………147
8.4.2　建筑平面图的内容与阅读方法 ………………………………………………147
8.4.3　屋顶平面图 ……………………………………………………………………154

8.5　建筑立面图 …………………………………………………………………………155
8.5.1　建筑立面图的数量 ……………………………………………………………155
8.5.2　建筑立面图的内容与阅读方法 ………………………………………………155

8.6　建筑剖面图 …………………………………………………………………………159
8.6.1　建筑剖面图的数量 ……………………………………………………………159
8.6.2　建筑剖面图的内容与阅读方法 ………………………………………………159

8.7　建 筑 详 图 …………………………………………………………………………161
8.7.1　概述 ……………………………………………………………………………161
8.7.2　外墙身详图 ……………………………………………………………………162
8.7.3　楼梯详图 ………………………………………………………………………164
8.7.4　其他建筑详图示例 ……………………………………………………………169

思考题 ………………………………………………………………………………………170

第 9 章　结构施工图 ……………………………………………………………………………172

9.1　概述 …………………………………………………………………………………172
9.2　钢筋混凝土构件图 …………………………………………………………………173
9.2.1　钢筋混凝土构件介绍 …………………………………………………………173
9.2.2　钢筋混凝土构件传统表示法 …………………………………………………175
9.2.3　钢筋混凝土构件平面整体表示法（平法） …………………………………177
9.2.4　钢筋混凝土构件图的识读 ……………………………………………………178

9.3　基础平面图与基础详图 ……………………………………………………………184
9.3.1　基础平面图 ……………………………………………………………………185

		9.3.2 基础详图	185
9.4	楼层结构平面图		187
	9.4.1	楼层结构平面图的内容与图示方法	188
	9.4.2	阅读例图	188
9.5	楼梯结构详图		190
	9.5.1	楼梯结构平面图	190
	9.5.2	楼梯结构配筋图	191
9.6	钢结构构件图简介		193
	9.6.1	型钢及其连接	193
	9.6.2	钢屋架结构图	194
思考题			196

第 10 章　道桥施工图　197

10.1	公路路线工程图		197
	10.1.1	路线平面图	197
	10.1.2	路线纵断面图	201
	10.1.3	路基横断面图	203
10.2	城市道路路线工程图		205
	10.2.1	道路横断面图	205
	10.2.2	道路平面图	207
	10.2.3	道路纵断面图	207
	10.2.4	道路交叉口	210
10.3	桥梁工程图		216
	10.3.1	桥梁的基本组成	216
	10.3.2	桥位平面图与纵断面图	217
	10.3.3	桥梁总体布置图	218
	10.3.4	桥梁的构件图	221
	10.3.5	桥梁工程图的阅读与绘图	227
思考题			230

第二篇　计算机绘制工程图

第 11 章　AUTOCAD 2010 的基本操作　235

11.1	AutoCAD 的工作界面		235
	11.1.1	AutoCAD 的启动	235
	11.1.2	AutoCAD 的工作界面	236
11.2	命令与数据输入		238
	11.2.1	命令输入	238

11.2.2 坐标系与数据输入 239
11.3 环境设置与精确绘图 241
11.3.1 设置绘图单位（Units 命令） 241
11.3.2 设置绘图边界（Limits 命令） 242
11.3.3 设置绘图环境（Options 命令） 243
11.3.4 辅助工具 244
11.4 显示控制 244
11.4.1 图形缩放命令（Zoom 命令） 244
11.4.2 图形平移显示（Pan 命令） 246
11.4.3 使用鸟瞰视图（Dsvinwer 命令） 247
思考题 248

第12章 实体绘图命令与精确绘图命令 249

12.1 基本绘图命令 249
12.1.1 绘制点（Point 命令） 249
12.1.2 绘制直线（Line 命令） 250
12.1.3 绘制射线（Ray 命令） 252
12.1.4 绘制构造线（Xline 命令） 252
12.1.5 绘制圆（Circle 命令） 253
12.1.6 绘制圆环（Donut 命令） 254
12.1.7 绘制正多边形（Polygon 命令） 255
12.1.8 绘制矩形（Rectangle 命令） 256
12.1.9 绘制圆弧（Arc 命令） 257
12.1.10 绘制椭圆和椭圆弧（Ellipse 命令） 260
12.1.11 绘制样条曲线（Spline 命令） 261
12.1.12 绘制多段线（Pline 命令） 261
12.1.13 绘制多线（Mline 命令） 262
12.2 使用绘图辅助工具精确绘图 266
12.2.1 栅格与捕捉 266
12.2.2 正交模式 267
12.2.3 对象捕捉 267
12.2.4 极轴追踪 269
12.2.5 对象捕捉追踪 270
12.2.6 动态输入 270
12.2.7 显示/隐藏线宽 270
思考题 271

第 13 章　对象特性与图层 ... 272

13.1　对象特性 ... 272
- 13.1.1　图层（Layer） ... 272
- 13.1.2　颜色（Color） ... 273
- 13.1.3　线型（Linetype） ... 274
- 13.1.4　线宽（Lweight） ... 276

13.2　图层的应用 ... 276
- 13.2.1　图层的创建 ... 276
- 13.2.2　图层的应用 ... 278

13.3　观察和修改对象特性 ... 278
- 13.3.1　修改对象特性（Properties） ... 278
- 13.3.2　特性匹配（Matchprop） ... 279

13.4　图形查询 ... 279
- 13.4.1　点坐标测量（Id） ... 280
- 13.4.2　距离测量（Dist） ... 281
- 13.4.3　查询面积与周长（Area） ... 281

思考题 ... 282

第 14 章　图形编辑 ... 284

14.1　选择对象 ... 284
- 14.1.1　对象选择次序 ... 284
- 14.1.2　对象选择方式 ... 285

14.2　编辑命令 ... 288
- 14.2.1　删除（Erase） ... 288
- 14.2.2　恢复（Oops） ... 289
- 14.2.3　放弃（U/Undo） ... 289
- 14.2.4　重做（Redo） ... 290
- 14.2.5　打断（Break） ... 290
- 14.2.6　修剪（Trim） ... 291
- 14.2.7　延伸（Extend） ... 293
- 14.2.8　拉长（Lengthen） ... 295
- 14.2.9　倒角（Chamfer） ... 296
- 14.2.10　圆角（Fillet） ... 297
- 14.2.11　复制（Copy） ... 299
- 14.2.12　偏移（Offset） ... 300
- 14.2.13　镜像（Mirror） ... 302
- 14.2.14　列阵（Array） ... 303

14.2.15　移动（Move） ... 305
　　　14.2.16　旋转（Rotate） ... 307
　　　14.2.17　拉伸（Stretch） ... 308
　　　14.2.18　比例缩放（Scale） ... 310
　　　14.2.19　分解（Explode） ... 311
　　　14.2.20　编辑多段线（Pedit） ... 312
　　　14.2.21　编辑多线（Mledit） ... 314
　14.3　夹点编辑 ... 319
　　　14.3.1　夹点概念 ... 319
　　　14.3.2　夹点设置 ... 320
　　　14.3.3　利用夹点编辑对象 ... 320
　思考题 ... 322

第15章　标注和填充 ... 323

　15.1　文本标注 ... 323
　　　15.1.1　创建和编辑文字样式 ... 323
　　　15.1.2　标注文字 ... 325
　　　15.1.3　编辑文字 ... 328
　15.2　尺寸标注 ... 330
　　　15.2.1　设置尺寸标注样式 ... 331
　　　15.2.2　常用尺寸标注 ... 336
　　　15.2.3　尺寸编辑 ... 338
　15.3　图案填充 ... 340
　　　15.3.1　图案填充 ... 340
　　　15.3.2　渐变色填充 ... 342
　思考题 ... 343

第16章　块的创建和外部引用 ... 344

　16.1　图块的特点 ... 344
　　　16.1.1　图块的概念 ... 344
　　　16.1.2　图块的对象特征 ... 344
　　　16.1.3　使用图块的优点 ... 344
　16.2　图块的定义 ... 345
　16.3　图块的存盘 ... 347
　16.4　图块的插入 ... 348
　16.5　块的属性 ... 349
　　　16.5.1　块属性的概念 ... 349
　　　16.5.2　属性定义命令 ... 350

   16.5.3　创建属性块 350
   16.5.4　创建及插入属性块实例 350
  16.6　块的分解与块的更新 351
   16.6.1　块的分解 351
   16.6.2　块的更新 352
  思考题 352

第 17 章　布局和图形输出 353

  17.1　图纸布局 353
   17.1.1　模型空间和图纸空间 353
   17.1.2　打印设置 354
  17.2　打印出图 358
   17.2.1　从模型空间直接打印出图 358
   17.2.2　从图纸空间打印出图 361
  思考题 361

第 18 章　绘图应用实例 362

  18.1　实例 1——建筑施工图绘图环境设置 362
  18.2　实例 2——绘制建筑平面图 369
  18.3　实例 3——绘制建筑立面图 374
  18.4　实例 4——绘制建筑剖面图 375
  思考题 379

主要参考文献 380

绪　　论

图样是人们用来表达、构思、分析和交流思想的工具。建筑工程图是建筑设计的结果，是指导建筑施工的依据，因此它是重要的技术文件，被喻为"工程界的技术语言"。

1. 本课程的性质和任务

在生产实践中，建筑工程图是建筑设计的结果和施工的依据，是指导生产、施工管理等必不可少的技术文件。为了培养能胜任各项工作的工程技术应用型人才，各院校土建类各专业将建筑工程制图课程设置为主干技术基础课。

本课程主要学习绘制和阅读工程图样的理论与方法，在学习过程中注重对学生的空间想象能力、图形表达能力和分析创新能力的培养，同时重视对学生工程素质的培养，为后续课程的学习打好基础。

本课程的主要任务：

1）学习投影法，主要是正投影法的基本理论以及应用。
2）能正确使用绘图仪器和工具，并掌握仪器绘图和手工绘制草图的基本技能。
3）学习、贯彻国家标准《技术制图》、《建筑制图》以及其他有关规定。
4）培养学生的空间思维能力和空间想象能力。
5）掌握 AutoCAD 2010 软件的二维绘图技能。
6）培养学生的工程素质。主要包括工程技术人员必须具备的读图能力、绘图能力和严谨的工作作风。

本书也为一切涉及工程领域的人员提供了用来表达空间思维和形象思维的理论与方法。

2. 本课程的内容及学习要求

本课程包括制图基本知识、投影制图、建筑形体的表达方法、房屋建筑图、道路工程图与计算机绘图等。这六个部分的主要内容与要求是：

1）制图基本知识。制图基本知识主要学习基本制图标准、制图工具使用及平面图形绘制。

通过学习，应能正确使用绘图仪器和工具绘制图样，初步掌握手工绘图的基本技能，了解并贯彻国家制图标准的规定。

2）投影制图。投影制图主要学习用正投影法表达基本体、组合体的方法。

通过学习，应熟悉基本体的视图，了解基本体的各种组合形式，掌握分析、绘制和识读组合体视图的方法；还需了解物体轴测图的基本画法。

3）建筑形体表达方法。对于建筑形体表示方法，主要学习物体的各种视图、剖面图和断面图的画法与识读。

通过学习，掌握视图、剖面图和断面图的画法及标注。

4）房屋建筑图。房屋建筑图主要内容是房屋建筑图的有关规定、图示特点及表达方法。

通过学习，应初步掌握绘制和阅读房屋施工图的方法，了解图示特点并能够阅读简单结构的房屋施工图样。

5）道桥工程图。道桥工程图主要介绍道桥施工图的图示内容和图示特点。

通过学习，初步了解公路和城市道路施工图的图示特点，能够阅读简单的道桥施工图。

6）计算机绘图技能。通过学习"AutoCAD"绘图软件，能较熟练地绘制工程图纸。

此外，在学习本课程的过程中，还必须重视对自学能力、分析问题和解决问题的能力以及审美能力的培养。

3. 学习方法建议

本课程是一门实践性很强的专业基础课，在学习时既要认真掌握基本的绘图原理和方法，又要紧密联系实际。学习时应注意以下各点：

1）重视掌握基本投影理论。要注意空间几何元素（点、线、面）与立体投影之间的联系，基本几何体与复杂组合形体之间的联系，运用投影理论分析形体和视图之间的转换，从简到繁、由易到难，反复练习，逐步掌握绘图方法与读图技能。

2）注意抽象概念的形象化，随时进行"物体"与"图形"的相互转化练习，运用所学的知识和方法，观察、分析身边见到的物体，以利于提高空间想象能力。

3）学与练相结合。必须保质保量地完成相应的作业，才能使所学的知识得到巩固。本课程的作业量较大，作业应独立完成，力求做到作图正确、图面美观，且符合国家标准。

4）学习专业制图部分时，要注意结合生产实践，多观察实际房屋的组成与构造。有条件最好到现场参观正在施工的建筑物，便于在读图时加深对施工图图示方法和图示内容的理解。

5）学习计算机绘图，要熟练掌握二维绘图的基本命令，了解各窗口的功能和操作，为计算机绘制专业图样打好基础。

在掌握基本理论的同时，必须仔细研究每一个图样的分析方法和作图步骤，并且认真、独立地完成一整套制图练习。

4. 教材配套的教学软件内容介绍

课件在以教材内容为基础的前提下，对每章、节都提供了逼真的空间立体图及分解组合的过程；同时，课件在运行时可根据学生的接受能力来控制画面的展示时间，实现了完全的交互式作图过程，达到模拟黑板教学的效果，可供教师进行课堂教学时使用，也可供学生自学和课后复习时参考。

第一篇

建筑工程制图

第一篇

建筑工程制图

第 1 章 制图的基本知识

工程图样是表达和交流设计思想的重要工具，为了保证房屋建筑施工图图示方法基本统一，清晰简明，提高制图效率，每个工程技术人员必须熟悉和掌握绘制工程图样的基本知识和基本技能。本章主要介绍建筑制图国家标准的有关规定、制图工具和仪器的使用方法以及几何图形的基本画法等内容。

1.1 制图工具及其使用

工程图样绘制的质量与绘图工具有直接的关系，同时也与使用方法是否正确有密切的关系，下面介绍几种常用的绘图工具以及它们的使用方法。

1.1.1 常用绘图工具

1. 图板

图板是用来固定图纸的。板面要求平整光滑，图板四周镶有硬木边框，图板的工作边要保持平直，它是丁字尺的导边。在图板上固定图纸时，要用胶带纸贴在图纸四角上，并使图纸下方留有放丁字尺的位置，如图 1.1 所示。

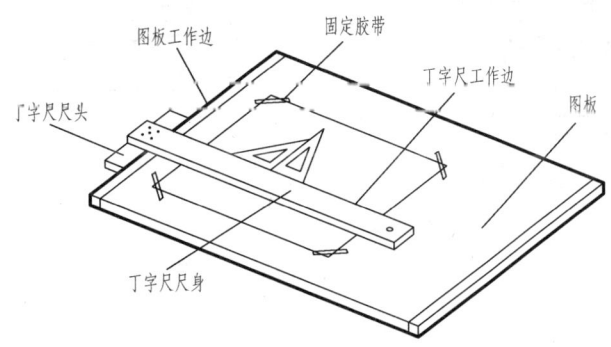

图 1.1 图板与丁字尺

图板的大小选择一般应与绘图纸张的尺寸相适应，表 1.1 是常用的图板规格。

表 1.1　图板规格

图板规格代号	0	1	2	3
图板尺寸（宽/mm×长/mm）	920×1220	610×920	460×610	305×460

2. 丁字尺

丁字尺主要用于画水平线。它由尺头和尺身两个部分组成，尺头与尺身垂直并连接牢固，尺身沿长度方向带有刻度的侧边为工作边。使用时，左手握尺头，使尺头紧靠图板左边缘。尺头沿图板的左边缘上下滑动到需要画线的位置，即可从左向右画水平线，应注意，尺头不能靠图板的其他边缘滑动画线。丁字尺不用时应挂起来，以免尺身翘起变形。

3. 三角板

三角板由两块（45°和60°）组成一副，主要与丁字尺配合使用画垂直线与倾斜线。画垂直线时，应使丁字尺尺头紧靠图板工作边，三角板一边紧靠住丁字尺的尺身，然后用左手按住丁字尺和三角板，右手握笔画线，且应靠在三角板的左边自下而上画线。画 30°、45°、60°倾斜线时均需丁字尺和三角板配合使用；当画 75°和 15°倾斜线时，需两只三角板和丁字尺配合使用画出，如图 1.2 所示。

4. 比例尺

比例尺是用来按一定比例量取长度的专用量尺，如图 1.3 所示。常用的比例尺外形像直尺，上面有三种不同的刻度，称为比例直尺。画图时可按所需比例，用尺上标注的刻度直接量取而不需换算。如图 1.3 所示，按 1∶500 比例，画出长度为 16 000mm 的图线，可在比例尺上找到 1∶500 的刻度一边，直接量取相应刻度即可。如果需量取该比例尺上没有的比例，可借用其他比例。

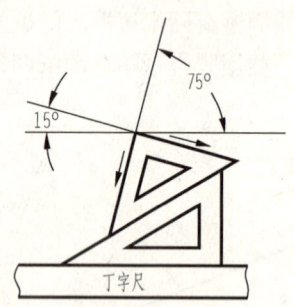

图 1.2　三角板和丁字尺的配合使用

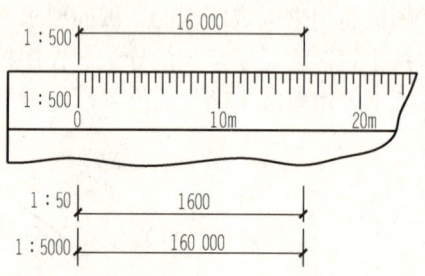

图 1.3　比例尺

5. 圆规和分规

圆规是用来画圆及圆弧的工具。一般圆规附有铅芯插腿、钢针插腿、直线笔插腿和延伸杆等，如图 1.4 所示。在画图时，应使针尖固定在圆心上，尽量不使圆心扩大，应使针尖略长于铅芯，如图 1.4（a）所示。在一般情况下画圆或圆弧，应使圆规按顺时针转动，并稍向画线方向倾斜，如图 1.4（b）所示。在画较大圆或圆弧时，应使圆规的两条腿都垂直于纸面，如图1.4（c）所示。

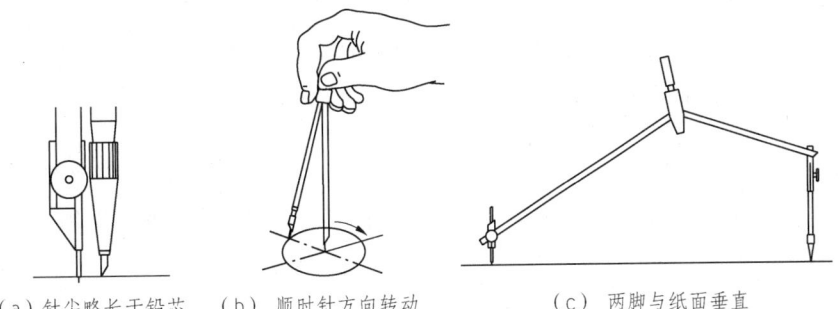

（a）针尖略长于铅芯　（b）顺时针方向转动　（c）两脚与纸面垂直

图1.4　圆规的用法

分规是截量长度和等分线段的工具，如图1.5所示，其形状与圆规相似，但两腿都装有钢针。为了能准确地量取尺寸，分规的两针尖应保持尖锐，使用时，两针尖应调整到平齐，即当分规两腿合拢后，两针尖必聚于一点。

等分线段时，经过试分，逐渐地使分规两针尖调到所需距离，然后在图纸上使两针尖沿要等分的线段依次摆动前进。

6. 绘图铅笔与绘图墨水笔

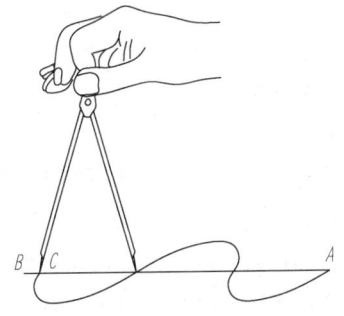

图1.5　分规及其使用方法

绘图铅笔是用来画图或写字的。铅笔的铅芯有软硬之分，铅笔上标注的"H"表示硬铅笔，"B"表示软铅笔，"HB"表示软硬适中，"B"、"H"前的数字越大表示铅笔越软和越硬。画工程图时，应使用较硬的铅笔打底稿，如3H、2H等，用HB铅笔写字，用B或2B铅笔加深图线。铅笔通常削成锥形或扁平形，笔芯露出约6～8mm，如图1.6所示。画图时应使铅笔垂直纸面，向运动方向倾斜75°，且用力得当。用锥形铅笔画直线时，要适当转动笔杆，可使整条线粗细均匀；用扁平铅笔加深图线时，可磨得与线宽一致，使所画线条粗细一致。

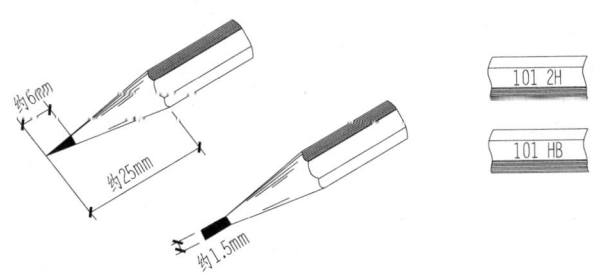

图1.6　铅芯的长度与形状

绘图笔如图1.7所示，头部装有带通针的针管，类似自来水笔，能吸存碳素墨水，使用较方便。针管笔分不同粗细型号，可画出不同粗细的图线，通常用的笔尖有粗（0.8mm）、中（0.4mm）、细（0.2mm）三种规格，用来画粗、中、细三种线型。

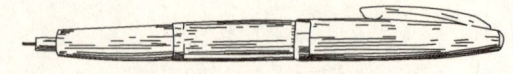

图 1.7　绘图墨水笔

1.1.2　全自动绘图机

在计算机绘图系统中，可按需要配置各种形式的全自动绘图仪。其中主要类型是平板式和滚筒式绘图仪，此外还有精度更高的平面电动机式绘图仪，但前两种在计算机绘图系统中使用较多。

1.2　基本制图标准

为了使房屋建筑制图规格基本统一，图面清晰简明，提高制图效率，保证图面质量符合设计、施工、存档的要求，以适应国家工程建设的需要，由住房和城乡建设部会同有关部门共同对《房屋建筑制图统一标准》等六项标准进行修订，批准并颁布了《房屋建筑制图统一标准》（GB/T 50001—2010）、《总图制图标准》（GB/T 50103—2010）、《建筑制图标准》（GB/T 50104—2010）、《建筑结构制图标准》（GB/T 50105—2010）、《给水排水制图标准》（GB/T 50106—2010）和《暖通空调制图标准》（GB/T 50114—2010）。

工程技术人员在设计、施工、管理中必须严格执行各项制图国家标准（简称国标）。我们从学习建筑制图的第一天起，就应该严格遵守国标中的每一项规定，养成良好的习惯。

1.2.1　图纸幅面与格式

图纸幅面是指图纸本身的大小规格。图框是图纸上所供绘图的范围的边线。图纸的幅面和图框尺寸应符合表 1.2 的规定和图 1.8（a，b）的格式。从表中可以看出，A1 幅面是 A0 幅面的对裁，A2 幅面是 A1 幅面的对裁，其余类推。表中代号的意义如图 1.8 所示。同一项工程的图纸，不宜多于两种幅面。以短边作垂直边的图纸称为横式幅面 [图 1.8（a）]，以短边作水平边的图纸称为立式幅面 [图 1.8（b）]。一般 A0~A3 图纸宜用横式。图纸短边不得加长，长边可以加长，但加长的尺寸必须按照国标《房屋建筑制图统一标准》（GB/T 50001—2010）的规定。

表 1.2　幅面及图框尺寸（mm）

尺寸代号 \ 幅面代号	A0	A1	A2	A3	A4
b×l	841×1 189	594×841	420×594	297×420	210×297
c	10			5	
a	25				

图纸的标题栏（简称图标）及装订边的位置应符合国标的规定，如图 1.8 和图 1.9 所示（当标题栏在图幅右侧时，其宽度为 40~70mm）。涉外工程的标题栏内，各项主要内容的中文下方应附有译文，设计单位的上方或左方，应加"中华人民共和国"字样。

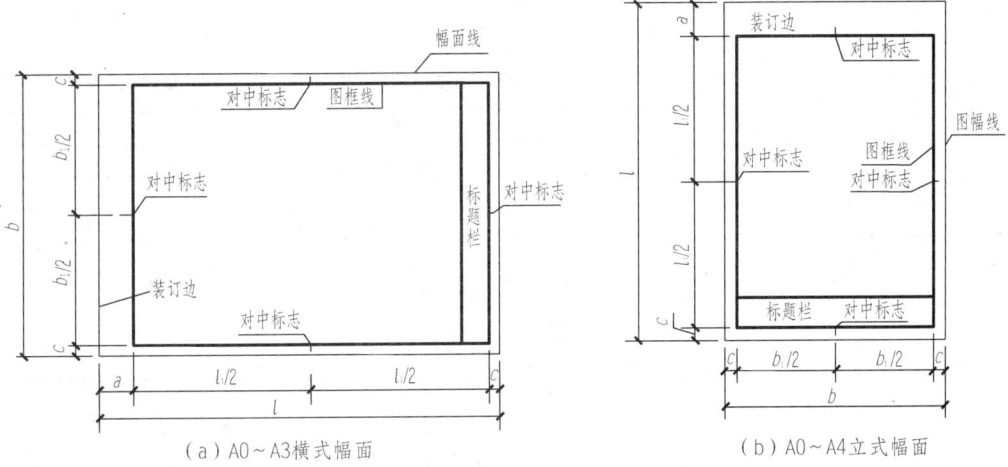

图 1.8 图纸幅面的代号与格式

图 1.9 标题栏

在学校的制图作业中的标题栏可以按照图 1.10 的格式绘制，并画在图框线的右下角。

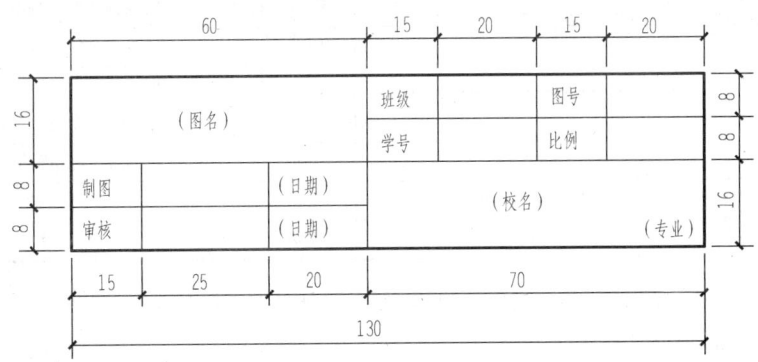

图 1.10 制图作业的标题栏

1.2.2 图线与画法

画在图纸上的线条统称图线。图线有粗、中粗、中、细之分。图线的宽度 b 宜从表 1.3 线宽系列中选取。图线宽度不应小于 0.1mm。每个图样应根据复杂程度与比例大小，先选定基本线宽 b，再选用表 1.3 中相应的线宽组。每组的线宽比为粗线：中粗线：中线：细线 = 4：3：2：1。各类线型、宽度和用途如表 1.4 所示。

表1.3 线宽组（mm）

线宽比	线宽组			
b	1.4	1.0	0.7	0.5
0.7b	1.0	0.7	0.5	0.35
0.5b	0.7	0.35	0.35	0.25
0.25b	0.35	0.25	0.18	0.13

注：1. 需要微缩的图纸，不宜采用 0.18mm 及更细的线宽。
2. 同一张图纸内，各不同线宽中的细线，可统一采用较细的线宽组的细线。

表1.4 图线

名 称		线 型	线宽	一 般 用 途
实线	粗	———————	b	主要可见轮廓线
	中粗	———————	0.7b	可见轮廓线
	中	———————	0.5b	可见轮廓线、尺寸线、变更云线
	细	———————	0.25	图例填充线、家具线
虚线	粗	- - - - - - -	b	见各有关专业制图标准
	中粗	- - - - - - -	0.7b	不可见轮廓线
	中	- - - - - - -	0.5b	不可见轮廓线、图例线
	细	- - - - - - -	0.25b	图例填充线、家具线
单点长划线	粗	— · — · —	b	见各有关专业制图标准
	中	— · — · —	0.5b	见各有关专业制图标准
	细	— · — · —	0.25b	中心线、对称线等、轴线等
双点长划线	粗	— · · — · · —	b	见各有关专业制图标准
	中	— · · — · · —	0.5b	见各有关专业制图标准
	细	— · · — · · —	0.25b	假想轮廓线、成型前原始轮廓线
折断线		~~~~~~~~~~	0.25b	断开界线
波浪线		~~~~~~~~~~	0.25b	断开界线

表中图线名称单点长划线、双点长划线在后面的内容中简称为点划线、双点划线。

画线时还应注意下列几点：

1）在同一张图纸内，相同比例的各图样应采用相同的线宽组。

2）相互平行的图例线，其净间隙或线中间隙不宜小于 0.2mm。

3）虚线、单点长划线或双点长划线的线段长度和间隔宜各自相等。

4）单点长划线或双点长划线，当在较小图形中绘制有困难时，可用实线代替。

5）单点长划线或双点长划线的两端不应是点。点划线与点划线交接点或点划线与其他图线交接时，应是线段交接。

6）虚线与虚线相交或虚线与其他图线相交时应是线段交接。虚线为实线的延长线时不得与实线相接，如图 1.11 所示。

7）图线不得与文字、数字或符号重叠、混淆，不可避免时应首先保证文字的清晰。

8）图纸的图框和标题栏线可采用表 1.5 的线宽。

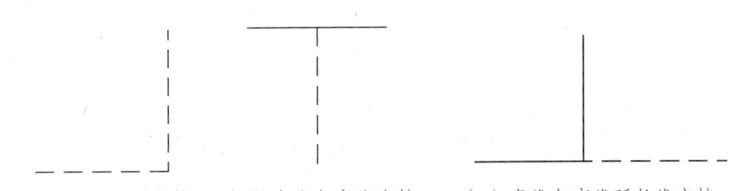

(a) 虚线与虚线交接　　(b) 虚线与实线交接　　(c) 虚线与实线延长线交接

图 1.11　线段交接的画法

表 1.5　图框和标题栏线的线宽（mm）

幅面代号	图框线	标题栏线	
		外框线	分格线
A0、A1	b	0.7b	0.35b
A2、A3、A4	b	0.5b	0.25b

1.2.3　字体

工程图样上的文字、数字或符号均应笔画清晰、字体端正、排列整齐，标点符号应清楚正确。汉字、数字、字母等字体的大小以字号来表示。字号就是字体的高度。图样中字体的大小应根据图纸幅面、比例等情况从国标规定中选用（表 1.6）。字高 10mm 的文字宜采用 True type 字体（全真字体）；当需书写更大的字时，其高度应按 $\sqrt{2}$ 的倍数递增，并取毫米的整数。

表 1.6　文字的字高（mm）

字体种类	中文矢量字体	True type 字体及非中文矢量字体
字高	3.5、5、7、10、14、20	3、4、6、8、10、14、20

1. 汉字

图样及说明中的汉字，宜采用长仿宋体或黑体，同一图纸字体种类不应超过两种。长仿宋体的高宽关系应符合表 1.7 的规定。长仿宋字的书写要领为：横平竖直、起落分明、填满方格、结构匀称，如图 1.12 所示。黑体字的宽度与高度应相同。大标题、图册封面、地形图等的汉字，也可书写成其他字体，但应易于辨认。

表 1.7　长仿宋字高宽关系（mm）

字高	20	14	10	7	5	3.5
字宽	14	10	7	5	3.5	2.5

2. 拉丁字母和数字

拉丁字母、阿拉伯数字与罗马数字，当需要写成斜体字时其斜度应是从字的底线逆时针向上倾斜 75°。斜体字的高度和宽度应与相应的直体字相等。

拉丁字母、阿拉伯数字与罗马数字的字高，不应小于 2.5mm。

数量的数值注写应采用正体阿拉伯数字，如图 1.13 所示。

10号字

土木平面金　上正水审车
建筑结构详　标准材料机
墙混凝砌泥　楼梯钢筋动

7号字

建筑 结 构 详 标 准 材 料 机

5号字

墙 混 凝 砌 泥 楼 梯 钢 筋 动

3.5号字

大 学 设 备 审 定 日 期 说 明

图 1.12　汉字示例

ABCDEFGHIJKLMNOPQRSTUVWXYZ

abcdefghijklmnop

(a) 拉丁字母

Ⅰ Ⅱ Ⅲ Ⅳ Ⅴ Ⅵ Ⅶ Ⅷ Ⅸ Ⅹ

(b) 罗马字母

0123456789　*0123456789*

(c) 阿拉伯数字

图 1.13　字母、数字示例

1.2.4 比例

图样的比例,应为图形与实物相对应的线型尺寸之比。比例的大小是指其比值的大小,如 1∶50 大于 1∶100。

绘图所用的比例应根据图样的用途与被绘对象的复杂程度,从表 1.8 中选用,并应优先选用表中的常用比例。一般情况下,一个图样应选用一种比例。根据专业制图的需要,同一图样可选用两种比例。

表 1.8 绘图所用的比例

常用比例	1∶1、1∶2、1∶5、1∶10、1∶20、1∶30、1∶50、1∶100、1∶150、1∶200、1∶500、1∶1000、1∶2000
可用比例	1∶3、1∶4、1∶6、1∶15、1∶25、1∶40、1∶60、1∶80、1∶250、1∶300、1∶400、1∶600、1∶5000、1∶10 000、1∶20 000、1∶50 000、1∶100 000、1∶200 000

1.2.5 尺寸标注

在建筑工程图样中,其图形只能表达建筑物的形状及材料等内容,而不能反映建筑物的大小。建筑物的大小由尺寸来确定。标注尺寸是一项十分重要的工作,必须认真仔细,准确无误。如果尺寸有遗漏或错误,则会给施工带来困难和损失。

1. 尺寸的组成

图样上的尺寸应包括尺寸界线、尺寸线、尺寸起止符号和尺寸数字,如图 1.14(a)所示。

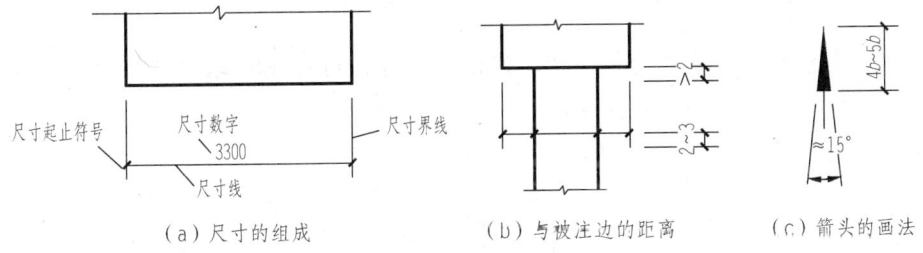

图 1.14 尺寸的组成与规定画法

1)尺寸界线。尺寸界线应用细实线绘制,应与被注长度垂直,其一端应离开图样的轮廓线不应小于 2mm,另一端宜超出尺寸线 2~3mm。必要时可将图样轮廓线、中心线及轴线作为尺寸界线,如图 1.14(b)所示。

2)尺寸线。尺寸线应用细实线绘制,并与被注长度平行,与尺寸界线垂直相交,但不宜超出尺寸界线外。图样本身的任何图线均不得用作尺寸线。

3)尺寸起止符号。尺寸起止符号用中粗斜短线绘制,并画在尺寸线与尺寸界线的相交处。其倾斜方向应与尺寸界线呈顺时针 45°角,长度宜为 2~3mm。半径、直径、角度与弧长的尺寸起止符号,宜用箭头表示。箭头的画法如图 1.14(c)所示。

4)尺寸数字。图样上的尺寸,应以数字为准,不得从图上直接量取。图样上所标注的尺寸,除标高及总平面图以米(m)为单位外,其余必须以毫米(mm)为单位。图上尺寸数字都不必注写单位。

尺寸数字一般注写在尺寸线的中部。水平方向的尺寸，尺寸数字要写在尺寸线的上方；竖直方向的尺寸，尺寸数字要写在尺寸线的左侧，字头朝左；倾斜方向的尺寸，尺寸数字的方向应按图1.15（a）的规定注写，如果尺寸数字在图中所示30°阴影线范围内时可按图1.15（b）的形式注写。

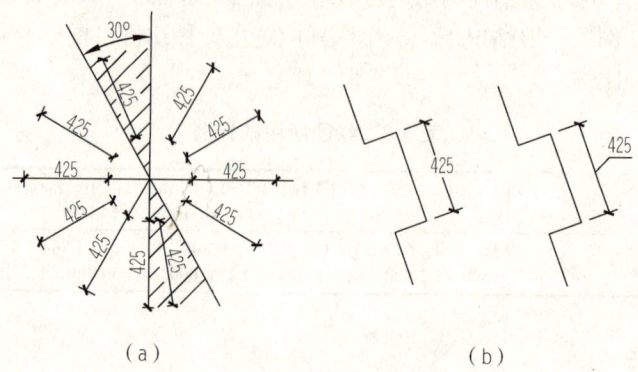

图1.15 尺寸数字的注写方向

尺寸数字如果没有足够的注写位置时，两边的尺寸可以注写在尺寸界线的外侧，中间相邻的尺寸可以错开注写，也可以引出注写，引出线端部用圆点表示标注尺寸的位置，如图1.16所示。

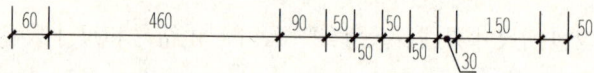

图1.16 尺寸数字的注写位置

尺寸宜标注在图样轮廓之外，不宜与图线、文字及符号等相交，如图1.17所示。

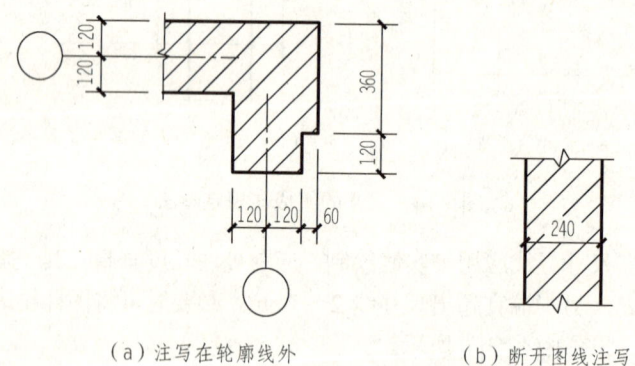

（a）注写在轮廓线外　　　（b）断开图线注写

图1.17 尺寸数字的注写要求

互相平行的尺寸线，应从被注的图样轮廓线由近向远整齐排列，小尺寸应离轮廓线较近，大尺寸离轮廓线较远。图样轮廓线以外的尺寸线，距图样最外轮廓线之间距离不宜小于10mm，平行排列的尺寸线的间距宜为7～10mm，并应保持一致，如图1.18所示。

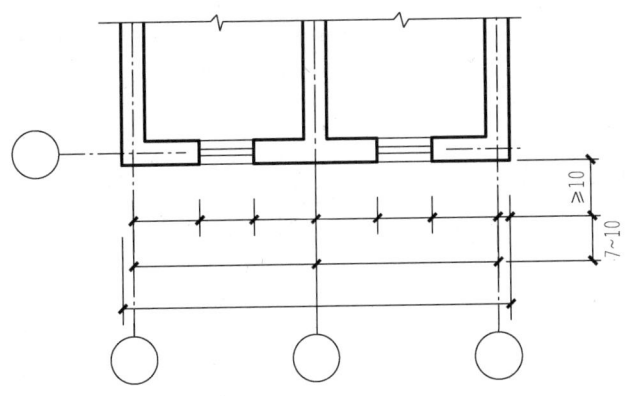

图 1.18　尺寸的排列

2. 尺寸注法示例

表 1.9 列出了国标所规定的一些尺寸注法。

表 1.9　尺寸标注示例

项　目	注 法 示 例	说　明
半径的尺寸注法		半径的尺寸线应一端从圆心开始，另一端画箭头指向圆弧。半径尺寸数字前加注符号"R"
圆弧的尺寸注法	（a） （b）	半径较小的圆弧，可按图（a）形式标注；半径较大的圆弧可按图（b）形式标注

续表

项 目	注法示例	说 明
圆的尺寸注法		圆及大于半圆的圆弧应标注直径。直径尺寸线应通过圆心，两端指到圆弧。直径数字前加注符号"ϕ"，其注写形式如左图所示
球的尺寸注法		标注球的直径或半径尺寸时，应在尺寸数字前加注"Sϕ"或"SR"
角度、弧度与弦长的尺寸注法		角度的尺寸线是以角顶为圆心的圆弧，角度数字一般水平书写在尺寸线之外，如图（a）所示；标注弦长或弧长时，尺寸界线应垂直于该圆弧的弦。弦长的尺寸线平行于该弦。弧长的尺寸线是该弧的同心圆，尺寸数字上加注符号"⌒"，如图（b）和（c）所示
坡度的注法		在坡度数字下应加注坡度符号，坡度符号的箭头一般应指向下坡方向，标注形式如示例所示

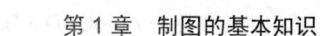

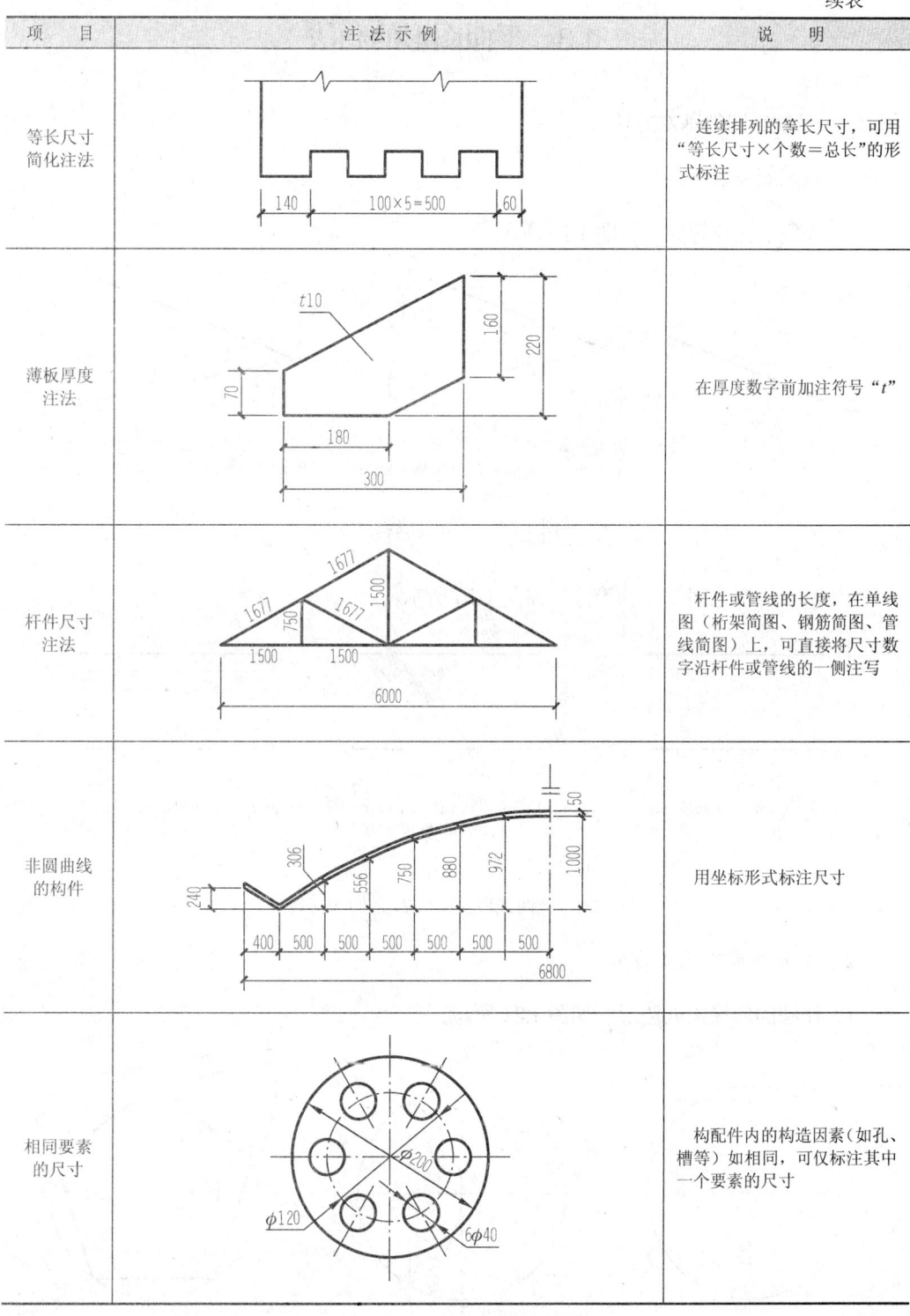

续表

项 目	注法示例	说 明
等长尺寸简化注法		连续排列的等长尺寸，可用"等长尺寸×个数＝总长"的形式标注
薄板厚度注法		在厚度数字前加注符号"t"
杆件尺寸注法		杆件或管线的长度，在单线图（桁架简图、钢筋简图、管线简图）上，可直接将尺寸数字沿杆件或管线的一侧注写
非圆曲线的构件		用坐标形式标注尺寸
相同要素的尺寸		构配件内的构造因素（如孔、槽等）如相同，可仅标注其中一个要素的尺寸

1.3 平面图形的画法

1.3.1 尺规绘图的基本方法

1. 线段的等分

1）线段的任意等分，如图 1.19 所示。

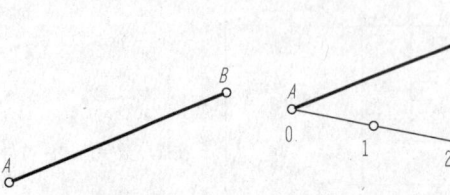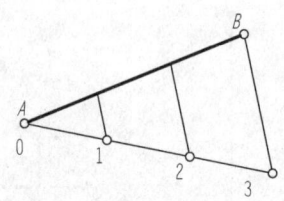

(a) 已知线段AB　　(b) 过任一端点做射线，取任意长度　　(c) 过1、2点作连线3B的平行线，交
　　　　　　　　　　　将射线分为三等分，连接端点3B　　　　AB于两个等分点，完成线段的等分

图 1.19　三等分线段 AB

2）两平行线之间的任意等分，如图 1.20 所示。

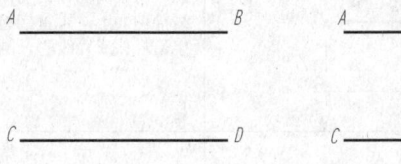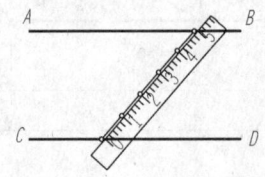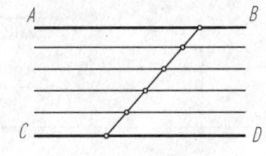

(a) 已知平行线段AB、CD　　(b) 将直尺0点放在CD线上，摆动　　(c) 过各等分点作AB(或CD)
　　　　　　　　　　　　　　　尺身，使刻度5落在AB上，截　　　　的平行线，完成作图
　　　　　　　　　　　　　　　得1、2、3、4各等分点

图 1.20　分两线段 AB、CD 之间为五等分

2. 等分圆周作正多边形

1）作圆的内接正五边形，如图 1.21 所示。

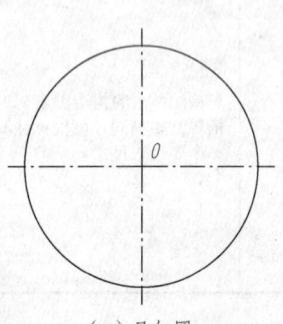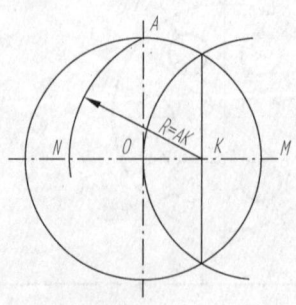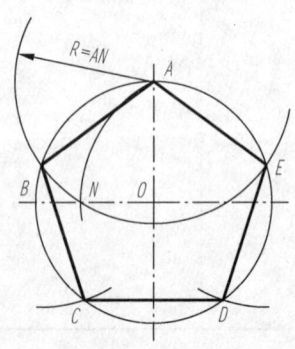

(a) 已知圆　　(b) 等分半径OM得K，以KA为半径　　(c) 以AN为边长等分圆周，
　　　　　　　　画弧交水平直径于N　　　　　　　　　连接各等分点

图 1.21　作圆的内接正五边形

2）作圆的内接正六边形，如图1.22所示。

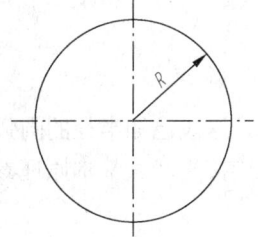 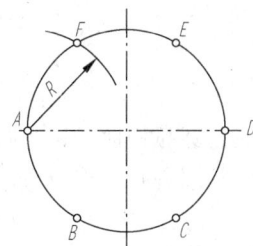 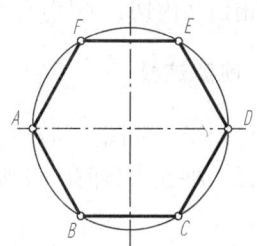

（a）已知半径为R的圆　　（b）以R为半径划分圆周为六等分　　（c）顺序连接各等分点，完成作图

图1.22　作圆的内接正六边形

3）以圆内接正七边形为例，说明任意正多边形的画法，如图1.23所示。

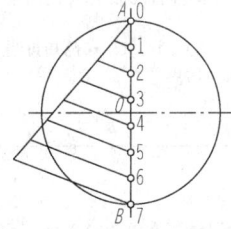 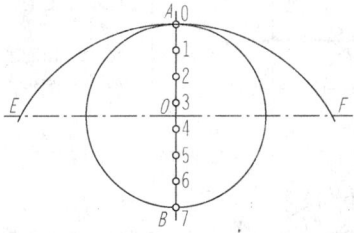 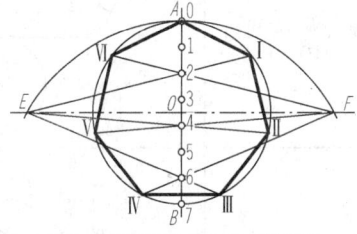

（a）将竖向直径AB七等分　　（b）以AB为半径，端点B为中心画弧，与水平直径的延长线交于E、F　　（c）将E、F与各等分点隔点相连并延长与圆周相交得等分点Ⅰ、Ⅱ、…，连接圆周上各等分点，完成正七边形

图1.23　任意正多边形的画法

3. 椭圆画法

应用四心圆法画椭圆。

已知椭圆长短轴AB、CD，求作椭圆，如图1.24所示。

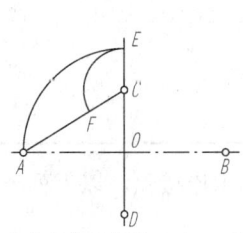 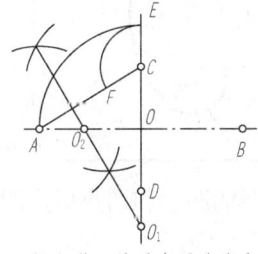 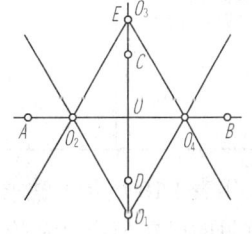

（a）已知长短轴，连AC，截取长短半轴差得AF　　（b）作AF的垂直平分线交长短轴于O_1、O_2　　（c）取O_1、O_2的对称点，得O_3、O_4，并画出圆心连线

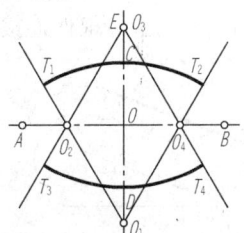 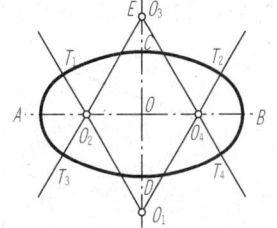

（d）以O_1C、O_3D为半径画大弧，分别与圆心连线交于T_1、T_2、T_3、T_4　　（e）以O_2A、O_4B为半径画小弧，加深图线

图1.24　四心圆法画椭圆

这是个近似的椭圆，它由四段圆弧组成，T_1、T_2、T_3、T_4为四段圆弧的连接点，也是四段圆弧相切（内切）的切点。

4. 圆弧连接

用已知半径的圆弧与直线相切或与圆弧相切，称为圆弧连接。这段已知半径的圆弧称为连接弧，画连接弧前，必须先求出其圆心和切点位置，以保证连接光滑。基本原理参照表1.10。

表1.10 求连接弧的圆心与切点

项　目	图　例	说　明
圆弧与已知直线相切		圆心：圆心的轨迹是距离直线 L 为 R 的两条平行线 切点：由连接弧（R）圆心 O_1 向已知直线 L 作垂线，垂足 K 即为切点
圆弧与已知圆弧外切		圆心：圆心的轨迹是已知圆弧的同心圆，其半径为 $R_2=R+R_1$ 切点：两圆圆心连线 OO_1 与已知弧的交点 K 即为切点
圆弧与已知圆弧内切		圆心：圆心的轨迹是已知圆弧的同心圆，其半径为 $R_2=R-R_1$ 切点：两圆圆心连线 OO_1 与已知弧的交点 K 即为切点

用表1.10所示方法求出连接弧的圆心和切点后，即可准确画出连接弧。以下列举了几种常见的已知半径为 R 的圆弧连接示例。

（1）用圆弧连接两直线

如图1.25（a）所示，已知直线 L_1 和 L_2，连接圆弧的半径为 R，求作连接圆弧。

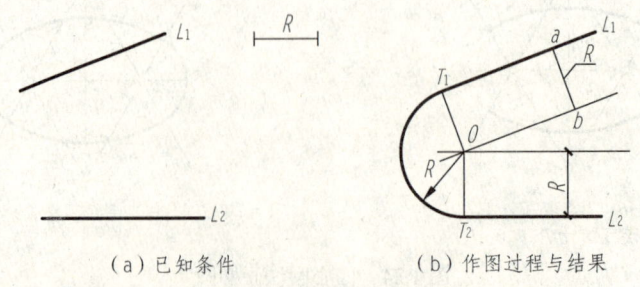

（a）已知条件　　　　　　（b）作图过程与结果

图1.25 用圆弧连接两直线

【作图】 如图 1.25（b）所示。

1）过直线 L_1 上一点 a 作该直线的垂线，在垂线上截取 $ab=R$，再过点 b 作直线 L_1 的平行线。

2）用同样方法作出距离等于 R 的直线 L_2 的平行线。

3）找到两条平行线的交点 O，即为连接圆弧的圆心。

4）自点 O 分别向直线 L_1 和 L_2 作垂线，得垂足 T_1、T_2，即为连接圆弧的连接点（切点）。

5）以 O 为圆心、R 为半径作圆弧 T_1T_2，完成连接作图。

（2）用圆弧连接一直线和一圆弧

如图 1.26（a）所示，已知连接圆弧的半径为 R，被连接的圆弧的圆心为 O_1、半径为 R_1，以及直线 L，作出连接圆弧（要求与已知圆弧外切）。

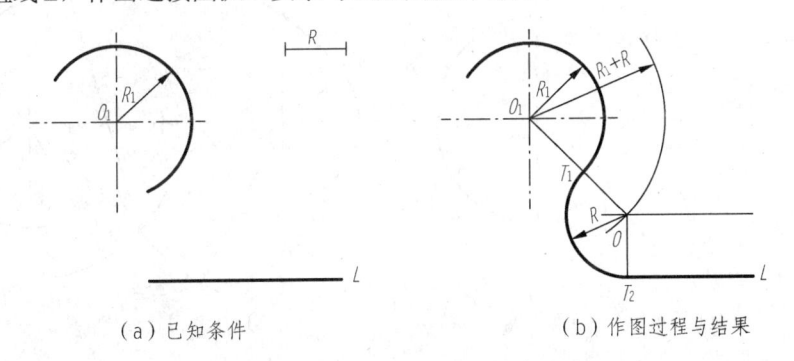

（a）已知条件　　　　　　　　　　（b）作图过程与结果

图 1.26　用圆弧连接一直线和一圆弧

【作图】 如图 1.26（b）所示。

1）作已知直线 L 的平行线，使其间距为 R，再以 O_1 为圆心、R_1+R 为半径作圆弧，该圆弧与所作平行线的交点 O 即为连接圆弧的圆心。

2）连接 OO_1，与圆弧 O_1 交于点 T_1，由点 O 作直线 L 的垂线得垂足 T_2，T_1、T_2 即为连接圆弧的连接点（两个切点）。

3）以 O 为圆心，R 为半径作圆弧 T_1T_2，完成连接作图。

（3）用圆弧连接两圆弧

1）连接圆弧与两个已知圆弧外切连接，如图 1.27 所示。

已知连接圆弧半径为 R，被连接的两个圆弧的圆心分别为 O_1、O_2，半径为 R_1、R_2，求作连接圆弧，如图 1.27（a）所示。

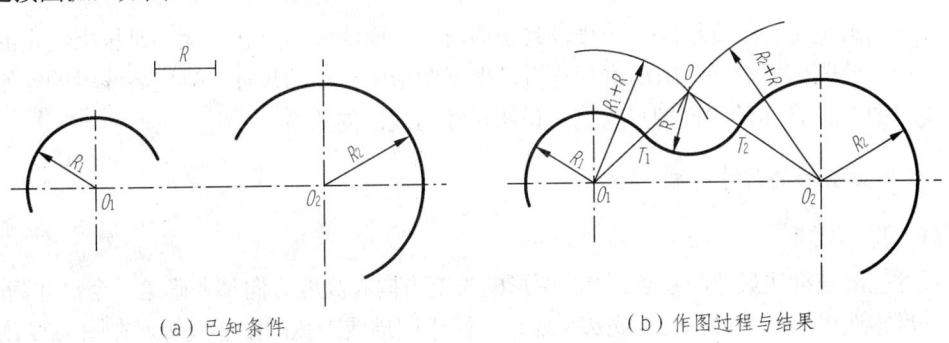

（a）已知条件　　　　　　　　　　（b）作图过程与结果

图 1.27　用圆弧连接两圆弧（外切）

【作图】 如图 1.27（b）所示。

1) 以 O_1 为圆心，R_1+R 为半径作一圆弧，再以 O_2 为圆心、R_2+R 为半径作另一圆弧，两圆弧的交点 O 即为连接圆弧的圆心。

2) 作连心线 OO_1，与圆弧 O_1 的交点为 T_1，再作连心线 OO_2，与圆弧 O_2 的交点为 T_2，则 T_1、T_2 即为连接圆弧的连接点（外切的切点）。

3) 以 O 为圆心、R 为半径作圆弧 T_1T_2，完成连接作图。

2）连接圆弧与两个已知圆弧内切连接，如图 1.28 所示。

已知连接圆弧的半径为 R，被连接的两个圆弧圆心分别为 O_1、O_2，半径为 R_1、R_2，求作连接圆弧，如图 1.28（a）所示。

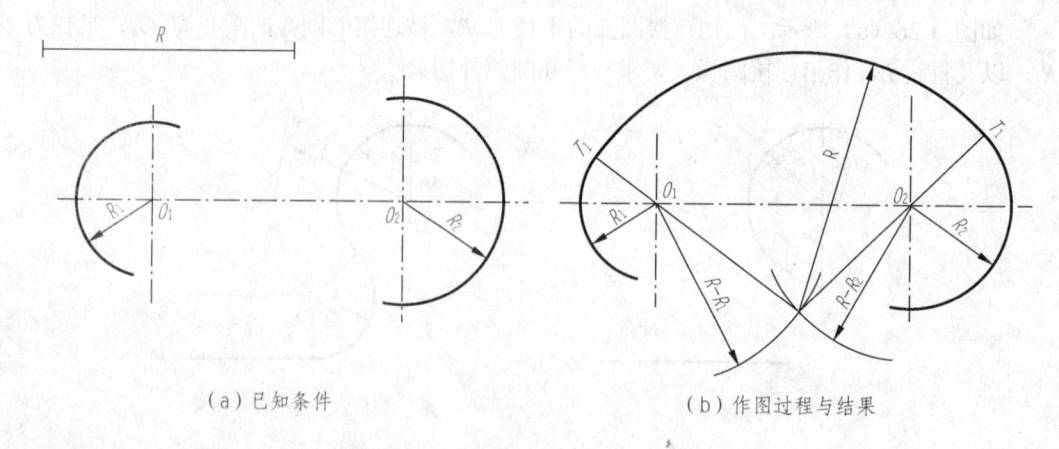

（a）已知条件　　　　　　　　　（b）作图过程与结果

图 1.28　用圆弧连接两圆弧（内切）

【作图】 如图 1.28（b）所示。

1) 以 O_1 为圆心，$R-R_1$ 为半径作一圆弧，再以 O_2 为圆心、$R-R_2$ 为半径作另一圆弧，两圆弧的交点 O 即为连接圆弧的圆心。

2) 作连心线 OO_1，它与圆弧 O_1 的交点为 T_1，再作连心线 OO_2，它与圆弧 O_2 的交点为 T_2，则 T_1、T_2 即为连接圆弧的连接点（内切的切点）。

3) 以 O 为圆心，R 为半径作圆弧 T_1T_2，完成连接作图。

当连接圆弧分别与一已知圆弧内切，与另一已知圆弧外切连接时，作图方法为以上两种作图方法的综合，请读者自行练习。

1.3.2　平面图形分析

平面图形是由若干直线段和曲线段共同构成的，而线段的形状与大小是根据给定的尺寸确定的。绘图前要对平面图形进行分析，根据图形中给出的尺寸，确定各线段的绘制顺序。现以图 1.29 所示的平面图形为例，说明尺寸与线段的关系。

1. 平面图形的尺寸分析

（1）尺寸基准

尺寸基准是标注尺寸的起点。平面图形的长度方向和高度方向都要确定一个尺寸基准。尺寸基准常选用图形的对称线、底边、侧边、图中圆周或圆弧的中心线等。在图 1.29 所示的平面图形中，水平中心线是上下方向的尺寸基准，左端面是长度方向的尺寸基准。

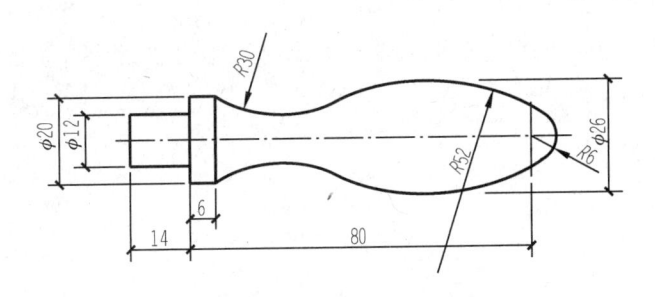

图 1.29 平面图形尺寸分析

（2）定形尺寸和定位尺寸

定形尺寸是确定平面图形各组成部分大小的尺寸，如图 1.29 中的 $\phi 20$、$\phi 12$、14、6、$R6$ 等。定位尺寸是确定平面图形各组成部分相对位置的尺寸，如右侧半径为 $R6$ 的圆弧，其圆心水平方向距图形左侧矩形的距离为 80mm。图形中通过各定形尺寸，可确定图形中各组成部分的大小。从尺寸基准出发，通过各定位尺寸，可确定图形中各组成部分的相对位置。

（3）尺寸标注的基本要求

平面图形的尺寸标注要做到正确、完整、清晰。

尺寸标注应符合国家标准的规定；标注的尺寸应完整，没有遗漏，并标注在便于看图的地方。

2. 平面图形的线段分析

在绘制有连接作图的平面图形时，需要根据尺寸的条件进行线段分析。平面图形的圆弧连接处的线段，根据尺寸是否完整可分为三类，即已知线段、中间线段和连接线段。

（1）已知线段

根据给出的尺寸可以直接画出的线段称为已知线段，即这个线段的定形尺寸和定位尺寸都完整。如图 1.29 中，左端的两个矩形线框和右端的圆弧 $R6$ 是已知线段。

（2）中间线段

有定形尺寸，但定位尺寸不全，需要借助相切或相接的条件方能画出的线段，称为中间线段。如图 1.29 中的 $R52$ 圆弧，缺少圆心水平方向的定位尺寸，故为中间线段。

（3）连接线段

只有定形尺寸而无定位尺寸，需借助两端相接或相切的条件才能画出的线段，称为连接线段。如图 1.29 中的 $R30$ 圆弧，即为连接线段。

1.3.3 平面图形的画法

抄绘平面图形的步骤：

步骤 1　首先对平面图形进行尺寸分析和线段分析，找出尺寸基准和圆弧连接的线段，拟定作图顺序。

步骤 2　选定比例画底稿。先画平面图形的对称线、中心线或基准线，再顺次画出已知线段、中间线段、连接线段。

步骤 3　画尺寸线和尺寸界线，并校核修正底稿，清理图面。

步骤 4　按规定线型加深或上墨，写尺寸数字，再次校核修正。

根据以上对图 1.29 中的尺寸分析和线段分析，抄绘图 1.29 所示平面图形，作图步骤如图 1.30 所示。

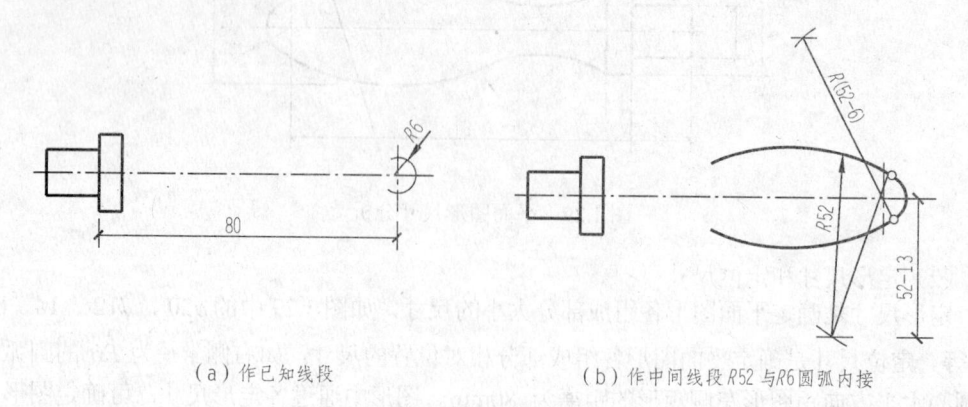

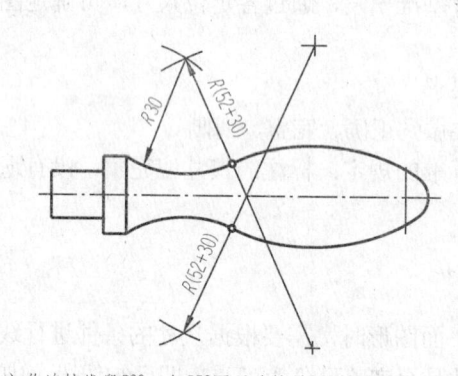

（a）作已知线段

（b）作中间线段 R52 与 R6 圆弧内接

（c）作连接线段 R30，与 R52 圆弧外接并通过矩形线段的两顶点

图 1.30　平面图形画图步骤

1.4　绘图步骤与方法

1.4.1　用绘图仪器和工具绘图

为了保证绘图的质量，提高绘图的速度，除正确使用绘图仪器、工具，熟练掌握几何作图方法和严格遵守国家制图标准外，还应注意下述的绘图步骤和方法。

1. 准备工作

1）收集阅读有关的文件资料，对所绘图样的内容及要求进行了解，在绘图之前做到心中有数。

2）准备好必要的制图仪器、工具和用品。

3）将图纸用胶带纸固定在图板上，位置要适当。一般将图纸粘贴在图板的左下方，图纸左边至图板边缘 3~5cm，图纸下边至图板边缘的距离略大于丁字尺的宽度。

2. 画底稿

1) 按制图标准的要求，先把图框线及标题栏的位置画好。
2) 根据图样的数量、大小及复杂程度选择比例，安排图位。
3) 画图形的主要轮廓线，再由大到小，由整体到局部，直至画出所有轮廓线。
4) 画尺寸界线、尺寸线以及其他符号等。
5) 进行仔细的检查，擦去多余的底稿线。

3. 加深图线

1) 当直线与曲线相连时，先加深曲线后加深直线。加深后的同类图线，其粗细和深浅要保持一致。加深同类线型时，要按照水平线从上到下，垂直线从左到右的顺序一次完成。
2) 各类线型的加深顺序是：中心线、粗实线、虚线、细实线。
3) 加深图框线、标题栏及表格，并填写其内容及说明。

4. 注意事项

1) 画底稿的铅笔用 H 或 2H，线条要轻而细。
2) 加深粗实线的铅笔用 HB 或 B，加深细实线和写字的铅笔用 H 或 HB。加深圆弧时所用的铅芯，应比加深同类直线所用的铅芯软一号。
3) 加深或描绘粗实线时，要以底稿线为中心线，以保证图形的准确性。

1.4.2 草图画法

用绘图仪器画出的图，称为仪器图；不用仪器，徒手作出的图称为草图。草图是技术人员交谈、记录、构思、创作的有力工具。技术人员必须熟练掌握徒手作图的技巧。

草图的"草"字只是对徒手作图而言，并没有允许潦草的含义。草图上的线条也要粗细分明，基本平直，方向正确，长短大致符合比例，线型符合国家标准。画草图的铅笔要软些，例如 B 或 2B，画水平线、竖直线和斜线的方法，如图 1.31 所示。

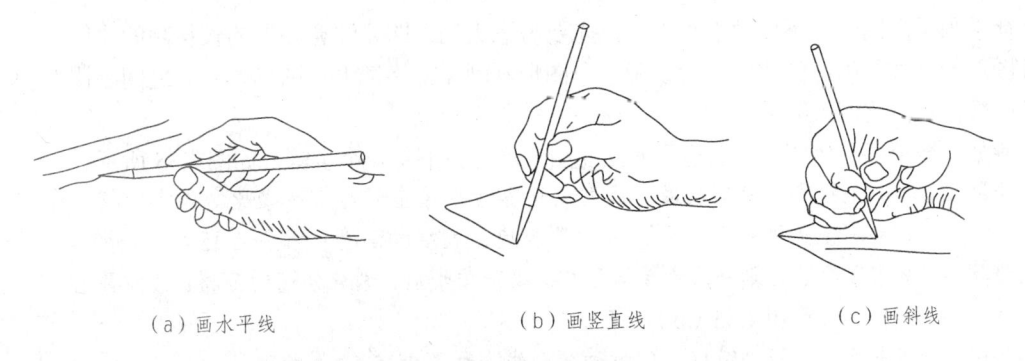

(a) 画水平线　　　　　(b) 画竖直线　　　　　(c) 画斜线

图 1.31　徒手画直线

画草图要手眼并用，作垂直线、等分线段或圆弧、截取相等的线段等，都是靠眼睛估计决定的。徒手画角度的方法与步骤如图 1.32 所示；徒手画圆的方法与步骤如图 1.33 所示；

徒手画椭圆的步骤如图 1.34 所示。

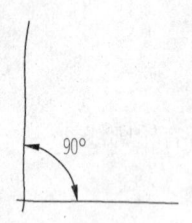

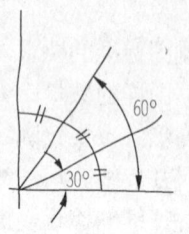

（a）徒手画直角　（b）画一圆弧，分圆弧二等分，作45°角　（c）分圆弧为三等分，作30°、60°角

图 1.32　徒手画角度和斜线

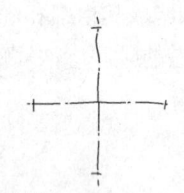

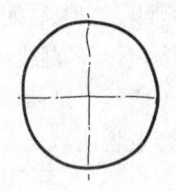

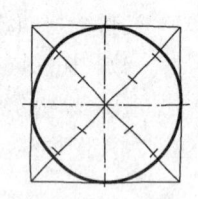

徒手过圆心画垂直的二直径　画圆弧连接直径的端点　画圆直径、外切正方形及对角线，大约等分对角线的每一侧为三等分　徒手画圆弧连接对角线上最外的等分点（稍偏外一些）和两直径的端点

（a）画小圆

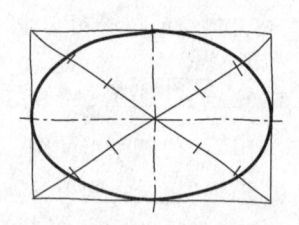

（b）画大圆

图 1.33　徒手画圆

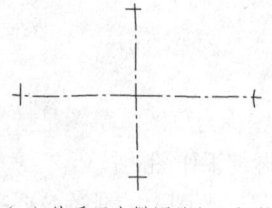

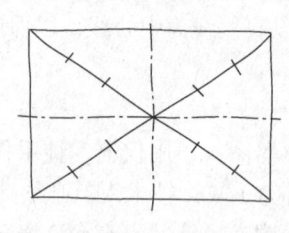

（a）徒手画出椭圆的长、短轴　（b）画外切矩形与对角线，等分对角线的每一侧为三等分　（c）徒手连接对角线上的最外等分点（稍偏外一点）和长、短轴的端点

图 1.34　徒手画椭圆

徒手画平面图时，不要急于画细部，先要考虑大局，即要注意图形的长与高的比例，以及图形的整体与细部的比例是否正确。草图最好画在方格纸上。图形各部分之间的比例可借助方格数的比例来解决。

例如，徒手画一座摺板屋面房屋的立面图，可分为下列几个步骤，如图 1.35 所示。

步骤 1　作一个矩形，使其长度与高度之比等于房屋全长与檐高之比。画上中线，在矩形之上加画一个矩形，表示摺板屋面长度和高度，如图 1.35（a）所示。

步骤 2　按摺板的数目划分屋面为若干格。画窗顶线后，划分外墙为五格，最左最右两格较窄，如图 1.35（b）所示。

步骤 3　画出屋面摺板、窗框、门框和窗台线，如图 1.35（c）所示。

步骤 4　加上门窗、步级及其他细部，最后加深图线，如图 1.35（d）所示。

画物体的轴测草图时，可将物体摆在一个可以同时看到其长、宽、高的位置，如图 1.36 所示，然后观察并分析物体的形状。有的物体可以看成由若干个几何体叠加而成，例如图

1.36（a）的模型，画草图时，可先徒手画出底下一个四棱柱，使其高度方向竖直，长度和宽度方向与水平线呈 30°角，并估计其大小，定出其长、宽、高，然后在顶面上另加一个小四棱柱，如图 1.36（a）所示。

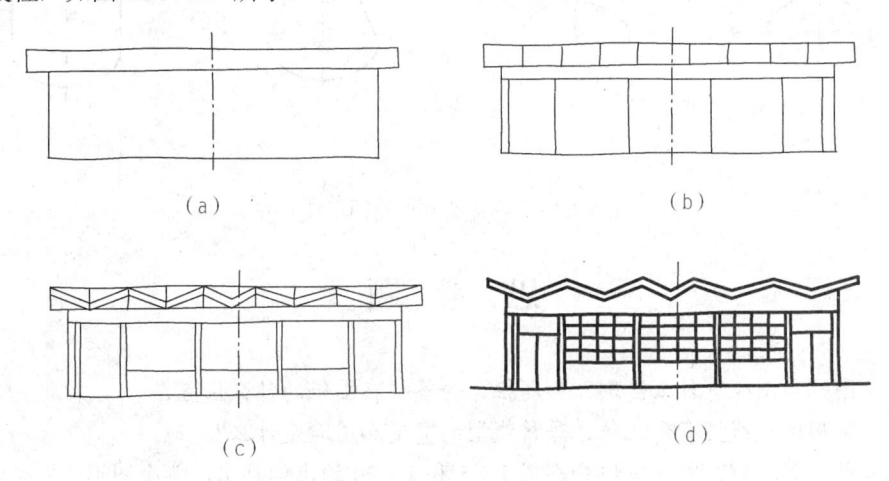

图 1.35　画房屋立面草图

有的物体，如图 1.36（b）所示的棱台，则可以看成从一个大四棱柱削去一部分而形成。这时可先徒手画出一个以棱台的下底为底，棱台的高为高的四棱柱。然后在柱顶画出棱台的顶面，并将上、下面的四个角点连接起来。

画圆锥和圆柱的草图，如图 1.36（c）所示，可先画一椭圆表示锥和柱的下底面，然后通过椭圆中心画一竖直轴线，定出锥或柱的高度。对于圆锥，则从锥顶作两直线与椭圆相切；对于圆柱，则画一个与下底面同样大小的上椭圆，并作两直线与上下椭圆相切。

画轴测草图应注意以下两点：

- 先定物体的长、宽、高方向，使高度方向竖直、长度方向和宽度方向各与水平线倾斜 30°。
- 画不平行于长、宽、高的斜线，只能先定出它的两个端点，然后连线，如图 1.36（b）所示。

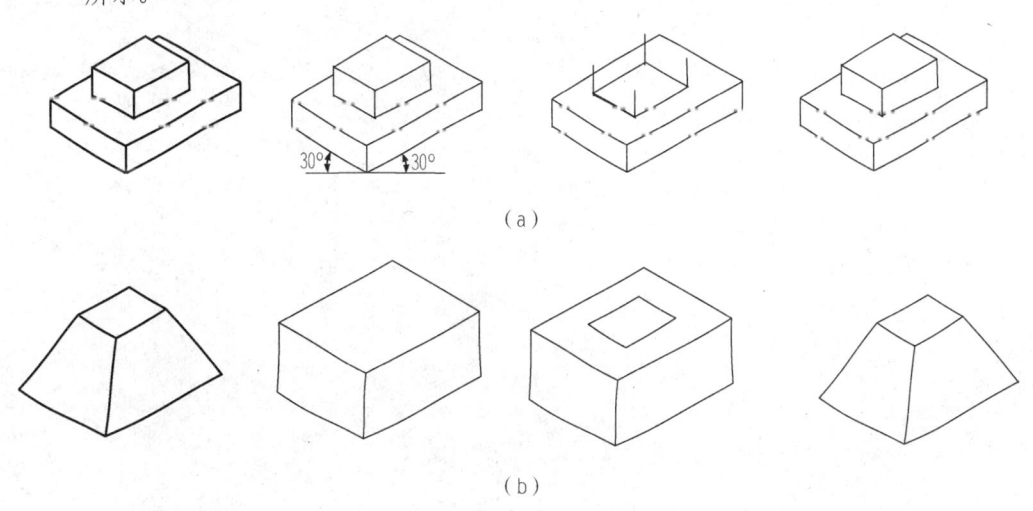

图 1.36　画物体的立体草图

（c）

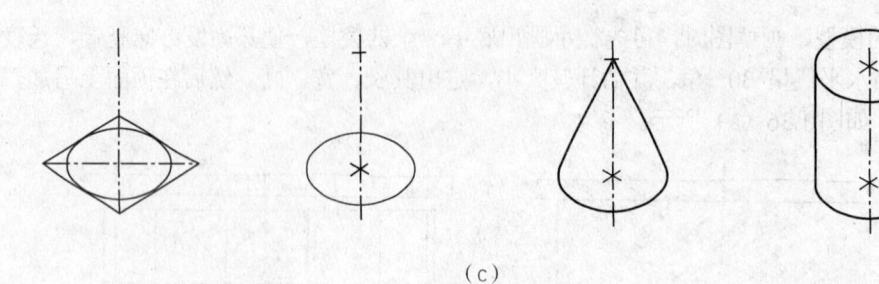

图 1.36　画物体的立体草图（续）

思 考 题

1.1　图幅与图框有什么区别？标题栏、会签栏在图纸的什么位置？
1.2　常用图线线型有哪几种？每种线型的宽度和用途是什么？
1.3　什么是比例？同一物体分别用 1∶5 和 1∶20 的比例画出，哪个图形大？
1.4　图样上的尺寸由几个部分组成？图样上的尺寸排列与布置有什么要求？
1.5　试说出绘制仪器图的方法和步骤。

第 2 章　投影法基础

建筑工程中所使用的图样，是应用投影的方法绘制的，基本投影原理和表示方法是绘制工程图样的基础。点、线、面是组成任何复杂物体的几何元素，因此在了解投影基本原理的基础上，必须掌握点、线、面的投影作图规律。

2.1　投影的基本知识

2.1.1　投影的概念与分类

在日常生活中，人们经常可以看到，物体在阳光或灯光的照射下，会在地面或墙面上留下影子。这种影子的内部灰黑一片，只能反映物体外形的轮廓，不能表达物体的本来面目，如图 2.1（a）所示。

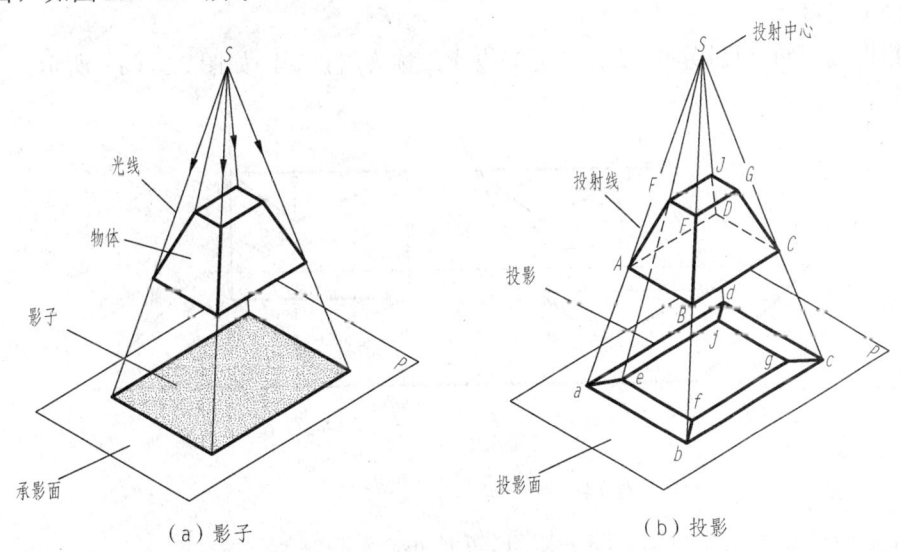

（a）影子　　　　（b）投影

图 2.1　影子与投影

人们对自然界的这一现象加以科学的抽象，把能够产生光线的光源称为投射中心，把光线抽象为投射线，地面抽象为投影面，即假设投射线能穿透物体，而将物体表面上的各个点和线都在投影面上投射出它们的影子，从而使这些点、线的影子组成能够反映物体形状的"线框图"，如图 2.1（b）所示。我们把这样形成的"线框图"称为物体的投影。这种投射线通过物体向选定的投影面投射，并在该面上得到图形的方法称为投影法。由此可见，要产生投影必须具备投射线、物体、投影面。

根据投射线之间的相互关系，可以将投影分为中心投影和平行投影。

1. 中心投影

投影中心 S 在有限的距离内，由一点发出的投射线所产生的投影，称为中心投影，如图2.1（b）所示。

中心投影的特点：投影线相交于一点，投影图的大小与投影中心 S 距离投影面的远近有关，在投射中心 S 与投影面 P 距离不变的情况下，物体离投影中心 S 越近，投影图越大，反之越小。

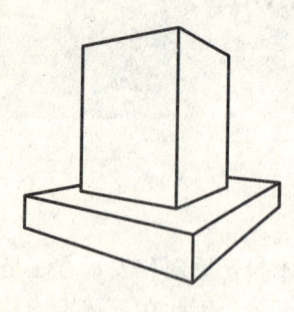

图2.2 透视图

用中心投影法绘制物体的投影图称为透视图，如图 2.2 所示。透视图的直观性很强、形象逼真，但绘制比较繁琐，常用作建筑效果图，不能作为施工图用。

2. 平行投影

把投射中心 S 移到离投影面无限远处，则投射线可视为互相平行，由此产生的投影，称为平行投影。

平行投影的特点：投射线互相平行，所得投影的大小与物体离投射中心的距离无关。

根据互相平行的投射线与投影面是否垂直，又分为斜投影和正投影。

（1）斜投影

投射线倾斜于投影面，所作物体的投影，称为斜投影，如图2.3（a）所示。

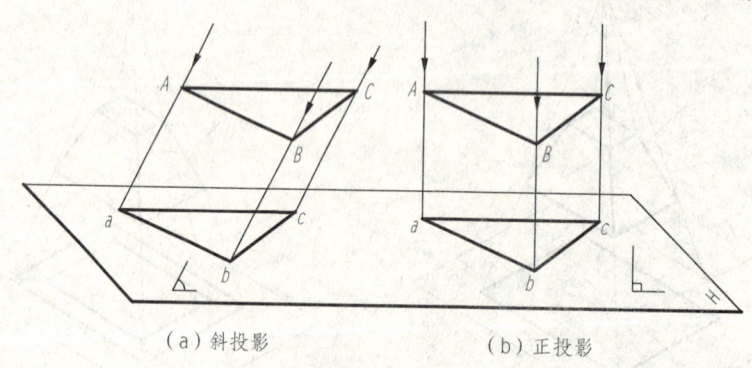

（a）斜投影　　（b）正投影

图2.3 平行投影

用斜投影法可绘制斜轴测图，如图2.4所示。

（2）正投影

投射线与投影面垂直，所作出的投影，称为正投影，也称为直角投影，如图2.3（b）所示。

用正投影法在互相垂直的两个或多个投影面上所得到的正投影，按一定的规律展开在一个图面上,使该物体的各投影图有规律的配置,用以表达物体的真实形状,如图 2.5 所示。

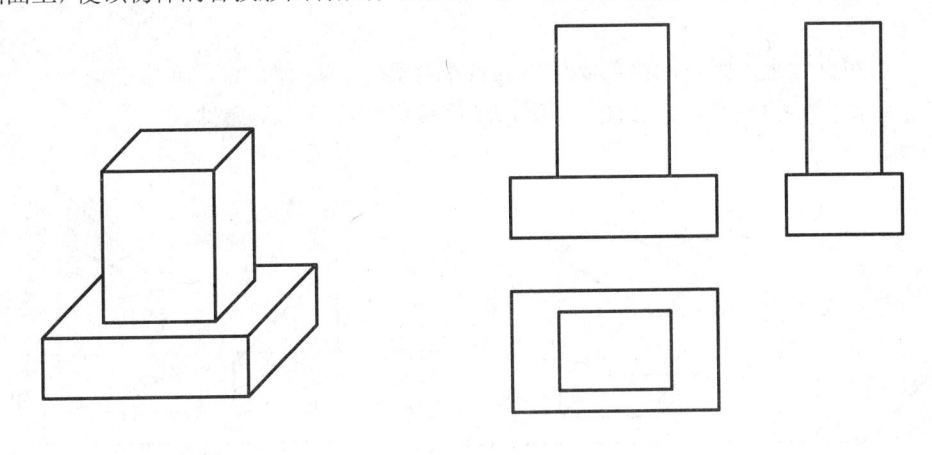

图 2.4　斜轴测图

图 2.5　正投影

这种投影图的图示方法简单,可真实地反映物体的形状和大小,即度量性好,是用于绘制施工图的主要图示方法。

本书主要介绍正投影,以后各章中,如无特殊说明,所称投影均为正投影。

2.1.2　正投影的基本性质

1. 实形性

当空间的直线和平面平行于投影面时,它们的投影分别反映实长和实形,该投影特性称为实形性,如图 2.6 所示。

2. 积聚性

当直线和平面垂直于投影面时,直线的投影变成一个点,平面的投影成为一条直线,该投影特性称为积聚性,如图 2.7 所示。

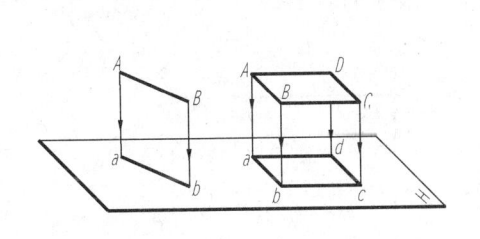

图 2.6　正投影的实形性

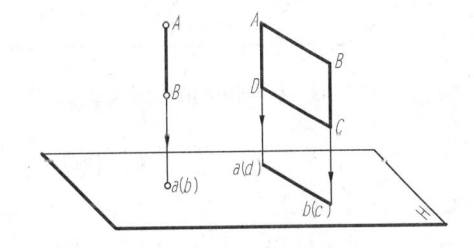

图 2.7　正投影的积聚性

3. 类似性

当直线与平面均倾斜于投影面时,从图 2.8 中看出,直线的投影都比实长缩短;平面的投影比实际图形面积缩小,但仍反映其原来图形的类似形状,该投影特性称为类似性。

4. 从属性

点在直线上，则点的投影必定在直线的投影上。同理，直线在平面内，其直线的投影必定在平面的投影内，如图 2.9 所示。该投影特性称为从属性。

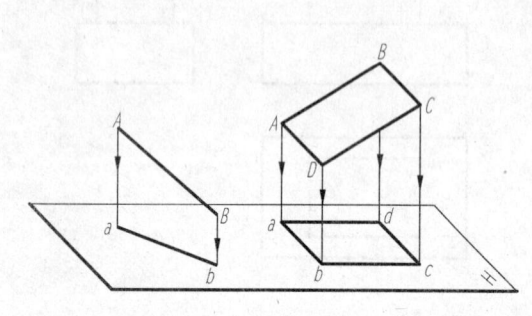

图 2.8 正投影的类似性

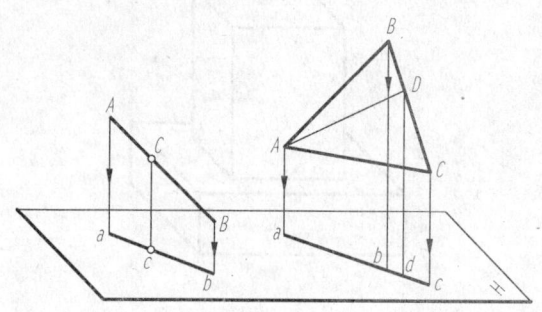

图 2.9 正投影的从属性

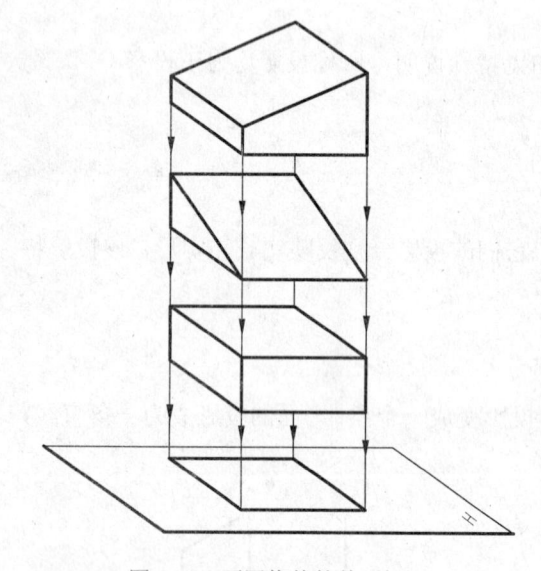

图 2.10 不同物体的单面投影

2.1.3 三面投影图的形成及规律

用一个投影图来表达物体的形状是不够的。如图 2.10 所示，三个形状不同的物体在投影面 H 上具有相同的正投影，单凭这个投影图无法确定物体的准确形状。

1. 三面投影体系的建立

为了使正投影图能唯一确定较复杂物体的形状，国家标准规定设立三个互相垂直的投影面，组成一个三面投影体系，如图 2.11 所示。水平投影面用"H"标记，简称水平面或 H 面；正立投影面用"V"标记，简称正立面或 V 面；侧立投影面用"W"标记，简称侧面或 W 面。两个投影面的交线称为投影轴。H 面与 V 面的交线为 OX 轴，H 面与 W 面的交线为 OY 轴，V 面与 W 面的交线为 OZ 轴，它们也互相垂直，并交汇于原点 O。

2. 三面投影图的形成

将物体放置于三面投影体系中，即把物体的主要表面与三个投影面对应平行，然后用三组分别垂直于三个投影面的平行投射线进行投影，即

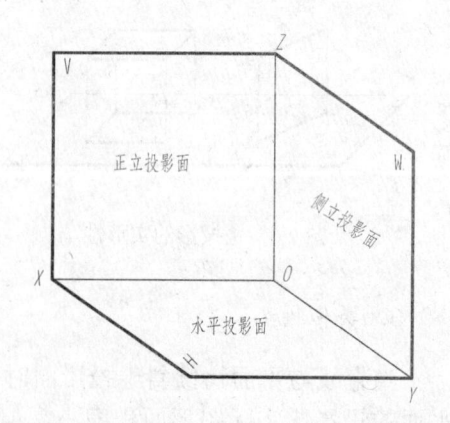

图 2.11 三面投影体系

可得到三个方向的正投影图，如图 2.12（a）所示。

1）从上向下投影，在 H 面上得到水平投影图，简称水平投影或 H 投影。

2）从前向后投影，在 V 面得到正面投影图，简称正面投影或 V 投影。

3）从左向右投影，在 W 面上得到侧面投影图，简称侧面投影或 W 投影。

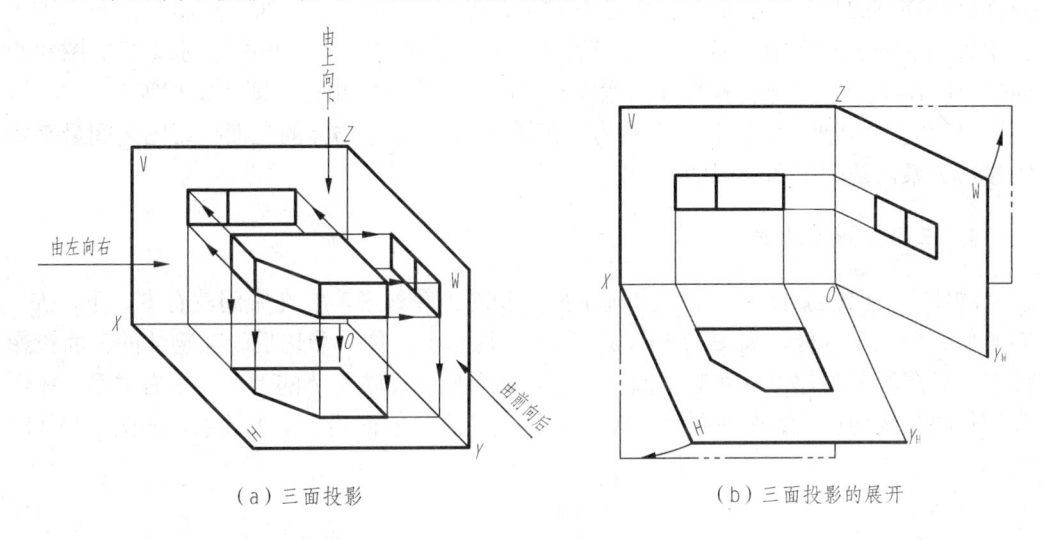

（a）三面投影　　　　　　　　　（b）三面投影的展开

图 2.12　三面投影图的形成与展开

为了把互相垂直的三个投影面上的投影画在一张二维的图纸上，就必须将其展开。展开方法为：V 面不动，H 面沿 OX 轴向下旋转 90°，W 面沿 OZ 轴向后旋转 90°，使三个投影面处于同一张图纸内，如图 2.12（b）所示。需要注意的是，这时 Y 轴分为两条，一条随 H 面旋转到 OZ 轴的正下方，用 Y_H 表示；一条随 W 面旋转到 OX 轴的正右方，用 Y_W 表示，如图 2.13（a）所示。

实际绘图时，在投影图外不必画出投影面的边框，不需注写 H、V、W 字样，也不必画出投影轴，如图 2.13（b）所示。这就是物体的三面正投影图，简称三面投影。习惯上将这种不画投影面边框和投影轴的投影图称为"无轴投影"，工程中的图样均是按照"无轴投影"绘制的。

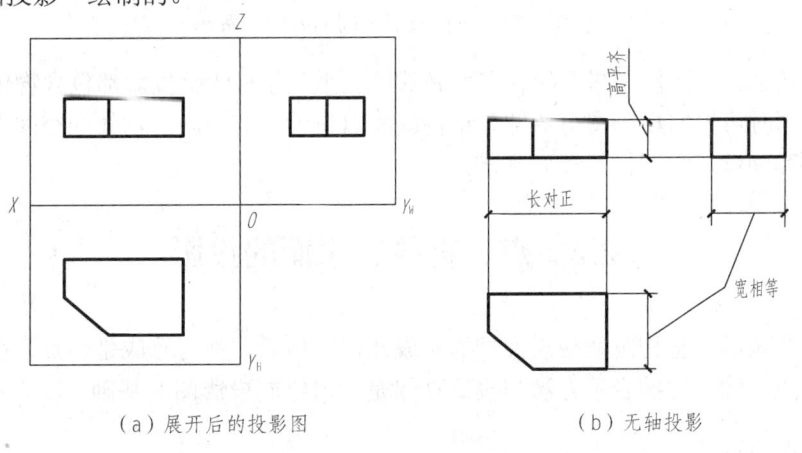

（a）展开后的投影图　　　　　　　　　（b）无轴投影

图 2.13　物体的三面投影

3. 三面投影图的投影关系

在三面投影体系中，物体的 X 轴方向称为长度，Y 轴方向称为宽度，Z 轴方向称为高度，如图 2.13（b）所示。在物体的三面投影中，水平投影图和正面投影图在 X 轴方向都反映物体的长度，它们的位置左右对正，即"长对正"。正面投影图和侧面投影图在 Z 轴方向都反映物体的高度，它们的位置上下对齐，即"高平齐"；水平投影图和侧面投影图在 Y 轴方向都反映物体的宽度，这两个宽度一定相等，即"宽相等"。

"长对正、高平齐、宽相等"称为"三等关系"，它是物体的三面投影图之间最基本的投影关系，是画图和读图的基础。

4. 三面投影图的方位关系

物体在三面投影体系中的位置确定后，相对于观察者，它在空间就有上、下、左、右、前、后六个方位，如图 2.14（a）所示。这六个方位关系也反映在物体的三面投影图中，每个投影图都可反映其中四个方位。V 面投影反映物体的上下、左右关系，H 面投影反映物体的前后、左右关系，W 面投影反映物体的前后、上下关系，如图 2.14（b）所示。

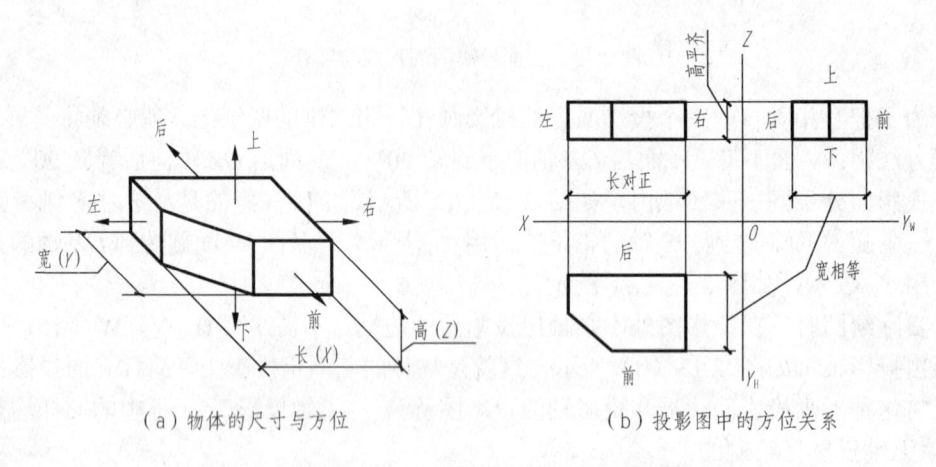

（a）物体的尺寸与方位　　　　（b）投影图中的方位关系

图 2.14　三面投影之间的方位关系

综上所述，三面投影图之间存在着必然的联系，任意两个投影都包含物体三个方向的尺寸。同时可根据投影图中各部分结构的相对位置，准确确定物体的空间形状，这是学习绘制和阅读工程图样的重要基础。

2.2　点、直线、平面的投影

任何复杂的工程构筑物的表面，抽象成几何物体后，都可看成是由点、线、面组成的。了解点、线、面的表示方法与投影规律是学习绘制投影图的基础。

2.2.1　点的投影

如图 2.15（a）所示，将空间点 A 置于三面投影体系中，过 A 点向三个投影面做正投影，即可得到 A 点的三面投影。图中规定点的投影用相应的小写字母表示，即水平（H 面）投影 a、正面（V 面）投影 a′、侧面（W 面）投影 a″。

移去空间点 A，将投影体系展开，得到点的三面投影图，如图 2.15（b）所示。

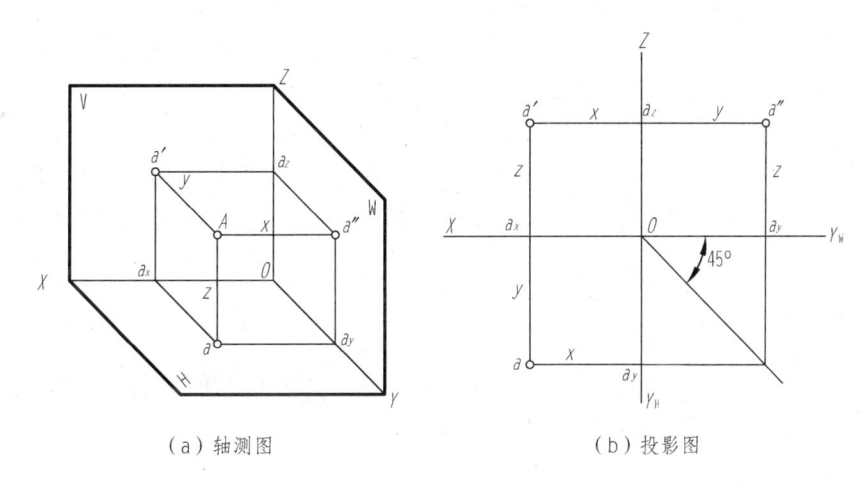

(a) 轴测图　　　　　　　　　　　(b) 投影图

图 2.15　点的三面投影

由图 2.15（a）可知，通过 A 点的各投射线和三条坐标轴形成一个长方体，其中相交的边彼此垂直，平行的边长度相等。三面投影体系展开后，点的三面投影之间具有下述投影规律：

1）点的水平投影和正面投影的连线垂直于 OX 轴，即 aa′⊥OX。
2）点的正面投影和侧面投影的连线垂直于 OZ 轴，即 a′a″⊥OX。
3）点的水平投影到 OX 轴的距离，等于点的侧面投影到 OZ 轴的距离，即 $aa_x=a″a_z$。

由上述三条投影规律可知，每两个投影之间都有联系，已知点的两面投影，即可求出其第三面投影。

【例 2.1】　已知点 A 的正面投影 a′ 和侧面投影 a″，求其水平投影 a，如图 2.16（a）所示。

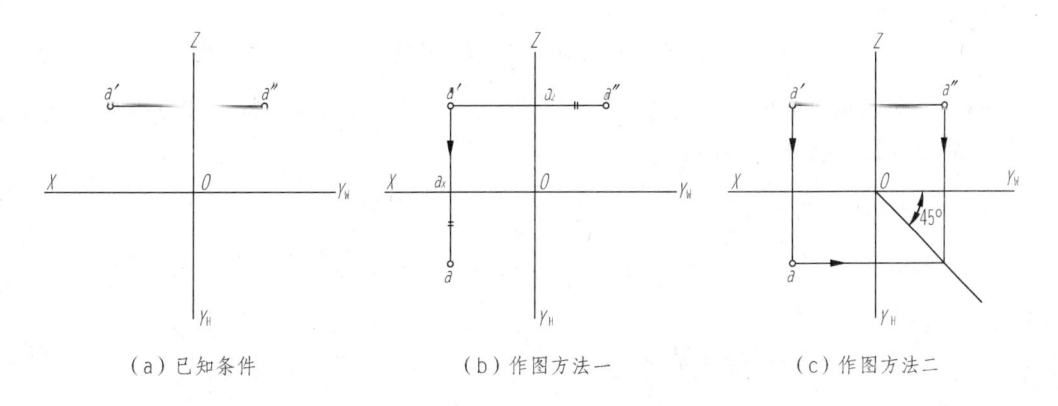

(a) 已知条件　　　　　(b) 作图方法一　　　　　(c) 作图方法二

图 2.16　由点的两面投影求第三面投影

【分析】　由点的投影规律可知，点的 V 面投影与 H 面投影的连线垂直于 OX 轴，故 H 面投影 a 必在过 a′ 且垂直于 OX 轴的投影连线上。又根据点的 W 面

投影到 OZ 轴的距离等于 H 面投影到 OX 轴的距离，即 $aa_X=a''a_Z$，因此只要在过 a' 所作的连线上截取 $aa_X=a''a_Z$，即可求得 a。

【作图】 根据点的投影规律，作图过程如图 2.16 所示。

方法一：如图 2.16（b）所示。

1）过 a' 作垂线并与 OX 轴交于 a_X 点（a 必在 $a'a_X$ 的延长线上）。

2）在垂线上量取 $aa_X=a''a_Z$ 即可求得 a 点。

方法二：如图 2.16（c）所示。

作图时，可过 O 点作 45°斜线，从 a'' 点作 OY_W 轴的垂线与 45°斜线相交，再作 OY_H 的垂线与过 a' 点作 OX 轴的垂线相交，交点即为点 A 的水平投影 a。

2.2.2 直线的投影

由初等几何可知，两点确定一条直线，所以画出直线上任意两点的投影，连接其同面投影，即可得直线的投影，如图 2.17 所示。

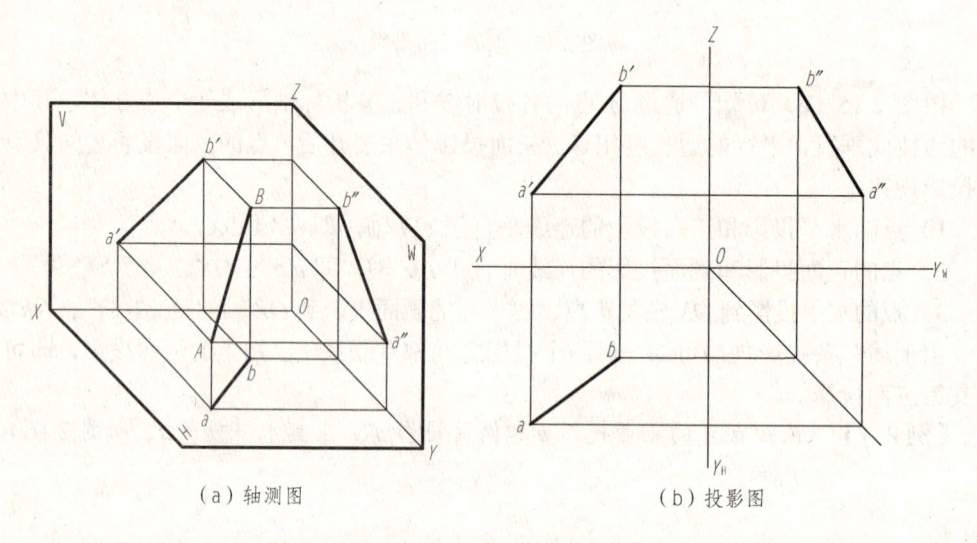

（a）轴测图　　　　　　　　　　　　（b）投影图

图 2.17　一般位置直线的投影

按直线对于投影面的相对位置可分为一般位置直线、投影面平行线和投影面垂直线三种，后两种称为特殊位置直线。

1. 投影面平行线

投影面平行线有三种：平行于 H 面的直线称为水平线；平行于 V 面的直线称为正平线；平行于 W 面的直线，称为侧平线。

投影面平行线的投影特性见表 2.1。

表 2.1 投影面平行线的投影特性

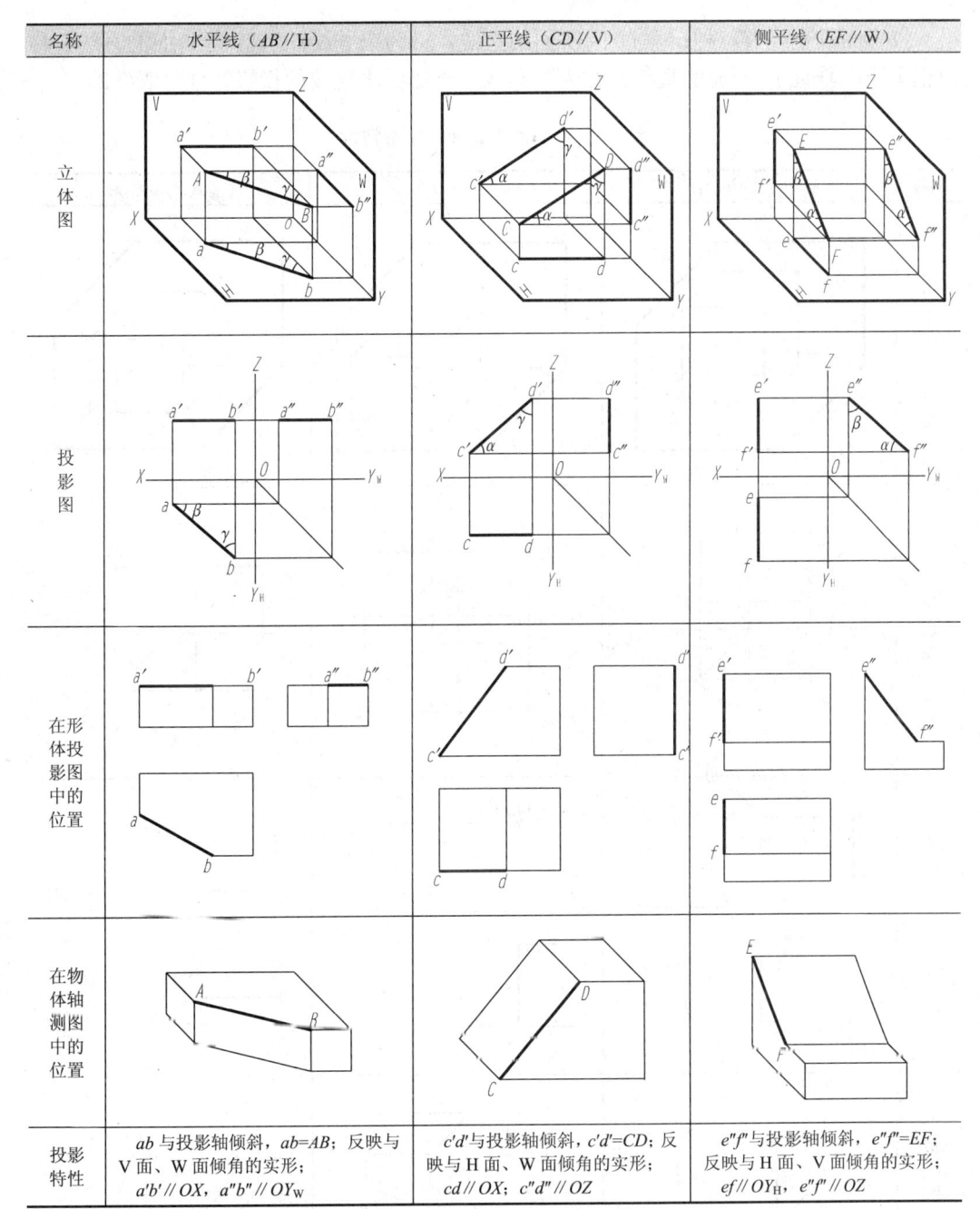

名称	水平线（AB∥H）	正平线（CD∥V）	侧平线（EF∥W）
立体图			
投影图			
在形体投影图中的位置			
在物体轴测图中的位置			
投影特性	ab 与投影轴倾斜，$ab=AB$；反映与 V 面、W 面倾角的实形；$a'b'\mathbin{/\mkern-3mu/} OX$，$a''b''\mathbin{/\mkern-3mu/} OY_W$	$c'd'$ 与投影轴倾斜，$c'd'=CD$；反映与 H 面、W 面倾角的实形；$cd\mathbin{/\mkern-3mu/} OX$；$c''d''\mathbin{/\mkern-3mu/} OZ$	$e''f''$ 与投影轴倾斜，$e''f''=EF$；反映与 H 面、V 面倾角的实形；$ef\mathbin{/\mkern-3mu/} OY_H$，$e''f''\mathbin{/\mkern-3mu/} OZ$

由表 2.1 可以概括出投影面平行线的投影特性：

- 直线平行于某投影面，则该投影面上的投影反映实长。该投影与投影轴的夹角反映直线对其他两个投影面的倾角。
- 在另外两个投影面上的投影，分别平行于相应的投影轴，且不反映直线的实长。

2. 投影面垂直线

投影面垂直线有三种：垂直于 H 面的直线，称为铅垂线；垂直于 V 面的直线，称为正垂线；垂直于 W 面的直线，称为侧垂线。投影面垂直线的投影特性见表 2.2。

表 2.2　投影面垂直线的投影特性

名称	铅垂线（$AB \perp H$）	正垂线（$CD \perp V$）	侧垂线（$EF \perp W$）
立体图			
投影图			
在形体投影图中的位置			
在物体轴测图中的位置			
投影特性	ab 积聚为一点； $a'b' \perp OX$，$a''b'' \perp OY_W$； $a'b'=a''b''=AB$	$c'd'$ 积聚为一点； $cd \perp OX$，$c''d'' \perp OZ$； $cd=c''d''=CD$	$e''f''$ 积聚为一点； $ef \perp OY_H$，$e'f' \perp OZ$； $ef=e'f'=EF$

由表 2.2 可以概括出投影面垂直线的投影特性：
- 直线垂直于一个投影面，则在该投影面上的投影积聚成一点。

- 在另外两个面上的投影，分别垂直于相应的投影轴，反映直线实长。

3. 一般位置直线

与三个投影面都倾斜的直线称为一般位置直线。由图 2.17 可知一般位置直线的投影特性：
- 直线的三个投影与各投影轴既不平行也不垂直。任何投影与投影轴的夹角，均不反映直线与任何投影面的真实倾角。
- 直线的三个投影长度均小于实长且无积聚性。

2.2.3 平面的投影

由初等几何可知，不在同一直线上的三点可以确定空间一平面。平面物体的表面是由若干个平面多边形组合而成的。因此，平面的投影可用多边形图形的投影表示，如图 2.18 所示。

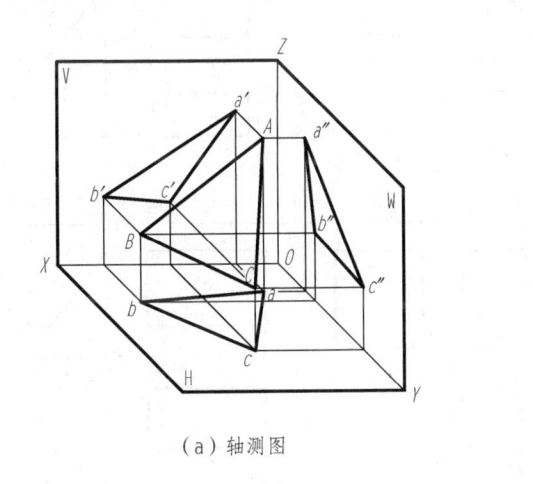

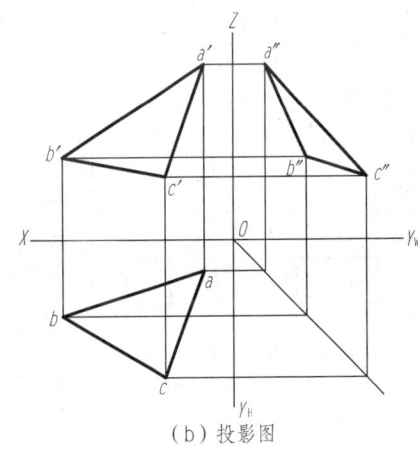

(a) 轴测图

(b) 投影图

图 2.18 一般位置平面

平面与投影面的相对位置可以分为三种情况，即一般位置平面、投影面垂直面和投影面平行面，后两种称为特殊位置平面。

1. 一般位置平面

对于三个投影面都倾斜的平面，称为一般位置平面，如图 2.18 所示。一般位置平面的投影特性是：它的三个投影既没有积聚性，也不能反映平面的实形，均为空间平面图形的类似形。

2. 投影面垂直面

垂直于一个投影面，倾斜于其他两投影面的平面称为投影面垂直面。仅与 H 面垂直的平面称为铅垂面；仅与 V 面垂直的平面称为正垂面；仅与 W 面垂直的平面称为侧垂面。它们的空间位置、投影图和投影特性见表 2.3。

表2.3 投影面垂直面的投影特性

名称	铅垂面（$A \perp H$）	正垂面（$B \perp V$）	侧垂面（$C \perp W$）
立体图			
投影图			
在形体投影图中的位置			
在形体轴测图中的位置			
投影特性	H 面投影 a 积聚为一斜线且反映平面与 V 面、W 面倾角的实形；V 面投影 a' 和 W 面投影 a'' 小于实形，是实形的类似形	V 面投影 b' 积聚为一斜线且反映平面与 H 面、W 面倾角的实形；H 面投影 b 和 W 面投影 b'' 小于实形，是实形的类似形	W 面投影 c'' 积聚为一直线，且反映平面与 H 面、V 面倾角的实形；H 面投影 c 和 V 面投影 c' 小于实形，是实形的类似形

从表 2.3 中可以归纳出投影面垂直面的投影特性：

- 平面在与它垂直的投影面上的投影积聚成直线（积聚性），并且该投影与投影轴的夹角等于该平面与相应投影面的倾角。
- 平面的其他两面投影都小于实形（类似性）。

3．投影面平行面

平行于一个投影面，称为投影面平行面。平行于 H 面的称为水平面；平行于 V 面的称为正平面；平行于 W 面的称为侧平面。它们的空间位置、投影图和投影特性见表 2.4。

表 2.4　投影面平行面的投影特性

名称	水平面（A∥H）	正平面（B∥V）	侧平面（C∥W）
立体图			
投影图			
在形体投影图中的位置			
在形体轴测图中的位置			
投影特性	H 面投影 a 反映实形；V 面投影 a' 和 W 面投影 a'' 积聚为直线，分别平行于 OX、OY_W 轴	V 面投影 b' 反映实形；H 面投影 b 和 W 面投影 b'' 积聚为直线，分别平行于 OX、OZ 轴	W 面投影 c'' 反映实形；H 面投影 c 和 V 面投影 c' 积聚为直线，分别平行于 OY_H、OZ 轴

从表 2.4 中可以归纳出投影面平行面的投影特性：

- 平面在它所平行的投影面上的投影反映实形。
- 平面的其他两个投影积聚成直线（积聚性），并且平行于相应的投影轴。

2.2.4 点、直线、平面的从属关系

1. 直线上的点

如图 2.19（a）所示，如果点 C 在直线 AB 上，则点 C 的投影一定在直线 AB 的同面投影上。在图 2.19（b）中，点 C 在 AB 上，则 c′在 a′b′上，c 在 ab 上，c″在 a″b″上；反之，如果点 c 的各投影均在直线 AB 的同面投影上，且符合点的投影规律，则点 C 必在直线 AB 上。

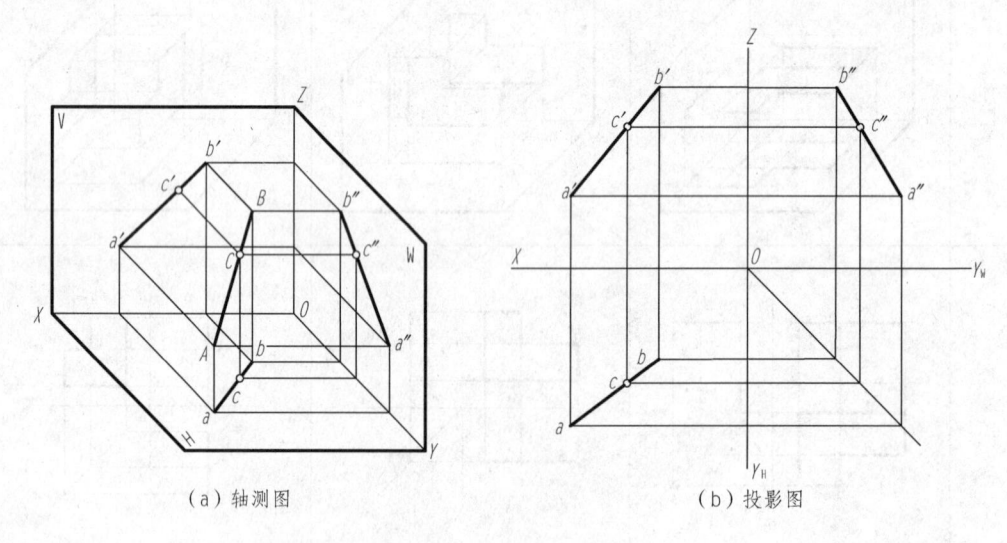

（a）轴测图　　　　　　　　　　（b）投影图

图 2.19　直线上的点

2. 平面内的点、直线

由初等几何可知，点在平面上的几何条件是：如果点位于平面内的任一直线上，则此点在该平面内。

根据上述条件，在平面内取点的方法如下：
- 在平面内的已知线段上取点。
- 先在平面上取直线（该直线由已知点所确定），然后在该直线上取符合要求的点。

如图 2.20 所示，直线 AD 为平面△ABC 内的一直线，点 K 在直线 AD 上，则 K 点在平面△ABC 内。

直线在平面内的几何条件应满足通过平面内的两个点，如图 2.20 中的 AD 线段，其端点为平面内的 A、D 点。基本作图方法如图 2.20（b）所示。

【例 2.2】　如图 2.21（a）所示，已知△ABC 内点 K 的水平投影 k，求其正面投影 k′。

【分析】　点 K 在△ABC 内，它必在该平面内的一条线段上。k′、k 应分别位于该线段的同面投影上。所以，若求 K 点的投影，则必先在△ABC 内过点 K 的已知投影作辅助线。

(a)轴测图   (b)投影图

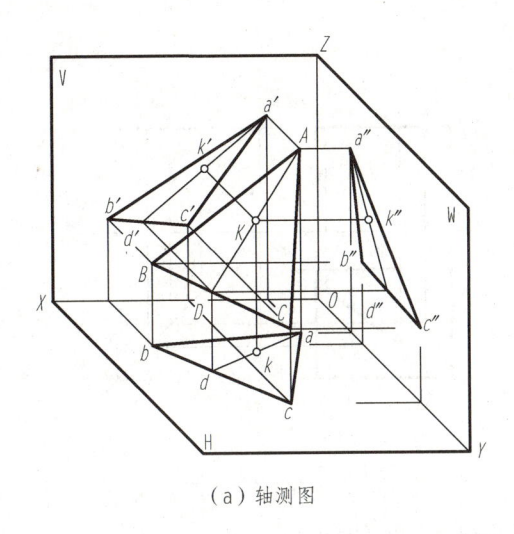

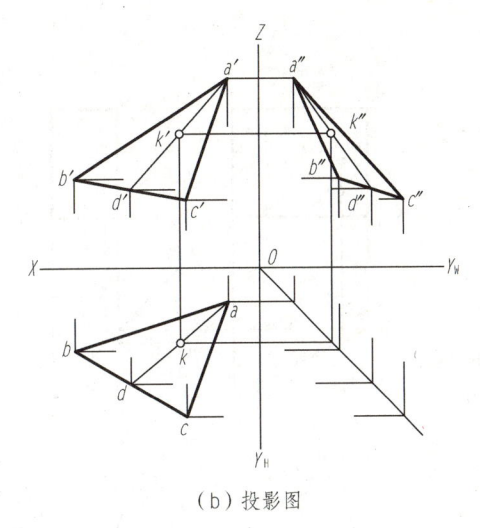

图2.20 平面内的点和直线

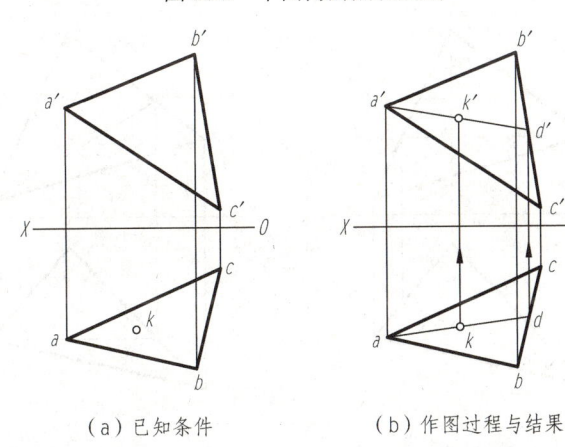

(a)已知条件   (b)作图过程与结果

图2.21 求平面内点k的V面投影

【作图】 如图2.21(b)所示。
1)在H面投影上过k任作一线段ad,即过点k的辅助线的H面投影。
2)作出辅助线的正面投影a'd'。
3)过k作投影连线与a'd'相交即得k',完成作图。

当平面为特殊位置平面时,平面内的点、直线将随着平面重合在有积聚性的投影上,如图2.22所示。

3. 平面内的特殊位置直线

平面内平行于H、V、W面的直线分别称为平面内的水平线、正平线和侧平线。

平面内的投影面平行线,既要符合直线在平面内的条件,又要具有平行线的投影特性。如图2.23(a)所示,线段AD为△ABC平面内的水平线,则必有a'd' // OX;图2.23(b)中的线段CD为△ABC平面内的正平线,则有cd // OX。

（a）铅垂面内的点　　　　　　　　　（b）水平面内的点、直线

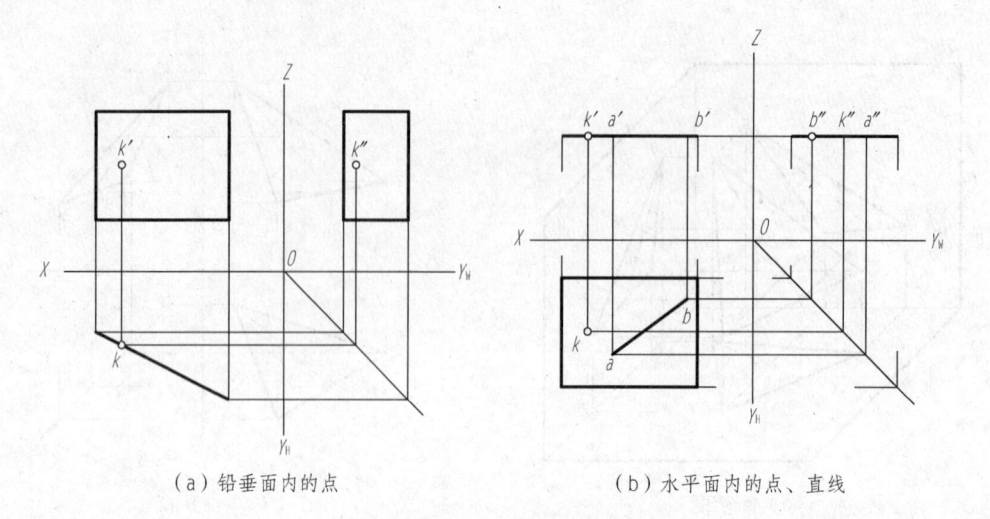

图 2.22　特殊位置平面内的点和直线

（a）平面内的水平线　　　　　　　　（b）平面内的正平线

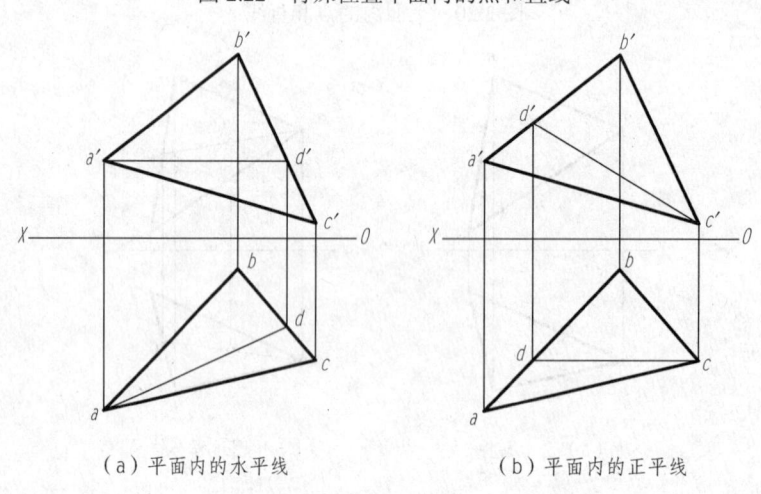

图 2.23　平面内的投影面平行线

思 考 题

2.1　什么是投影法？
2.2　投影法的分类有哪几种？
2.3　正投影有哪些基本特性？
2.4　三视图如何形成与展开？
2.5　试述三视图的投影规律。
2.6　试述点的三面投影图的投影特性。
2.7　试述各种位置直线和平面的投影特征。
2.8　直线上的点有哪些投影特性？
2.9　平面内的点和直线的投影特性是什么？

第 3 章 立体的投影

建筑物体是由一些简单几何体按一定方式组合而成的。这些简单几何体称为基本体。

基本体根据其表面性质的不同可分为两大类：由若干个平面围成的物体称为平面立体；由曲面或曲面和平面围成的物体称为曲面立体，如圆柱、圆锥、球等。本章主要讨论基本体的投影以及它们的截切与相交。

由本章开始，书中插图一般采用无轴投影图。

3.1 平面体的投影

平面立体由若干棱面（侧面）、棱线（两棱面的交线）所组成。平面立体的投影实质是求作棱线和棱面的投影，这些投影就构成了平面立体的投影轮廓线。常见平面体有棱柱、棱锥（含棱台）等，如图 3.1 所示。

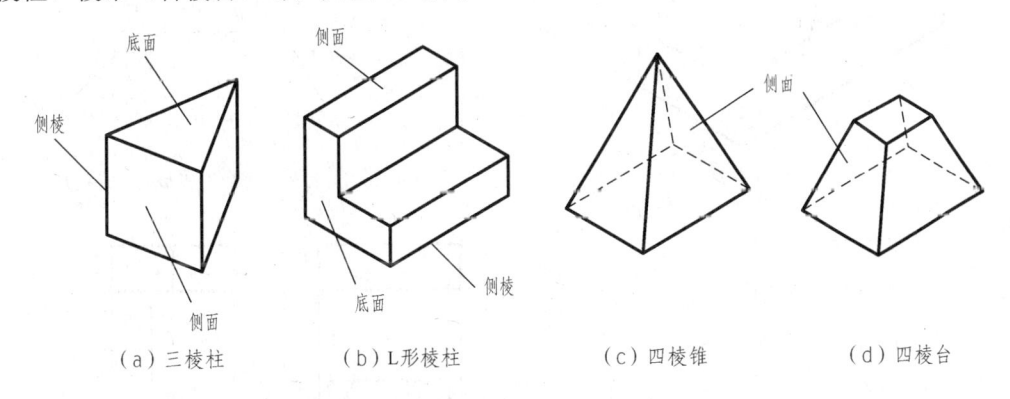

（a）三棱柱　　（b）L 形棱柱　　（c）四棱锥　　（d）四棱台

图 3.1　基本平面体

3.1.1　平面体投影图的画法

1. 棱柱

棱柱有直棱柱（侧棱与底面垂直）和斜棱柱（侧棱与底面倾斜）之分，本节只介绍直棱柱。

如图 3.2 所示,直棱柱的形体特征是:两个底面是互相平行且全等的多边形,各侧棱互相平行且垂直于底面,各侧面均为矩形。如图 3.2 所示,(a)为三棱柱;(b)为六边"L"形柱,称为"L"形柱;(c)底面为"工"字形,称为"工"字形柱。由此可见,棱柱体的两底面是反映棱柱形状的特征面,特征面是几边形或"形状",即为几棱柱(或××棱柱)。

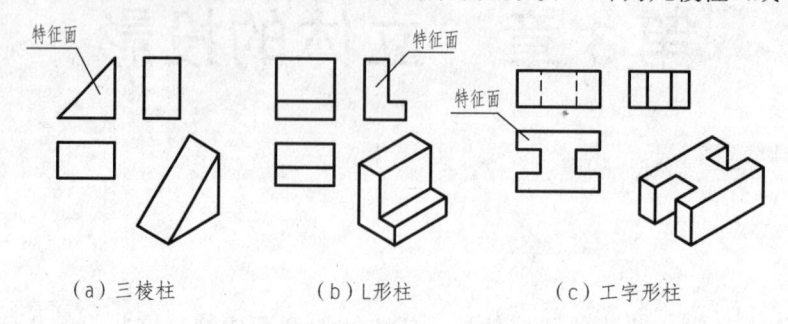

(a)三棱柱　　(b)L形柱　　(c)工字形柱

图 3.2　棱柱体的投影

(1)棱柱体的投影

图 3.3(a)所示为正六棱柱在三面投影体系中的投影。

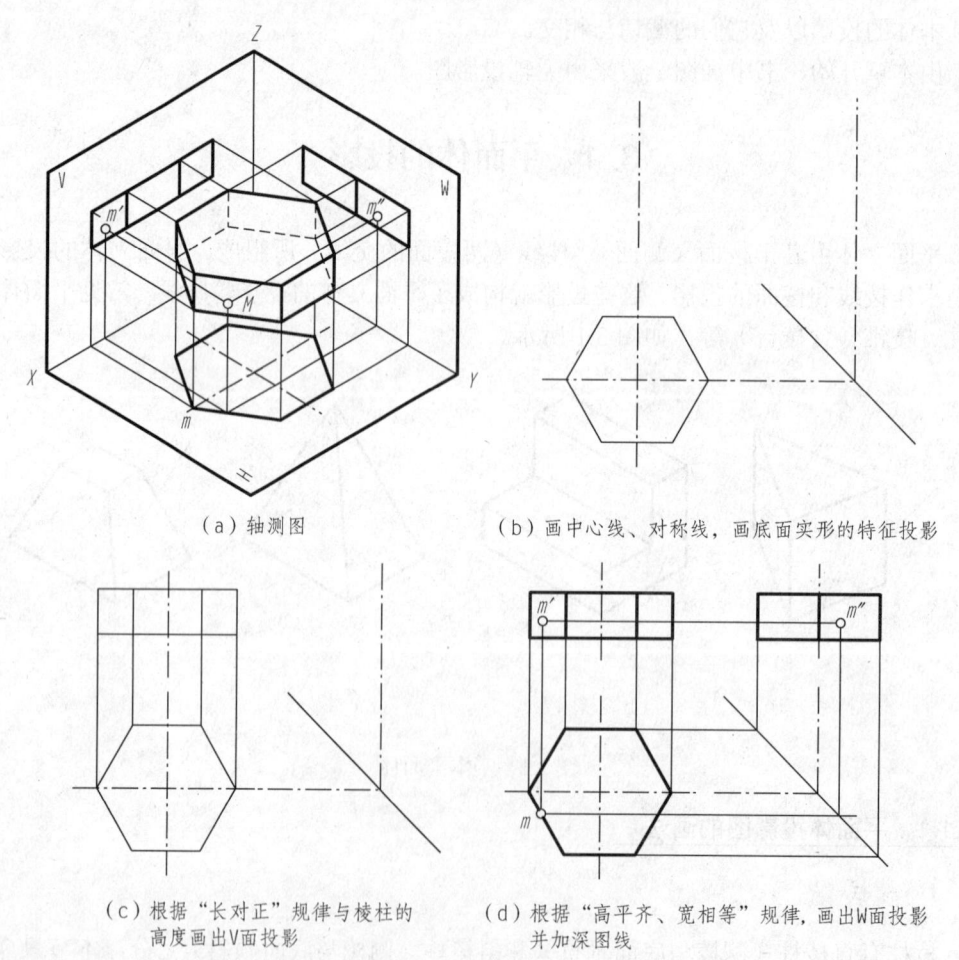

(a)轴测图　　(b)画中心线、对称线,画底面实形的特征投影

(c)根据"长对正"规律与棱柱的高度画出V面投影　　(d)根据"高平齐、宽相等"规律,画出W面投影并加深图线

图 3.3　正六棱柱的投影

水平投影：是一个正六边形，反映两底面的实形。上底面可见，下底面不可见。六个侧面垂直于 H 面，其投影均积聚为直线，其中前、后两侧面的积聚投影平行于 OX 轴。

正面投影：由三个矩形线框组成。中间的线框反映前、后两个侧面的实形，前侧面可见，后侧面不可见；旁边两个线框反映其余四个侧面的投影，是类似形。同理，位于前面的可见，位于后面的不可见；顶面和底面投影积聚为直线，平行于 OX 轴。

侧面投影：是两个矩形线框，分别反映四个侧面的投影，是类似形，位于左面的两个侧面可见，位于右面的侧面可见；前、后两侧面、顶面、底面的投影均积聚为直线，分别平行于 OZ 轴、OY 轴。

分析棱柱的投影，关键是作出各条棱线的投影，而棱线的投影又由其端点所确定，为此只须作出棱柱体上各顶点的投影，再相应连线并判别可见性（不可见棱线的投影画成虚线）即可。每条棱线的三面投影的可见性也确定了其所在棱面的可见性，如果一个侧棱面的两条棱线在某个投影面上的投影都可见，则这个棱面在该面上的投影一定可见。另外，六棱柱的上、下底面为水平面，H 面投影反映实形，是棱柱体的形体特征。

应该注意到，在投影图中，必须保持各几何元素之间的长对正、高平齐、宽相等。从六棱柱的三面投影图中可见：V 面投影反映了六棱柱的高度和长度；H 面投影反映了六棱柱的长度和宽度；W 投影反映了六棱柱的高度和宽度。

作图时，一般先画出对称中心线，再画出反映棱柱底面实形的特征投影，然后根据投影规律和柱高画出其他投影。画图时"宽相等"的关系往往容易搞错，故在图 3.3（b）中，选适当位置画一条 45°斜线，有助于掌握"宽相等"的关系。六棱柱投影图的作图步骤如图 3.3 所示。

（2）棱柱体表面取点和直线

由于直棱柱的外表面其投影都具有积聚性，表面上取点和直线可直接利用其所在表面的积聚投影，再结合点的三面投影规律作出三面投影。如果点在棱线上，则按照正投影的从属性直接在棱线的各投影中确定点的投影位置。图 3.3（a）中点 M，位于六棱柱的左前表面内，其三面投影作图如图 3.3（d）所示。

【例 3.1】 如图 3.4 所示，已知五棱柱的 V、H 面投影，及棱面上点 A、C 和线段 BD 的单面投影，要求补全五棱柱体的侧面投影，并作出表面点、线段的其他两面投影。

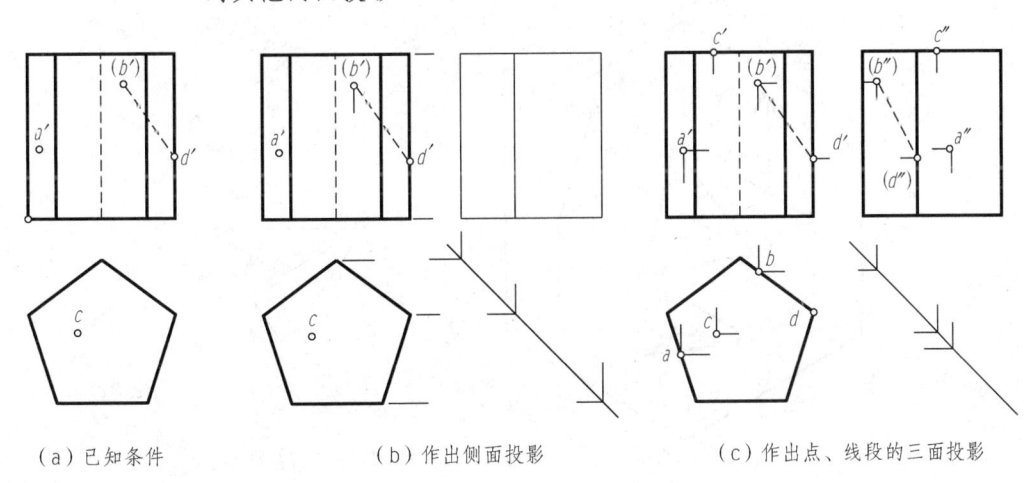

（a）已知条件　　　　（b）作出侧面投影　　　　（c）作出点、线段的三面投影

图 3.4　五棱柱面上的点和直线

【分析】 由图 3.4 中 V 投影的可见性分析，点 A 在左前侧面上，点 B 在右后侧面上，点 D 落在最右侧棱线上。点 C 的 H 面投影在五边形的边框内，又是可见的，则 C 点在五棱柱的上底面上。

【作图】 如图 3.4（b）和（c）所示。

1）根据五棱柱的 V、H 面投影，作出其侧面投影，如图 3.4（b）所示。
2）由 V 面投影 a'、b' 向下作投影连线与所在表面的 H 面投影相交，得 a、b。
3）由 V 面投影 a'、b' 向右作投影连线，再由 H 面投影 a、b 作折线，两线交点为 a''、b''。
4）由 d' 向右、向下作投影连线在已知棱线的 H、W 面投影得 d、d''。
5）由 H 面投影 c 向上作投影连线得 c'，再按点的三面投影规律作出 c''。
6）连接 B、D 的同面投影，即可作出直线 BD 的三面投影。
7）可见性判断。分析各点、直线所在五棱柱外表面的投影是否可见，来确定点、直线各投影的可见性，如图 3.4（c）所示。

2. 棱锥

棱锥的形体特征是：底面形状为多边形，侧棱面的形状均为三角形，各条侧棱线均汇交于一点即锥顶。

（1）棱锥的投影

棱锥的投影如图 3.5 所示。三棱锥的表面由四个三角形组成，各棱线又由其端点所确定。为此，只要作出各端点的投影，再相应连线并判别可见性，即可得三棱锥的投影。

由图 3.5（a）可知：三棱锥 S-ABC 的底面 △ABC 为水平面，H 面投影反映实形，为不可见面。三个侧面的 H 面投影 sac、sab、sbc 均为可见，其中，△SAB、△SBC 的 V 面投影可见，△SAC 的 V 面投影为不可见，△SAB 的 W 面投影可见，△SBC 的 W 面投影不可见。由于 AC 为侧垂线，△SAC 为侧垂面，其 W 面投影积聚成一直线。

作投影图时，应先画出底面 △ABC 和顶点 S 的 H 面投影，然后根据锥的高度，完成 V 面投影，自三棱锥顶点 S 向底面各点 A、B、C 的同面投影分别连线，即得三棱锥的投影图，作图步骤如图 3.5（b~d）所示。

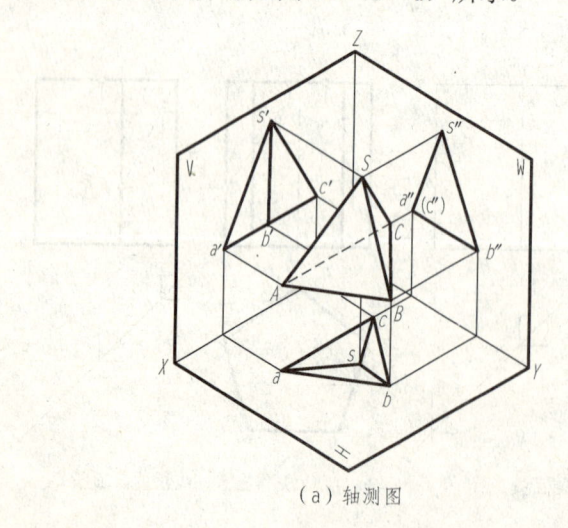

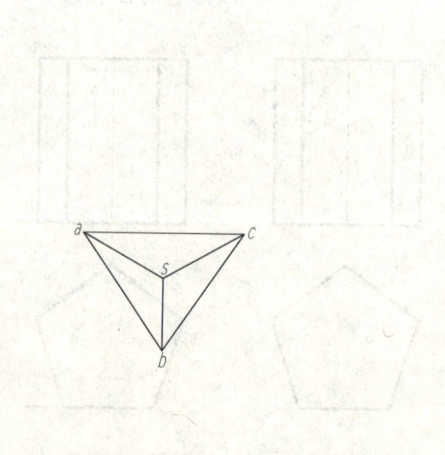

(a) 轴测图　　　　　　　　　(b) 画底面实形的特征图

图 3.5　棱锥的投影

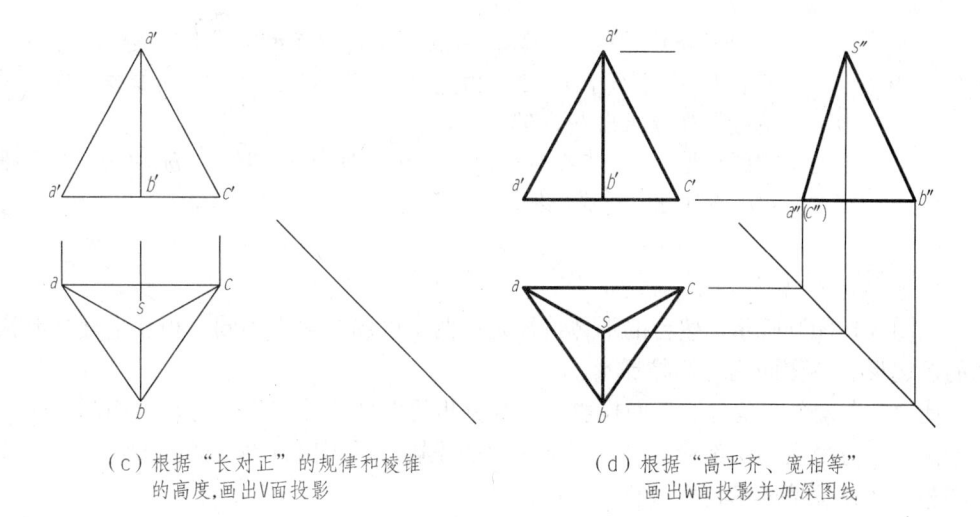

（c）根据"长对正"的规律和棱锥的高度,画出V面投影

（d）根据"高平齐、宽相等"画出W面投影并加深图线

图 3.5 棱锥的投影（续）

(2) 棱锥表面上取点和直线

棱锥的表面有一般位置平面,因此在表面上确定点或线段的投影时,应首先判断该点或线段所在表面的三面投影,再选择作图方法,完成点或线段的投影。图 3.6 为三棱锥的投影,其中有两个侧面是一般位置平面,投影没有积聚性,位于该面上的点需利用做辅助线方法求出。

【例3.2】 已知三棱锥表面上点 A 的 H 面投影 a,线段 BC 的 V 面投影 b'c',如图 3.6（a）所示。作出其三面投影。

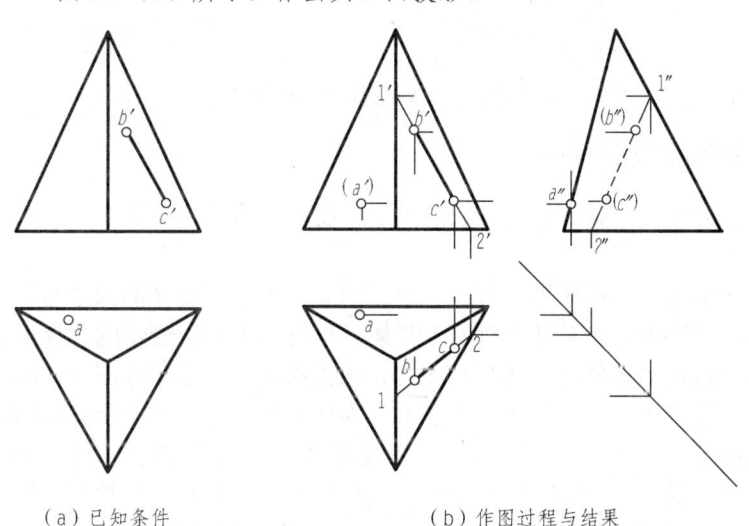

（a）已知条件　　　　（b）作图过程与结果

图 3.6 棱锥表面取点和直线

【分析】 由图 3.6（a）可知,点 A 在三棱锥的后表面上,而后表面为侧垂面,W 面投影有积聚性,可以利用积聚投影作图；直线 BC 在右前表面上,可应用直线与平面的从属关系作图。

【作图】 如图 3.6（b）所示。

1）作出三棱锥的侧面投影。由点 a 作投影连线得出 a″，进而作出 a'。
2）延长 b'c'交棱线于 1'、2'，由直线 1'2'作出 12、1″2″，再根据点在平面内的投影规律求出 bc、b″c″。
3）判别可见性，A 点在后表面，故 V 面投影 a'不可见，bc 可见，侧面投影 b″c″不可见，连成虚线。

3. 棱台

如图 3.1（d）所示，棱台的形体特征是：两个底面为大小不同、相互平行且形状相似的多边形。各侧面均为等腰梯形。

图 3.7 为一个四棱台的三面投影图，其分析思路和画法图步骤与棱锥相同，应当注意的是：画每个投影图都应先画上、下底面的投影，再画出各侧棱面的投影。具体画图步骤和图形特征请读者自行分析。

（a）轴测图　　　　　　　　（b）三面投影图

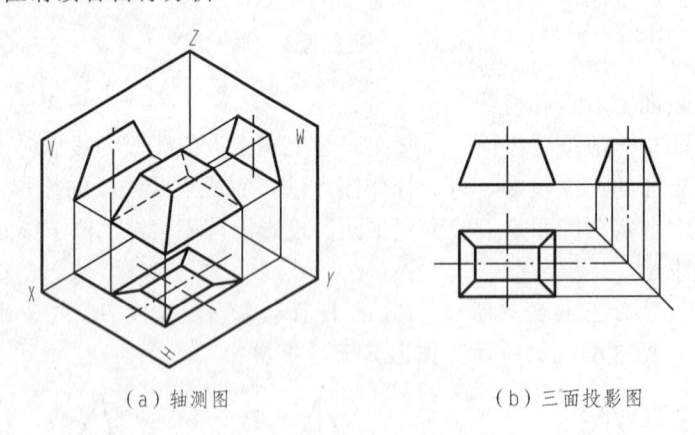

图 3.7　四棱台的三面投影

3.1.2　平面体投影图的识读

平面体投影图的识读，是根据平面体三面投影图的图形特征想象出该体空间形状的过程。

由上述平面体三面投影图的分析与画图可知，基本平面体的投影特征是：在基本平面体的三面投影图中，如果其中有两个投影外框是矩形，所表示的物体应是棱柱体，另一个多边形的投影是该棱柱体的特征投影，该投影是什么形状，即可称为"××柱体"；如果其中两个投影外框是三角形，所表示的物体应是锥体，另一个多边形的投影是特征投影，该投影是几边形，即可称为"×棱锥"；如果两个投影的外框是梯形，所表示的物体应是棱台，另一个投影是特征投影，该投影外框的形状是几边形，即可称为"×棱台"。无论是完整的还是局部的基本平面体，都具有此投影特征。

阅读图 3.8 所示的简单平面体的三面投影图。

图 3.8（a）中水平投影和侧面投影外框均是矩形，依据上述投影特征判断该物体是棱柱体，正面投影是特征投影，其形状为"凸"字形，是两个底面实形，故该物体为"凸形柱"。同理可识读图 3.8（b，c）。

图 3.8（d）中正面投影和水平投影外框均为三角形，依据上述投影特征判断该物体为锥体，侧面投影是特征投影，其外框形状是四边形，是底面实形，由此判断该物体是

锥顶向左、底面为侧平面的四棱锥。同理可识读图 3.8（e，f）。

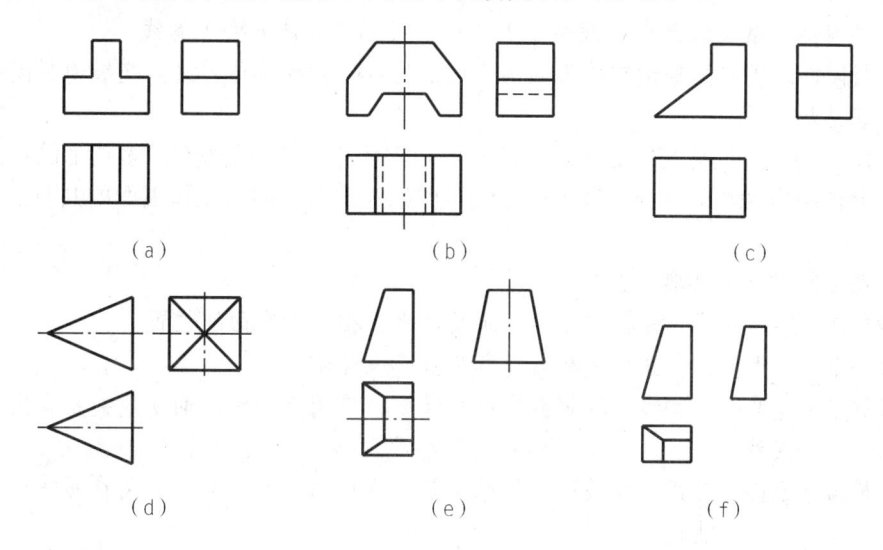

(a)　　　　　　　(b)　　　　　　　(c)

(d)　　　　　　　(e)　　　　　　　(f)

图 3.8　简单平面体的三视图

图 3.8 中各组投影图所表现的物体的空间形状如图 3.9 所示，可对照识读。

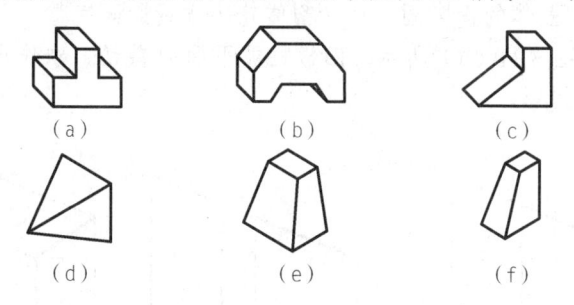

(a)　　　　　　　(b)　　　　　　　(c)

(d)　　　　　　　(e)　　　　　　　(f)

图 3.9　简单平面体的轴测图

3.1.3　平面体的截交线

立体的截断即平面与立体相交。截切立体的平面称为截平面，截平面与立体表面的交线称为截交线，由截交线围成的图形称为截断面，如图 3.10 所示。基本体截断后称为切割体，工程上的许多结构可看作是由若干个基本体和切割体组合而成的。

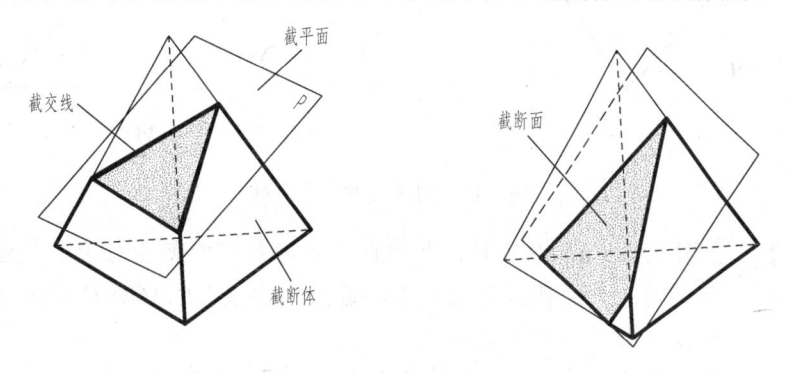

图 3.10　截交线与截断面

截交线的基本性质：
- 共有性。截交线既属于截平面上的线，又属于立体表面上的线。
- 封闭性。因立体是由它的表面围合而成的封闭空间物体，故截交线为封闭的平面多边形。

如图 3.10 所示，截交线的各边是截平面与立体相应棱面的交线，多边形的顶点是截平面与立体相应棱线的交点，故求截交线可归纳为求截平面与立体表面的共有点、线的作图。

作截交线的一般步骤：

步骤 1　形体分析。分析立体的性质及截平面相对投影面的位置。

步骤 2　交线分析。分析截断面类型及截交线性质。

步骤 3　连截交点和线。依据截交线的性质，应用点、线、面从属关系求出交点或交线。

步骤 4　连接截交线。连截交线的原则是：既在同一截平面上、又在同一棱面上的两点才能连线。

步骤 5　可见性判别。投影图中，体可见表面上的线必然可见，不可见表面上的线要看截切后是否被遮挡而定。

步骤 6　完成切割体的投影图。将切割体轮廓线投影画完整，并判别可见性。

【例 3.3】　如图 3.11（a）所示，四棱柱被平面 P 截切，求作出四棱柱截断后的三面投影。

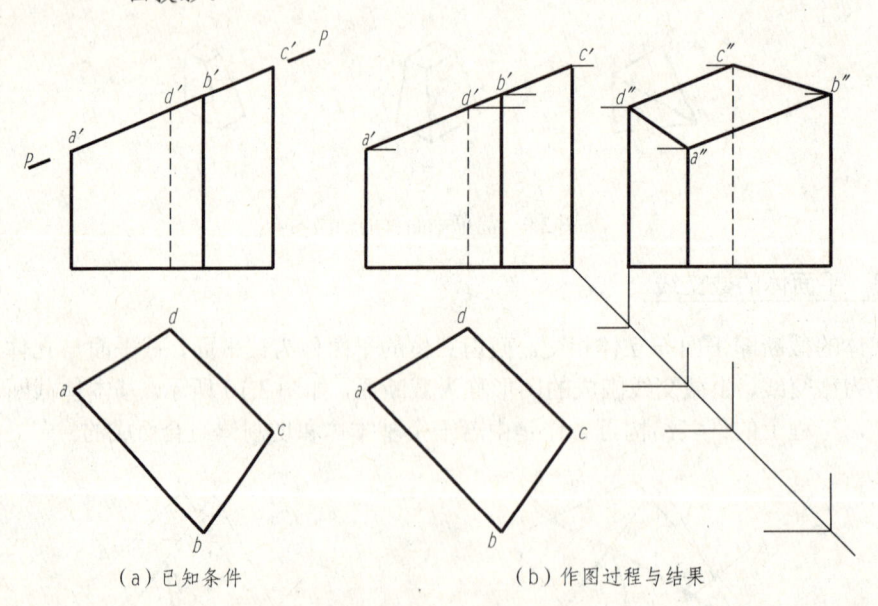

（a）已知条件　　　　　（b）作图过程与结果

图 3.11　四棱柱被平面所截

【分析】　由图 3.11（a）中可见，截平面与四棱柱四个侧面相交，故截交线为一个封闭的平面四边形 $ABCD$，截交线上 A、B、C、D 四个点为 P 平面与棱柱的四条棱线的交点。

截平面 P 为正垂面，V 面投影有积聚性，依据截交线的性质，该截交线的 V 面投影与 P 面重合；同理，四棱柱的四个侧面均为铅垂面，H 面投影有积聚性，因此截交线的 H 面投影与四棱柱侧面的 H 面投影重合；截交线的侧面投影需求出棱柱体各棱线与截平面的交点，连接各交点即可求得。

【作图】 如图 3.11（b）所示。

1）作出四棱柱原形的侧面投影。
2）应用点在线上的作图规律，求出各棱线与截平面的交点。
3）连接各交点，得截交线的侧面投影。
4）判断可见性。由 V 面投影可见，截平面的位置左低右高，截交线的侧面投影为可见。
5）加深图线，完成切割体的投影。

【例 3.4】 如图 3.12（a）所示，已知带切口三棱柱的 V 面投影和 H 面投影轮廓，要求补全这个三棱柱的 H 面投影，并作出切割体的 W 面投影。

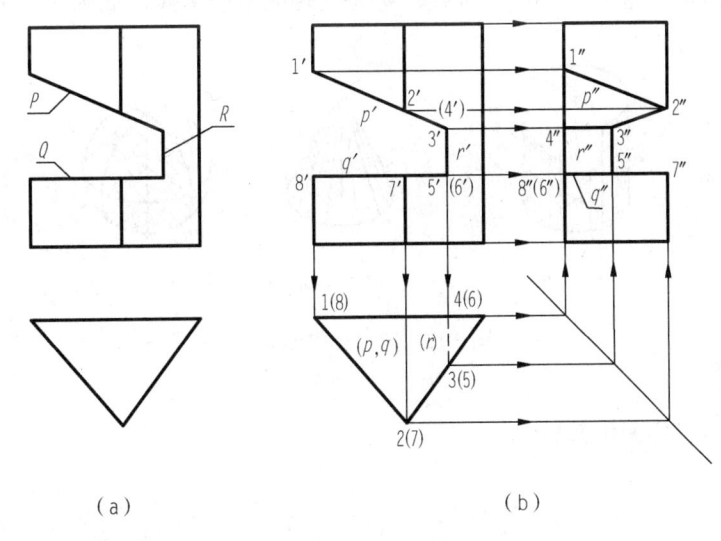

图 3.12 三棱柱切割体的投影

【分析】 切割体可以看作是由一个完整的三棱柱被几个截平面（P、Q、R 平面）截切后形成的切割物体。其中，P 为正垂面，Q 为水平面，R 为侧平面，在 V 面可以看到切口的积聚投影，再利用棱柱体的积聚投影补全其 H 面投影，随后分步求得 W 面投影。

【作图】 如图 3.12（b）所示。

1）根据三面投影的对应关系，不考虑切口，绘出三棱柱在 W 面上的原形投影。
2）将各截平面切割三棱柱时在棱线和柱面上形成的交点编号，如 1′、2′、3′、4′、5′、6′、7′、8′。
3）各交点向 H 面引投影连线，确定各交点的 H 面投影。连接有关交点，判断其可见性，补全 H 面投影。

因为三棱柱的棱面垂直于 H 投影面，属于三棱柱棱面的截交线必然与三棱柱棱面的 H 面投影重合。R 是侧平面，在 H 投影中积聚为一条直线，即 r，因为它被上部遮挡，所以在 H 面投影中画虚线。

4）根据各交点的 H、V 面的投影求出各交点的 W 面投影。

5）连接有关交点，判断截交线的可见性，补全 W 面投影。在 W 面投影上，$1''2''3''4''$ 是截平面 P 的投影，$3''4''5''6''$ 是截平面 R 的投影，Q 是水平面，在 W 面投影上积聚成一条直线 $5''6''7''8''$。

3.2 曲面体的投影

曲面体是由曲面或曲面与平面所围成，工程上常用的曲面体大多为回转体，其特征是表面多为光滑曲面，棱线较少，常见回转体为圆柱、圆锥、球等。

回转体是由一动直线（或动曲线）绕一轴线旋转一周所形成。动直线（或动曲线）称为母线，母线运动过程中的任一位置，称为回转面上的素线，如图 3.13 所示。

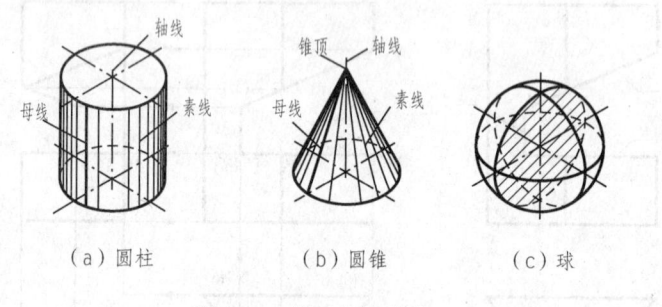

(a) 圆柱　　(b) 圆锥　　(c) 球

图 3.13　曲面体的形成

3.2.1　曲面体投影图的画法

1. 圆柱体

圆柱的形体特征：圆柱由三个面围成，其中一个是柱面，两个底面圆平行且全等。轴线与底面垂直并通过圆心，如图 3.13（a）所示。

（1）圆柱的形成与投影

如图 3.14（a）所示，圆柱是由圆柱面和上下底面所组成。圆柱面可看成是由直线 AA_1 绕与它平行的轴线 OO_1 旋转一周而形成的，直线 AA_1 称为母线，圆柱面上任意位置的一条平行于轴 OO_1 的直线称为圆柱面的素线。

当圆柱面的轴线垂直于水平投影面时，它的 H 面投影为一个有积聚性的圆，圆柱面上任何点和线的水平投影都积聚在这个圆周上。此圆的半径等于底圆的半径，圆心即为圆柱轴线的水平投影；圆柱面的其他两个投影是由上下底面和圆柱面最外边的轮廓素线组成的两个矩形线框，如图 3.14（c）所示。矩形的高等于圆柱的高，宽等于圆柱的直径。轴线的三面投影都用细单点长划线画出。

由图 3.14（a）可见，从不同方向投影时，圆柱投影的轮廓素线是不同的。这些轮廓素线根据各自的位置分别被称作最左、最右素线（如图中线段 AA_1、BB_1），最前、最后素线（如图中线段 CC_1、DD_1），AA_1、BB_1 的 V 面投影 $a'a_1'$、$b'b_1'$ 构成圆柱的 V 面投影轮廓素线，同样，CC_1、DD_1 的 W 面投影 $c''c_1''$、$d''d_1''$ 构成圆柱的 W 面投影轮廓素线。CC_1、DD_1 的 V 面投影 $c'c_1'$、$d'd_1'$ 与圆柱的 V 面投影中心轴线重合，不应画出，同理 $a''a_1''$、$b''b_1''$ 也不应画出。轮廓素线也是可见与不可见的分界线，向 V 面投影时，以 AA_1、BB_1 为界限，前半部分可见，后半部分不可见；向 W 面投影时，以 CC_1、DD_1 为界限，左半部分可见，右半部分不可见。

画圆柱的投影，应先画出其中心轴线的投影，具体作图步骤如图 3.14（b，c）所示。

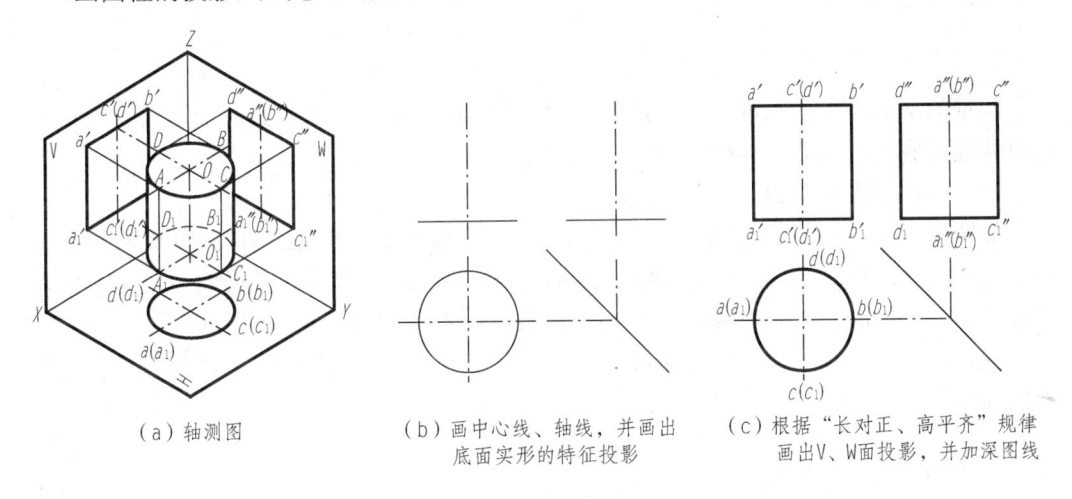

(a) 轴测图

(b) 画中心线、轴线，并画出底面实形的特征投影

(c) 根据"长对正、高平齐"规律画出V、W面投影，并加深图线

图 3.14 圆柱的投影

（2）圆柱面上的点

由于圆柱面与底面投影都有积聚性，其面上的点可以根据积聚投影特性作出，不必作辅助线。

【例 3.5】 已知圆柱面上两点 M 和 N 的投影 m'、n''，如图 3.15（a）所示，作出各点的三面投影。

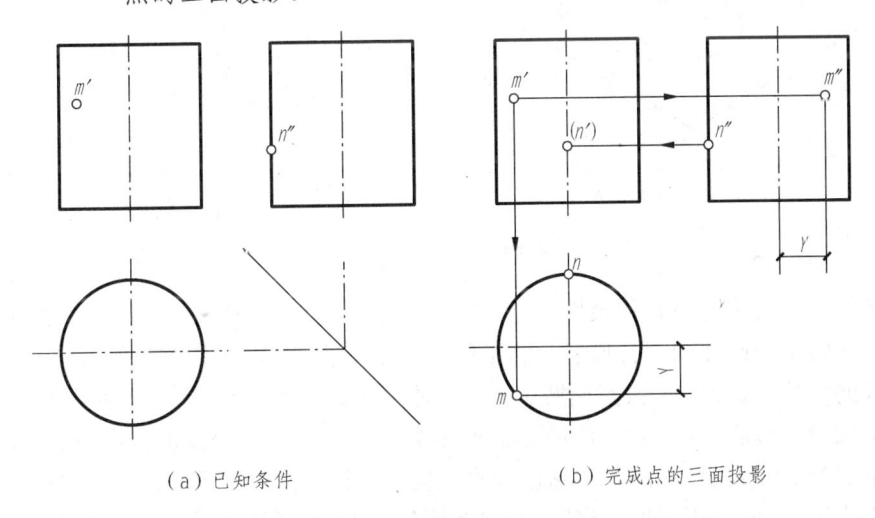

(a) 已知条件

(b) 完成点的三面投影

图 3.15 圆柱表面上取点

【分析与作图】 如图 3.15（b）所示。

1）根据已知条件 m' 可见，可知 M 点在前半个圆柱面上，利用圆柱面水平投影的积聚性，可直接找到 m；n'' 可见，且落在最后轮廓素线上，是特殊位置的点，向左连线可直接确定 n'；

2）根据所得两个投影求出 m''、n。由于 M 点在左半圆柱面上，m'' 为可见；而 N 点在后半球面上，所以 n' 为不可见。

如果某点位于上、下底面上，可由其 H 面投影的可见性先判别点落在上底面还是下底面上，直接连线得 V 面投影，再由两面投影求得侧面投影，请读者自己练习。

2. 圆锥

圆锥的形体特征：圆锥由两个面围成，一个是圆锥面，一个是圆底面；轴线与底圆垂直并通过底圆的圆心，如图 3.13（b）所示。

（1）圆锥的形成与投影

如图 3.16（a）所示，圆锥面是一母线 SA 绕与其相交于 S 点的轴线 SO 旋转一周而形成的曲面。旋转时锥顶 S 点是轴线上的不动点，即锥顶；母线在锥面的任一位置称为素线。图 3.16（b）给出一轴线垂直于 H 面的圆锥的三面投影。

同样，圆锥母线上任一点都随母线绕着轴线旋转，其轨迹为圆，该轨迹圆称为锥面上的纬圆。

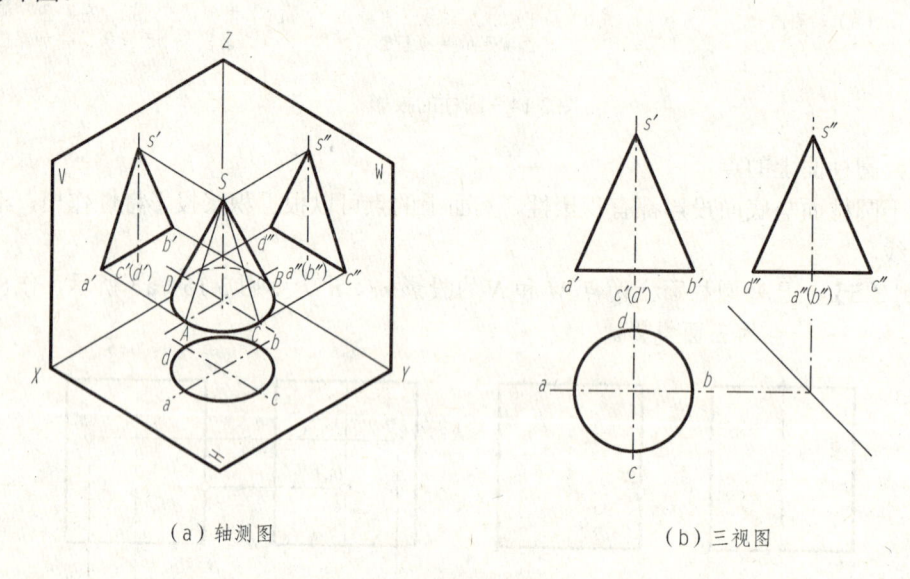

（a）轴测图　　　　　　　　　　　　（b）三视图

图 3.16　圆锥的投影

圆锥的三面投影都没有积聚性。当圆锥的轴线垂直于 H 面时，圆锥的 H 面投影是一个圆，是圆锥和底面的重合投影；圆锥的 V 面投影和 W 面投影都是等腰三角形，底边是锥底的积聚投影，V 面投影两腰 $s'a'$、$s'b'$ 是圆锥最左素线 SA 和最右素线 SB 的正面投影，W 面投影两腰 $s''c''$、$s''d''$ 是圆锥最前素线 SC 和最后素线 SD 的侧面投影。轴线的投影用单点长划线表示。这四条特殊位置素线也是圆锥可见与不可见部分的分界线，SA、SB 之前圆锥的 V 面投影可见，SC、SD 之左圆锥的 W 面投影可见，反之为不可见。

（2）圆锥面上的点

因为圆锥的投影无积聚性，求其面上点的投影需要利用辅助线，根据圆锥的形成特点，在已知圆锥面上定的点方法为素线法和纬圆法。

【例 3.6】 如图 3.17（b）所示，已知圆锥面上点 M 的 V 面投影 m' 和点 N 的 H 面投影 n，作出两点的三面投影。

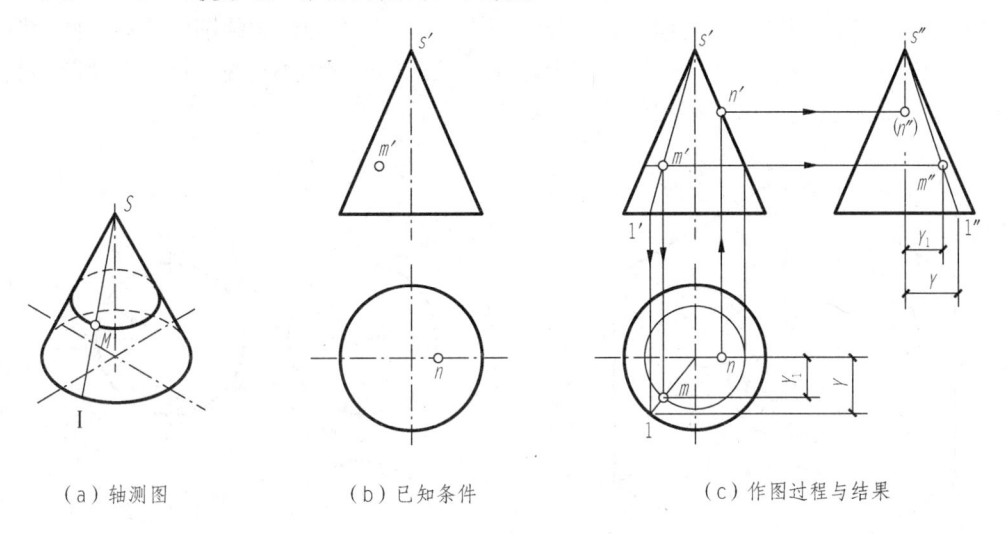

（a）轴测图　　　　　（b）已知条件　　　　　（c）作图过程与结果

图 3.17　圆锥表面取点

【分析】 由图 3.17 中可见，点 N 位于最右轮廓素线上，根据点在直线上的从属性，直接作出 n、n''，n' 可见，n'' 不可见。点 M 的 V 面投影可见，位于左、前 1/4 的圆锥面上，可用素线法或纬圆法作出。下面分别用两种方法作出 M 点的三面投影。

【作图】 如图 3.17（c）所示。

通过素线法求点 M 的三面投影。

1）作出圆锥的侧面投影。
2）过点 M 的 V 面投影 m' 作辅助素线 $S1$ 的 V 面投影 $s'1'$，然后作出辅助素线的水平投影 $s1$ 和侧面投影 $s''1''$，辅助素线应位于圆锥面的左前部分。
3）分别在 $s1$ 和 $s''1''$ 上定出 m 和 m''。
4）判断可见性。根据点 M 所在圆锥面的三面投影均可见，则点 M 的三面投影可见。

用纬圆法求 M 点投影，如图 3.17（c）所示。

1）过点 M 的 V 面投影 m' 作水平线，交于轮廓线上，其长度为纬圆直径，作出纬圆的水平投影和侧面投影。
2）分别在纬圆的水平投影和侧面投影上定出 m 和 m''，三面投影均可见。

3．球

球由一个面围成，球面是不可展曲面，如图 3.13（c）所示。

（1）球的形成与投影

球面是由母线圆绕它自身的任一直径旋转而形成，如图 3.18（a）所示。球的各投影的轮廓线均为同样大小的圆，其直径等于球的直径。同理，母线圆上任一点随着母线绕轴线旋转所形成的轨迹圆，称为纬圆。

如图 3.18（b）所示，水平投影是平行于 H 面的最大纬圆（即赤道圆）的投影，赤道圆把球体分成上、下两半，水平投影中上一半球面可见，下一半球面不可见；正面投影是平行于 V 面的最大纬圆的投影，此纬圆把球体分成前、后两半，V 面投影中前半球面可见，后半球面不可见；同理，侧面投影是平行于 W 面的最大纬圆的投影，此纬圆把球体分成左、右两半，W 面投影中左半球面可见，右半球面不可见。这三个纬圆的其他投影均积聚成直线，重合在相应的中心线上，不必画出。

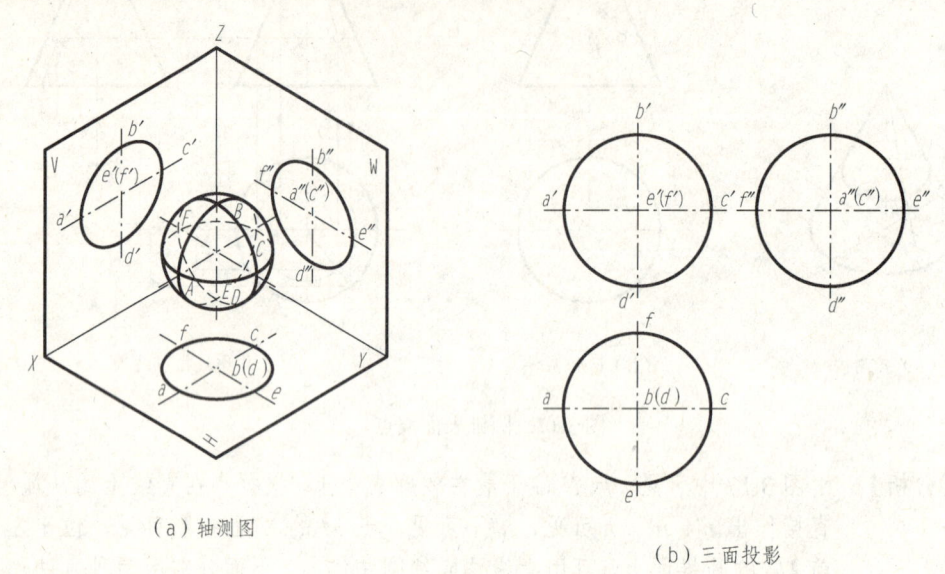

（a）轴测图

（b）三面投影

图 3.18 球的形成与投影

（2）球表面上的点

在球表面上取点，需用平行于投影面的纬圆作辅助线。根据需要，可选择水平圆、正平圆或侧平圆为辅助线圆来作图，称为纬圆法。

【例 3.7】 已知球面上 A 点的 V 面投影，B 点的 H 面投影，如图 3.19（a）所示，试作出 A、B 点的三面投影。

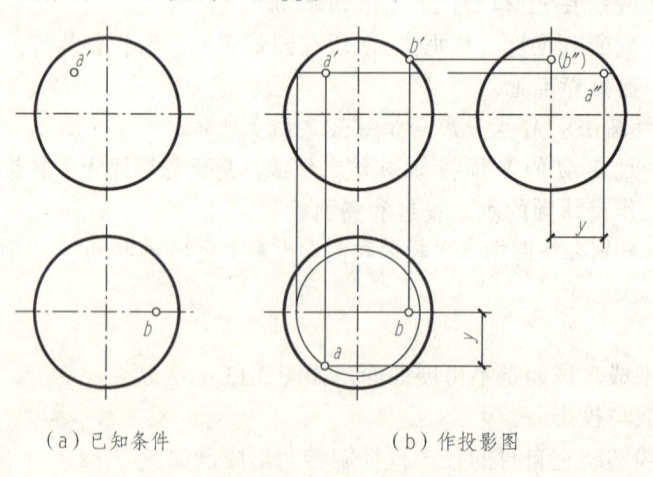

（a）已知条件　　　（b）作投影图

图 3.19 球表面取点

【分析】 由图 3.19（a）可见，点 A 位于前、左 1/4 球面上，可应用纬圆法作图；

点 B 位于平行于 V 面的最大纬圆上，可直接作相应的投影连线求得。

【作图】 如图 3.19（b）所示。
1) 作出球的侧面投影。
2) 过 a'作水平线交于轮廓圆上，其长度即为过点 A 的水平纬圆的直径，同理作出纬圆的侧面投影；再作出纬圆的水平投影，该投影反映纬圆的实形。
3) 点 A 的三面投影必在该纬圆的三面投影上，由 a'求出 a 和 a"。
4) 作出点 B 的三面投影。图中 b 可见，即在上半个球面上；由 b 作投影连线交在 V 面投影的上部轮廓圆上，即得 b'，之后求出 b"。
5) 判断可见性。点 A 所在球面的三面投影均可见，则点 A 的三面投影可见；点 B 位于右半球面上，故侧面投影 b"不可见。

3.2.2 曲面体投影图的识读

曲面体投影图的识读也是依据其投影特征。无论是完整的还是局部的曲面体，三面投影都具有上述图形特征。

识读图 3.20 所示曲面体的投影图。

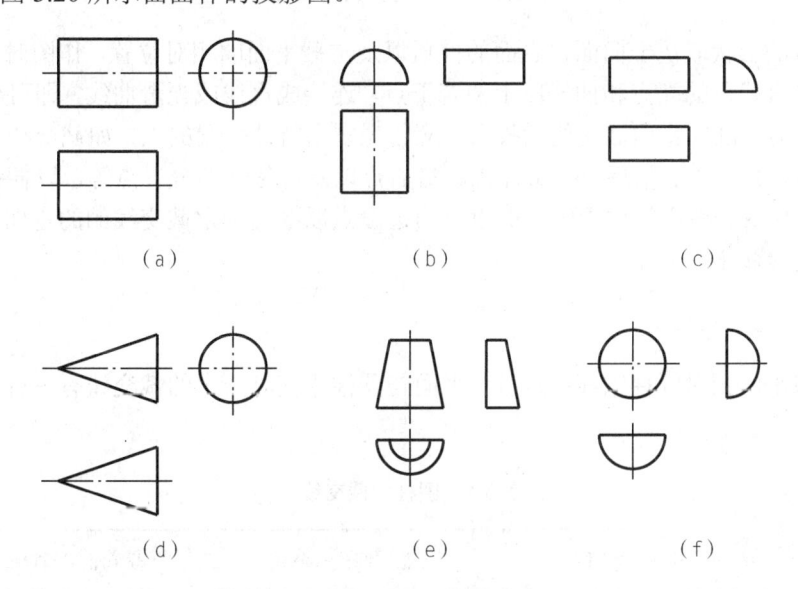

图 3.20 曲面体的三面投影

图 3.20（a）中水平投影和正面投影外框均是矩形，依据前述投影特征判断该物体是柱体，侧面投影是特征投影，形状是圆，该物体是轴线垂直于侧面的圆柱。同理可识读图 3.20（b，c），分别为轴线是正垂线的半圆柱和轴线是侧垂线的 1/4 圆柱。

图 3.20（d）中正面投影和水平投影外框均为三角形，依据前述投影特征判断该物体为锥体，侧面投影是特征投影，形状是圆，由此判断该物体是锥顶向左、底面为侧平面的圆锥。同理可识读图 3.20（e），表示轴线是铅垂线的前半个圆台。

图 3.20（f）中水平投影和侧面投影是相同直径的两个半圆，正面投影是相同直径的圆，该物体是球，且为前半球。

基本体投影的图形特征是今后画图与读图的重要依据之一，必须熟练掌握。

3.2.3 曲面体的截交线

如图 3.21 所示，圆柱被平面截切而形成圆柱切割体。截平面与圆柱表面相交的交线为截交线，截交线的基本性质：

- 共有性。截交线与曲面体表面的共有线。
- 封闭性。封闭的平面曲线或由曲线和直线围成的平面图形。

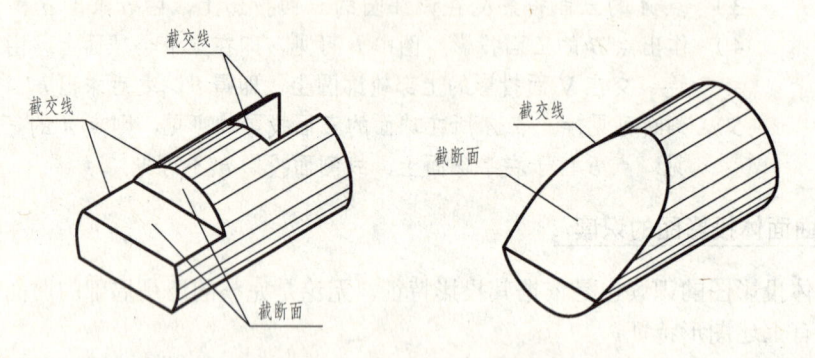

图 3.21 平面与曲面体相交

截交线的形状取决于曲面体表面的性质以及与截平面的相对位置。作图时，只需作出截交线上直线段的端点和曲线段上的若干点，连接成直线或光滑曲线，即可作出截交线的投影。为了准确作出截交线的投影，应首先求出特殊位置的点，如截交线上的最高点、最低点、最前点、最后点、最左点、最右点以及可见性的分界点等，以便控制曲线的形状，然后取一些中间位置的一般点作为过渡点以准确确定截交线的的走向，然后把它们顺滑连接起来。

1. 平面与圆柱相交

根据截平面相对圆柱轴线的位置，平面与圆柱相交时产生的截交线有三种情况，见表 3.1。

表 3.1 圆柱的截交线

截平面位置	截平面与圆柱轴线平行	截平面与圆柱轴线垂直	截平面与圆柱轴线倾斜
截断面形状	直线	圆	椭圆

续表

截平面位置	截平面与圆柱轴线平行	截平面与圆柱轴线垂直	截平面与圆柱轴线倾斜
投影图			
截交线形状	截交线为矩形	截交线为圆	截交线为椭圆

【例 3.8】 如图 3.22（a）所示，圆柱被正垂面切割，试作出截交线和圆柱切割体的三面投影。

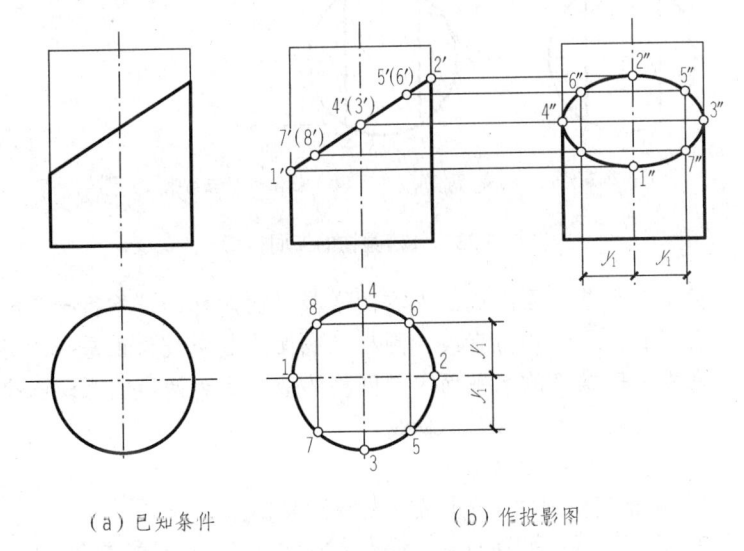

(a) 已知条件　　　　(b) 作投影图

图 3.22　圆柱的截交线

【分析】 如图 3.22（a）所示，因为截平面和圆柱轴线斜交，截交线为一个椭圆。截平面是正垂面，截交线的 V 面投影与截平面的 V 面积聚投影重合。因圆柱的 H 面投影有积聚性，所以截交线的 H 面投影就在此圆周上，由此得截交线的两面投影；可利用截交线的已知两投影求截交线的 W 面投影。

【作图】 如图 3.22（b）所示。
1）画出完整圆柱（截切前）的三面投影。
2）求特殊点。根据圆柱体表面取点的方法，求出截交线上的最高点Ⅱ（2、2′、2″），点Ⅱ也是最右点；最低点Ⅰ（1、1′、1″），点Ⅰ也是最左点；最前点Ⅲ（3、3′、3″）和最后点Ⅳ（4、4′、4″）；点Ⅲ、Ⅳ也是侧面投影中可见与不可见的分界点。
3）求一般位置点。Ⅴ、Ⅵ、Ⅶ、Ⅷ各点为一般位置点。先在 V 面投影中定出这些点（5′、6′、7′、8′），再根据圆柱表面上取点的方法求出它们的 H、

W 面投影（5、6、7、8；5″、6″、7″、8″）。

4）连接各点得截交线。依次顺滑连点 4″、6″、2″、5″、3″、7″、1″、8″、4″，即可得截交线的侧面投影。

5）判断可见性。分析截平面与圆柱体的位置，截交线的侧面投影都可见。

6）完成体的投影。加深圆柱的轮廓线。

【例 3.9】 作出开槽圆柱的侧面投影，如图 3.23（a）所示。

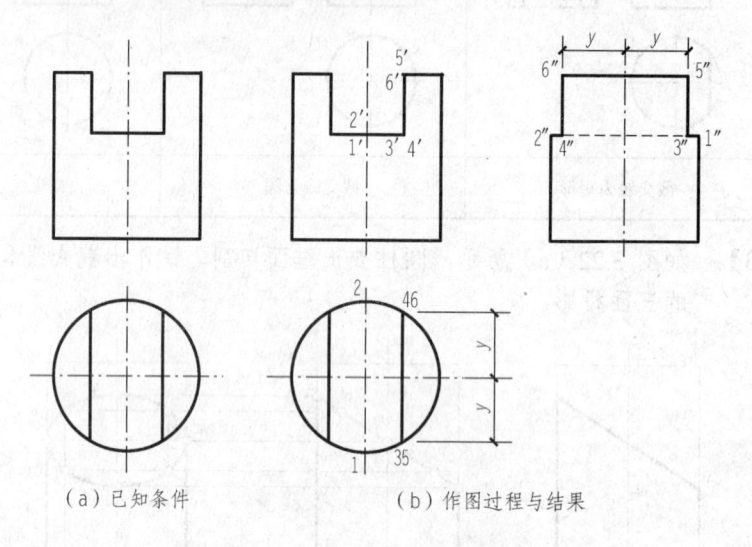

（a）已知条件　　（b）作图过程与结果

图 3.23　开槽圆柱的三面投影

【分析】 槽由三个截平面组成，左右两个截平面对称，是平行于圆柱轴线的侧平面，其截交线均为直线，圆柱上底面的截交线为正垂线；另一个截平面是垂直于轴线的水平面，与圆柱的截交线为两段圆弧；三个截平面相交产生两条交线，均为正垂线。

【作图】 如图 3.23（b）所示。

1）画出完整圆柱（截切前）的侧面投影。

2）画截交线的侧面投影。槽左右对称，其侧面投影重合，可只求圆柱右边的截交线。截交线为圆柱面上的素线，由 H 面投影和 V 面投影可确定截交线为 35、46、3′5′、4′6′，按投影规律求出侧面投影 3″5″、4″6″、1″3″、2″4″。

3）画截平面之间截交线的侧面投影。两个截平面之间交线的侧面投影为 3″4″，由于不可见，应画虚线。

4）整理圆柱的轮廓线。在侧面投影中，圆柱的轮廓线画到 1″、2″ 为止。

5）擦去多余图线，加深轮廓线，完成侧面投影。

2. 平面与圆锥相交

当平面与圆锥相交时，由于截平面与圆锥的相对位置不同，截交线的形状也不同，如表 3.2 所示。

第 3 章　立体的投影

表 3.2　圆锥的截交线

截平面的位置	截平面垂直于轴线	截平面倾斜于轴线		截平面平行于轴线	截平面过圆锥锥顶
截断面形状	圆	椭圆	抛物线	双曲线	素线
投影图					
截交线形状	截交线为圆	截交线为椭圆	截交线为抛物线	截交线为双曲线	截交线为三角形

【例 3.10】　如图 3.24（a）所示，圆锥被水平面所截，求其截交线和切割体的投影。

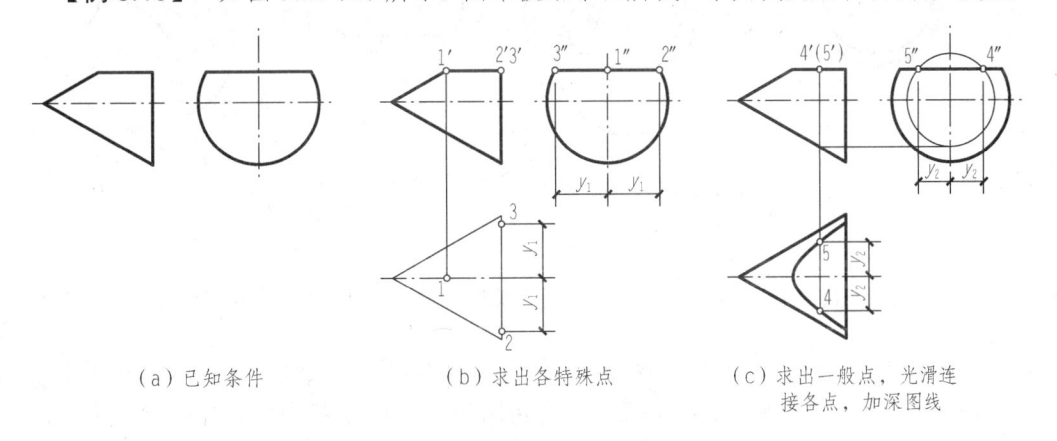

（a）已知条件　　　（b）求出各特殊点　　　（c）求出一般点，光滑连接各点，加深图线

图 3.24　圆锥切割体的三面投影

【分析】　从投影图中可见，圆锥的底面平行于 W 面，轴线为侧垂线，截平面为水平面，与圆锥轴线平行，截平面与圆锥相交的情况属于表 3.2 中的第 5 种情况，截交线是双曲线。其 V 面投影和 W 面投影均为已知，水平投影反映截交线的实形。

【作图】　如图 3.24（b，c）所示。

先画出圆锥的 H 面投影。

1）求特殊点。如图 3.24（b）所示，根据圆锥表面上取点的方法（纬圆法），双曲线的顶点 1 和截平面与底面圆的交点 2、3 为特殊点。点 1 的正面投影 1′和点 2、3 的侧面投影 2″、3″可在图中直接确定。依据点在线上的投影规律求出水平投影 1、2、3。

2) 求一般点。如图 3.24（c）所示，在截交线的正面投影上取重影点 4′（5′），用"纬圆法"求出其水平投影和侧面投影 4、5、4″、5″。

3) 依次光滑连接 2、4、1、5、3 各点，即得截交线的水平投影。

4) 判定可见性。截交线的水平投影全部可见。

5) 补全圆锥截断体的水平投影，加深图线，完成作图。

3．平面与球体相交

平面截切球，不管截平面的位置如何，其截交线总是圆。圆的大小与截平面距离球心的距离有关，截平面通过球心，截交线为最大的纬圆。当截平面平行于投影面时，截交线圆在该投影面上的投影反映实形。其余两面投影均积聚成一直线，长度等于圆的直径，如图 3.25 所示。

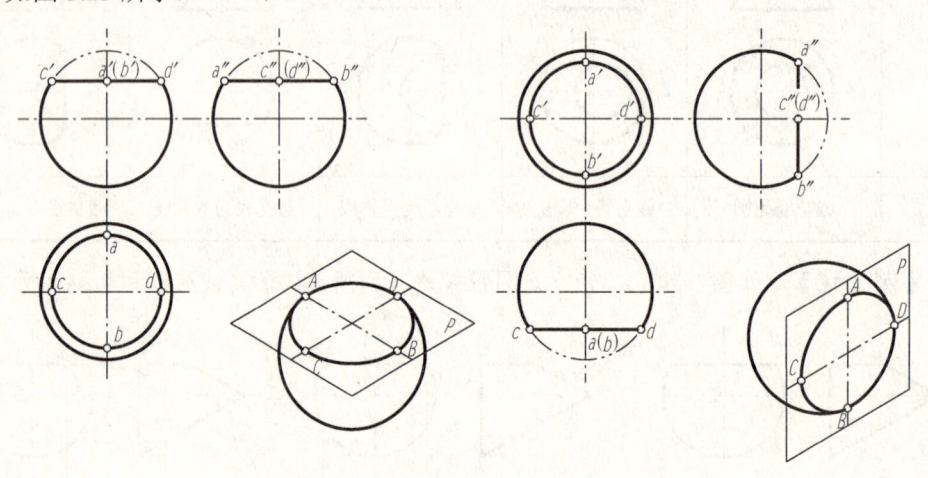

（a）截平面为水平面　　　　　　　　（b）截平面为正平面

图 3.25　球体的截交线

当截平面垂直于投影面时，截交线圆在该投影面上的投影积聚成一直线，其余两面投影均为椭圆。

【例 3.11】　如图 3.26（a）所示，已知切割球体的 V 面投影，求其 H、W 面投影。

【分析】　图中截平面为正垂面。截交线圆的 V 面投影积聚在斜直线上，H、W 面投影均为椭圆。椭圆的长轴Ⅲ、Ⅳ为正垂线，其长度等于截交线圆的直径，则ⅢⅣ = 34 = 3″4″。

【作图】　如图 3.26（b）所示。

1) 求特殊点。最高点Ⅱ和最低点Ⅰ也是 V、W 面上投影椭圆的短轴端点，由 V 面投影 1′2′作投影连线，直接求出 12 和 1″2″；求长轴端点Ⅲ、Ⅳ的投影，用纬圆法（图中采用水平纬圆）求出 3、4，3″4″，其长度等于截交圆的直径 1′2′。

求出球面水平投影轮廓线上的点。由 7′、8′直接作投影连线，求出 7、8 和 7″、8″。

2) 求适当数量的一般位置点。应用纬圆法，由正面投影 5′、6′求出水平投影 5、6 和侧面投影 5″、6″，还可求出其他一系列点。

3)将各点的同面投影依次光滑连接,即得截交线的水平投影和侧面投影——椭圆。

4)整理图线,完成切割球体的投影。

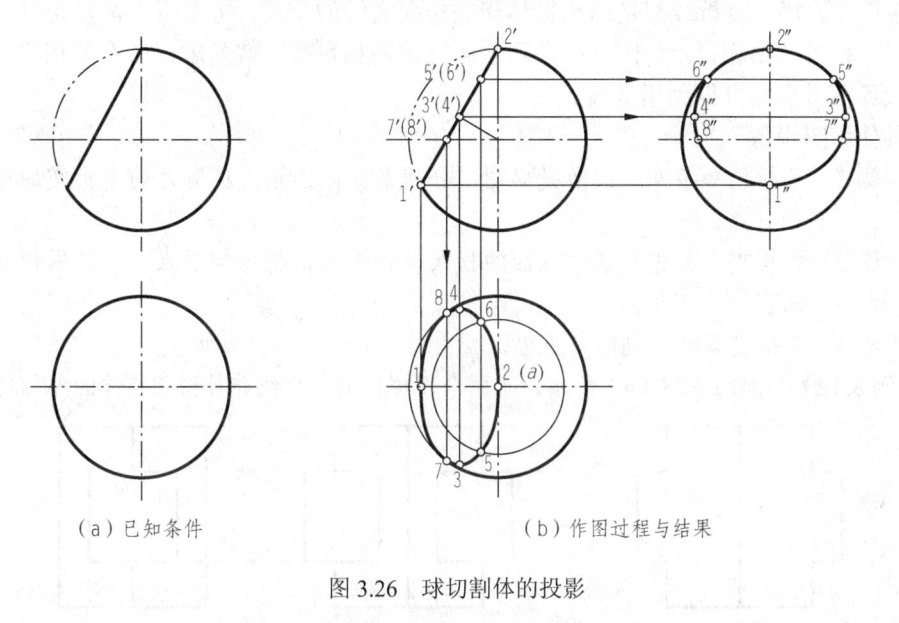

(a)已知条件　　　　　　　　(b)作图过程与结果

图 3.26　球切割体的投影

3.3　两立体相交

两立体相交又称为两立体相贯;其表面交线称为相贯线。

在工程构筑物中,两立体相贯的情况很多。例如,管道连接,柱、梁、板接头均会产生相贯线。

相贯线的基本性质:

- 共有性。相贯线是两立体表面的共有线,也是两立体的分界线,相贯线上的点是两立体表面的共有点。
- 封闭性。相贯线一般为封闭的空间折线或空间曲线,特殊情况下为平面曲线。

根据两个立体表面性质不同,又可分为平面立体与平面立体相贯、平面立体与曲面立体相贯和两曲面立体相贯三类,如图 3.27 所示。

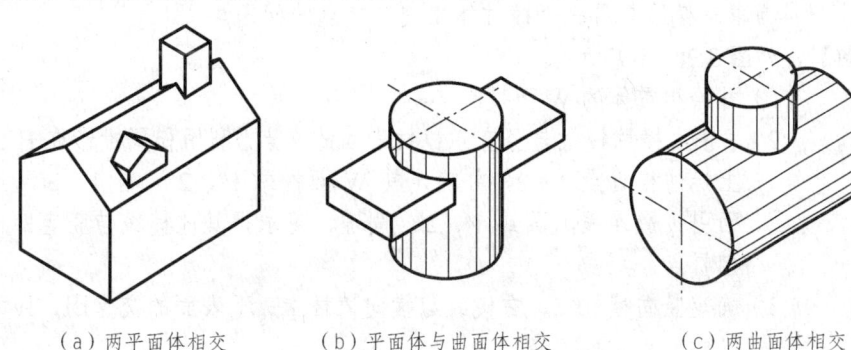

(a)两平面体相交　　　(b)平面体与曲面体相交　　　(c)两曲面体相交

图 3.27　立体相贯类型

3.3.1 两平面立体相交

两平面立体相交时，其相贯线为两组封闭的平面（空间）折线或一组封闭的空间折线。相贯线的每一段折线都是两相贯体相关棱面之间的交线，每个折点都是相贯体的棱线与另一相贯体的相贯点。因此，求两平面立体的相贯线，就是求出所有的相贯点，顺次连接各相贯点就可得到相贯线。

具体作图步骤：

步骤1 分析已知条件。读懂投影图，分析两立体的相对位置，确定相交的棱线与相贯点。

步骤2 求相贯点。先利用线或面的积聚性投影求出特殊相贯点，再利用辅助面法求出一般相贯点。

步骤3 连接贯穿点。判断可见性。

【例 3.12】 如图 3.28（a）所示，求两个四棱柱的相贯线并补画相贯体的 W 面投影。

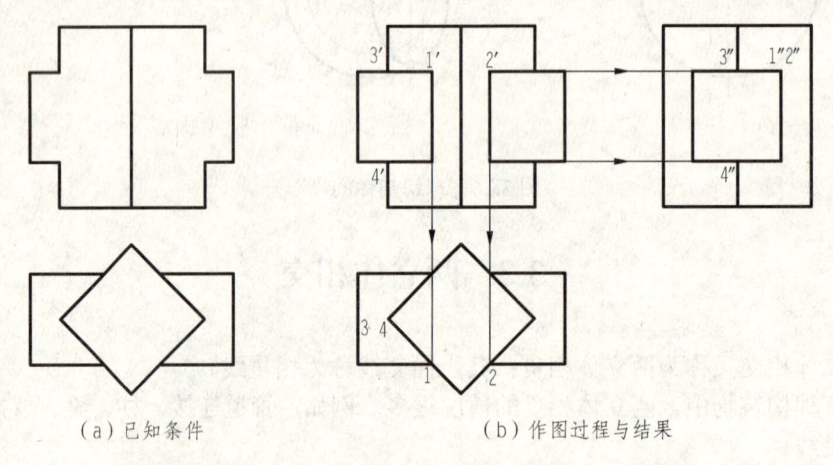

（a）已知条件　　　　　（b）作图过程与结果

图 3.28　两平面体相贯（一）

【分析】 由图 3.28（a）可见，两四棱柱中的一个是竖直方向，侧棱面的 H 面投影有积聚性；另一个横向放置，侧棱面的 W 面投影有积聚性。横向四棱柱的四条棱线全部与竖向四棱柱相交，该相贯体的相贯线分为两组，每一组的相贯点都是棱线与棱柱体的交点。因此，求相贯线的问题就可简化为求各棱线与另一个棱柱体相交求交点的问题。

【作图】 如图 3.28（b）所示。

1）补绘相贯体的 W 面投影。

2）求横向棱柱棱线与竖直四棱柱表面的交点。利用积聚投影在 H 面投影上标注相贯点 1、2，并确定其 W 面投影 1″、2″。自 1、2 两点向 V 面引投影连线，得到 1′、2′。同理，可求得其他棱线与竖直四棱柱的相贯点。

3）确定竖向棱柱左、右棱线与横向棱柱上、下表面的交点Ⅲ、Ⅳ的三面投影。

4）依次连接各相贯点，并判断可见性。加深相贯体的各条棱线到各交点。

相贯线的可见性由相贯线段的可见性决定。只有当相贯线段位于两个形体都可见的棱面时,相贯线段才是可见的;只要有一个棱面不可见,该面上的相贯线段就不可见。

【例3.13】 如图3.29(b)所示,已知一有烟囱的双坡面房屋的两面投影,作出W面投影,并补全V面投影。

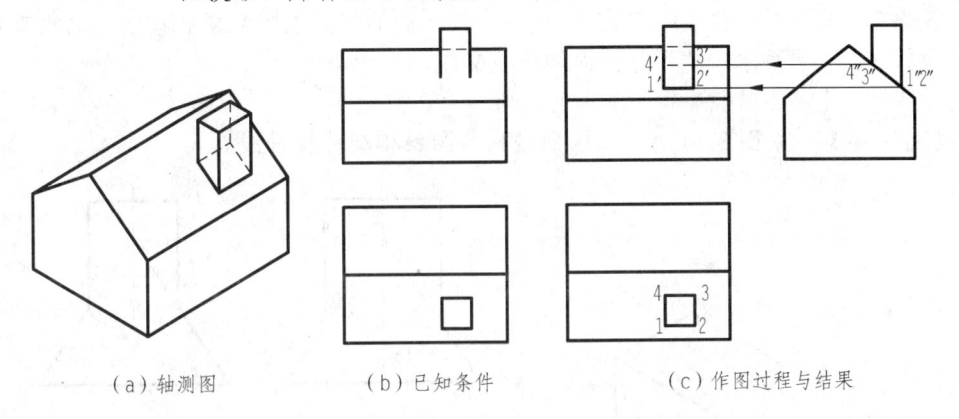

(a)轴测图　　(b)已知条件　　(c)作图过程与结果

图3.29　两平面体相贯(二)

【分析】 如图3.29(a)可知,房屋可以看作侧棱面垂直于W面的五棱柱,烟囱可以看作侧棱面垂直于H面的四棱柱,所以坡屋面与烟囱的表面交线可以看作四棱柱与五棱柱的相贯线。烟囱的H面投影有积聚性,相贯线的H面投影积聚在四棱柱有积聚性的投影上;由H面投影可以看出,该四棱柱仅与房屋前坡面相交,房屋前坡面的W面投影有积聚性,可利用积聚性直接求相贯点,从而确定各相贯点的V面投影。

【作图】 如图3.29(c)所示。

1)作两立体的W面投影,并确定相贯点。作出房屋和烟囱的W面投影。利用房屋前坡面在W面的积聚投影,直接在四棱柱各棱线上确定相贯点1″、2″、3″、4″,由所求各点作水平线,可在四棱柱V面投影的各棱线上求出1′、2′、3′、4′。

2)连接相贯点。连点的原则是:只有对于两立体均在同一表面上的点方可连线,且位于同一条棱线上的两点不能连线。因此,在V面投影上连成相贯线1′2′3′4′。

3)判别可见性。根据"同时位于两形体都可见的侧棱面上的交线才可见"的原则来判断,在V面投影上,1′2′可见,2′3′和1′4′在四棱柱的左右表面积聚投影上,3′4′在四棱柱的后表面上,该表面的V面投影不可见,因此3′4′不可见,连虚线。

4)加深各棱线到各相贯点。不可见棱线连虚线,如V面投影中屋脊线被烟囱遮挡部分。

3.3.2　平面立体与曲面立体相交

平面立体与曲面立体相交时,产生的相贯线是由若干段平面曲线或直线所组成。每段平面曲线或直线均为平面立体的棱面与曲面立体表面相交所产生的截交线,因此求平面立体与曲面立体相贯线的方法与求平面与曲面立体的截交线方法基本相同。

求平面立体与曲面立体相交所产生的相贯线的作图问题，就归结为求平面立体参与相贯的棱面与曲面立体产生的截交线，这些截交线的组合即为相贯线。

具体作图步骤：

步骤1　分析已知条件。分析两立体的相对位置，确定相交的棱线、棱面。

步骤2　求平面体棱线的相贯点。先利用线或面的积聚性投影求各棱线上的相贯点。

步骤3　求平面体各棱面与曲面体的截交线。

步骤4　连接各段截交线。判断可见性。

【例3.14】　如图3.30所示，求四棱柱与圆锥相交的相贯线。

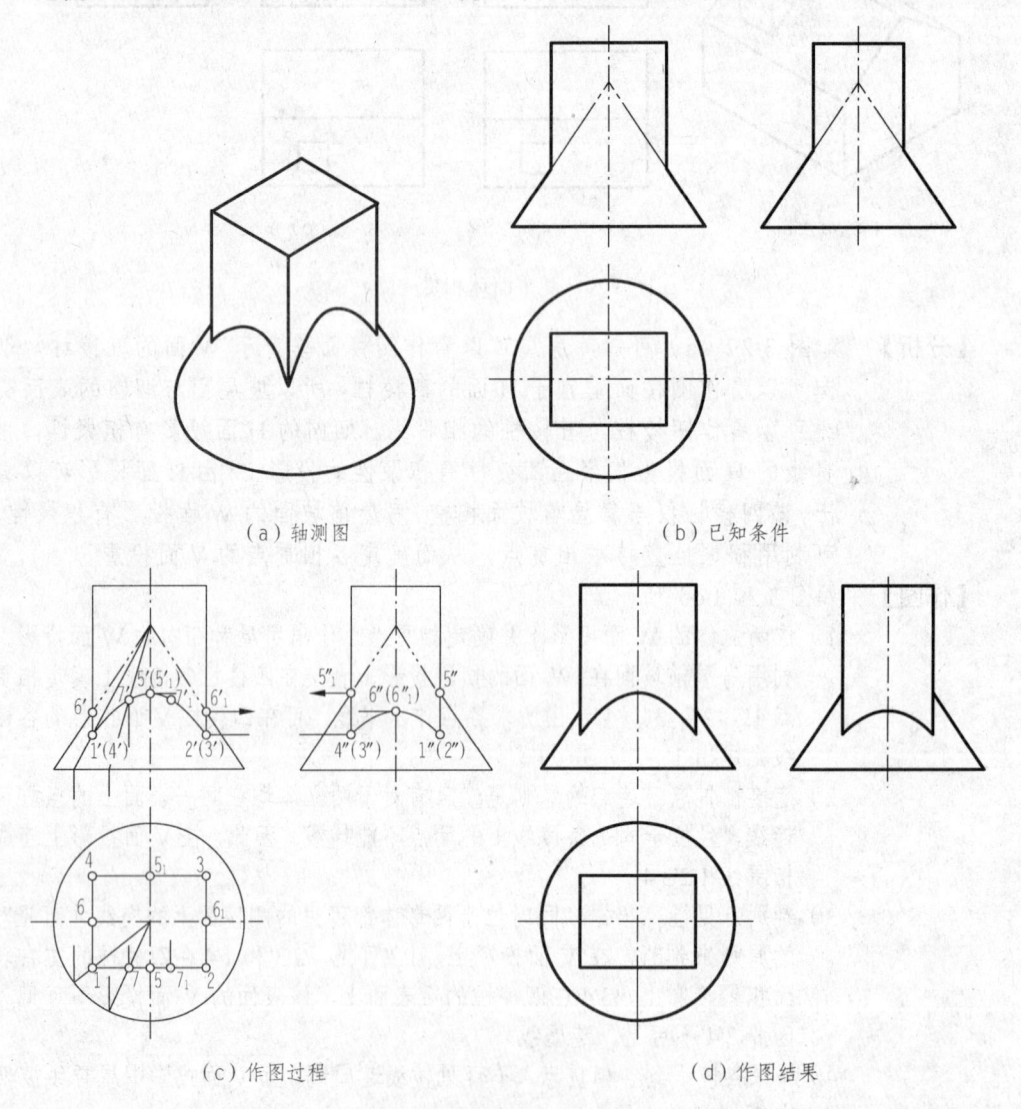

（a）轴测图　　　　　　　（b）已知条件

（c）作图过程　　　　　　（d）作图结果

图3.30　四棱柱与圆锥相贯

【分析】　由图3.30可以看出，因四棱柱未穿出，产生上面一组封闭的相贯线。棱柱的四个侧面与圆锥相交截交线都是双曲线，所以，这组相贯线由四段双曲线组成，其H面投影均与四棱柱的H面投影重合，即在H面投影中相贯线为已知，只需求出其V、W面投影。

【作图】 如图 3.30（c）所示。

1) 特殊点。四棱柱的四条棱线都参加了相贯，一共产生四个相贯点，即双曲线上的最低点 1、2、3、4，用素线法求出 V 投影 1′、4′、2′、3′，进而求出 1″、2″、4″、3″，四点等高。

2) 双曲线的最高点。前后两段双曲线的最高点等高，在圆锥面最前、最后素线上，W 面投影已知 5″、$5_1″$，可以求出 5′、$5_1′$；左右两段双曲线的最高点在圆锥面的左、右素线上，V 面投影已知 6′、$6_1′$，求出 W 面投影 6″、$6_1″$。

3) 一般点。在最高、最低点之间任选一个对称点 7、7_1，用素线法求出 7′、$7_1′$ 连线，在 V 面将 1′、7′、5′、$7_1′$、2′ 连成曲线，在 W 面将 4″、6″、1″ 连成曲线，如图 3.30（c）所示。

4) 由于相贯线两两重合，在 V、W 面的投影只画出可见的一段。

5) 将四棱柱各棱线与圆锥的轮廓线和相贯线连接，加深图线，完成作图，如图 3.30（c）所示。

3.3.3 两圆柱体相交

两圆柱体相交时，由于相对位置与形状的不同，相贯线一般是光滑的空间曲线，如图 3.27（c）所示，特殊情况下是平面曲线或直线。

1. 两圆柱轴线正交

两圆柱轴线垂直相交称为正交。当两圆柱轴线分别为某投影面的垂直线时，则可利用圆柱在该投影面上的积聚投影作图。

【例 3.15】 如图 3.31（a）所示，已知两圆柱正交，求两圆柱的相贯线。

【分析】 由图 3.31（a）可知，两圆柱有共同的前后对称面和左右对称面，因此相贯体与相贯线也前后、左右对称，且由于小圆柱面完全与大圆柱相交，相贯线是一条封闭的空间曲线。

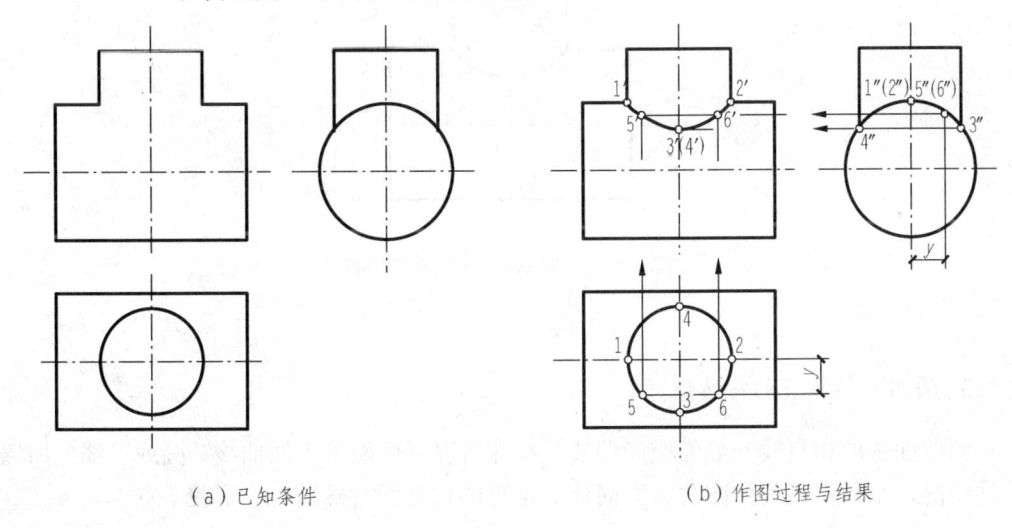

（a）已知条件　　　　　　　（b）作图过程与结果

图 3.31　两正交圆柱的相贯线

图 3.31 中可见，小圆柱的轴线为铅垂线，投影在 H 面上积聚，所以相贯线的 H 面投影与小圆柱面的积聚投影重合为已知投影；大圆柱的轴线为侧垂线，圆柱面投影在 W 面上积聚，故相贯线的投影在 W 面上与大圆柱面的投影重合，也为已知投影。因此，只需求作相贯线的 V 面投影。

【作图】 如图 3.31（b）所示。

1) 求特殊点。由 V 面投影可知，1′、2′是相贯线上最高点（也是最左、最右点）的 V 面投影，利用立体表面上取点的方法，可求出 1、2 和 1″、2″；又由 W 面投影可知，3″、4″是相贯线上的最低点（也是最前、最后点）的 W 面投影，同理可求出 3、4 和 3′、4′。

2) 求一般位置点。如图 3.31（b）所示，Ⅴ、Ⅵ两点为相贯线的两个一般位置点。从 H 面投影 5、6 得 5″、6″，进而求得 5′、6′。

3) 连点成相贯线。在 V 面投影中顺次光滑连接 1′、5′、3′、6′、2′（1′、4′、2′与 1′、5′、3′、6′、2′重合），即为所求相贯线的 V 面投影。

4) 可见性的判别。由于相贯线是对称的，V 面相贯线上可见的一段 1′5′3′6′与不可见的一段 1′4′2′重合，用实线连。

2. 两圆柱相贯的简化画法与三种类型

在工程中经常遇到两个直径不等、轴线正交的作图问题，为了简化作图，其相贯线的非积聚投影可用近似的圆弧代替，圆弧的半径 R 等于大圆柱的半径，即 $R=D/2$，画法如图 3.32 所示。

两不等直径圆柱正交，相交的两圆柱无论是外表面还是内表面（孔），其相贯线形状和作图方法都相同，如图 3.33 所示

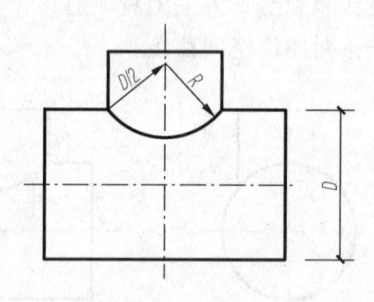

图 3.32 两圆柱相贯线的简化画法

3. 两曲面体相贯的特殊情况

两曲面体的相贯线一般为空间曲线，特殊情况下可能是平面曲线、圆或直线。如遇上述情况，求相贯线的作图将大大简化。常见的相贯线特殊情况，详见表 3.3。

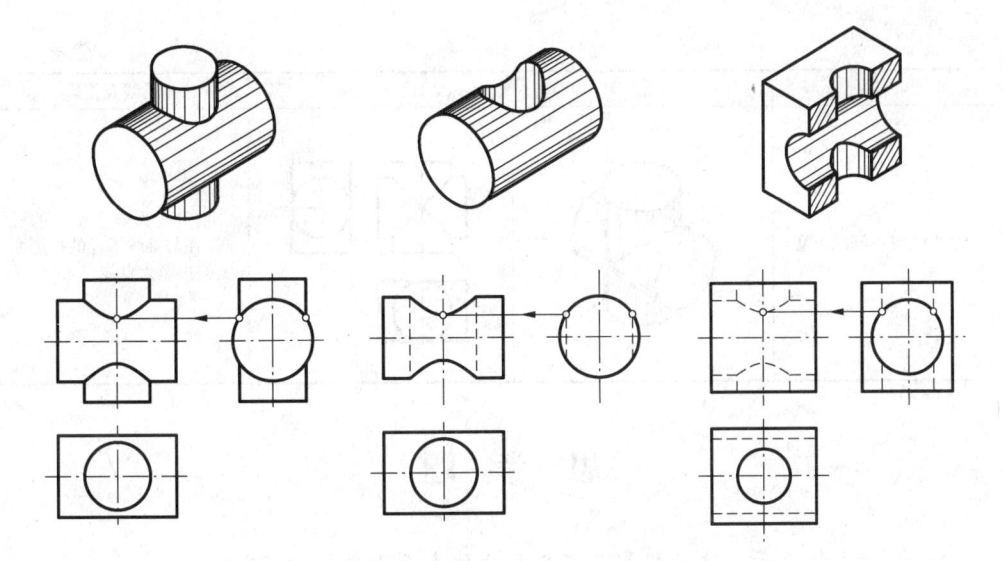

(a)两圆柱外表面相交　　　(b)两圆柱外表面与内表面相交　　　(c)两圆柱内表面相交

图 3.33　两圆柱轴线正交相贯线的三种情况

表 3.3　常见相贯线的特殊情况

相贯情况	轴测图	投影图	相贯线及投影
两圆柱轴线平行			相贯线为圆柱素线
两圆锥共顶			相贯线为圆锥素线
两回转体共轴			相贯线为垂直于轴线的圆,在与轴线平行的投影面上的投影为直线

续表

相贯情况	轴测图	投影图	相贯线及投影
两圆柱直径相等轴线正交			相贯线为两个相等的椭圆,在与轴线平行的投影面上的投影为直线

思 考 题

3.1 怎样求作平面立体的投影？在平面立体表面上怎样取点？

3.2 棱柱体的投影和棱锥体的投影有何不同？

3.3 怎样求作曲面立体的投影？在曲面立体表面上怎样取点？

3.4 平面与圆柱体相交，产生哪几种截交线？

3.5 平面与圆锥体相交，产生哪几种截交线？

3.6 怎样求作两圆柱相交所产生的相贯线？

3.7 两圆柱体相贯线的简化画法是什么？

第4章 轴 测 投 影

轴测投影是一种能同时反映物体长、宽、高三个方向的单面投影图，简称轴测图。轴测图具有立体感，可以弥补多面正投影的不足，常用作工程上的辅助图样；在学习阅读正投影图的过程中，也是一种帮助读图、构思的辅助图样。

4.1 轴测投影的基本知识

4.1.1 轴测图的形成

将物体连同参考直角坐标系沿不平行于任一坐标面的方向，用平行投影法将其投射在单一投影面上所得的具有立体感的图形称为轴测图。如图 4.1 所示，投影面 P 称为轴测投影面，参考直角坐标系（O_1X_1、O_1Y_1、O_1Z_1）在轴测投影面上的投影（OX、OY、OZ）称为轴测轴。

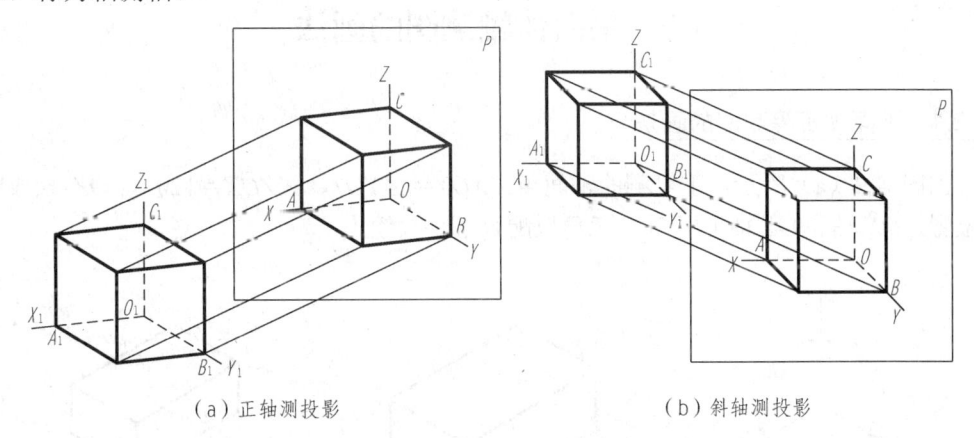

（a）正轴测投影　　　　　　（b）斜轴测投影

图 4.1 轴测图的形成

在轴测图中，相邻两轴测轴间的夹角称为轴间角。沿轴测轴方向的线段投影长度与原长之比称为轴向伸缩系数，X、Y、Z 轴的伸缩系数分别用 p_1、q_1、r_1 表示，如图 4.1 所示。

$$p_1 = \frac{OA}{O_1A_1}; \quad q_1 = \frac{OB}{O_1B_1}; \quad r_1 = \frac{OC}{O_1C_1}$$

4.1.2 轴测图的分类

根据投影方向与轴测投影面的相互关系,轴测图可分为如下两类。

1)正轴测图。将物体的三个参考坐标轴均倾斜于轴测投影面放置,应用正投影法向轴测投影面投影得到单面投影图,如图4.1(a)所示。

2)斜轴测图。投射方向倾斜于轴测投影面,并与物体的表面倾斜,所得到的单面投影图如图4.1(b)所示。

在上述两类轴测图中,由于物体相对于轴测投影面的位置及投影方向不同,轴向伸缩系数也不同,每类轴测图又各分为如下三种。

1)$p_1=q_1=r_1$,称为正等轴测图或斜等轴测图,简称正等测或斜等测。

2)$p_1=q_1\neq r_1$ 或 $p_1\neq q_1=r_1$ 或 $p_1=r_1\neq q_1$,称为正二轴测图或斜二轴测图,简称正二测或斜二测。

3)$p_1\neq q_1\neq r_1$,称为正三轴测图或斜三轴测图,简称正三测或斜三测。

常用的轴测图有正等轴测图和斜二轴测图,本章主要讲述这两种轴测图的画法。

4.1.3 轴测图的基本性质

轴测图是采用平行投影的方法绘制的,其投影的基本性质:

- 平行性。物体上互相平行的线段,在轴测图中仍然互相平行;物体上平行于坐标轴的线段,在轴测图中仍平行于相应的轴测轴。
- 定比性。物体上平行于坐标轴的线段,在轴测图中与相应轴的伸缩系数相同。由于轴测图中只有轴测轴的伸缩系数是已知的,只有与轴测轴平行的线段,才能按相应轴测轴的轴向伸缩系数量取尺寸。这就是可量性,也是"轴测"二字的含义。

4.2 平面体轴测图的画法

4.2.1 平面体正等测图的画法

如图4.2(a)所示,正等测的轴间角$\angle XOY=\angle YOZ=\angle ZOX=120°$。$OZ$轴成竖直位置,$OX$轴和$OY$轴可用30°三角板配合丁字尺绘出。

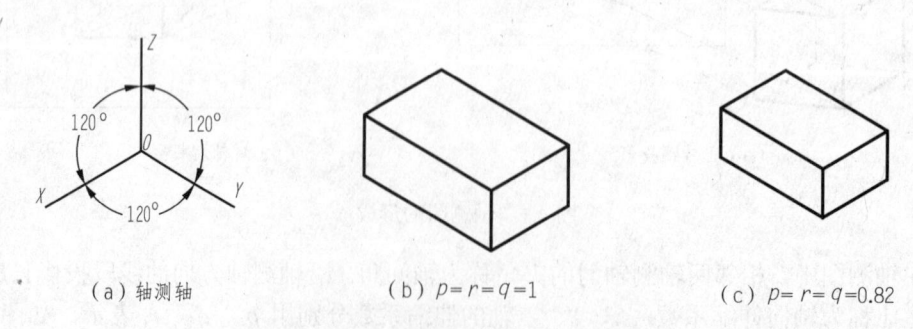

(a)轴测轴　　　(b)$p=r=q=1$　　　(c)$p=r=q=0.82$

图4.2 正等测图的轴间角和轴向伸缩系数

正轴测投影各坐标轴都倾斜于轴测投影面,所以轴向伸缩系数均小于1。轴向伸缩系数说明的是量取长、宽、高尺寸时所采用的比例,由理论证明,正等测的轴向伸缩系数 $p_1=q_1=r_1=0.82$(证明过程略),采用该轴向伸缩系数画图比较繁琐。为了作图简便,常采用简化轴向伸缩系数,即 $p=q=r=1$,因而可沿各轴向量取实际尺寸直接作图。这样画出的正等测图比实际物体的轴测投影放大 1.22 倍,但对物体的形状并无影响,如图 4.2(b)所示。

画轴测图常用的方法有坐标法、特征面法、叠加法、切割法,其中坐标法是最基本的方法,其他方法都是根据物体的特点对坐标法的灵活运用。

画轴测图时,在确定参考坐标轴的位置和轴测轴的方向后,以测量尺寸方便为原则选定起画点,依据"平行性"和"定比性"画出轴测图,同时不可见棱线和轮廓线在轴测图中一般省略不画出。

1. 坐标法

利用平行坐标轴的线段量取尺寸,确定物体上各顶点的位置,并依次连接,这种得到物体轴测图的方法称为坐标法。

图 4.3 所示是用坐标法画半四棱台正等测图的作图步骤。

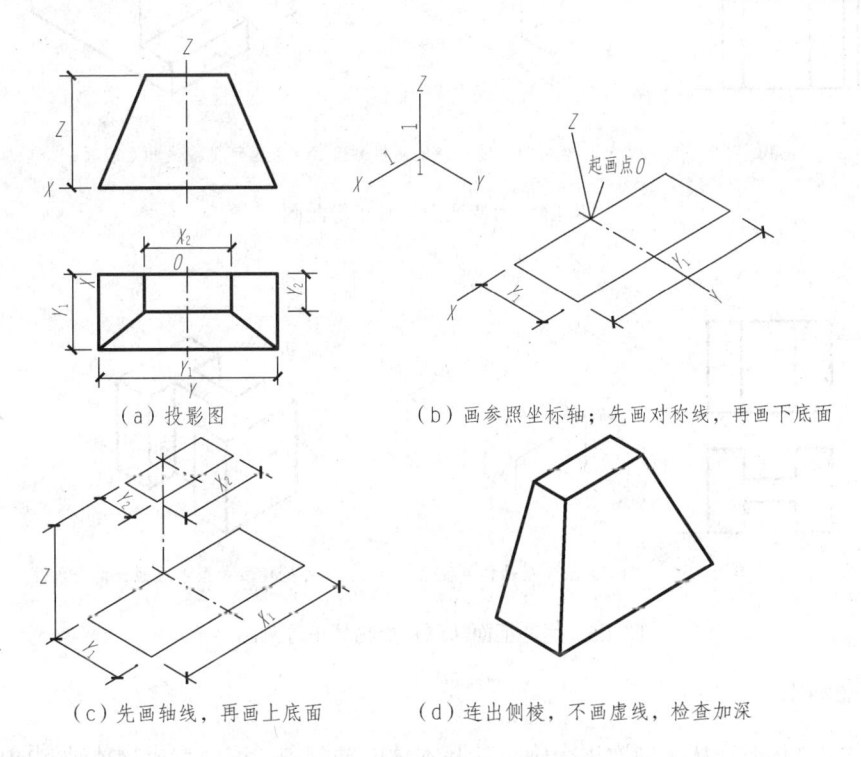

(a)投影图　　(b)画参照坐标轴;先画对称线,再画下底面

(c)先画轴线,再画上底面　　(d)连出侧棱,不画虚线,检查加深

图 4.3　用坐标法画正等测图

半四棱台可看作由八个顶点连接而成,顶面、底面的各边及轴线分别与 OX、OY、OZ 轴平行。画半四棱台的正等测图,可沿这些线段量取尺寸,确定八个顶点,然后依次连接,完成作图。图 4.3 选下底面上 O 点为起画点。

2. 特征面法

特征面法适用于画柱类物体的轴测图。先画出能反映柱体形状特征的一个可见底面，再画出可见的侧棱，然后画出另一底面的可见轮廓，这种得到物体轴测图的方法称为特征面法。

图 4.4 所示是用特征面法画底板正等测图的作图步骤。该物体是直棱柱体，柱底面是正平面，正面投影是特征投影。该图选前底面上 O 点为起画点，先画出前底面，再画出可见侧棱，然后画出后底面的可见轮廓，完成作图。

图 4.5 所示是底面为水平面的柱类物体的正等测图画法。

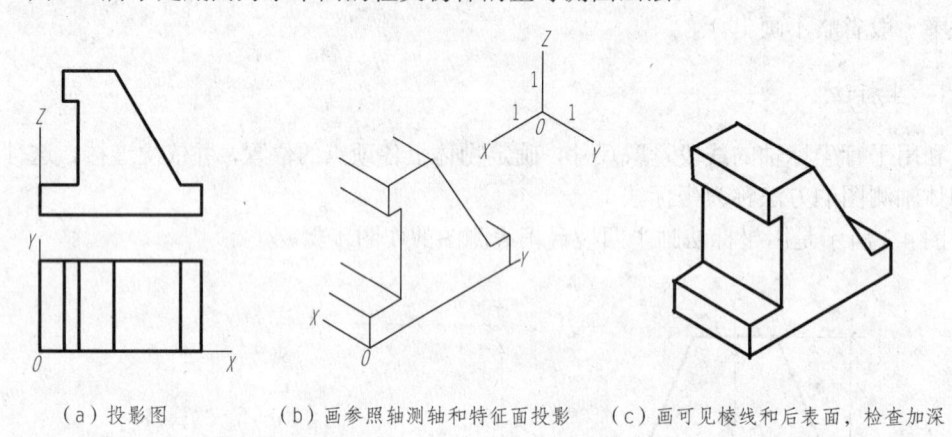

（a）投影图　　（b）画参照轴测轴和特征面投影　　（c）画可见棱线和后表面，检查加深

图 4.4　用特征面法画正等测图

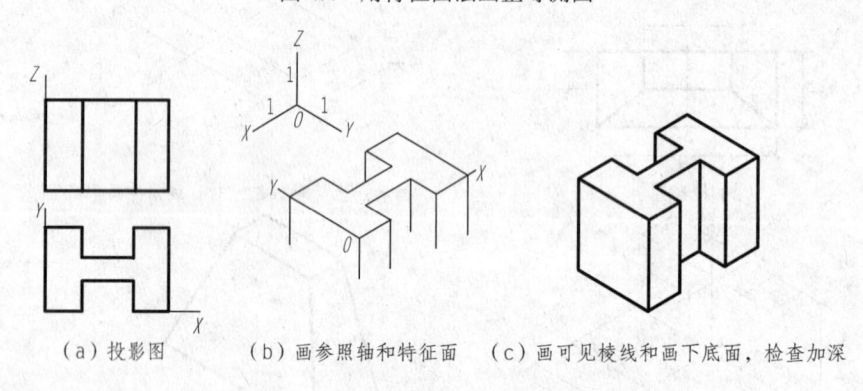

（a）投影图　　（b）画参照轴和特征面　　（c）画可见棱线和画下底面，检查加深

图 4.5　用特征面法画柱类物体正等测图

3. 叠加法

画叠加物体时，从主到次逐个画出各基本体的轴测图，这种完成物体轴测图的方法称为叠加法。叠加时一定要注意基本体之间的定位。

图 4.6 所示是用叠加法画挡土墙正等测图的作图步骤。

挡土墙可看作由一个 L 形柱底板、竖向直四棱柱和一个三棱柱组合而成。应先画主体 L 形底板和竖向直四棱柱，再按三棱柱的位置将其画出，完成作图。

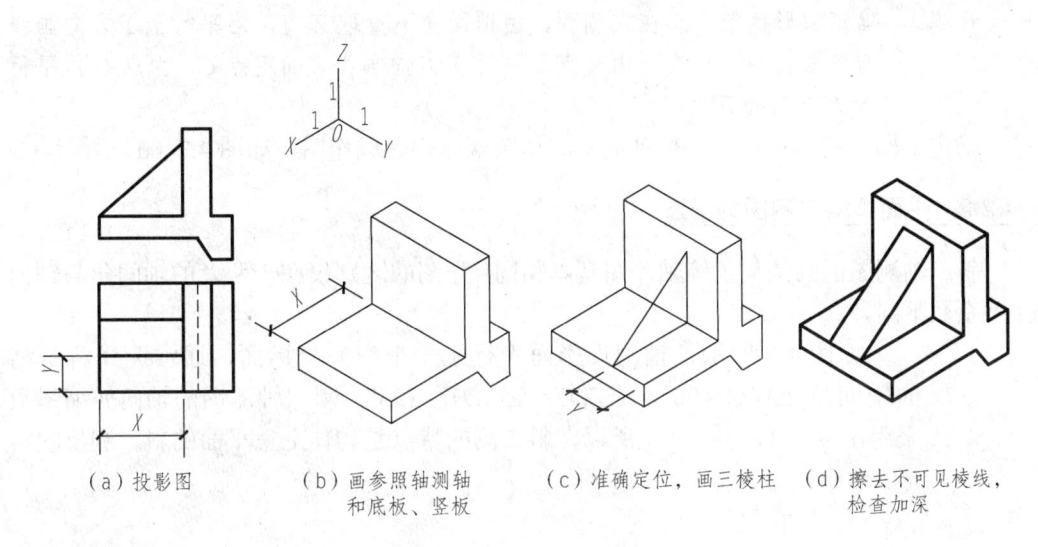

(a) 投影图　　　(b) 画参照轴测轴　　　(c) 准确定位，画三棱柱　　　(d) 擦去不可见棱线，
　　　　　　　　　和底板、竖板　　　　　　　　　　　　　　　　　　　　检查加深

图 4.6　用叠加法画正等测图

4. 切割法

画切割物体时，先画出原体，然后依次进行切割，这种完成物体轴测图的方法称为切割法。切割时一定要注意切割位置的确定。

图 4.7 所示是用切割法画物体正等测图的作图步骤。

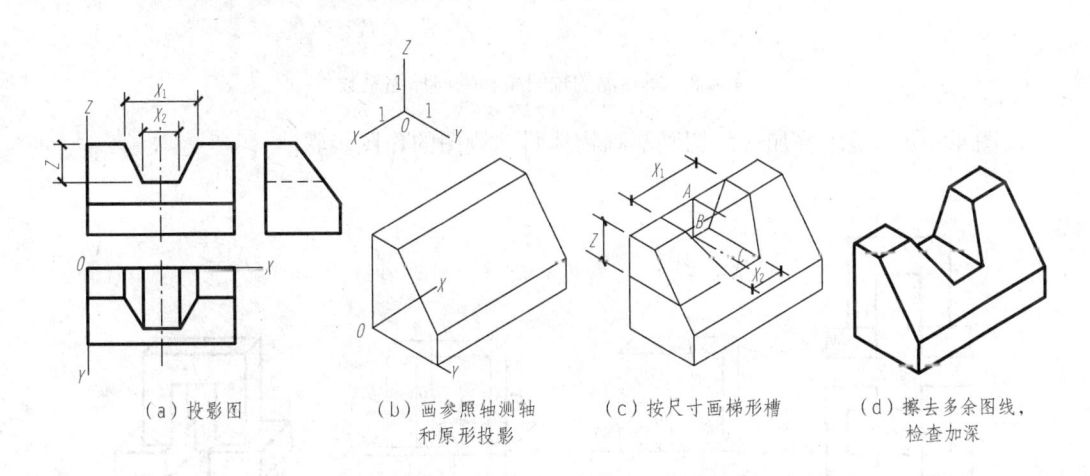

(a) 投影图　　　(b) 画参照轴测轴　　　(c) 按尺寸画梯形槽　　　(d) 擦去多余图线，
　　　　　　　　　和原形投影　　　　　　　　　　　　　　　　　　　　检查加深

图 4.7　用切割法画正等测图

该物体的原体可作横置的五棱柱，在中上方切一梯形槽。应先画出原体五棱柱，再按槽的位置通过切割画出槽，注意槽的底面与顶面之距应沿平行于 Z 轴方向度量，确定梯形槽位置的作图步骤：

步骤 1　确定梯形槽上口。在五棱柱的顶面中点位置确定起画点 A。由于物体左右对称，点 A 为对称点，梯形槽的上底可由点 A 两侧沿平行于 X 方向分别量取 $X_1/2$。

步骤 2　确定梯形槽下口。由点 A 向下垂直量取 Z 高，确定点 B，由点 B 两侧沿平行于 X 方向分别量取 $X_2/2$。

步骤 3　确定梯形槽前口。在左侧面，由顶面向下量取 Z 值，沿平行于 Y 方向画线与侧面前斜线相交，由交点沿平行 X 方向画线，确定点 C，由点 C 作平行于 X 方向的直线。

确定了梯形槽的位置后，按轴测图的作图规律，完成作图，如图 4.7（d）所示。

4.2.2　平面体斜二测图的画法

斜二轴测图的画法与正等轴测图基本相同，作图的区别仅在于两者的轴间角与轴向伸缩系数不同。

如图 4.8 所示，轴测投影面平行于一个空间坐标面，通常选择斜二测的轴间角 $\angle XOZ=90°$，$\angle ZOY=\angle XOY=135°$。斜二轴测图的轴向伸缩系数采用 $p=r=1$，$q=0.5$。所以，斜二测的特点是物体上正平面的斜二测反映实形。

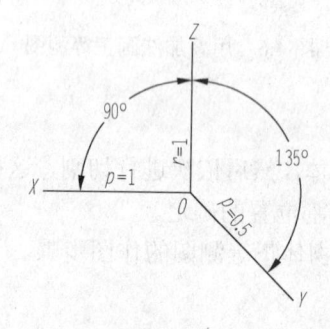

图 4.8　斜二测的轴间角和轴向伸缩系数

图 4.9 所示是用叠加法和切割法画物体斜二测图的作图步骤。

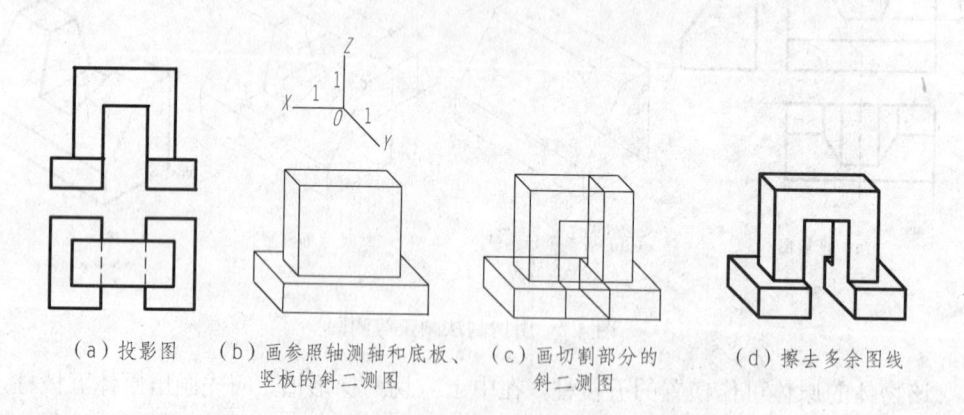

（a）投影图　（b）画参照轴测轴和底板、竖板的斜二测图　（c）画切割部分的斜二测图　（d）擦去多余图线

图 4.9　画物体的斜二测图

4.2.3　投影方向的选择

当确定了所画物体轴测图的种类后，还需考虑轴测图的直观性，即将反映物体主要特征的方向作为轴测投影方向（正轴测投影需改变物体的空间位置）。同一类轴测图，选择的投影方向不同，其轴测图所表达的效果也不同，如图 4.10 所示。

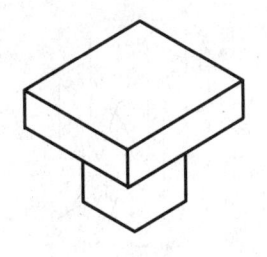

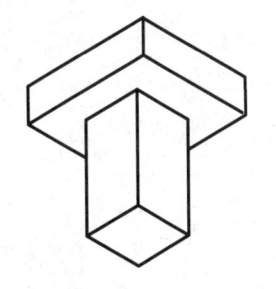

图 4.10 投影方向不同时的轴测图效果

对比图 4.10 中的轴测图效果，说明要根据物体的特征选择合适的投影方向，以便得到最佳效果。

4.2.4 水平斜轴测图

水平斜轴测图常用于绘制建筑群的总平面布置，这种轴测图也称为鸟瞰图。

水平斜轴测图常用的轴间角如图 4.11 所示。物体上平行于 XOY 坐标面的表面，其轴测投影反映实形。通常将 OZ 轴确定为竖直方向，根据 OZ 轴的轴向伸缩系数的不同，水平斜轴测图分为两种：当 $r=1$ 时，称为水平斜等轴测图；$r=0.5$ 时，称为水平斜二轴测图。

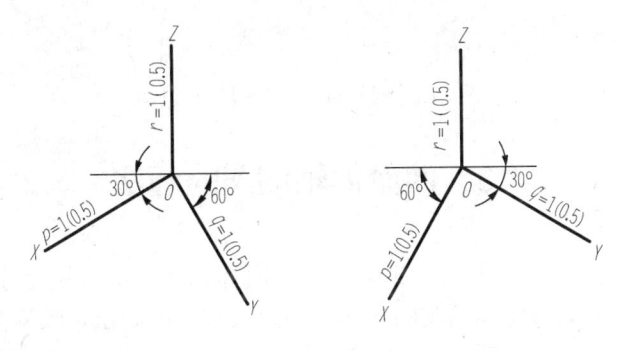

图 4.11 水平斜轴测投影的轴测轴

【例 4.1】 根据图 4.12（a）中的水平投影及各建筑物的高度，绘制建筑群的水平斜轴测图。其中 1 号建筑物高度为 30，2 号高度为 20，3 号高度为 10，4 号高度为 8，5 号高度为 10，6 号高度为 18。

【分析】 先确定轴测轴的方向，将水平投影逆时针旋转 60°，然后按建筑物的高度画出每个建筑物。

【作图】 作图方法和步骤如图 4.12 所示。

1）确定轴测轴与轴测伸缩系数。

2）按轴测轴方向画出建筑群水平投影的轴测图。由平面图中的各个角点引出建筑物的竖直棱线，在各棱线上量取各建筑物的高度，画出各建筑物的上底面，如图 4.12（b）所示。

3）擦出作图线和不可见轮廓线，加深图线，完成全图，如图 4.12（c）所示。

(a) 水平投影图　　　　(b) 作图过程

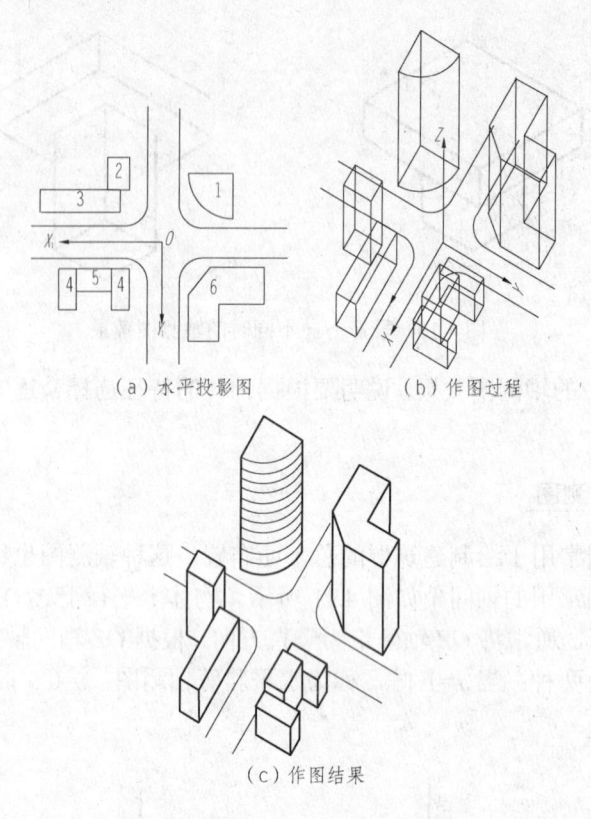

(c) 作图结果

图 4.12　建筑群的水平斜等轴测图

4.3　曲面体轴测图的画法

曲面体轴测图的画法与平面体相同，画曲面体轴测图的关键是掌握平面曲线的画法。本节仅以圆柱为例讲述轴测图的画法，圆台（锥）的画法请读者自行分析。

4.3.1　圆柱体正等测图的画法

1. 平行坐标面的圆的正等测图画法

在正等测轴测图中，由于各坐标面都倾斜于轴测投影面，平行于各坐标面的圆其正等测图都是椭圆。

由图 4.13 可见：

- 圆的中心线的正等测图平行于相应坐标面上的两根轴测轴。
- 椭圆的长轴方向垂直于不在这个坐标面上的那根轴测轴。例如，水平圆的正等测图，圆中心线的正等测图平行于 OX、OY 轴，长轴方向垂直于 OZ 轴。

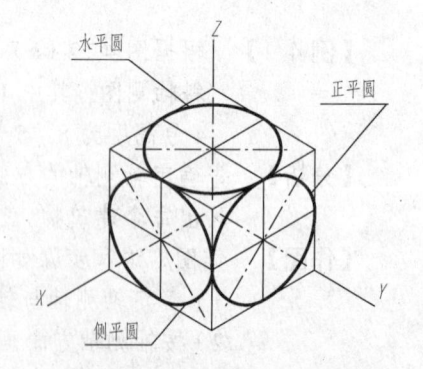

图 4.13　平行坐标面的圆的正等测图

画平行于坐标面的圆的正等测图一般采用菱形法。菱形法是用四段圆弧近似画出椭圆,这种方法只适用于正等测图作图。以水平圆为例,作图方法与步骤如图 4.14(a~d)所示。

由图 4.14 可见,以圆的中心为起画点,先画中心线的轴测图(分别平行于 OX、OY 轴),然后根据圆的半径定出一对直径的端点 A、B、C、D,过此四个点画圆的外切正方形的正等测图——菱形,A、B、C、D 即为椭圆与菱形各边的切点,如图 4.14(b)所示;过切点作切线的垂线得四个交点 1、2、3、4,即为四段圆弧的四个圆心,如图 4.14(c)所示;分别以 1、2 为圆心,1D 为半径,画 DC、AB 两段圆弧,再分别以 3、4 为圆心,3A 为半径画 AD、CB 两段圆弧,完成作图,如图 4.14(d)所示。正平圆和侧平圆正等测图的画法与水平圆相同,在此从略。

(a)投影图　　(b)画圆的外切正方形　　(c)求四段圆弧的圆心　　(d)画出4段圆弧

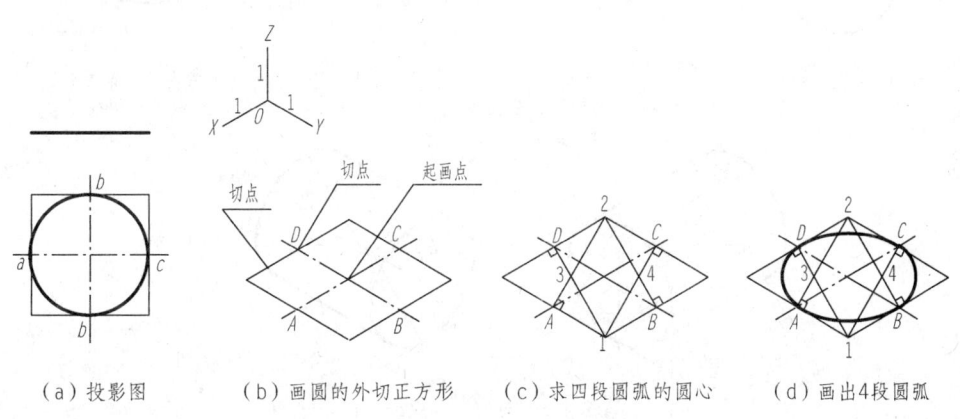

图 4.14　水平圆正等测图的画图与步骤

2．圆柱体正等测图的画法

画圆柱体正等测图时,应先画出两个底面圆的正等测图,再作出两个底面圆的公切线。

(1)圆柱体正等测图的画法

图 4.15(a~d)所示是直立圆柱正等测图的画图步骤。该圆柱上、下底面为水平圆,按图 4.14 的画法,完成上底面圆的轴测图,为了减少作图线,圆柱下底面只画三段可见的圆弧,作图时可以从上底面各段圆弧的圆心(2、3、4)沿轴线方向(平行于 Z 轴)向下量取圆柱两底面间距,直接得到下底面三段圆弧的圆心,然后用相应的半径画出下底面三段圆弧,这种作图方法称为移心法。画出上、下两椭圆的公切线(平行于 OZ 轴),如图 4.15(b)所示。加深可见图线,完成圆柱正等测图,如图 4.15(c)所示。

图 4.15(d)所示是底面为侧平圆的圆柱和底面为正平圆的圆柱的正等测图,画法与前述相同。

(2)圆角正等测图的近似画法

如图 4.16(a~c)所示为画带圆角四棱柱轴测图时,圆角部分可采用近似画法,即在有圆角的边上量取圆角半径确定切点,过切点作边线的垂线,两条垂线的交点为圆心,如图 4.16(b)所示;然后以圆心到切点的距离为半径画弧,可用移心法画出底面圆角,即得圆角正等测图,如图 4.16(c)所示。

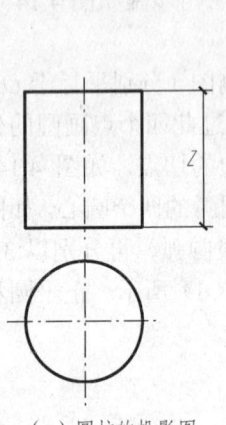

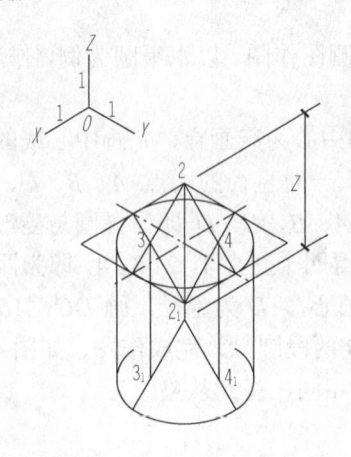

(a)圆柱的投影图　　(b)用移心法画下底圆,作上、下　　(c)擦去不可见图线,
　　　　　　　　　　　　两椭圆的公切线　　　　　　　　　　加深可见图线

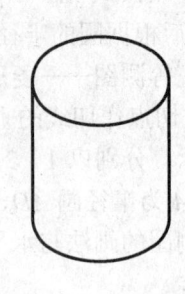

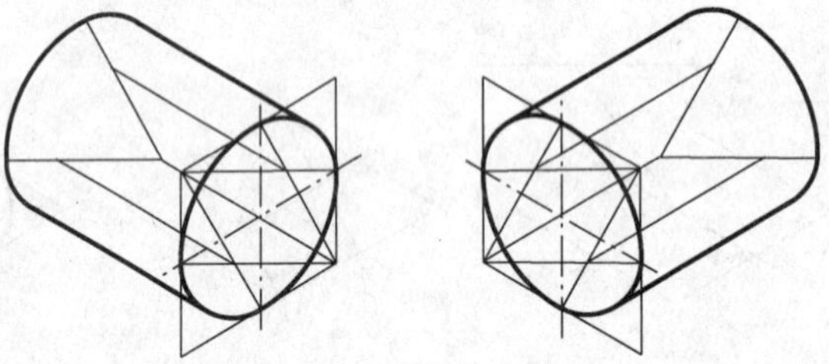

(d)用移心法画侧平圆柱和正平圆柱

图 4.15　圆柱正等测图的画法与步骤

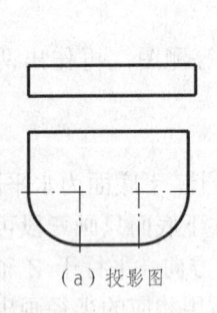

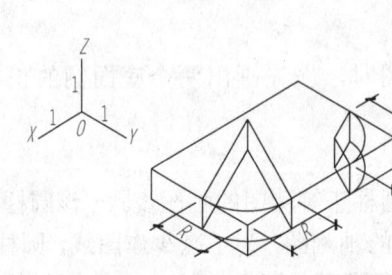

(a)投影图　　(b)确定圆角切点,过切点找圆心,　　(c)画圆弧的公切心,
　　　　　　　　　画圆角,用移心法画下底面圆角　　　　加深图线

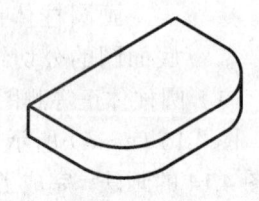

图 4.16　圆角正等测图的画法

3. 应用举例

【例 4.2】　画出图 4.17（a）所示的圆柱切割体的正等测图。

【分析】　由两面投影可知,圆柱轴线为铅垂线,顶面被两个对称的侧平面和一个水平面切割。作图时应先画出完整圆柱的轴测图,然后再画切割部分的轴测图。

【作图】　如图 4.17（b~d）所示。

　　1）画原形。应用四心圆法画圆柱顶面椭圆；用移心法将各段圆弧的圆心和切点向下沿 Z 方向量取圆柱的高度,画出底面椭圆的可见部分,作上、下两个椭圆的公切线，该切线即为圆柱轴测投影的轮廓线，如图 4.17（b）所示。

2）画切割部分。切割部分的圆弧可用移心法或素线法求得。素线法是在圆柱顶面切割部位作若干条素线，在素线上量取切割高度，将量取点光滑连接即可，如图 4.17（c）所示。

3）完成作图。擦去多于图线，加深图线，如图 4.17（d）所示。

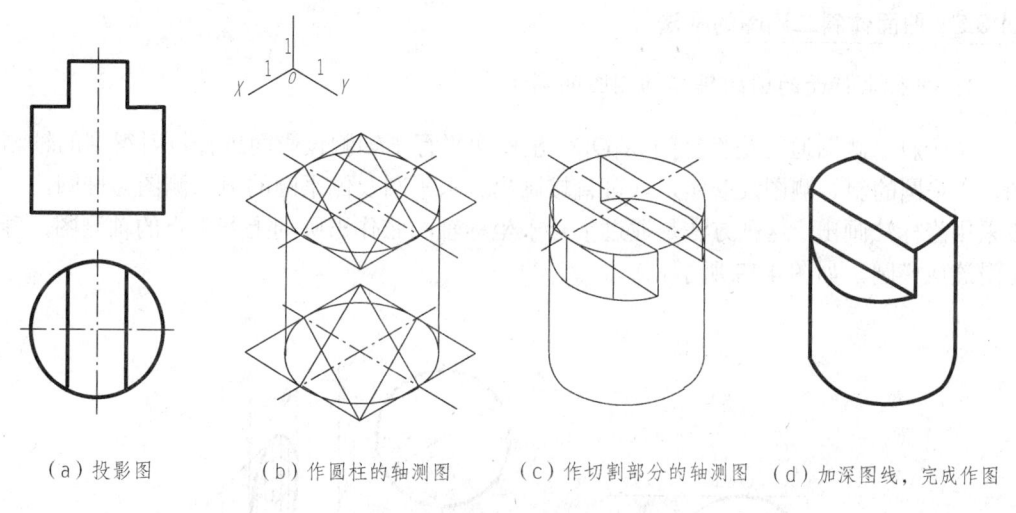

(a) 投影图　　(b) 作圆柱的轴测图　　(c) 作切割部分的轴测图　　(d) 加深图线，完成作图

图 4.17　圆柱切割体的正等测图

【例4.3】　画出图 4.18（a）所示物体的正等测图。

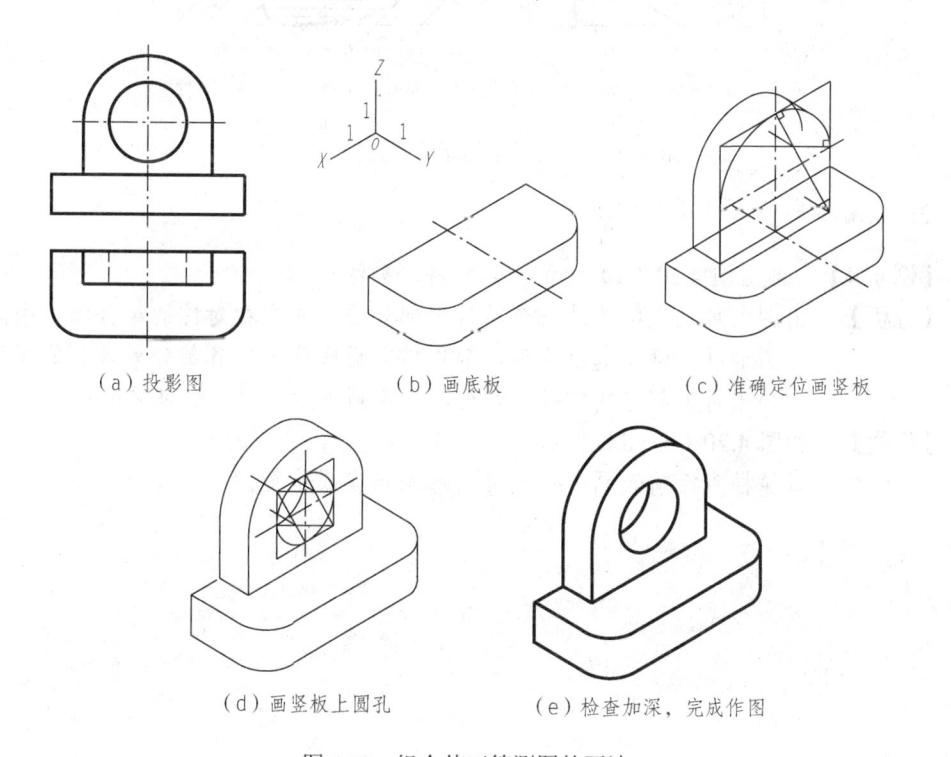

(a) 投影图　　(b) 画底板　　(c) 准确定位画竖板

(d) 画竖板上圆孔　　(e) 检查加深，完成作图

图 4.18　组合体正等测图的画法

【分析】 该物体是一个综合类组合体,由底板和竖板两个部分组成,底板上有两个圆角,竖板上穿了一个圆通孔。作该物体的正等测图应综合运用前述方法作图。

【作图】 如图 4.18(b~e)所示。
作图时应注意:竖板圆孔后壁的圆是否可见,取决于孔径与板厚之间的关系。若直立板厚度小于椭圆短轴,则后面的圆部分可见,反之为不可见。

4.3.2 曲面体斜二测图的画法

1. 平行坐标面的圆的斜二轴测图的画法

由于斜二测图通常是将空间 $X_1O_1Z_1$ 坐标面平行于轴测投影面进行投射得到的轴测图,正平圆的斜二测图反映实形,可直接画出。水平圆及侧平圆的斜二测图为椭圆,一般采用坐标法画出,这种方法是通过平行于坐标轴的弦作出圆周上若干点的轴测图,再光滑连成椭圆,如图 4.19 所示。

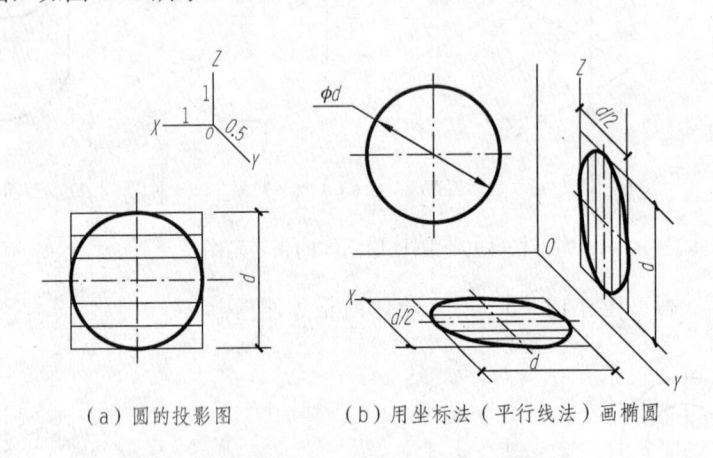

(a)圆的投影图　　(b)用坐标法(平行线法)画椭圆

图 4.19　平行于坐标面的圆的斜二测图

2. 应用举例

【例 4.4】 画出图 4.20(a)所示物体的斜二测图。

【分析】 由图中可见该物体是一个前后三部分叠加并左右对称的组合体,中间有一圆通孔。确定起画点后,分别按前后顺序画出各部分前表面的实形,再画出可见部分的棱线和切线,然后画出后表面孔的可见部分。

【作图】 如图 4.20(b~d)所示。
以棱柱直板前表面中心点 A 为起画点完成作图。

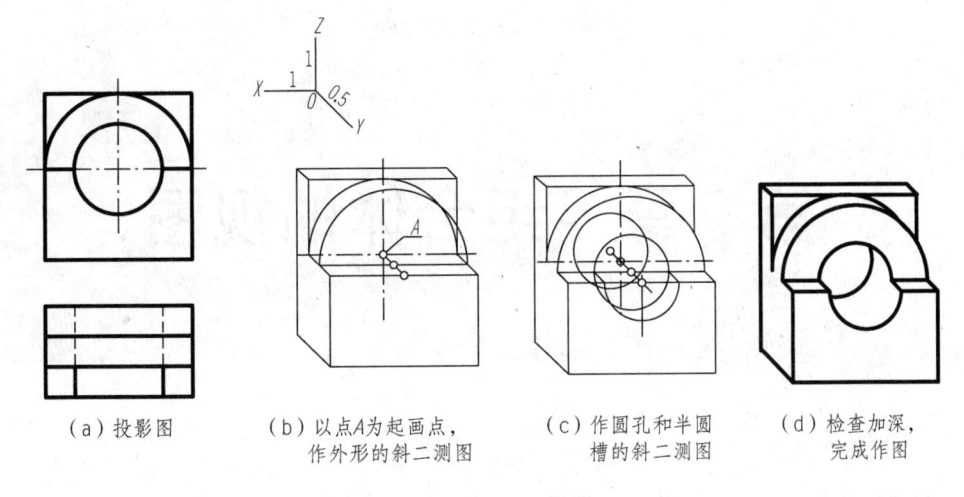

（a）投影图　　（b）以点A为起画点，作外形的斜二测图　　（c）作圆孔和半圆槽的斜二测图　　（d）检查加深，完成作图

图 4.20　物体斜二测图的画图步骤

思 考 题

4.1　什么是轴测投影？轴测投影与正投影的区别是什么？
4.2　正轴测投影与斜轴测投影有什么区别？
4.3　正等测、斜二测的轴间角、轴向伸缩系数各是多少？
4.4　画轴测图的常用方法有哪几种？
4.5　水平斜轴测图有哪几种形式？
4.6　圆的正等测图是采用什么方法绘制的？

第 5 章 组合体的视图

在实际工程中，工程建筑物的形状较复杂，将复杂的、不熟悉的问题分解成简单的、熟悉的问题，是解决问题常用的方法。因此，在绘图和读图时，常将复杂物体看作由若干基本几何体组合而成的，这样的物体称为组合体。假设将组合体分解为若干基本体，进而分析它们的形状、相对位置以及组合方式，这种方法称为形体分析法。本章主要介绍组合体视图的画法、尺寸标注及读图方法，这些是学习专业图样的重要基础。

5.1 组合体及其形体分析

组合体是由若干个基本体（如棱柱、棱锥、圆柱、圆锥、圆球等）经过叠加、切割、穿孔等方式组合而成的。

5.1.1 组合体的组合形式

组合体按其组合方式，一般可分为叠加式、切割式和综合式三种，如图 5.1 所示。
1）叠加式。叠加式是由若干个基本体叠加而形成的组合体，见图 5.1（a）。
2）切割式。切割式是由一个基本体经过若干次切割而形成的组合体，见图 5.1（b）。
3）综合式。综合式是由基本体叠加和切割而形成的组合体，见图 5.1（c）。

在许多情况下，叠加式和切割式并无严格的界限，同一组合体既可按叠加方式分析，也可按切割方式去理解。因此，分析组合体的组合方式时，应根据具体情况，以便于作图和便于理解为原则。

5.1.2 组合体的分析方法

绘制和阅读组合体的投影图，应首先分析物体的组合形式，即物体是由哪些基本体组成的，再分析这些基本体的相对位置和表面连接关系，这种分析方法称为形体分析法。再按各个基本体的投影规律，分步做出组合体的投影图。

无论是哪一种形式的组合体，画其投影图时，都应正确表示各基本体之间的表面连接关系和相互位置关系。所谓连接关系，是指各基本形体表面间的相互关系，如平齐、相交和相切等，如图 5.2 所示。相互位置关系是指以某一基本体为参照，另一基本体在其前后、左右、上下等位置关系，如居中、右后面对齐等。分析时将组合体分解为若干个基本体。首先搞清楚各基本形体之间的位置关系，才能确定是否画出各基本体之间的表面交线。如图 5.2 所示，组合体表面连接关系可归纳为以下四种情况。

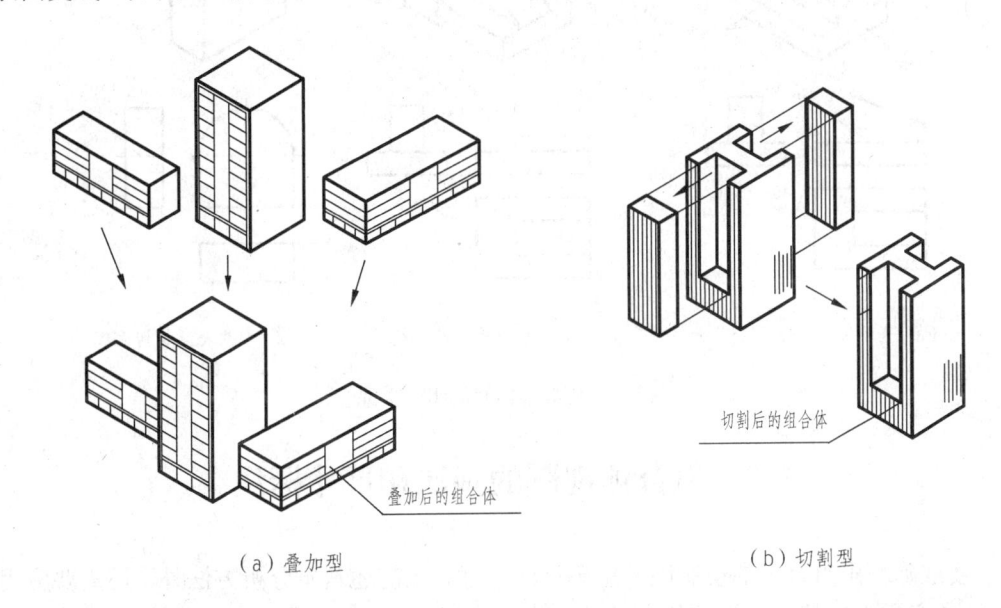

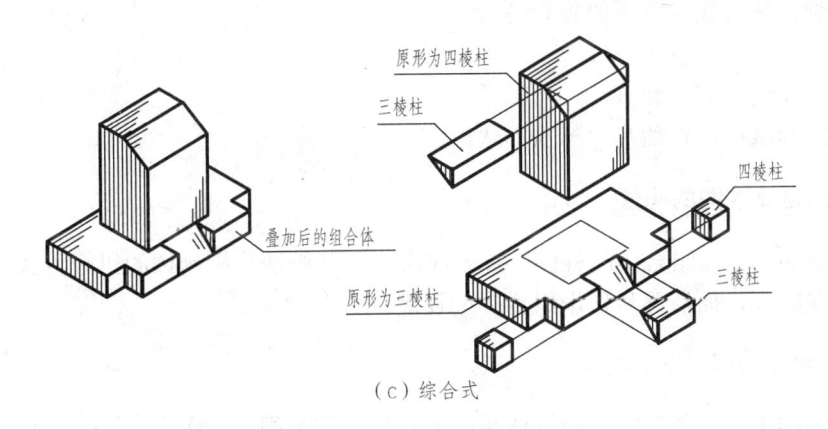

（a）叠加型

（b）切割型

（c）综合式

图 5.1　组合体的组合方式

1）两个形体表面不共面（即相错）。两个表面的投影之间应画线分开，如图 5.2（a）所示。

2）两个形体表面共面。两个表面的投影之间不应画线，如图 5.2（a）所示。

3）两个形体表面相交。两个表面的投影之间应画出交线的投影，如图 5.2（b）所示。

4）两个形体表面相切。由于光滑过渡，两表面的投影之间不应画线，如图 5.2（c）所示。

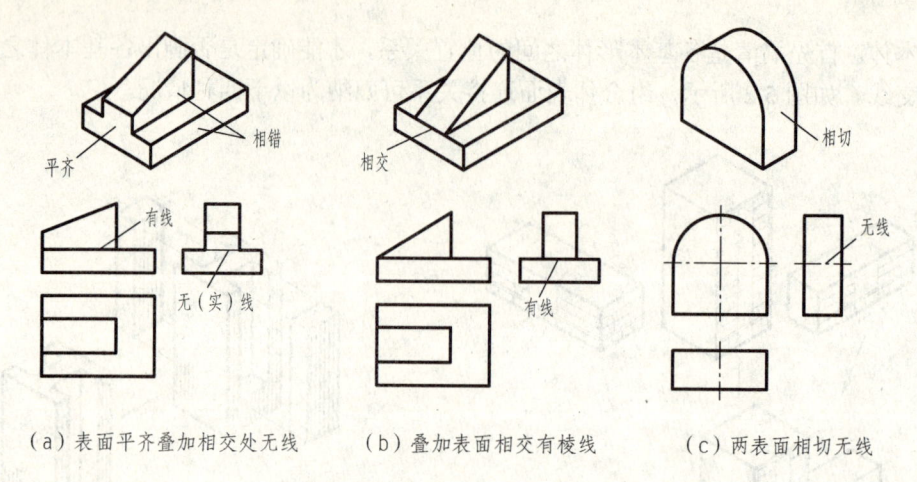

(a) 表面平齐叠加相交处无线　　(b) 叠加表面相交有棱线　　(c) 两表面相切无线

图 5.2　基本形体间的组合关系

5.2　组合体视图的画法和尺寸标注

要准确画出组合体的投影图并正确标注尺寸，除前述基本分析方法外，还需要应用第 1～4 章所学的基本知识，其内容有：
- 各种位置直线和平面的投影特性。
- 各类基本体的投影特征。
- 基本体的截切与相贯。
- 国家标准中规定的尺寸标注方法。

5.2.1　组合体视图的画法

如前所述，绘制组合体的视图，首先应用形体分析法分析物体的组合方式，弄清各部分的形状特征，而后逐步作出组合体的视图。

1. 三视图的形成和名称

工程制图中把物体在三面投影体系中的正投影称为视图，投射方向称为视向（正视、俯视、侧视）。在建筑工程中又称为：
- V 面投影图，称为正立面图，简称立面图。
- H 面投影图，称为水平面图，简称平面图。
- W 面投影图，称为左侧立面图，简称侧面图。

2. 形体分析

如图 5.3 所示，肋板式杯形基础，可将其看作由底板、杯口和肋板组成。底板为一四棱柱，杯口为四棱柱中间挖去的一楔形块，肋板为六块梯形肋板。各基本体之间既有叠加，又有切割；杯口在底板中央，前后肋板的左、右侧面分别与中间四棱柱的左、右侧面平齐，左、右两块肋板分别在四棱柱左、右侧面的中央。

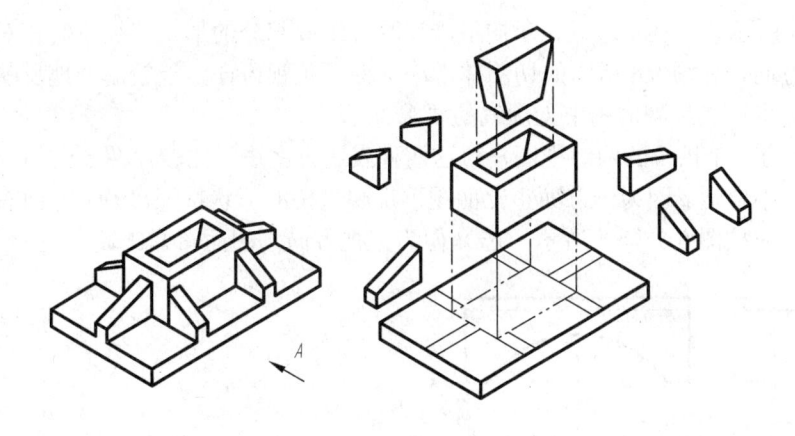

(a) 组合体轴测图　　　　　(b) 组合体的分解

图 5.3　肋式杯形基础的形体分析

又如图 5.4 所示，该物体是由四棱柱切割而形成的。先在右上方切去一个梯形块，又在左下方和左上方分别切去两个四棱柱。

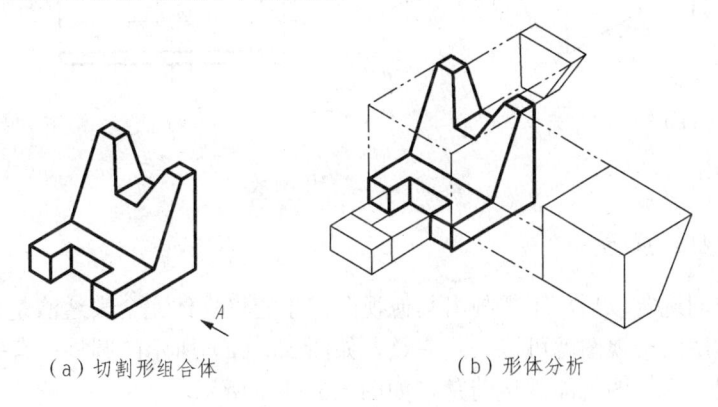

(a) 切割形组合体　　　　　(b) 形体分析

图 5.4　切割形组合体

3. 视图的选择

选择的原则是用较少的视图把物体完整、清晰和准确地表达出来。视图选择包括确定物体的放置位置、选择物体的正立面图和确定视图的数量三方面内容。

（1）确定物体的放置位置

物体在投影体系中的摆放位置一般应重心平稳，在各投影面上的投影应尽量反映物体表面的实形。因此，一般要通过几种方案的比较，才能确定最佳方案，且尽量减少图中的虚线。建筑物一般按照正常工作位置放置。

如图 5.3 和图 5.4 所示的肋式杯形基础和切割体，应使它们的底板在下，并将底板面放成水平位置最为平稳，同时也是肋式杯形基础的工作位置。

（2）选择正视方向

在表达物体的一组视图中，正视方向所产生的视图常为主要视图，应当首先考虑。物体放置位置确定后，选正视方向时，应使其尽量反映物体各组成部分的形状特征及其相互位置，同时应尽量减少视图中的虚线及合理利用图纸。

图 5.3 所示肋式杯形基础，A 向最能反映各组成部分的形状特征及其相对位置，可作为正视方向。如图 5.4 所示的切割体，选 A 向为正视方向，能较清楚地反映切割体的形状特征，也可满足侧面图中无虚线的要求。

图 5.5 为一个拱桥的两组视图，对这两种表达方案进行比较，图 5.5（a）选择 B 向为正视方向不合适。因为一方面正立面图不反映拱桥的形状特征，另一方面右下角图纸空白太多。应按图 5.5（b）所示，选 A 向为正视方向，图面布置比较合理。

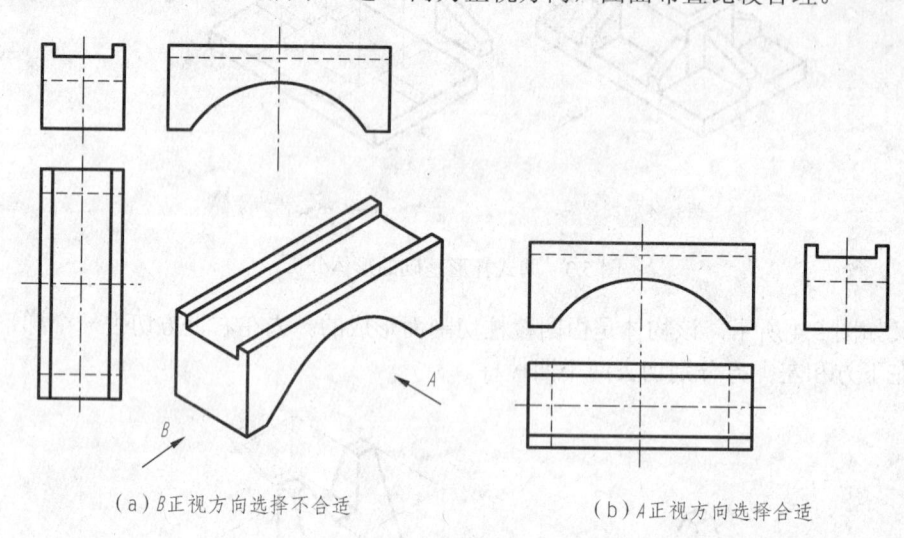

（a）B 正视方向选择不合适　　　　（b）A 正视方向选择合适

图 5.5　合理利用图纸

4. 确定视图的数量

当正视方向选定以后，还需画出其他视图，才能将物体完全表达清楚。在实际作图时，有些物体用两个视图就可以表示完整，如图 5.6（a）所示的圆柱；有些物体通过加注尺寸后，用一个视图就能表达清楚，如图 5.6（b）所示。

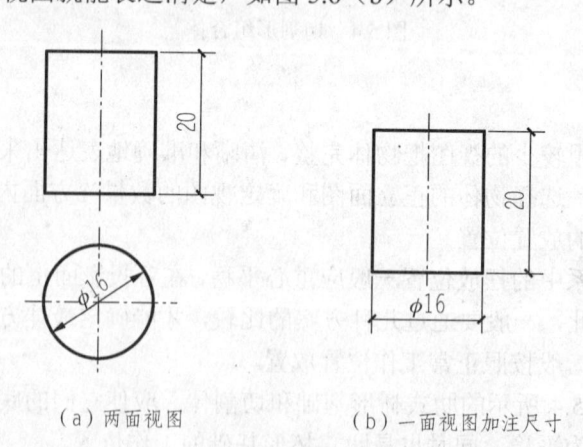

（a）两面视图　　　　（b）一面视图加注尺寸

图 5.6　确定视图的数量

为了便于看图，减少画图工作量，应在保证完整、清楚地表达物体的形状、结构的前提下，尽可能用最少的投影来表达物体。

图 5.7 所示为台阶的三视图，台阶的三块踏步板叠加在一起形成一个整体，两侧栏板是六棱柱，在侧面图中可以比较清楚地反映台阶的形状特征，故用正立面图和侧面图即可将台阶表达清楚，如若仅用正立面图和平面图则不能清楚地反映两个侧栏板的形状特征。而图 5.8（d）所示的肋式杯形基础，因前后左右四个侧面都有肋板，则需要画出三个视图才能确定它的形状。

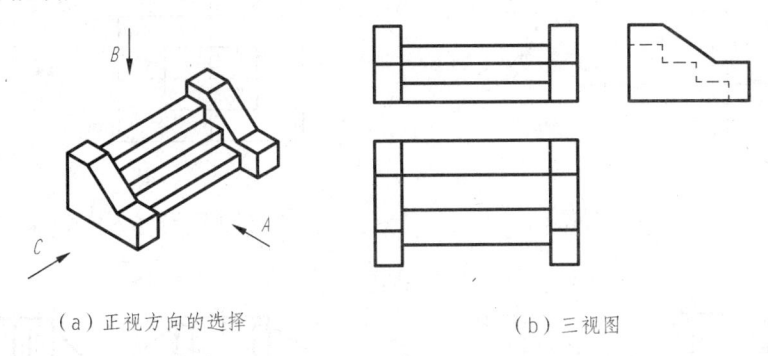

（a）正视方向的选择　　　　　　　（b）三视图

图 5.7　台阶的三视图

5. 组合体投影图的画图步骤

步骤 1　选取画图比例，确定图幅。根据组合体尺寸的大小确定绘图比例，再根据投影图的大小及数量所占的面积，在投影图之间留出标注尺寸的位置和适当的间距，选用合适的标准图幅。

步骤 2　布置图位，画基准线。根据投影图的大小和标注尺寸所需的位置，合理布置图面。画图时，应先画出各投影图中用于长、宽、高定位的基准线、对称线。

步骤 3　画投影图的底稿。根据物体投影规律，逐个画出各基本体的三面投影图，画图的一般顺序：先画实体，后画挖空体（即挖去的形体）；先画大块，后画小块；先画整体，后画局部。当画每个独立基本体时，要三个投影图联系起来画，并从最能反映物体特征的视图画起，再根据投影关系画出其他两个视图。画底稿时，底稿线要浅细、准确。

步骤 4　检查、加深图线。底稿画完后，用形体分析法逐个检查各组成部分基本体的投影，以及它们之间的相互位置关系；对各基本体之间连接表面处于相切、共面或相交时产生的线、面投影，用线、面的投影特性予以重点校核，纠正错误，补充遗漏。检查无误后，擦去多余线条，再按规定的线型进行加深。图线加深的顺序：

先曲线后直线；先水平线后铅垂线，最后斜线；完成后的视图应做到布图均衡、内容正确、线条均匀，图面整洁、字体工整、符合制图国家标准（见第 1 章）。

以杯形基础为例，完成形体分析和选择好正视方向后，开始画视图底稿。首先选定比例，确定图幅，然后布置图面。如图 5.8 所示，首先画出各视图的基准线，以确定各视图的具体位置。基准线是画图时测量尺寸的起始位置，每个视图需要两个方向的基准，一般常用对称线、轴线和较长图线作为基准线，如图 5.8（a）所示。然后再顺次画出底板及中间四棱柱，如图 5.8（b）所示；画出六块梯形肋板，如图 5.8（c）所示；画出楔形杯口，如图 5.8（d）所示。在画图过程中，应注意每一部分的三个视图必须符合投影规律。

（a）定出画图的基准线　　　　　　　　（b）画出底板及中间四棱柱

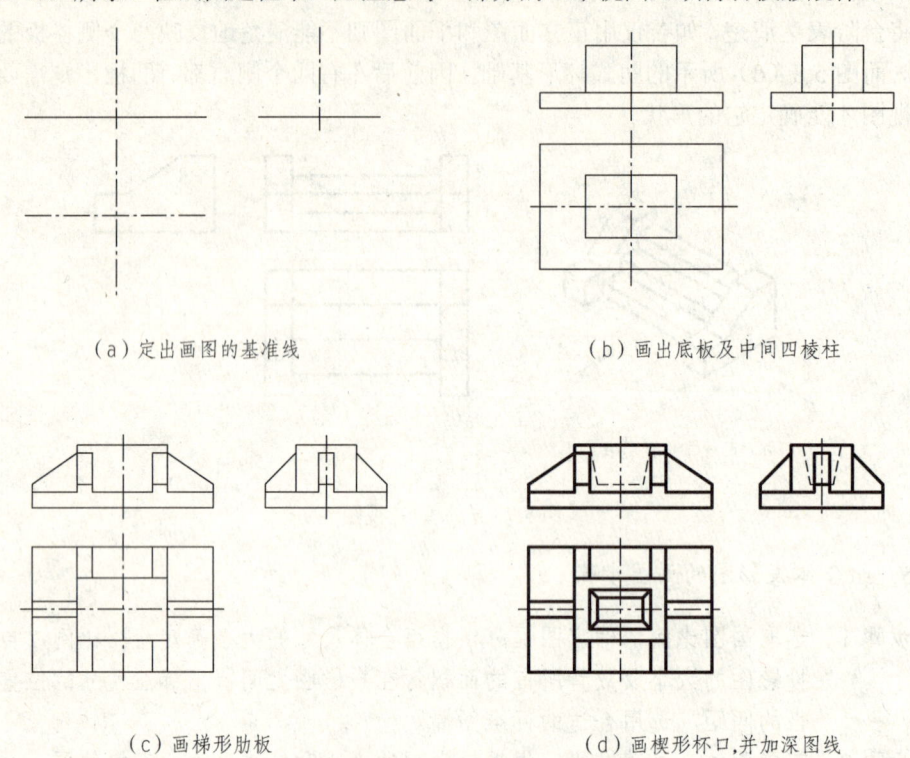

（c）画梯形肋板　　　　　　　　（d）画楔形杯口，并加深图线

图 5.8　肋式杯形基础画图步骤

5.2.2　组合体的尺寸标注

组合体的视图只能表示其形状，而物体的大小和各组成部分的相对位置应由视图上的标注尺寸来确定，所以画出物体的视图后，必须标注尺寸。

在视图上所标注的尺寸，要求齐全、清晰、合理，同时必须遵守建筑制图标准的各项规定（见第 1 章）。

1. 基本体的尺寸标注

各类基本体都具有长、宽、高三个方向的尺寸，在视图中标注尺寸时，应将三个方向的尺寸标注齐全。

（1）基本体的尺寸标注

图 5.9 为基本体的尺寸标注。标注基本体的尺寸，一般应先注出确定两底面形状的尺寸，然后标注它们的高度尺寸。标注时，根据形体的特征，标注其长、宽、高三个方向的尺寸。圆柱、圆锥和球应标注直径尺寸，规定在直径数字前需加注符号 ϕ。

球体只要注出它的直径尺寸即可，为了区别于圆的直径尺寸，国标规定在标注球的直径时，在 ϕ 之前加注字母 S，即 $S\phi$。

基本体标注尺寸后通常可以减少视图的数量，例如，字母"S"是球的代号，如果确定了球的投影并标注了直径尺寸，用一个视图就可以表示球。又如，圆柱、圆锥、圆台，在正立面图中标注了图中所示的尺寸，也只要用一个视图即可完整地表达这些基本体。

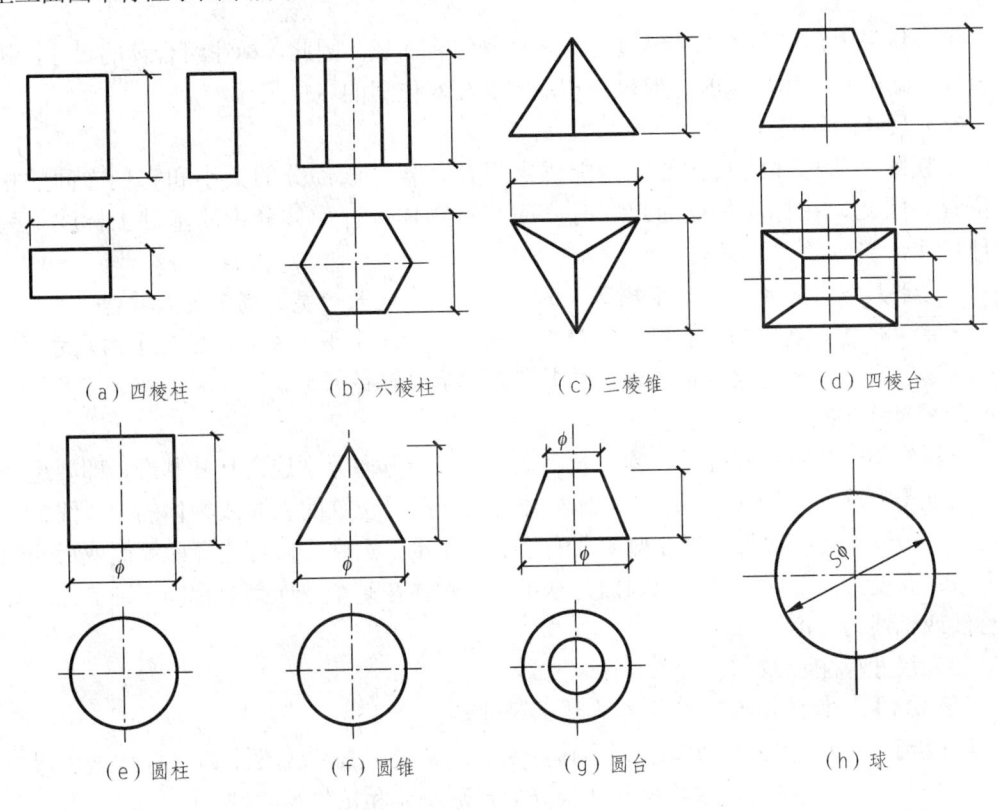

(a) 四棱柱　　(b) 六棱柱　　(c) 三棱锥　　(d) 四棱台

(e) 圆柱　　(f) 圆锥　　(g) 圆台　　(h) 球

图 5.9　基本体的尺寸标注

(2) 切割体和相贯体的尺寸标注

当标注被切割物体的尺寸时，应标注基本体的定形尺寸，并标注确定截平面位置的定位尺寸，而不标注截交线的尺寸，如图 5.10（a～c）所示。标注相贯体的尺寸时，应标注各参与相贯的基本体的定形尺寸和确定其相对位置的定位尺寸，不标注相贯线的形状尺寸，如图 5.10（d）所示。

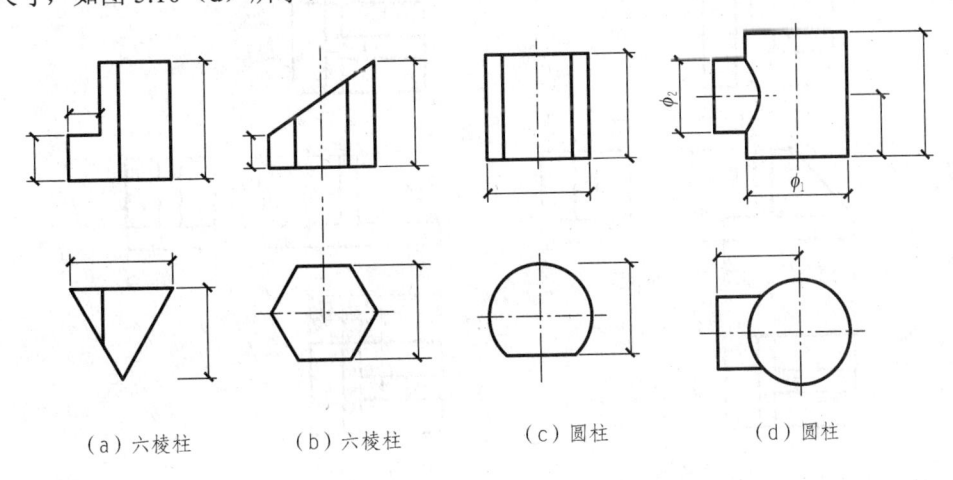

(a) 六棱柱　　(b) 六棱柱　　(c) 圆柱　　(d) 圆柱

图 5.10　切割体与相贯体的尺寸标注

2. 组合体的尺寸标注

组合体是由若干个基本体经过叠加和切割组合而成，因此，标注组合体的尺寸，就应该标注确定基本体形状的定形尺寸和确定其相对位置的定位尺寸。

（1）尺寸的种类

在视图上所标注的尺寸要完全能确定组合体各组成部分的大小和它们之间的相互位置。因此，在标注物体的尺寸时，应在对物体进行形体分析的基础上标注下列三种尺寸。

- 定形尺寸。确定物体各组成部分的形状、大小（长、宽、高）的尺寸。
- 定位尺寸。确定物体各组成部分之间相对位置（上下、左右、前后）的尺寸。
- 总体尺寸。确定组合体外形的总长、总宽和总高的尺寸。

（2）尺寸基准

在标注组合体定位尺寸时，须在长、宽、高三个方向分别选定尺寸基准，即要选择一个或几个标注尺寸的起点。通常选择物体上某一明显位置的表面或物体的中心线为基准位置。长度方向一般可选择左侧面或右侧面为基准；宽度方向可选择前侧面或后侧面为基准；高度方向一般以底面或顶面为基准；若物体在某个方向是对称的，则首先选择对称线或轴线为基准。

（3）尺寸标注示例

【例5.1】 标注图5.11所示组合体的尺寸。

【分析】 由形体分析可知，该形体分为三个部分，分别为两个四棱柱和一个四棱柱支撑板，依次标注各部分的定形尺寸和定位尺寸。

（a）标注各基本体的定形尺寸　　　　（b）标注定位尺寸

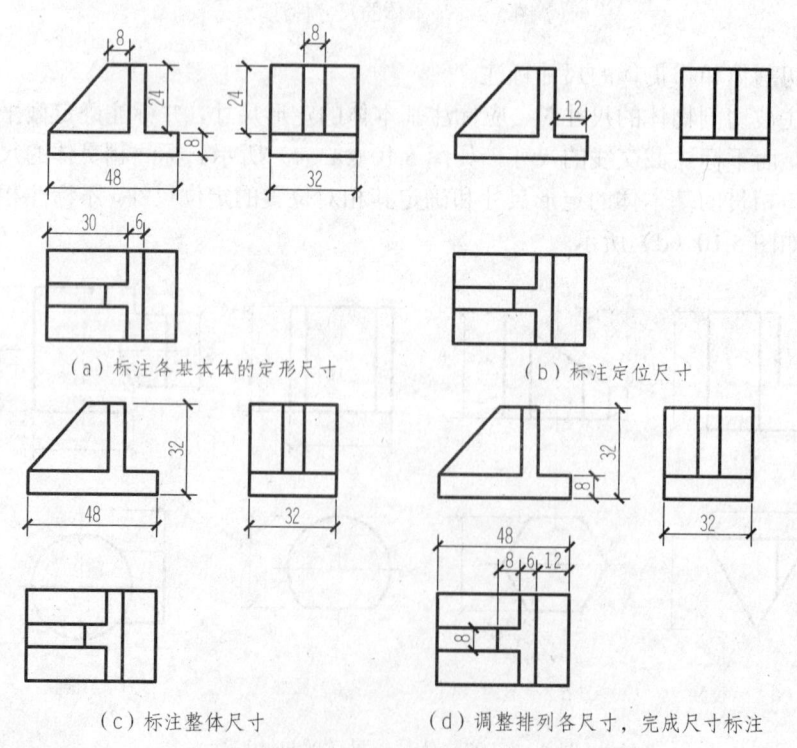

（c）标注整体尺寸　　　　（d）调整排列各尺寸，完成尺寸标注

图5.11 叠加式组合体的尺寸标注

【作图】 如图 5.11 所示。

1）标注各基本体大小的定形尺寸。如图 5.11（a）所示。

2）标注确定各部分相对位置的定位尺寸，竖板放在底板上，因其左右不对称，需标注出定位尺寸 12；四棱柱支撑板的位置仅靠竖板，且前后对称，故定位尺寸可省去，如图 5.11（b）所示。

3）标注确定组合体总长、总宽、总高的总体尺寸。因底板的长、宽尺寸可以代替总长和总宽尺寸，所以只需注出总高尺寸即可，如图 5.11（c）所示。

4）对各尺寸进行调整排列，其中四棱柱支撑板的定形尺寸 30 和 24 可省略。完成该组合体的尺寸标注，如图 5.11（d）所示。

3．标注尺寸的原则

（1）尺寸标注要清晰

投影图上的尺寸不但要标注齐全，而且要标注得整齐、清晰，便于读图。为此，标注尺寸时应注意以下各点：

1）尺寸一般应标注在反映物体特征的视图上，而且要靠近被标注的轮廓线。表示物体上同一结构的尺寸应尽量集中在同一视图上。

2）与两视图有关的尺寸应尽量标注在两视图中间。

3）尺寸应尽量标注在投影的轮廓线之外，必要时尺寸可以标注在投影轮廓线之内。但任何图线不得穿越尺寸数字，不可避免时，应将图线断开。

4）尺寸线尽可能排列整齐。对于同方向上的相互平行的尺寸线，按照被标注物体的轮廓线由近至远整齐排列，小尺寸线离轮廓线近，大尺寸线应离轮廓线远，且尺寸线间的距离应相等。书写尺寸数字大小要一致。

5）应尽量避免在虚线上标注尺寸。对于孔、槽和切口等结构，尽量在反映实线的投影上标注尺寸。

（2）尺寸标注要合理

标注尺寸除应满足上述要求外，对于建筑物的尺寸标注，还应满足设计和施工的要求。在建筑工程中，通常从施工生产的角度来标注尺寸，只是将尺寸标注齐全、清晰还不够，还要保证读图时能直接读出各部分的尺寸，到施工现场不需要再进行计算等。因此，需要涉及很多专业知识，而且要在具备一定的设计和施工知识后才能逐步做到。

5.3 组合体视图的阅读

读图是画图的逆过程，即根据物体的视图想象出物体的空间形状。这个过程称为由图到体的过程。与画图方法类似，读图的基本方法一般也采用形体分析法，对于一些比较复杂的物体的局部，需要采用线面分析法，即通过分析面的形状、面的相对位置以及面与面的交线来帮助想象物体的形状。

读图时除了应熟练地运用投影规律对视图进行分析，还应掌握读图的基本方法。

读图的基本知识：

- 读图时应将几个视图联系起来看。建筑物的形状是由几个投影图表达的，每个视图只能表达物体的一个方面，不能确定物体的整体形状。因此，看图时要将几个视图联系起来。
- 了解图中每条线的含义。视图上的一条线可能表示物体上平面或曲面的积聚投影，也可能表示平面与曲面的交线，还可以表示曲面的外形轮廓线等，如图5.12（a）所示。
- 了解图中线框的含义。视图上一个封闭线框可能表示一个平面或一个曲面的投影，也可能表示一个孔的投影，还可能是平面与曲面相切所形成的组合面。如果某个线框是平面的一个投影，则这个平面的其余投影可能是类似图形，或者是一条直线，如图5.12（b）所示。
- 了解相邻两线框的含义。当物体是平面体时，相邻两个线框表示两个不同的平面，在两平面之间有平、斜之分，有高低、前后或左右之分，因此需要对照其他视图，才能判断它们的相互位置，如图5.12（b）所示。

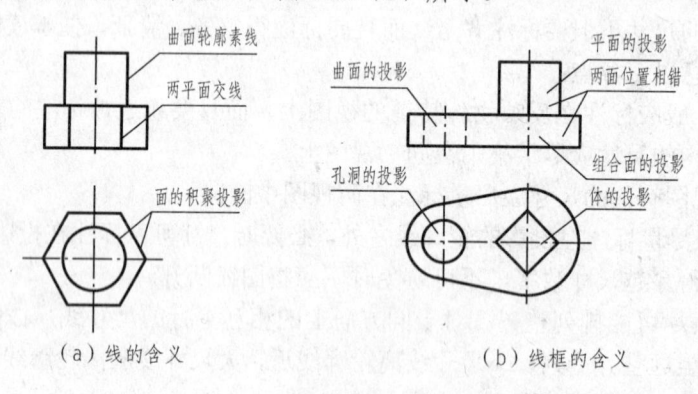

图 5.12 视图中线与线框的含义

正立面图一般最能反映物体的形状特征，读图时应该首先从正立面图入手，根据其特征图形构思物体形状的几种可能，再对照其他视图，最终得出物体的正确形状。但是，由于物体反映结构特征的图形不一定全都是正立面图，读图时要善于分析捕捉反映物体形状特征的视图。

如图5.13所示，由正立面图和平面图并不能判定物体的唯一形状，需要把三个视图联系起来进行分析，然后才能确定。

当具备一定的读图基本知识后，介绍两种读图的基本方法，即形体分析法和线面分析法。

5.3.1 形体分析法

形体分析法一般适用于叠加型物体，即根据三视图的规律，将物体的视图分解成若干个部分，从视图中分析出各组成部分的形状以及相对位置，然后综合起来确定组合体的整体形状与结构。下面以图5.14所示物体的三视图为例，说明用形体分析法读图的步骤。

步骤1 分线框，对投影。先读正立面图，再联系其他两视图，按投影规律找出各个线框之间的对应关系，想象并初步判断出该组合体可分为四个部分。如图5.14（a）所示，将正立面图分成1′、2′、3′、4′四个部分。

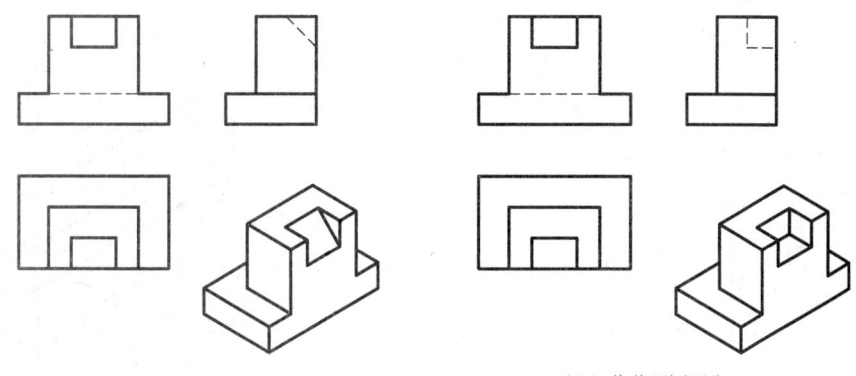

（a）物体1的视图　　　　　　　　　　（b）物体2的视图

图 5.13　正立面图、平面图相同的两物体

步骤 2　识形体，定位置。根据每一部分的三视图，逐个想象出该部分的形状和空间位置。按照物体投影的"三等"关系可知，四边形 1′在平面图和侧面图中对应的是 1、1″线框，由此可确定该组合体的正中间是一个如图 5.14（b）所示的四棱柱Ⅰ。正立面图中的四边形 2′、4′左右对称，所对应的平面图是矩形 2、4 和侧面图的 2″、4″（分别为两个线框），由此可知其空间形状是如图 5.14（b）中所示的下底面为斜面的四棱柱Ⅱ、Ⅳ。最后看正立面图中的 3′线框，在平面图中对应的是矩形 3 和侧面图中对应的是矩形 3″，所以它的空间形状是如图 5.14（b）所示的四棱柱Ⅲ。

步骤 3　综合想象物体的形状和结构。每个组成部分的形状和空间位置确定后，再确定它们之间的组合形式及相对位置，整个立体形状也就确定了，如图 5.14（c）所示。

又如图 5.15（a）为一物体的三视图，按形体分析法可将正立面图分为四个部分。如图 5.15（b）所示，正立面图中的矩形 1′，对应的平面图和侧面图分别为矩形 1 和 1″，可以看出它是一个四棱柱Ⅰ。图 5.15（c）中，将正立面图中的矩形 2′对应到另外两个视图中的矩形 2 和 2″，也表示一个四棱柱Ⅱ。再从图 5.15（d）的正立面图中分析实线四边形 3′，对应到平面图和侧面图中，可以看出，它是一个棱线垂直于 V 面的四棱柱Ⅲ，其中在右上方挖去一个小四棱柱Ⅳ。根据三视图，确定各基本体之间的连接关系，如图 5.15（e）所示。最后综合想象出该组合体的形状，如图 5.15（f）所示。

5.3.2　线面分析法

当视图不易分成几个部分或部分视图比较复杂时，可采用线面分析法。线面分析法是运用正投影原理中的各种位置直线、平面的投影特性，分析视图中的某一条线或某一"线框"（封闭的图形）所表达的空间几何意义，从而构思物体的形状，这种方法称为线面分析法。

如图 5.16 所示，该物体可以想象为是由四棱柱切割而成的，各个截面的形状可由线面分析法来判定。例如，左端截面的形状，在正立面图中积聚成一条线 1′，将此线按"长对正"的投影规律对应到平面图中，可找到一个等长的多边形 1，再按"高平齐"、"宽相等"的规律，在侧面图中也对应出一个类似的多边形 1″。其他的截面（如Ⅱ、Ⅲ截面）可以用类似的方法分析。最后，综合想象出该物体的形状，如图 5.16（b）所示。

(a) 物体的三视图　　(b) 形体分析

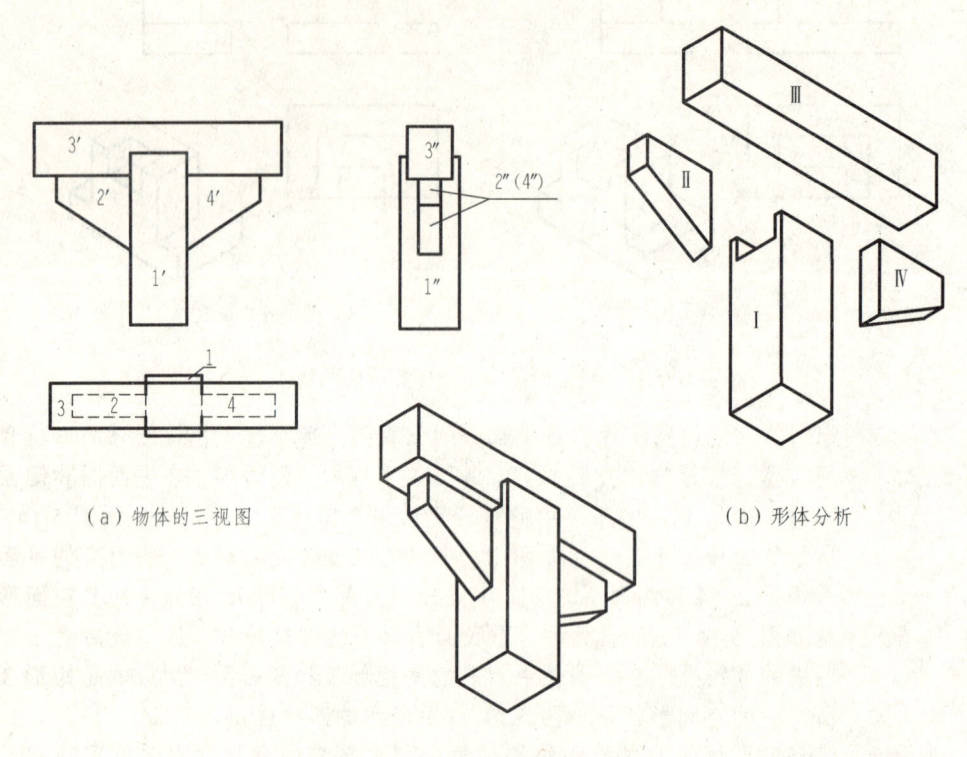

(c) 物体的轴测图

图 5.14　形体分析法读图（一）

又如图 5.17 所示，该物体可以想象为是由四棱柱切割而成的。首先，将视图分成若干部分，按投影关系分析各部分的形状。首先将正立面图中封闭的线框编号并找出对应投影，确定其空间形状。正立面图中有 1′、2′、3′三个封闭线框，按"高平齐"的对应关系，1′线框对应于侧面图上的一条竖线 1″。根据平面的投影规律可知，Ⅰ平面是一个正平面，它在平面图中积聚为一条横线 1。正立面图中的线框 2′，按"高平齐"的对应关系，在侧面图上对应为斜线 2″，因此平面Ⅱ应为侧垂面，该面的平面图应与正立面图"长对正"，并且是实形的类似形；再根据"高平齐"的对应关系，分析 3′线框的侧面图为竖线 3″，说明Ⅲ平面为正平面，该面在平面图中积聚为横线 3。将平面图中剩下的封闭线框编号 4、5，将侧面图中的封闭线框也编号 6、7、8，并找出它们的另外两个视图，确定其空间形状。即Ⅳ为水平矩形面，Ⅴ为水平 L 形面，Ⅵ为侧平三角形面，Ⅶ也为侧平三角形面，Ⅷ为侧平多边形面。

最后，根据视图分析各组成部分的相对位置，即上下、前后、左右关系，综合想象出整体形状，如图 5.17（c）所示。

总之，读图步骤通常是：先做大概想象，再做细致分析；先用形体分析法，后用线面分析法；先外部后内部；先整体后局部，再由局部回到整体；有时也可徒手画轴测图帮助想象读图。

(a) 物体的三视图　　　　　　　(b) 分析基本体Ⅰ

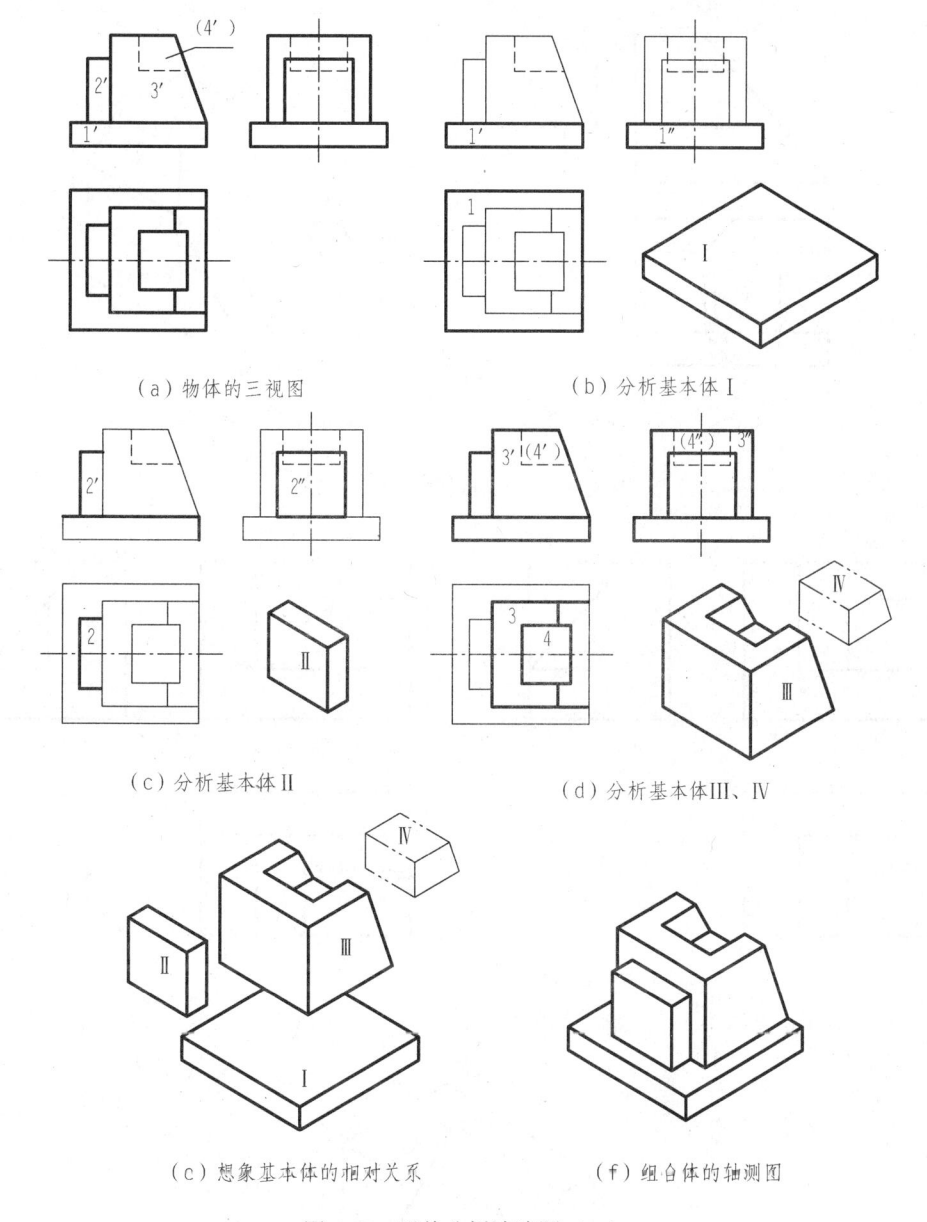

(c) 分析基本体Ⅱ　　　　　　　(d) 分析基本体Ⅲ、Ⅳ

(e) 想象基本体的相对关系　　　(f) 组合体的轴测图

图 5.15　形体分析法读图（二）

5.3.3 根据两视图补画第三视图

已知组合体的两个视图，运用读图的基本方法，在想象出空间形状的基础上，再按已知两视图补画物体的第三视图，这也是训练读图并提高空间思维能力的一种方法。根据画出的第三视图是否正确，可以检验读图能力。同时也可通过给出不完整的三个视图，要求补全图样中缺少的图线的方法，训练画图和读图的能力。这两种方法，前者称为补图，后者称为补线。二者所用的基本方法仍为形体分析法和线面分析法。

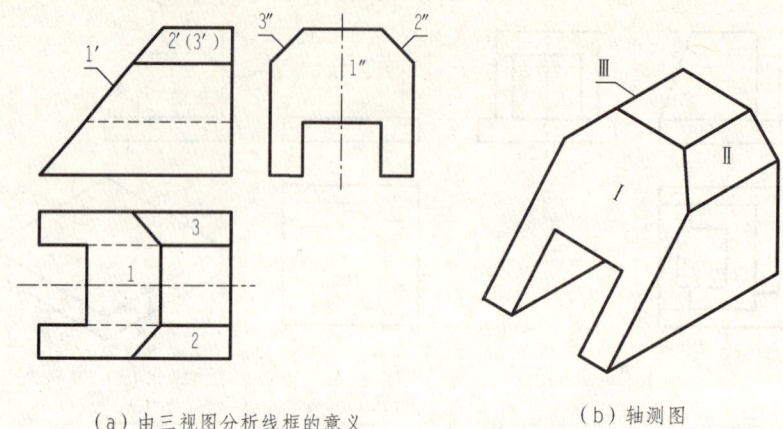

(a) 由三视图分析线框的意义　　　　　　　　(b) 轴测图

图 5.16　线面分析法读图（一）

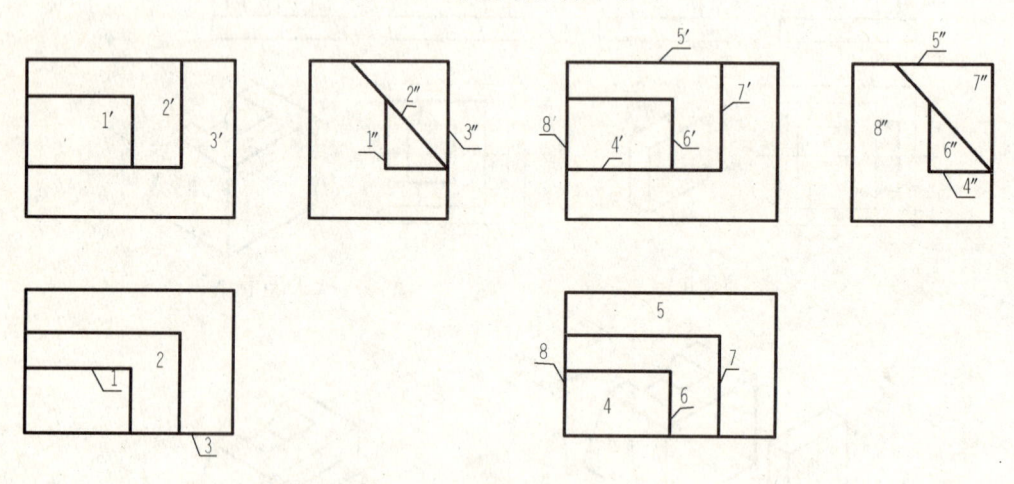

(a) 分正立面图为三个线框　　　　　　　　(b) 分三视图中的剩余线框

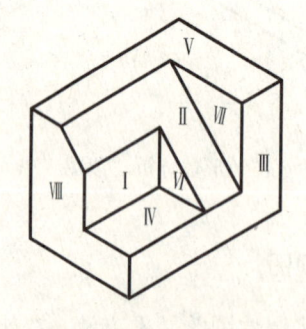

(c) 综合想象物体形状

图 5.17　线面分析法读图（二）

【例 5.2】　已知物体的正立面图和平面图，如图 5.18（a）所示，补绘侧面图。

【分析】　以正立面图为主，结合平面图进行分析。该物体是由四部分组成，如图 5.18（a）所示。其中，体Ⅲ、Ⅳ形状相同且位置对称，因此只需把Ⅰ、Ⅱ、Ⅲ三个部分的两视图分离出来，即可想象出各部分的形状。如体Ⅰ是两侧被侧平面截切的半圆柱体,在前面切去一矩形切口;体Ⅱ是一个挖去半圆槽的长方体;体Ⅲ、Ⅳ是左右对称的两个三棱柱体。再根据两个视图了解其相对位置关系,想象整体形状,补画侧面图。

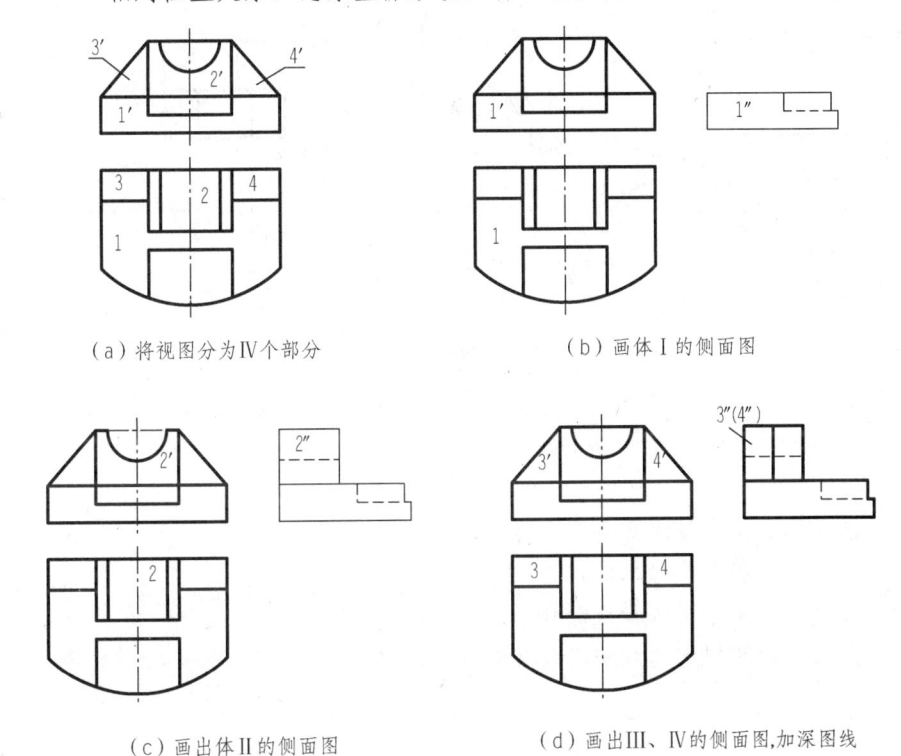

(a)将视图分为Ⅳ个部分　　　(b)画体Ⅰ的侧面图

(c)画出体Ⅱ的侧面图　　　(d)画出Ⅲ、Ⅳ的侧面图,加深图线

图5.18　补画组合体的第三视图

【作图】 如图 5.18（b~d）所示。
1）按投影规律画出体Ⅰ、Ⅱ、Ⅲ部分的侧面图。应注意圆柱面前部切口处在侧面图中轮廓线的画法,如图 5.18（b~d）所示。
2）检查全图,是否有不存在的交线,图线是否可见,有无丢掉虚线等。
3）加深图线,完成作图,如图 5.18（d）所示。

【例 5.3】 补画图 5.19（a）所示平面图中缺少的图线。

【分析】 观察正面图外轮廓并对应侧面图可知,该组合体可分为前、后两个部分。后部分是左侧棱面为斜面的四棱柱体;其前部分是一个高度较小的凹形棱柱体,侧面图中凹槽不可见,故侧面图上有一横向虚线。该物体的空间形状如图 5.19（b）所示。

【作图】 根据以上分析,先补画后部分四棱柱平面图中的图线,按照投影规律,应为一"日"字形线框。后补画前部分凹形棱柱体平面图中的图线,它是一个"四"字形线框。最后检查、加深图线、完成补线作图,如图 5.19（c）所示。

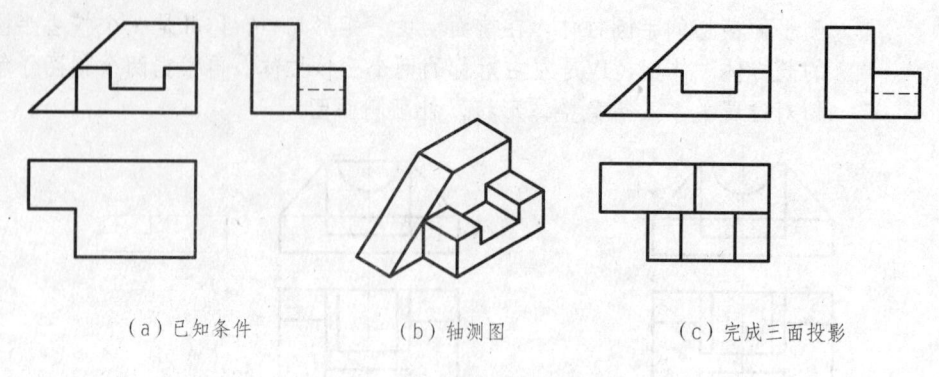

（a）已知条件　　　（b）轴测图　　　（c）完成三面投影

图 5.19　补画平面图中所缺图线

思 考 题

5.1　组合体的组合形式有哪几种？
5.2　怎样画组合体的视图？
5.3　组合体的尺寸标注有哪些内容？
5.4　读图应掌握哪些基本知识？
5.5　什么是形体分析法和线面分析法？
5.6　阅读组合体视图的方法与步骤是什么？

第6章 图样画法

第 1~5 章均采用三视图来表达物体，对于复杂的建筑物仅采用三面投影有时不能清楚地反映物体的结构特征。为此，国标"技术制图"系列[如《技术制图 图样画法 视图》（GB/T 17451—1998）、《技术制图 图样画法 剖视图和断面图》（GB/T 17452—1998）]和《房屋建筑制图统一标准》（GB/T 50001—2010）规定了一系列图样表达方法，如基本视图、辅助视图、剖面图、断面图等，以供画图时根据物体的形状需要，选用适当的表达方式。

6.1 视 图

视图主要用来表达物体的外部特征，分为基本视图和辅助视图。

6.1.1 基本视图

当建筑物比较复杂，三视图还不能将物体的形状表达清楚时，就需要增加几个视图。国标规定表达物体可有六个基本投射方向，如图 6.1（a）所示。随之有六个基本投影面分别垂直于六个基本投射方向，由此所得的六个视图称为基本视图，如图 6.1（b）所示。其中 A、B、C 三个投射方向所得的视图是原有的正立面图、平面图和左侧立面图。其余三个视图分别为：D 向视图称为右侧立面图、E 向视图称为底面图、F 向视图称为背立面图。

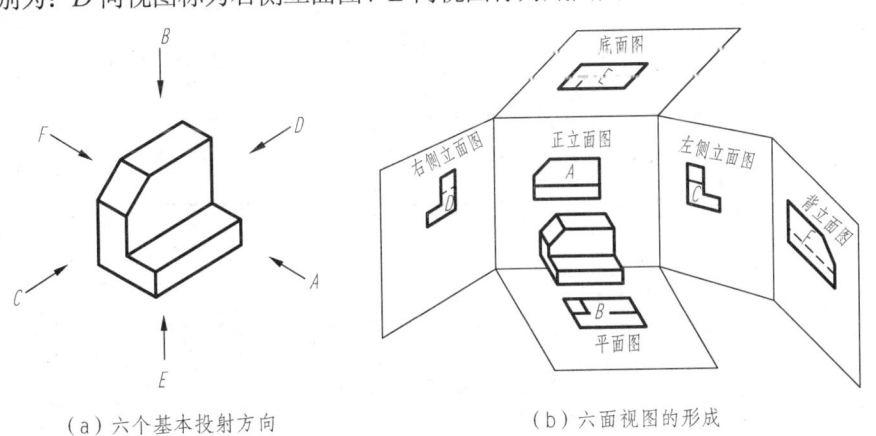

（a）六个基本投射方向　　　　（b）六面视图的形成

图 6.1　基本视图的形成

将六个基本投影面展开到同一张图纸上，如图 6.2（a）所示。作图时仍遵循视图之间的投影规律，即"长对正"、"高平齐"、"宽相等"。正立面图应尽量反映物体的主要特征。绘图时六个基本视图根据具体情况选用，在完整清晰地表达物体特征的前提下，视图数量越少越好。当视图按其展开位置排列时，一律不标注视图名称。

在同一张图纸上绘制同一个物体的若干个视图时，为了合理地利用图纸，可将视图按图 6.2（b）所示的顺序配置。此时每个视图应标注图名，其标注方式为：在视图的下方或一侧标注图名，并在图名下画一粗横线，其长度以图名所占长度为准。标注图名的各视图，其位置宜按主次关系从左到右依次排列。对于房屋建筑图，由于图形大，受图幅限制，一般不能画在一张图纸上，在工程实践中均需标注各视图名称。

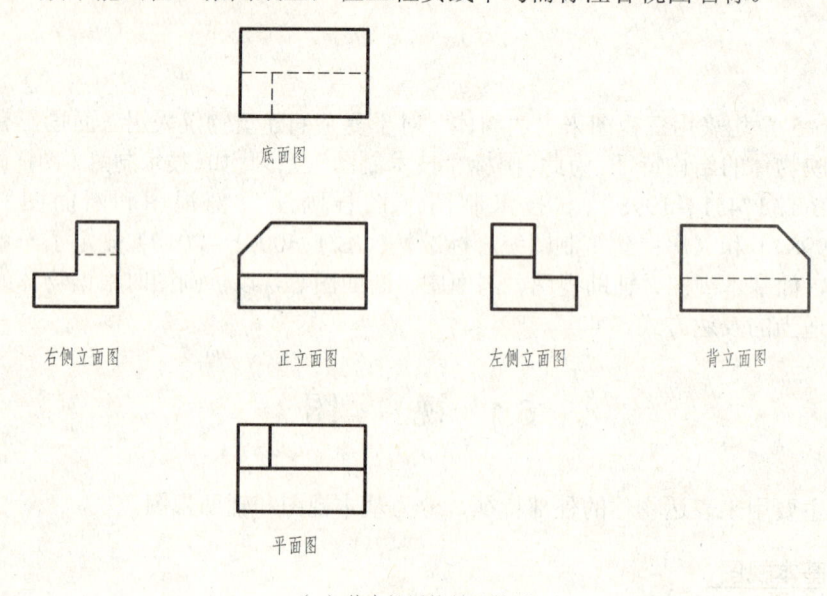

（a）基本视图按展开排列

（b）视图的配置

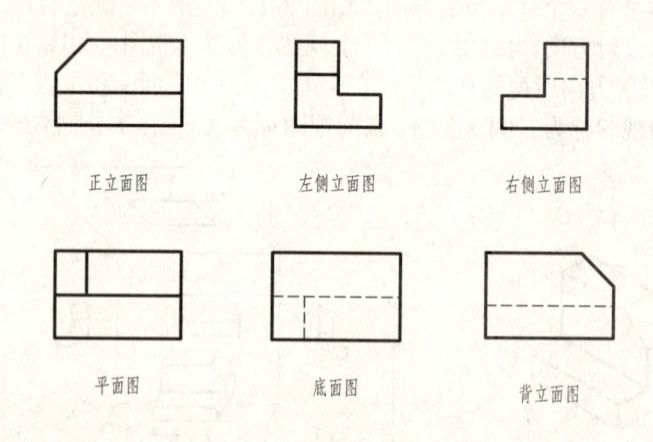

图 6.2　基本视图的配置

6.1.2 辅助视图

但在建筑工程中,我们所要面对的物体是多种多样的,某些情况下,由于物体形状的特殊性,基本视图不能有效地反映物体的形状特征,我们需要一些辅助视图来帮助我们读图。

1. 展开视图

在房屋建筑中,经常会出现立面的某部分与基本投影面不平行,如圆形、折线形及曲线形等。画立面图时,可将该部分展开至与基本投影面平行,再按直接正投影法绘制,并在图名后加注"展开"两字。

图 6.3 所示为房屋模型的立面图,是将房屋两侧展开至平行于正立投影面后得到的视图,图中省略了旋转方向等的标注。

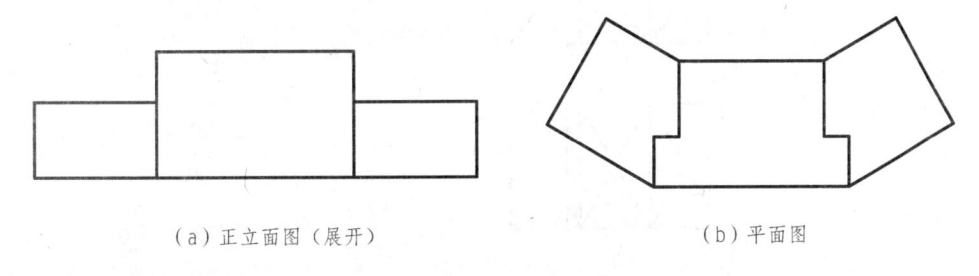

(a) 正立面图(展开)　　　　(b) 平面图

图 6.3　展开视图

2. 镜像视图

有些构筑物的底面形状比较复杂,在平面图中只能用虚线表示不可见轮廓线,而在底面图中,虽然下底面可见,但因为要将下底面向上旋转 90° 画在正立面图之上,所以会导致底面各部分相对位置变化,不易识读。两种表达方式效果都不理想。国标规定可采用镜像视图来表示这类构造。所谓镜像视图就是将 H 面换成一面镜子,观察方向依然从上向下,利用镜面反射光线可以看到底面实形。图 6.4 所示反映了镜像视图的形成,以及平面图、底面图、镜像视图的效果比较。

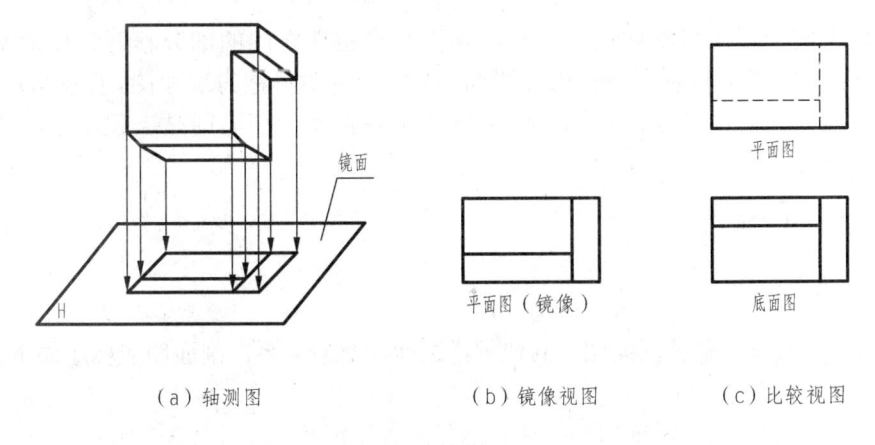

(a) 轴测图　　　　(b) 镜像视图　　　　(c) 比较视图

图 6.4　镜像视图

3. 斜视图

斜视图又称方向视图,是向平行于物体倾斜部分的辅助投影面上投射所得到的视图。该视图可以把倾斜部分的真实形状表达清楚。斜视图一般按投射方向配置,必要时也可配置在其他位置。如图 6.5 所示,采用 A 向投射所得的局部斜视图,可以将钢桁架倾斜部分的形状真实准确地表达出来。

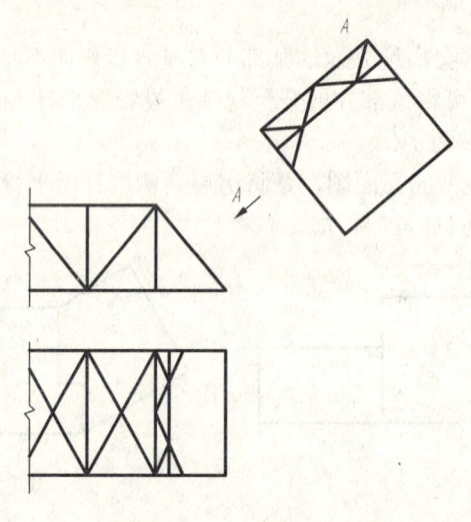

图 6.5 斜视图

6.2 剖 面 图

物体视图的画法是可见部分用实线表示,不可见部分用虚线表示。如果遇到内部构造比较复杂的物体,在视图中就会出现较多虚线,这样既影响读图又不易标注尺寸,为此国标规定可以采用剖面图来表达。

6.2.1 剖面图的基本概念

假想用剖切平面将物体切开,把剖切面与观察者之间的部分移开,使原来不可见的部分显示出来,将剩余部分向投影面投射,所得图形称为剖面图,如图 6.6 所示。剖切面一般为平行面,根据结构需要也可采用垂直面。剖面图是工程图中广泛采用的一种图样。

6.2.2 剖面图的画法

1. 剖面图的标注

为了便于阅读、查找剖面图与其他图样之间的对应关系,剖面图应标注如下内容,如图 6.7 所示。

1)剖切位置线。表示剖切面的位置,用两段粗短线表示,长 5~10mm,不能与视图的轮廓线接触。

(a) 三视图　　　　　　　　　　　　　(b) 剖面图

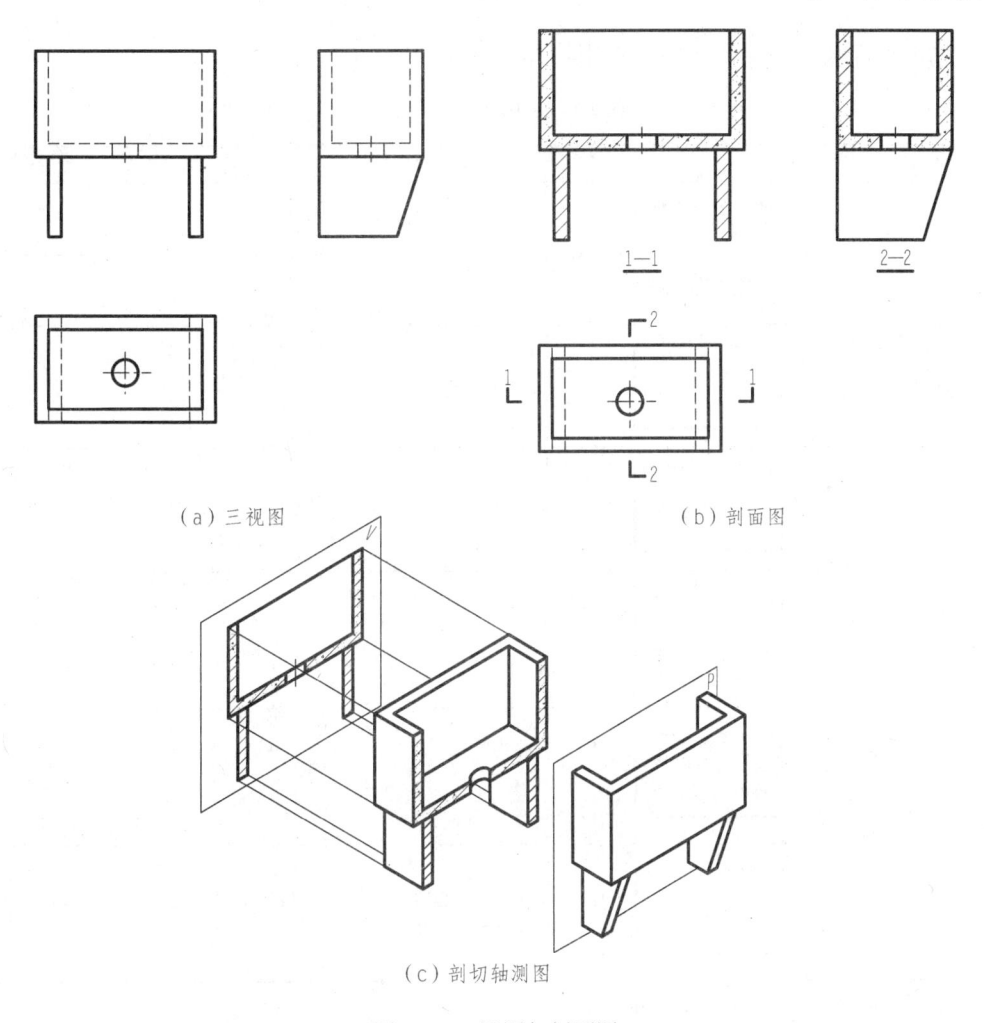

(c) 剖切轴测图

图 6.6　三视图与剖面图

2) 剖视方向线。与剖切位置线垂直，表示剖面图的投射方向，用粗短线表示，长4～6mm。

3) 剖切编号。剖切符号的编号宜采用阿拉伯数字，并水平的注写在投射方向线端部。剖面图的名称应用相应的编号，水平地注写在相应剖面图的下方，并在图名下画一条粗实线，其长度应以图名长度为准。

绘图时，剖切符号应画在与剖面图有明显联系的视图上，且不宜与图面上的图线相交或重合。

2. 材料图例

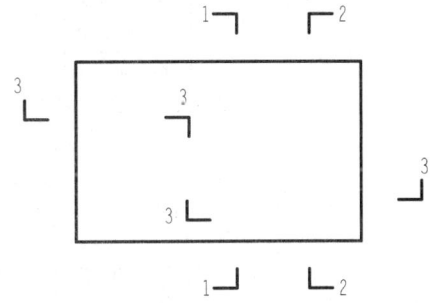

图 6.7　剖切符号和编号

当建筑物或建筑配件被剖切时，通常在图样中的断面轮廓线内，应画出建筑材料图例。表 6.1 中列出了《房屋建筑制图统一标准》（GB/T 50001—2010）中所规定的部分常用建筑材料图例，其余可查阅该标准。国标中只规定了常用建筑材料图例的画法，对其尺度比例不作具体规定，绘图时可根据图样大小而定。

表 6.1 常用建筑材料图例

材料名称	图例	说　　明
自然土壤		包括各种自然土壤
夯实土壤		
砂、灰土		靠近轮廓线点较密
沙砾石、碎砖、三合土		
天然石材		
毛石		
普通砖		包括空心砖、多孔砖、砌块等砌体。断面较窄不易绘出图例线时，可涂红，并在图纸备注中加注说明，画出该材料图例
混凝土		本图例指能承重的混凝土及钢筋混凝土； 包括各种强度等级、骨料、添加剂的混凝土； 在剖面图上画出钢筋时，不画图例线； 断面较窄、不易画出图例线时，可涂黑
钢筋混凝土		
多孔材料		包括水泥珍珠岩、沥青珍珠岩、泡沫混凝土、非承重加气混凝土、软木、蛭石制品等
木材		上图为横断面，左上图为垫木、木砖或木龙骨； 下图为纵断面
金属		包括各种金属； 图形小时，可涂黑

在剖面图中，物体被剖切后得到的断面轮廓线用粗实线绘制，建筑材料图例用细实线绘制，以区分断面部分和非断面部分，同时表明建筑物体的选材用料。如图 6.6 所示，断面上画的是钢筋混凝土图例。如果不需要指明材料，可用间隔均匀倾斜 45°的细实线（相当于砖的材料图例）表示。

画图例线时应注意，图例线可以向左也可以向右倾斜，但在同一物体的各个剖面图中，断面上的图例线的倾斜方向和间距要一致。

当选用标准中未包括的建筑材料时，可自编图例，但不得与标准中所列的图例重复，绘制时，应在适当位置画出该材料图例，并加以说明。

不同品种的同类材料使用同一图例时，应在图上附加必要的说明。

3. 画剖面图必须注意的问题

1）剖切是假想的。只在画剖面图时才假想将物体切去一部分，其他视图仍应完整画出，如图 6.6（c）所示。此外，若一个物体需要进行两次以上剖切，在每次剖切前，都应按整体进行考虑。如图 6.6（b）所示，作第一次剖切时，假想把物体的前半部分切去；作第二次剖切时，假想把物体的左半部分剖去。

2）剖面图中不可见的虚线，当配合其他图形能够表达清楚时，一般省略不画。若因省略虚线而影响读图，则不可省略。

3）剖面图的位置一般按投影关系配置。剖面图可代替原有的基本视图，如图 6.6 所示。当剖面图按投影关系配置，且剖切平面为物体对称面时，可全部省略标注；必要时也允许配置在其他适宜位置，此时不可省略标注。

4. 剖面图的画法

作剖面图就是作物体被剖切后的正投影图，分析剖切平面所切到的内部构造之后画出剖面图。一般情况下剖面图就是将原来未剖切之前的视图中的虚线改成实线，在断面上画出材料图例即可。鉴于此，画剖面图可采用如下步骤：

步骤 1　画出物体的基本视图（一般为基本三视图）。

步骤 2　根据剖切位置和剖视方向将相应的视图改造成剖面图。在此过程中，先确定断面部分的范围，在断面轮廓内画上材料图例；再确定非断面部分，即保留物体上的可见轮廓线，擦除原有视图中剖切后不存在的图线。

步骤 3　标注剖切符号及图名。

6.2.3　剖面图的种类

1. 全剖面图

用一个（或多个）平行于基本投影面的剖切平面，将物体全部剖开形成两个部分称为全剖。如图 6.6（b）所示，沿着水槽的对称线假想将物体剖切成两个部分，移开前半部分，可以清楚地看到水槽内部的槽形构造和穿孔，然后向正立面图方向投射，即得到全剖面图。画图时应在剖切到的实体部分画上材料图例。

全剖能够反映物体内部构造，但物体的外形不能表达完整，所以全剖面图适用于外形简单、内部构造较复杂的物体，并且多用于不对称物体。

2. 半剖面图

当物体具有对称面时，剖切面在垂直于该对称面方向剖切物体，此时得到的剖面图应是对称图形。可以对称中心线为界，一半画成剖面图，另一半画成外形视图，这样的组合图形即称为半剖面图。如图 6.8 所示的工程形体，该工程形体左右、前后均对称，剖切面分别通过前后、左右对称面，其正立面图和平面图均画成半剖面图，以表示工程形体的内部构造和外部形状，由于两个半剖面图配合以能完整、清晰地表达这个形体，剖面图中不必画出不可见的图线。

画半剖面图时应当注意：

- 半个剖面图与半个视图之间要画对称符号，如图 6.8 所示。国标规定，对称符号的画法是在对称线（细单点长划线）两端，分别画两条垂直于对称线的平行线，平行线用细实线绘制，长度宜为 6~10mm，间距宜为 2~3mm，平行线在对称线两侧的长度应相等。
- 半剖面图中一般虚线均省略不画，但如有孔、洞，仍需将孔、洞的轴线画出。如图 6.8 所示，两个半剖面图中，外形图与剖面图部分均未画出虚线。
- 当对称中心线竖直时，剖面图部分一般画在中心线右侧；当对称中心线水平时，剖面图部分一般画在中心线下方，如图 6.8 中 1—1 剖面图所示。
- 半剖面图的标注方法同全剖面图。

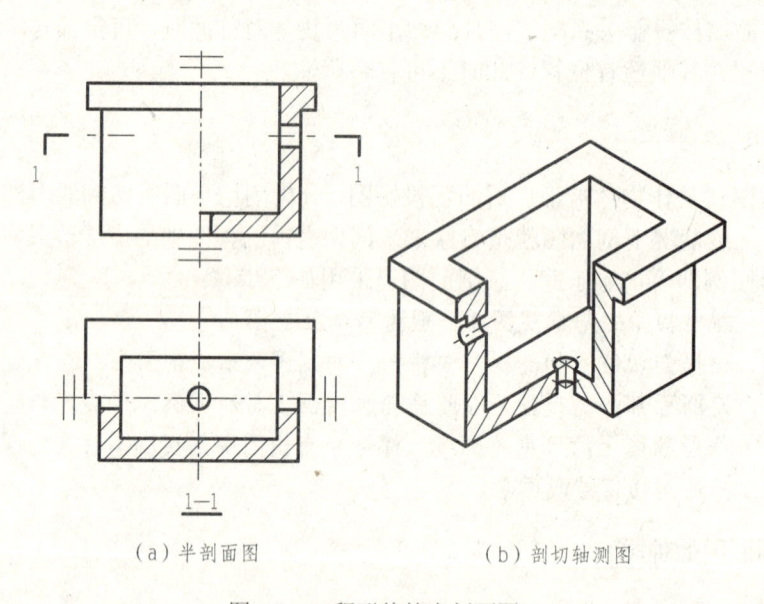

（a）半剖面图　　　　　　　　（b）剖切轴测图

图 6.8　工程形体的半剖面图

3. 局部剖面图

用剖切平面局部剖开物体后所得的图形称为局部剖面图。局部剖面图常用于外部形状比较复杂，且不具备对称条件或仅在局部需要剖切的物体。

图 6.9 所示为独立基础的局部剖面图。该图在平面图中保留了大部分的外形，仅将其左前角画成剖面图，以表达该基础的底部配筋情况。立面图主要表示钢筋的配置，按

国标规定,不必画出钢筋混凝土的材料图例。

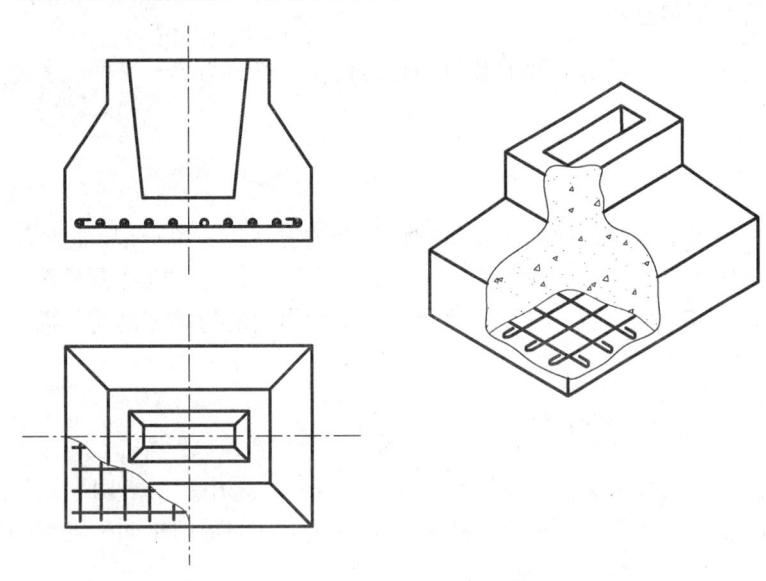

图 6.9 独立基础局部剖面图

当建筑物为多层结构时,可按结构层次逐层局部剖开,这种方法常用于表达房屋的地面、墙面以及道路路面等结构,称为分层局部剖面图。如图 6.10 所示,该局部剖面图表达的是路面的多层结构。

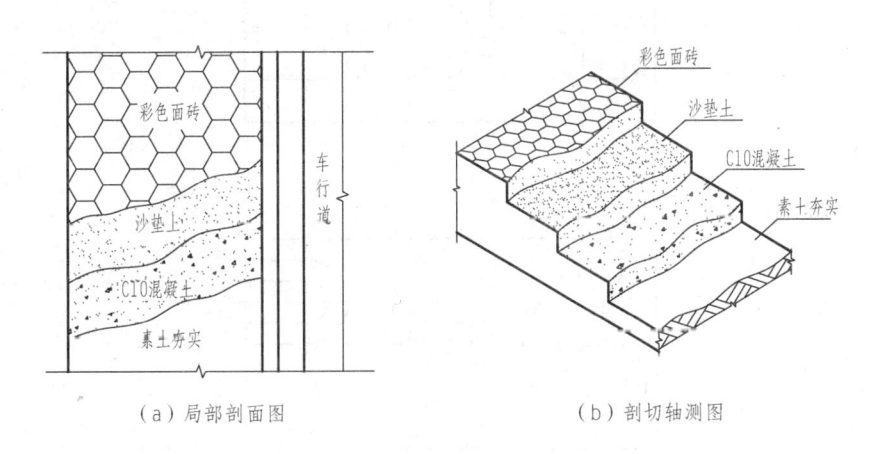

(a)局部剖面图　　　　　　　(b)剖切轴测图

图 6.10 路面分层局部剖面图

画局部剖面图应注意:
- 局部剖面图中大部分表达外部形状,局部表达内部形状,剖开与未剖开处以徒手画的波浪线为界。波浪线不得与图样上的其他图线重合,波浪线只能画在物体表面图形内,不能画出物体以外或画在空洞之处。
- 局部剖面图中表达清楚的内部结构,在视图中虚线一般省略不画。
- 局部剖面图的剖切位置明显时,可不标注。

6.2.4 常用的剖切方式

常用的剖切方法按剖切平面的数量和相对位置,可分为单一平面、多个平行平面和两个相交平面三种方法。

1. 单一剖切平面

用一个平行于基本投影面的平面将物体剖开的方法称为单一剖。此种剖切可根据表达物体内部结构的需要进行多次剖切。如图6.6所示的1—1、2—2剖面图,该剖面图称为全剖面图。又如图6.8所示,正立面图和1—1剖面图均为单一剖切平面剖开,称为半剖面图。

2. 几个平行的剖切平面

当物体内部构造较多,这些结构又不在同一层次,采用一个剖切平面不能把物体内部结构表达清楚,此时可采用两个或两个以上相互平行的剖切平面来剖切物体,这种剖切方式称为阶梯剖。

如图6.11所示,此物体用一个切平面剖切,不能同时剖切开前后层次不同的孔,为清晰地反映出每个孔、槽的形状,采用了三个相互平行的剖切平面,假想将物体切开,使孔暴露出来。剖面图的投射方向与正立面图投影方向相同。

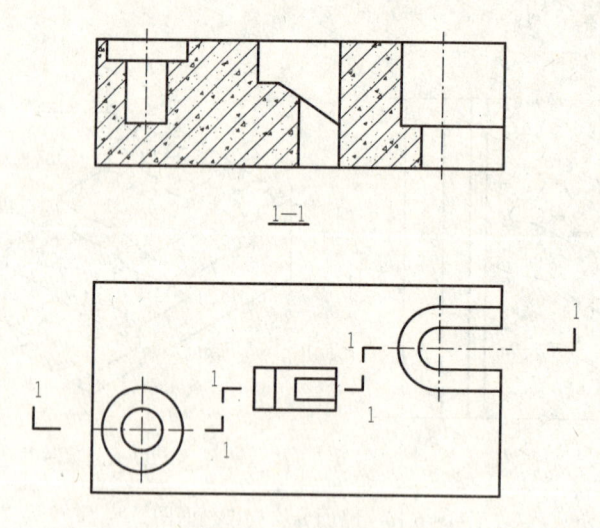

图6.11 阶梯剖面图

画阶梯剖面图应注意:
- 在剖切面的开始、转折和终了处,都要画出剖切符号并注上同一编号。阶梯剖切不可省略标注,如图6.11所示。
- 剖切是假想的,在剖面图中不能画出剖切平面转折处的分界线。

3. 两个相交的剖切平面

采用两个相交平面剖切物体，以两个切平面的交线为轴，将倾斜于基本投影面的部分绕轴线旋转至与基本投影面平行后再进行投射，所得到的剖面图称为旋转剖面图。

如图 6.12 所示，将此物体沿所示位置剖切，将右前方的剖切平面沿切平面的交线旋转至与正立面平行后向正面投射，即得到旋转剖面图。旋转剖面图适用于内外主要结构具有理想旋转轴的物体，且轴线恰好是两个切平面的交线。两个切平面之一是平行面，另一个面是垂直面。

画旋转剖面图应注意：

- 旋转剖面图的标注与阶梯剖面图基本相同。只是按制图标准的规定，旋转剖面图的图名后须加注"展开"字样，如图 6.12 中 1—1（展开）剖面图所示。
- 不可画出两个剖切平面相交处的分界线（旋转轴）。

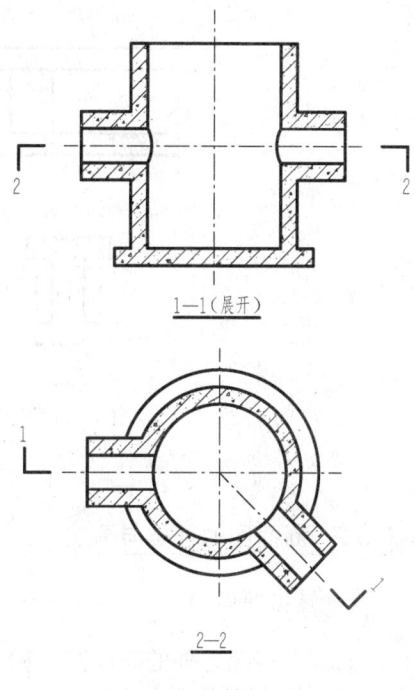

图 6.12 旋转剖面图

6.3 断 面 图

6.3.1 断面图的基本概念

用一个假想剖切平面剖开物体，将剖得的断面向与其平行的投影面投射，所得的图形称为断面图，简称断面，如图 6.13（b）所示。

断面图常用于表达梁、柱、板某一部位的断面形状，也用于表达建筑物的内部形状。了解断面图与剖面图的区别，就可以正确地阅读和绘制断面图。

断面图与剖面图的区别：

- 表达的内容不同。断面图只画出被剖切到的断面实形，即断面图是平面图形的投影。而剖面图是物体被剖切后剩余部分的投影，是体的投影。因此，剖面图中包含断面图，如图 6.13 所示。
- 剖切符号的标注不同。断面图的剖切符号只画剖切位置线，用粗实线绘制，长度为 6～10mm，不画剖视方向线，用剖切符号编号的注写位置来表示剖视方向，即编号注写在剖切位置线的哪一侧，就表示向哪一侧投射。图 6.13（b）中 1—1 断面和 2—2 断面表示的剖视方向都是向右投射。

(a) 剖面图　　　　　　　(b) 断面图

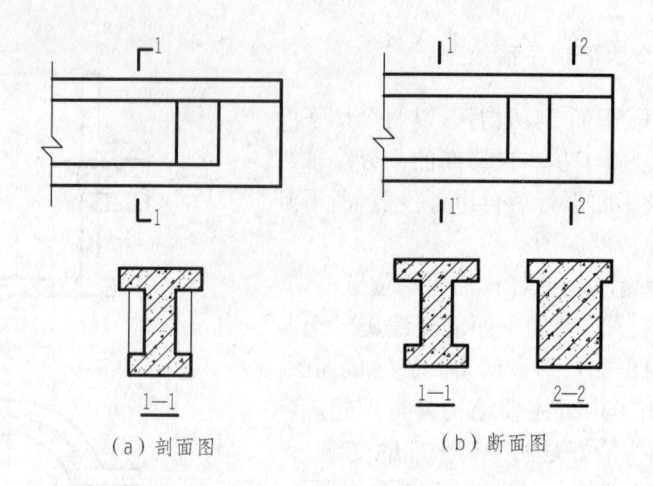

图 6.13　断面图与剖面图对比

6.3.2　断面图的种类与画法

1. 移出断面图

布置在视图之外的断面图，称为移出断面图，如图 6.13（b）所示。

当移出断面图是对称图形，所画位置又靠近原视图，中间无其他视图隔开时，可以省略剖切符号和编号。以剖切位置线的延长线为断面图的对称线画出断面图，如图 6.14 所示。

2. 重合断面图

重叠画在视图之内的断面图称为重合断面。如图 6.15 所示。

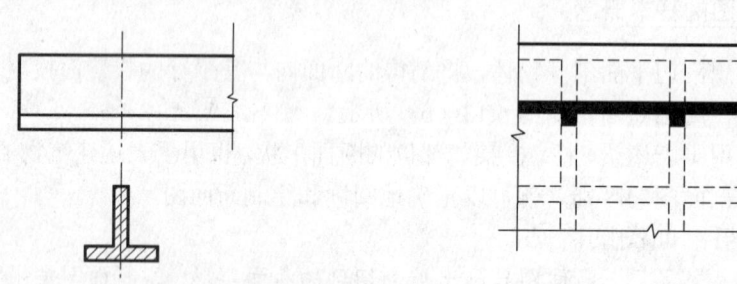

图 6.14　移出断面图　　　　　　图 6.15　重合断面图

图 6.15 所示是结构梁板，将断面图画在结构平面布置图上，可省略所有标注。若视图中轮廓线用粗实线画，断面图轮廓线则用细实线画。若断面图轮廓线与原视图轮廓线有冲突，原视图轮廓线仍完整画出，不应间断。

3. 中断断面图

画较长构件时，常把视图中间断开，将断面图画在断开处，称为中断断面图，如图 6.16 所示。

图 6.16 中断断面图

中断断面图既没有完全脱离原视图,也不会与原视图发生重叠,表达效果非常清楚。中断断面图可省略所有标注。

6.3.3 识读工程图实例

断面图常与基本视图互相配合,使建筑形体的视图表达得更完整、清晰、简明。

读图时首先明确物体由哪些视图共同表达,其中如断面图采用哪种方式,根据图名和对应的剖切符号找出与其他视图之间的关系。然后通过视图和断面图明确建筑物的形状,弄清空实关系,读懂各部分的内、外形状。

【例6.1】 识读图 6.17(a)所示的钢筋混凝土梁、柱节点的具体构造。

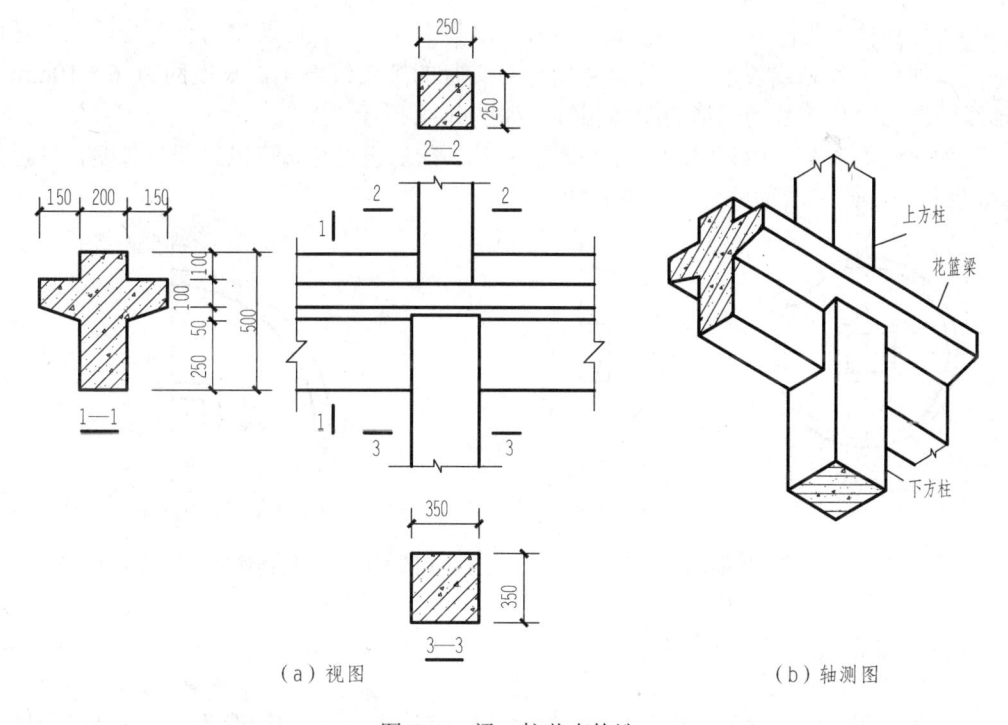

(a)视图　　　　　　　　　　(b)轴测图

图 6.17 梁、柱节点构造

【分析】 如图 6.17 所示。

1)由图 6.17(a)可知,该节点构造由一个正立面图和三个断面图共同表达,三个断面图均为移出断面,按投影关系配置,画在杆件断裂处。

2)想象各部分形状。

由各视图可知该节点构造由三个部分组成。水平方向的为钢筋混凝土梁,由 1—1 断面可知梁的断面形状为"十"字形,俗称"花篮梁",尺寸见 1—1 断面图。竖向位于梁上方的柱子,由 2—2 断面可知该断面的形状及尺寸。

竖向位于梁下方的柱子，由3—3断面可知该断面的形状及尺寸。

3）综合起来想象整体。

由各部分断面形状结合正立面图可看出，断面形状为方形的下方柱由下向上通至花篮梁底部，并与梁底部产生相贯线，从花篮梁的顶部开始向上为断面变小的楼面上方柱。该梁、柱节点构造的空间形状如图 6.17（b）所示。

6.4 简化画法

为了节省绘图时间或由于图幅限制，建筑制图国家标准规定在必要时采用一些简化画法。

1. 对称物体的简化画法

对称物体的视图可以以对称轴为界只画出其中的一半，但要用对称符号注明。对称轴线以细单点长划线表示，对称符号用一对平行的细实线表示，长度约为 6～10mm，轴线两端的对称符号到图形的距离相等，如图 6.18 所示。

如遇到类似图 6.18 的物体，不但左右对称，前后也对称，可以进一步省略，只画出 1/4 即可，并画出对称符号，如图 6.19 所示。

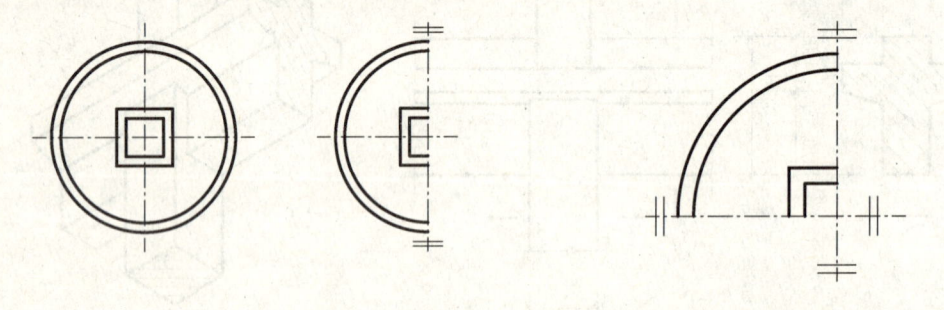

图 6.18　对称物体的简化画法（一）　　　　图 6.19　对称物体的简化画法（二）

2. 相同要素的简化画法

如遇到图形中包含多个形状尺寸完全相同且有规律排列的构造要素，可以仅在排列的两端或适当位置画出一两个要素的完整形状，然后画出其余要素的中心线或中心线交点，确定它们的位置即可，如图 6.20 所示。

3. 折断的简化画法

对于较长的杆状构件，外形没有变化（或有规律变化）的，可以不必全部画出，假想将构件中间部分用折断线或波浪线断开，省略中间的若干部分，只画出物体的两端，如图 6.21 所示。需要注意的是，标注尺寸时要按折断前原长度标注。

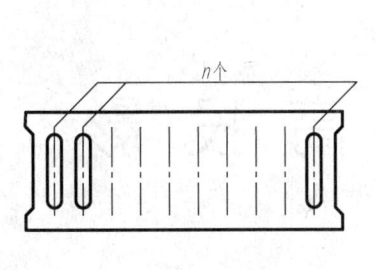

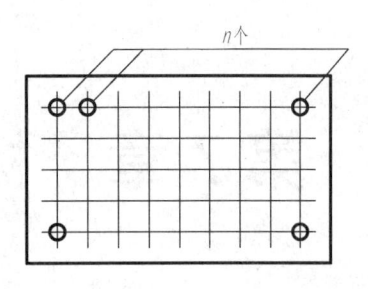

（a）相同的结构　　　　　　　（b）均匀分布的孔

图 6.20　相同要素简化画法

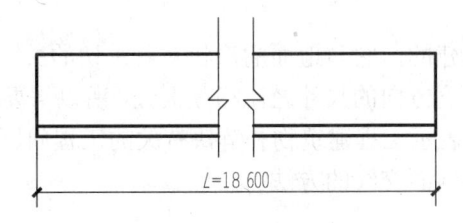

图 6.21　折断画法

思 考 题

6.1　六个基本视图是怎样形成的？
6.2　房屋建筑图中常用的图样表达方法有哪几种？使用条件和特点是什么？
6.3　剖面图是怎样形成的？剖面图的种类有哪些？
6.4　什么是全剖面图？如何得到全剖面图？画阶梯剖面图和旋转剖面图时有何规定？
6.5　什么是半剖面图？应用于哪种情况？应用时应注意什么？
6.6　什么是局部剖面图？应用于哪种情况？应用时应注意什么？
6.7　断面图是怎样形成的？断面图的种类有哪些？应用时有何规定？
6.8　常用的简化画法有哪些？

第 7 章 标 高 投 影

建筑物是在地面上修建的,它与地面的形状有着密切的关系。因为地面形状复杂,而且水平方向的尺寸与高度方向的尺寸之比相差很大,所以需要绘制表示地面起伏状况的地形图,以便在图纸上表示工程建筑物和解决有关的工程问题。本章讲述标高投影的图示特点和绘制建筑物与地面交线的方法。

7.1 直线、平面的标高投影

用两面投影表示物体时,水平投影确定之后,正面投影只提供物体上各部分的高度,若能在物体的平面图中标明各部分的高度,只用一个水平投影就可以完全确定物体的空间形状和位置。

7.1.1 基本概念

图 7.1 (a) 是一个路堤的两面视图,图 7.1 (b) 仅画出路堤的水平投影,并加注顶面的高度数值 4.50 和底面的高度数值 0.00 以及绘图比例 1:300,路堤的形状和大小就完全确定了,该图即为标高投影。图中画出的长短相间的细实线,称为示坡线,用来表示坡面,通常画在高的一侧。这种用水平投影加注高度数值表示物体的方法称为标高投影法,它是一种单面正投影图。

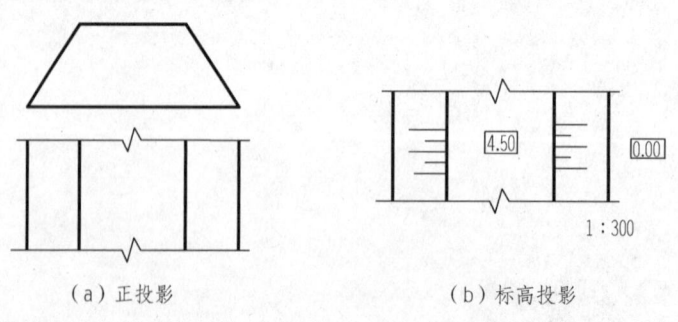

(a) 正投影　　　　(b) 标高投影

图 7.1　路堤的两面视图与标高投影

用标高投影的方法表示点的空间位置,如图 7.2 (a) 所示。选水平面 H 为基准面,其高度为零。点 A 位于 H 面的上方 3m,点 B 在 H 面下方 2m,点 C 在 H 面上,若在 A、

B、C 三点的水平投影 a、b、c 的右下角标注其高度数值 3、-2、0，就可得到 A、B、C 三点的标高投影。

在标高投影中，还必须标明比例或画出比例尺，以便确定其空间位置。比例尺的形式是上细下粗的平行双线，通常以米为单位，图上不需注明，如图 7.2（b）所示。

在道路工程图上一般采用与测量相一致的标准海平面作为基准面，这时高度数值称为高程（又称标高）。

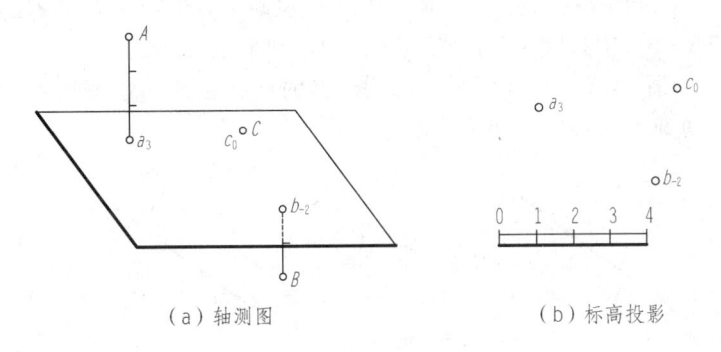

（a）轴测图　　　　　（b）标高投影

图 7.2　点的标高投影

7.1.2　直线的标高投影

1. 直线的表示方法

在标高投影中，空间直线的位置可以由直线上的两个点或直线上一个点及该直线的方向确定，如图 7.3（a）所示。因此直线的表示方法有如下两种。

1) 直线上两个点的标高投影。如图 7.3（b）所示，直线 AB 的标高投影为 a_4b_2、c_4d_1。

2) 直线上一个点的标高投影和直线的方向与坡度。如图 7.3（b）所示，直线 EF 的标高投影可由 E 点的标高投影 e_4 和表示直线方向的箭头以及坡度 1∶2 表示，箭头的指向表示下坡方向。

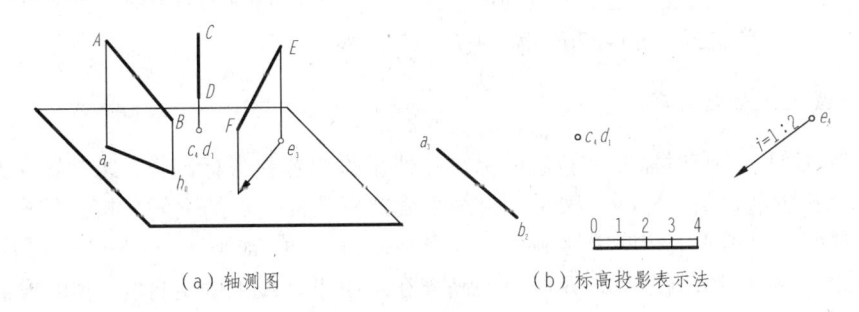

（a）轴测图　　　　　（b）标高投影表示法

图 7.3　直线的标高投影

2. 直线的坡度和平距

直线上任意两点的高度差与其水平距离之比称为该直线的坡度，用符号 i 表示，即

$$\text{坡度}(i) = \text{高度差}(H)/\text{水平距离}(L) \tag{7-1}$$

式（7-1）表明直线上两点间的水平距离为一个单位时，两点间的高度差数值即为坡度。

如图 7.3（b）所示，直线 AB 的高度差 H=4m-2m=2m，用比例尺量得其水平距离 L=4m，所以该直线的坡度 i=H/L=2/4=1/2，写成 1∶2。

当直线上两点间的高度差为 1 个单位时，它们的水平距离称为平距，用符号 l 表示，即

$$平距（l）=水平距离（L）/高度差（H）$$

由此可见，平距和坡度互为倒数，即 l=1/i，坡度越大，平距越小；反之，坡度越小，平距越大。图 7.3（b）中直线 AB 的坡度为 1∶2，则平距为 l=2。

【例 7.1】 如图 7.4（a）所示，已知直线 AB 的标高 a_{12}、b_{27}。求直线的坡度和平距，并确定直线上点 C 的标高。

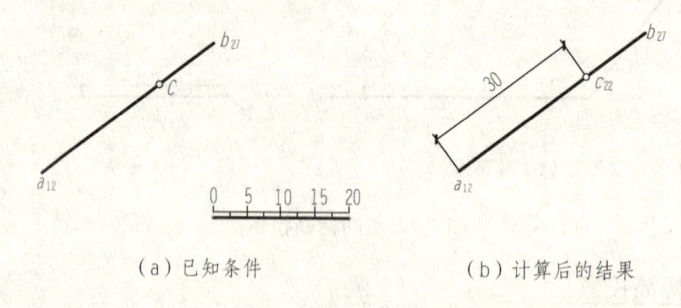

(a) 已知条件　　　　　　　(b) 计算后的结果

图 7.4　求直线上点 C 标高

【分析】 已知直线的标高投影，可计算出该线段的平距和坡度。同样求出该直线的坡度后，可根据 AC 间的水平距离计算其高度差，从而得出点 C 的标高。

【解】 如图 7.4 所示。

1）求直线 AB 的坡度。H_{AB}=27m-12m=15m；用图示比例尺量得 L_{AB}=45m，所以其坡度 i=H_{AB}/L_{AB}=15/45=1/3，可写成 1∶3，平距为 3m。

2）求点 C 的高程。L_{AC}=30m，H_{AC}=$L_{AC}×i$=30m×1/3=10m。点 C 的高程应为 12m+10m=22m，如图 7.4（b）所示。

3. 直线上的整数标高点

在实际工程中，有时需要在直线的标高投影上作出各整数标高点，求整数标高点的方法如图 7.5 所示。图 7.5（a）表示在直线上确定整数标高点的空间分析，依据空间关系，作图时可在投影图上按图中比例尺作一组高差为 1m 的水平线与 ab 平行，最高一条为 6m，最低一条为 2m；根据 A、B 两点的高程在这组平行线上确定直线 AB 的投影 a'b'，它与各整数标高的水平线相交，自这些交点向 $a_{2.4}b_{5.2}$ 作垂线，即可得到该直线上的各整数标高点 3、4、5。

在直线的标高投影上作整数标高点，也可采用计算法，读者可自行分析。

7.1.3　平面的标高投影

1. 平面上的等高线和坡度线

因为平面内的水平线上各点到基准面的距离是相等的，所以平面内的水平线就是平

面上的等高线,也可看作是水平面与一般位置平面的交线,如图 7.6(a)中的直线 1、2、3、…。在实际应用中常取整数标高的等高线,它们的高差一般也取整数,如 1m、2m、5m 等,平面与基准面的交线即为平面内标高为零的等高线。

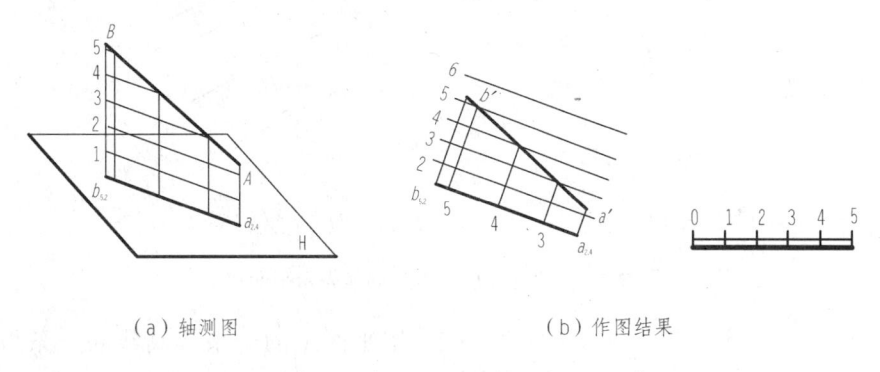

(a)轴测图　　　　　　　　(b)作图结果

图 7.5　求直线上的整数标高点

因为平面内的水平线互相平行,所以等高线的投影也互相平行,如图 7.6(b)所示即为平面的标高投影。当相邻等高线的高差相等时,其水平距离也相等。图中相邻等高线的高差为 1m,则它们的水平距离为平距 $l=1$。

如图 7.6(a)所示,平面内对基准面的最大斜度线(平面内对于基面倾斜角度最大的直线)称为坡度线。坡度线的方向与平面内的等高线垂直,其水平投影必互相垂直。坡度线对基准面的倾角也就是该平面对基准面的倾角,因此坡度线的坡度就代表该平面的坡度。

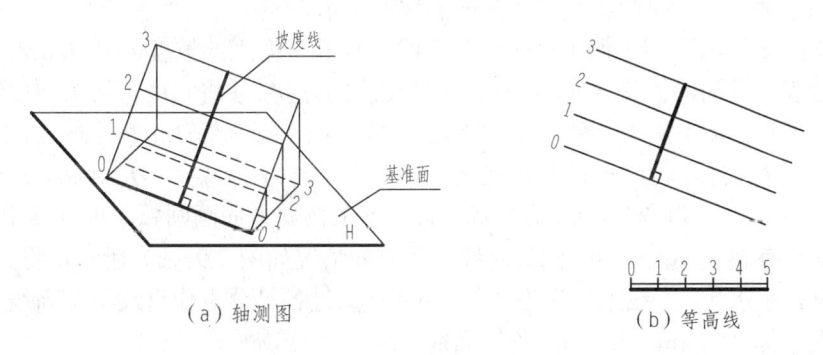

(a)轴测图　　　　　　　　(b)等高线

图 7.6　平面上的等高线和坡度线

2. 平面的表示方法和平面上等高线的作法

平面的标高投影经常采用的形式是以下三种。

(1)用平面上的一组等高线表示

一组等高线标高数字的字头应朝向高处。等高线用细实线绘制。当表示较复杂的地面形状时,为了便于查看,可每隔四条加粗一条,也可仅注出粗线的标高。

如图 7.7(a)所示,用平面上的两条高程分别为 10、15 的等高线表示平面,如果在该平面上作标高为 12、14 的等高线,可根据平面上等高线的特性,在等高线 10 和 15 之间作一条坡度线 ab,并将坡度线分成五等分,各等分点 c、d、e、f 即为该平面上标高为 11、12、13、14 的整数标高点,过 d、f 点作直线平行于标高为 10 的等高线,即得

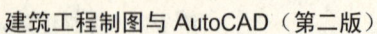

高程为 12、14 的两条等高线，作图过程与方法如图 7.7（b）所示。

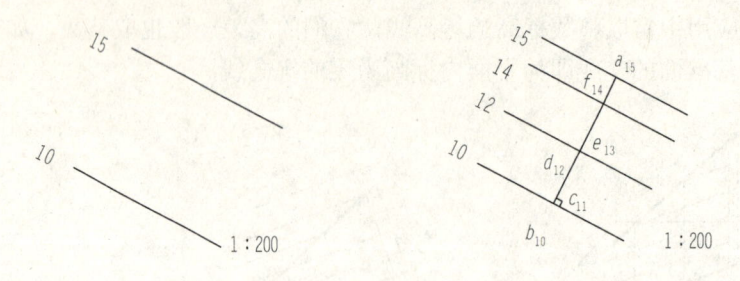

（a）两条等高线表示平面　　　　　　（b）求平面内高程为 12、14 的等高线

图 7.7　用平面上的两条等高线表示平面

（2）用平面上的一条等高线和一条坡度线表示

如图 7.8 所示，用平面上一条高程为 10 的等高线和坡度为 1∶2 的坡度线表示该平面。若在该平面上作标高为 7、8、9 的等高线，根据坡度可知等高线的平距 $l=2$；在坡度线上自标高为 10 的点顺箭头方向按比例连续量取 3 个平距，得 3 个截点，再过各截点作直线平行于标高为 10 的等高线即可。求解作图的方法同图 7.7，在此从略。

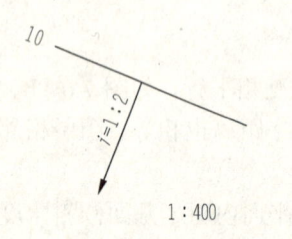

图 7.8　用一条等高线和坡度线表示平面

（3）用平面内的一条倾斜线和该平面的坡度表示

如图 7.9（a）所示，用平面上的一条倾斜线 a_3b_6 和平面上的坡度 $i=1∶0.6$ 表示平面。图中箭头只表示平面的倾斜方向，并不表示坡度线的方向，故将它用带箭头的虚线表示。

图 7.9（b）表示该平面上等高线的作法，因为平面上标高为 3m 的等高线必通过 a_3，斜线另一端点 b_6 与标高为 3m 的等高线之间的水平距离为：$L_{ab}=l×H_{AB}=0.6×3m=1.8m$。因此，以 b_6 为圆心，以 $R=1.8m$ 为半径，向平面的倾斜方向画圆弧。再过 a_3 作直线与该圆弧相切，就得到标高为 3m 的等高线。其空间情况如图 7.9（c）所示。将直线 a_3b_6 分为三等分，等分点为直线上标高为 4m、5m 的点，过各等分点作直线与等高线 3 平行，就得到平面上标高为 4m、5m 的两条等高线。

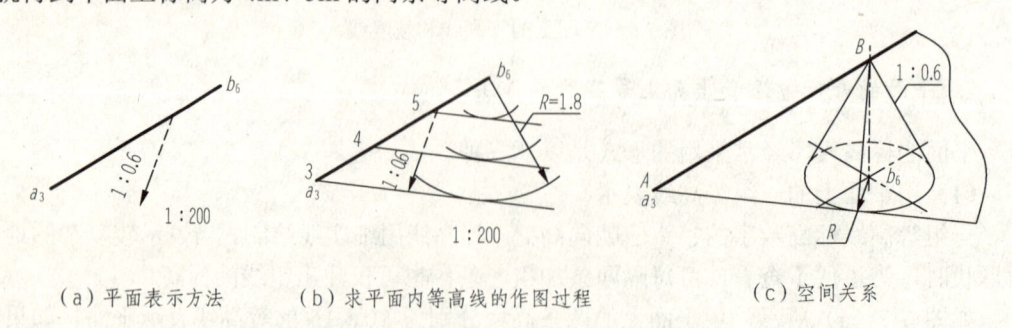

（a）平面表示方法　　（b）求平面内等高线的作图过程　　（c）空间关系

图 7.9　用一条倾斜直线和坡度表示平面

7.1.4 平面与平面的交线

在标高投影中，求平面与平面的交线，通常采用辅助平面法，即以整数标高的水平面作为辅助平面，辅助平面与已知两个平面的交线是平面上相同标高的等高线。

如图 7.10 所示，求 S、T 两个平面的交线时，用标高为 15 的辅助平面与 S、T 两平面相交，其交线分别是 S、T 两个平面上标高为 15 的等高线，这两条等高线的交点 A 就是 S、T 两平面的一个共有点；同理，用高程为 10 的辅助平面可求得另一个共有点 B，连接 AB，即得到 S、T 两平面的交线。

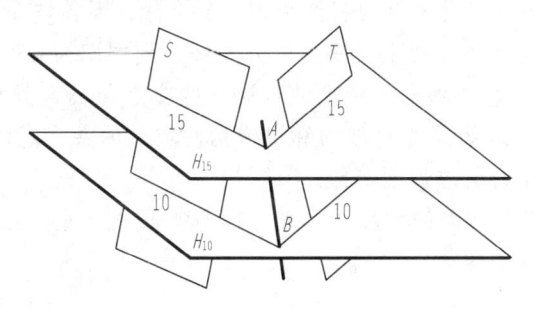

图 7.10 求两平面的交线

由此得出：两平面上相同标高的等高线交点的连线，就是两平面的交线。

在工程中，把相邻两坡面的交线称为坡面交线，填方形成的坡面与地面的交线称为坡脚线，挖方形成的坡面与地面的交线称为开挖线。

【例 7.2】 在地面上修建一平台和一条自地面通到平台顶面的斜坡引道，平台顶面标高为 5m，地面标高为 2m，其平面形状和各坡面坡度如图 7.11（a）所示，图中比例为 1：400。求坡脚线和坡面交线。

【分析】 因为各坡面和地面都是平面，所以坡脚线和坡面交线都是直线，需作出平台上四个坡面的坡脚线和斜坡引道两侧两个坡面的坡脚线以及各坡面之间的坡面交线。

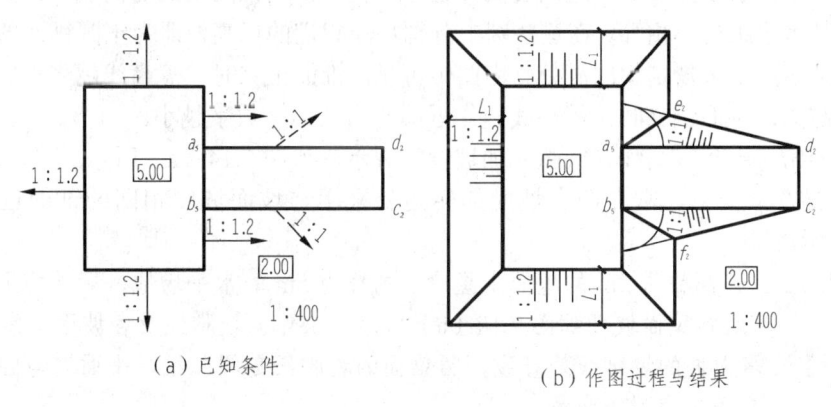

（a）已知条件　　　　　　（b）作图过程与结果

图 7.11 作平台与斜坡引道的标高投影

【作图】 如图 7.11（b）所示。

1）求坡脚线。因地面的标高为 2m，则各坡面的坡脚线就是各坡面内标高为 2m 的等高线，应分别与相应的平台边线平行。平台各坡面的坡度均为 1∶1.2，得坡脚线与平台边线的水平距离为 $L=l×H$，式中高度差 H = 5m−2m=3m，所以 L_1=1.2×3m=3.6m。

斜坡引道两侧坡面的坡度为 1∶1，其坡脚线求法在图 7.9 中已详细说明，这里仅说明作图顺序。先以 a_5 为圆心，以 L_2=1×3m=3m 为半径画圆弧，再自 d_2 向圆弧作切线，即为所求坡脚线。另一侧坡脚线的求法相同。

2）求坡面交线。平台相邻两个坡面上标高为 2m 的等高线的交点和标高为 5m 的等高线的交点是相邻两个坡面的两个共有点。连接这两个共有点，即得平台相邻两个坡面的交线。因各坡面坡度相等，所以交线应是相邻坡面上等高线的分角线，图中即为 45°斜线。

平台坡面坡脚线与引道两侧坡脚线的交点 e_2、f_2 是相邻两个坡面的共有点，a_5、b_5 也是平台坡面和引道两侧坡面的共有点，分别连接 a_5 和 b_5、f_2 即为所求坡面交线。

3）画出各坡面的示坡线，其方向与等高线垂直。注明坡度，加深图线，完成全图。

7.2　曲面的标高投影

在标高投影中表示曲面，常用的方法是假想用一系列高差相等的水平面截切曲面，画出这些截交线（即等高线）的水平投影，并标明各等高线的标高，即得到曲面的标高投影。

工程上常见的曲面有锥面、同坡曲面和地形面等。这里仅介绍正圆锥面和地形面。

7.2.1　正圆锥面的标高投影

如图 7.12 所示，如果正圆锥面的轴线垂直于水平面，假想用一组水平面截切正圆锥面，其截交线的水平投影是一组同心圆，这些圆就是正圆锥面上的等高线。等高线的高差相等，其水平距离亦相等。在这些圆上分别加注它们的标高，即为正圆锥面的标高投影。标高数字的字头规定朝向高处。由图中可见，锥面正立时，等高线越靠近圆心，其标高数字越大；锥面倒立时，等高线越靠近圆心，其标高数字越小。

圆台面常用一条等高线（圆弧）加坡度线表示，如图 7.14（a）所示。

在土石方工程中，常在两个坡面的转角处采用与坡面坡度相同的锥面过渡，如图 7.13 所示。

【例 7.3】　在高程为 2m 的地面上修建一高程为 5m 的水平场地，场地的平面形状及各坡面坡度如图 7.14（a）所示，求作出坡脚线及各坡面交线。

【分析】　平面坡的坡脚线是直线，圆锥面的坡脚线是圆弧线，平面坡与圆锥面的交线应为圆锥曲线。

【作图】　如图 7.14（b）所示。

1）求坡脚线。如图 7.14（b）所示，地面高程为 2m，平面坡的坡脚线是高程为 2m 的等高线，且平行于平台直边线，其水平距离为 L_1=1×(5m−2m)=3m。圆锥面的坡脚线与圆锥台顶圆在同一正圆锥面上，其标高投影是同心圆,水平距离为 $L_2=0.8×(5m-2m)=2.4m$。

(a)正立锥面的标高投影　　(b)倒立锥面的标高投影

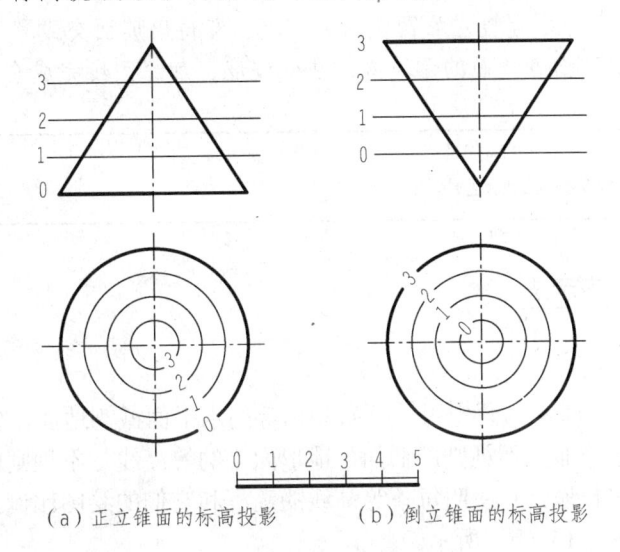

图 7.12　正圆锥面的标高投影

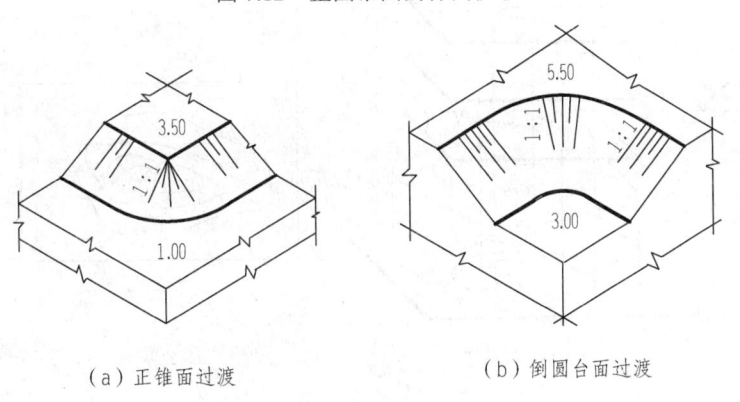

(a)正锥面过渡　　(b)倒圆台面过渡

图 7.13　转角处采用锥面过渡

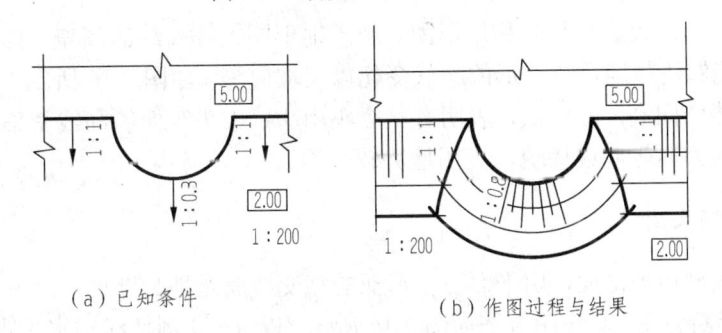

(a)已知条件　　(b)作图过程与结果

图 7.14　作水平场地的坡脚线与坡面交线

需要注意的是:圆锥面坡脚线的圆弧半径为圆锥台顶半径 R 与其水平面距离 L_2 之和,即 $R_1=R+L_2$。

2)求坡面交线。如图 7.14(b)所示,两条坡面交线为平面曲线,需求出一系列共有点,其作图方法为:在相邻坡面上作出相同高程的等高线，同高程等高线的交点，即为两个坡面的共有点，用光滑曲线分别连接左右两边的共有点，即得出坡面交线。

3）画出各坡面的示坡线，注明坡度，加深图线完成全图。

> **注意**
> 圆锥面上的示坡线应通过锥顶。

7.2.2 地形面的表示法

1. 地形图

如图 7.15（a）所示，假想用一组高差相等的水平面截割地面，便得到一组高程不同的等高线，由于地面是不规则的曲面，地形面上的等高线是不规则的平面曲线。画出这些等高线的水平投影，并注明每条等高线的高程和它们的绘图比例，即得到地形面的标高投影图，如图 7.15（b）所示。

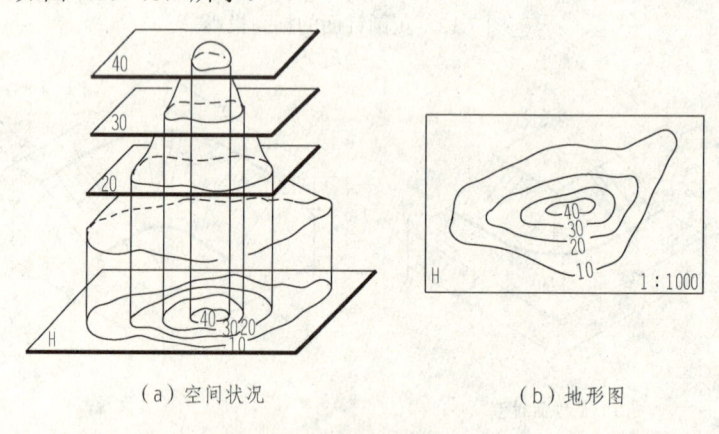

（a）空间状况　　（b）地形图

图 7.15　地形面表示法

地形面的标高投影图，又称地形图。由于地形图上等高线的高差（称为等高距）相等，地形图能够清楚地反映地形的起伏变化以及坡向等。如图 7.16 所示，靠近中部的一个环状等高线中间高，四周低，表明有一个小山头；山头东面等高线密集，表明地面的坡度大；山头西面等高线稀疏，表明地势较平坦。

2. 地形断面图

用铅垂面剖切地形面，切平面与地形面的截交线就是地形断面，画上相应的材料图例，称为地形断面图。其作图方法如图 7.16 所示，以 A—A 剖切线的水平距离为横坐标，以高程为纵坐标，按等高距及地形图的比例尺画一组水平线，如 15、20、25、…、55；然后将剖切线 A—A 与地面等高线的交点之间的距离量取到横坐标轴上，自各交点引铅直线，在相应的水平线上定出各点；光滑连接各点，并根据地质情况画上相应的材料图例，即得 A—A 断面图。断面处地势的起伏情况，可以从断面图上形象地反映出来。

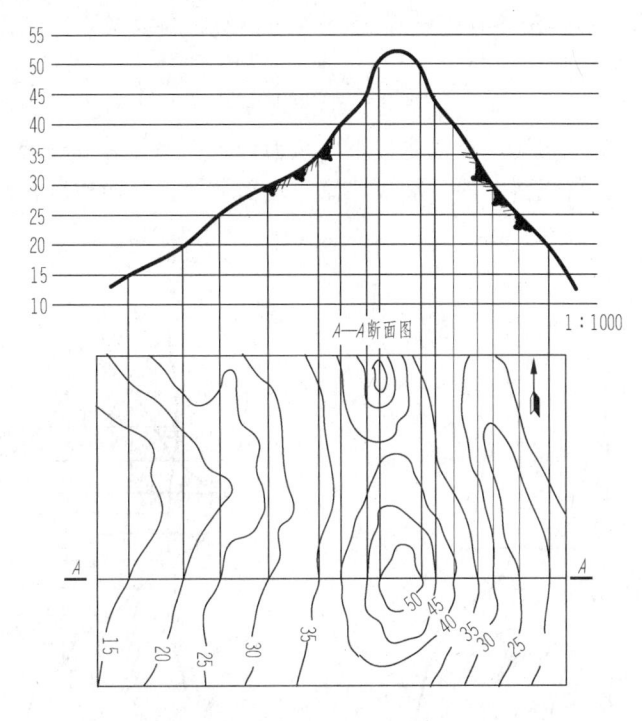

图 7.16 地形断面图

7.3 工程实例

在建筑工程中，许多建筑物要修建在不规则的地形面上，当建筑物表面与地面相交时，交线是不规则的曲线。求此地面交线时，仍采用辅助平面法，即用一组水平面作为辅助面，求出建筑物表面与地面的一系列共有点，然后依次连接，即得地面交线。

【例 7.4】 在图 7.17（a）所示的地形面上，修筑一土坝，已知坝顶的位置、高程及上下游坝面的坡度，求作坝顶、上下游坝面与地面的交线。

【分析】 土坝的坝顶和上下游坝面是平面，它们与地面都有交线，因地面是不规则曲面，所以交线都是不规则的平面曲线。

【作图】 如图 7.17（b）所示。

1) 求坝顶与地面的交线。坝顶面是高程为 42m 的水平面，它与地面的交线是地面上高程为 42m 的等高线。将坝顶边线画到与 42m 等高线相交处即可。

2) 求上游坝面的坡脚线。根据上游坝面的坡度 1∶2.5，可知平距 l=2.5m。因为地形面上的等高距是 2m，所以坡面上的等高距也应取 2m。故上游坝面上相邻等高线的水平距离 L_1=2×2.5m=5m。画出坝面上一系列等高线，求出它们与地面相同高程等高线的交点，顺次光滑连接各个交点，即得上游坝面的坡脚线。

在上述求坝脚线的过程中，坝面上高程为 36m 的等高线与地面有两个交点，但高程为 34m 的等高线与地面高程为 34m 的等高线没有交点，这时可用内插法各补作一根 35m 的等高线，再找交点。连点时应按交线趋势画成曲线。

3）求下游坝面的坡脚线。下游坝面的坡脚线与上游坝面的坡脚线的求法基本相同，应注意按下游坝面的坡度确定等高线间的水平距离。

4）画出坝面上的示坡线，注明坝面坡度。加深坝脚线与坝顶交线，完成作图。

（a）已知条件　　　　　　　　　　　（b）作图过程与结果

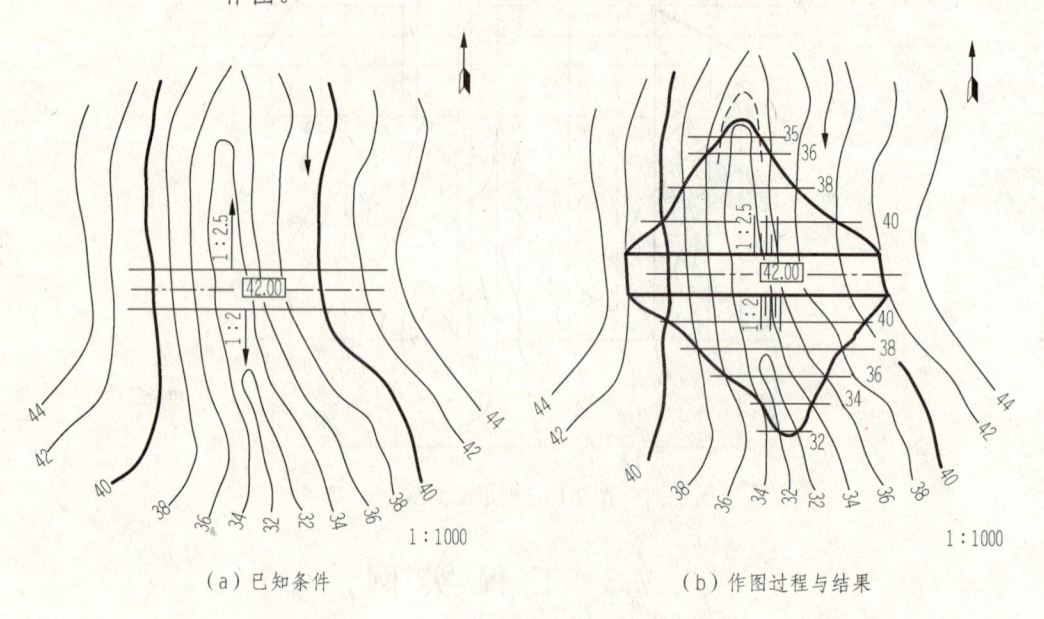

图 7.17　作土坝的坡脚线与坝顶面交线

【例 7.5】　在图 7.18 所示山坡上修建一个高程为 21m 的水平场地，已知挖方边坡坡度为 1∶1，填方边坡坡度为 1∶1.5，求作填、挖方坡面的边界线及各坡面交线。

【分析】　如图 7.18（b）所示，因为水平场地高程为 21m，所以地面上高程为 21m 的等高线是挖方和填方的分界线，该等高线与水平场地边线的交点 C、D 就是填、挖边界线的分界点。挖方部分在地面高程为 21m 的等高线西侧，其坡面包括一个倒圆锥面和两个与其相切的平面，因此挖方部分没有坡面交线。填方部分在地面高程为 21m 的等高线东侧，其边坡为三个平面，因此，有三段坡脚线和两段坡面交线。

【作图】　如图 7.18（b）所示。

1）求挖方开挖线。地面上等高距为 1m，坡面上的等高距也应为 1m，等高线的平距 $l=1/i=1$m。顺次作出倒圆锥面及两侧平面边坡的等高线，求得挖方坡面与地面相同高程等高线交点，顺次光滑连接交点，即得挖方边界线。

2）求填方坡脚线和坡面交线。由于填方相邻边坡的坡度相同，坡面交线为 45°斜线。根据填方坡度 1∶1.5，等高距 1m，填方坡面上等高线的平距 $l=1.5$m。分别求出各坡面的等高线与地面上相同高程等高线的交点，顺次连接各交点，可得填方的三段坡脚线。相邻坡脚线相交分别得交点 a、b，该交点是相邻两个坡面与地面的共有点，因此相邻的两段坡脚线与坡面交线必相交于同一点。确定 a 点的方法也可先作 45°坡面交线，然后连接坡脚线上的点，使相邻两段坡脚线通过坡面交线上的同一点 a，即三线共点。确定 b 点的方法与其相同。

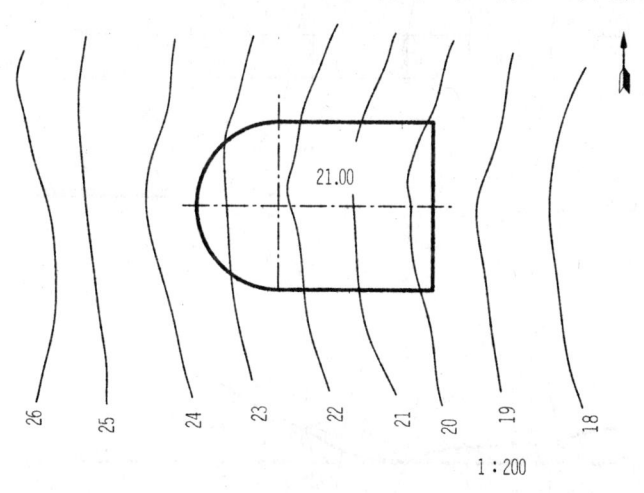

（a）已知条件

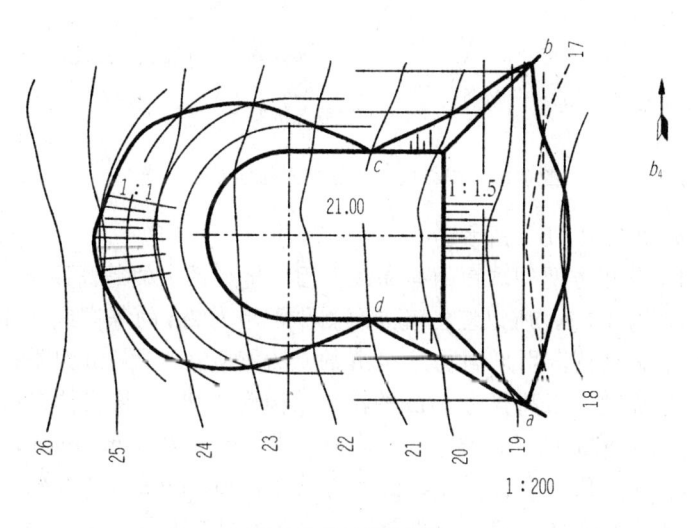

（b）作图过程与结果

图 7.18　完成水平场地的标高投影

3）画出各坡面的示坡线，并注明坡度，加深图线，完成全图，如图 7.18（b）所示。

【例 7.6】　在地形面上修筑一条斜坡道，路面位置及路面上等高线的位置如图 7.19（a）所示，其两侧的填方坡度为 1∶2，挖方坡度为 1∶1.5，求各边坡与地面的交线。

【分析】　从图 7.19（a）中可以看出，路面西段比地面高，应为填方；东段比地面低，应为挖方。填、挖方的分界点在路北边缘高程69m处，在路南边缘高程69~70m处，准确位置需通过作图方可确定。

(a) 已知条件

(b) 作图过程与结果

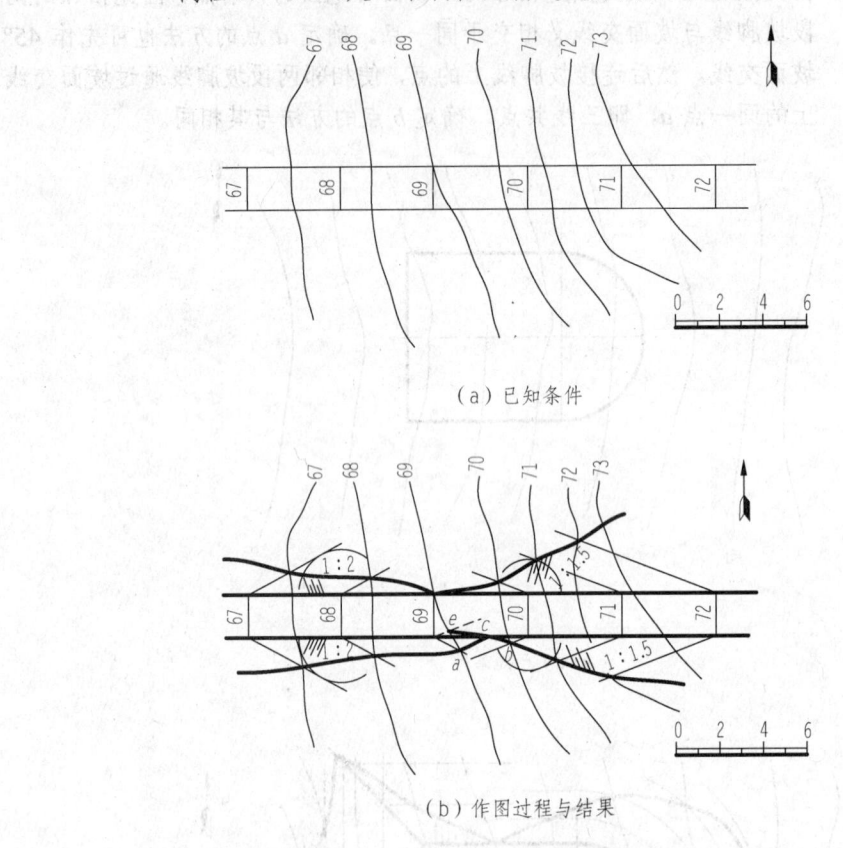

图7.19 作斜坡道两侧坡面与地面的交线

【作图】 如图7.19（b）所示。

1) 作填方两侧坡面的等高线。因为地形图上的等高距是1m，填方坡度为1∶2，所以应在填方两侧作平距为2m的等高线。其作法是：在路面两侧分别以高程为68m的点为圆心、平距2m为半径作圆弧，自路面边缘上高程为67m的点作该圆弧的切线，得出填方两侧坡面上高程为67m的等高线。再自路面边缘上高程为68m、69m的点作此切线的平行线，即得填方坡面上高程为68m、69m的等高线。

2) 作挖方两侧坡面的等高线。挖方坡面的坡度为1∶1.5，等高线的平距为1.5m。作法同填方坡面，但等高线的方向与填方相反，因为求挖方坡面等高线的辅助圆锥面为倒圆锥面。

3) 作坡面与地面的交线。确定地面与坡面上高程相同等高线的交点，并将这些交点依次连接，即得坡脚线和开挖线。但路南的a、b两点不能相连，应与填、挖方分界点c相连。求点c的方法为：假想扩大路南挖方坡面，自高程为69m的路面边缘点再作坡面上高程为69m的等高线（图中用虚线表示），求出它与地面上高程为69m的等高线的交点e，b、e的连线与路南边缘的交点即c点。也可假想扩大填方坡面，其结果相同。

4）画出各坡面的示坡线，注明坡度。擦去作图线，加深图线，完成全图。

思 考 题

7.1 标高投影采用哪些表示方法？
7.2 直线、平面标高投影的表示方法各有哪几种？
7.3 如何确定直线上的整数标高点？
7.4 平面上求画等高线的方法有哪几种？
7.5 地形图上的等高线是根据什么绘制的？
7.6 如何作出建筑物与地面的交线及建筑物之间的表面交线？

第8章 房屋建筑施工图

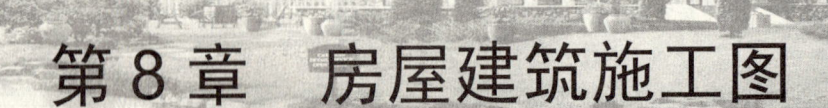

建筑施工图是指导施工的主要技术文件之一，主要表达房屋的外部造型、内部分隔、构造作法等。本章将介绍房屋建筑施工图的图示特点、图示内容和阅读方法等。

8.1 概　　述

完整地表达建筑物的全貌和各个局部，并用来指导施工的图样称为房屋建筑施工图。房屋建筑施工图是根据相关国家标准及投影原理绘制的。

8.1.1 房屋的组成及作用

房屋按功能不同可分为民用建筑、工业建筑、农用建筑等。不同的建筑物使用要求不同，其组成也有差异。结合某住宅楼，将房屋各组成部分的名称（图8.1）和作用简单介绍如下：

1) 基础。基础位于墙或柱最下部，承担建筑物全部荷载，并把荷载传给地基。

2) 墙和柱。墙和柱都是纵向承重构件，它们把屋顶和楼板传递的荷载传给基础。墙分为内墙和外墙。外墙起防寒保温等维护作用；内墙起分隔作用。

3) 楼板和地面。楼板和地面是水平承重构件，它们把受到的各种活荷载及本身自重传递给梁、柱、墙；楼板还具有分隔楼层的作用。

4) 屋顶。屋顶是建筑物最上部的承重构件，用于防止自然界对建筑物的侵袭，有保温、隔热、防水等作用。

5) 走廊和楼梯。走廊和楼梯是建筑物内部的交通设施，作用是沟通房屋内外和上下楼层的交通。

6) 门窗。门用来沟通房间内外联系；窗的作用是采光通风。

8.1.2 房屋施工图的产生、分类及编排顺序

建造一栋房屋要经历设计和施工两个阶段。设计阶段分为初步设计和施工图设计。

初步设计的目的主要是提出方案，表明建筑物的平面布置、立面处理、结构形式等内容。初步设计一般要经过收集资料、调查研究等一系列设计前的准备工作，作出若干方案进行比较，选出最佳方案。初步设计阶段有设计总说明，图纸的编排顺序为图纸目录、设计总说明、总图、建筑图、结构图、给水排水图、暖通空调图、电气图等，而施工图设计

阶段没有"设计总说明"一项。

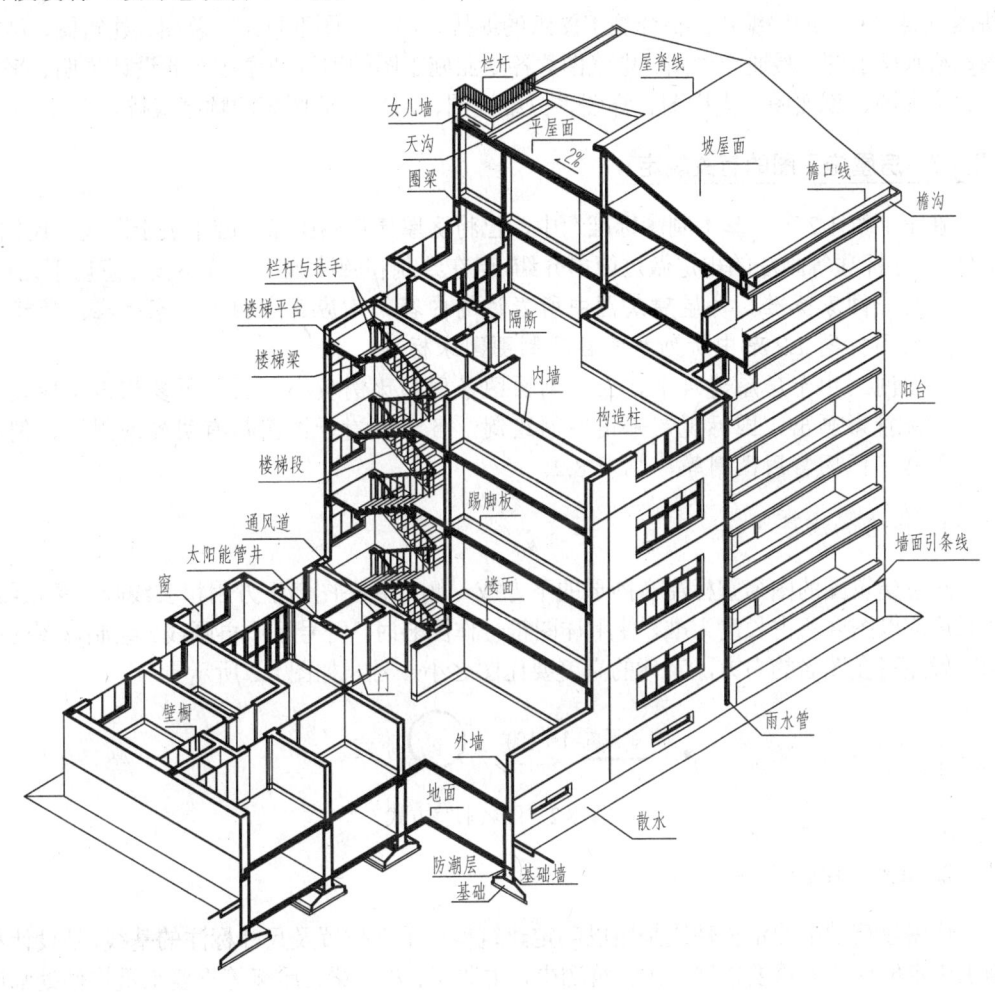

图 8.1 建筑物的组成

施工图设计是对初步设计进行修改和完善，以符合施工要求，在已批准的初步设计的基础上完成建筑、结构、水、暖、电的各项设计。施工图是建造房屋的主要依据，一整套图纸要完整、详细、统一，图样要正确，尺寸齐全，各项要求应明确。

房屋施工图按内容和作用不同可分为：

- 图纸目录。
- 建筑施工图（简称"建施"）。建筑施工图是主要表达建筑物的总体布局、房屋的外部造型、内部布置、细部构造和做法等，并应满足其他专业对建筑施工的要求的图样。它主要包括建筑总图、平面图、立面图、剖面图和建筑详图。
- 结构施工图（简称"结施"）。结构施工图是主要表达房屋承重构件的布局、类型、规格（即所用材料）、配筋形式和施工要求的图样。它主要包括基础图、结构布置图、构件详图和结构设计说明。
- 设备施工图（简称"设施"）。设备施工图是主要表达室内给水排水、暖通空调、电器照明等设备的布置、安装要求和线路敷设的图样。它主要包括各种管线的平面布置图、系统图、构造和安装详图等。本书中不介绍设备施工图。

一套房屋施工图少则几张，多则几十张甚至上百张，为方便看图，便于指导施工，这些图纸要按专业顺序编排。整套施工图纸的编排顺序是：图纸目录、总图、建筑图、结构图、给水排水图、暖通空调图、电气图。各专业施工图的编排顺序按专业设计说明、平面图、立面图、剖面图、大样图、详图、三维视图、清单、简图等的顺序编排。

8.1.3 房屋施工图的有关规定

在第 1 章 1.2 节"基本制图标准"中，已将房屋建筑图国家标准中关于图线、比例、字体、尺寸标注等画法的规定做过简单介绍，但在绘制和阅读施工图时还应注意以下几点：

- 遵守国家标准。房屋建筑图中所表达的内容，均应遵守相关国家标准。所遵守的国标同 1.2 节中所列举的各项制图国家标准。
- 图例。由于房屋建筑平、立、剖面图采用的比例较小，图中很多构造不能按实际投影画出，国标规定采用图例绘制。各专业对于图例都有明确的规定，例如总平面图常用图例等，见表 8.2。

1. 图名的注写

房屋建筑图的图名宜标注在图形的下方或一侧，并在图名下方用粗实线画一条横线，其长度应以图名所占长度为准。使用详图符号作图名时，符号下不再画线。绘制该图的比例一般注写在图名的右方，字体的高度要比图名小一号，如图 8.2 所示。

平面图 1:100   ⑥ 1:20

图 8.2 图名书写方式

2. 定位轴线和编号

房屋建筑图中的定位轴线是用以确定建筑构件平面位置及尺寸标注的基线，是设计和施工中定位放线的重要依据。在建筑物中，主要墙、柱、梁、屋架等重要承重构件处都应画轴线，并用编号确定其位置。

定位轴线一般用细单点长划线绘制，轴线编号注写在轴线端部细实线绘制的圆圈内，圆圈直径一般为 8~10mm。横向编号用阿拉伯数字从左向右注写。竖向编号用大写拉丁字母由下向上注写，一般不用 I、O、Z 注写轴线编号，以免与数字中的 1、0、2 混淆，如图 8.3 所示。

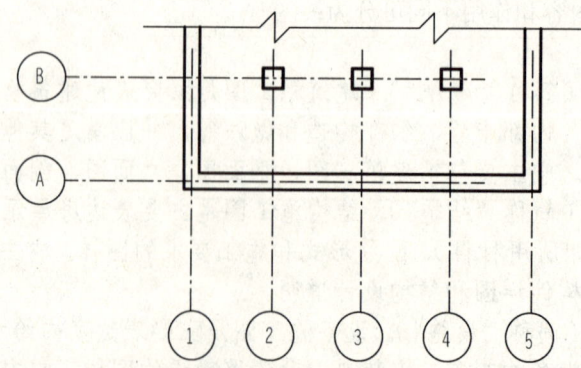

图 8.3 定位轴线与编号顺序

两根轴线之间如有附加轴线，其编号用分数表示，分母表示前一轴线的编号，分子表示附加轴线编号，如图 8.4 所示。

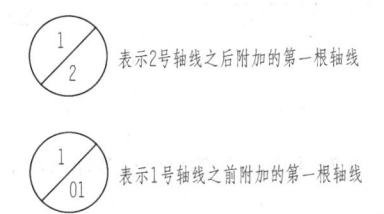

图 8.4　附加轴线

如果一个详图适用于多根轴线，应将各轴线编号注明，如图 8.5 所示。

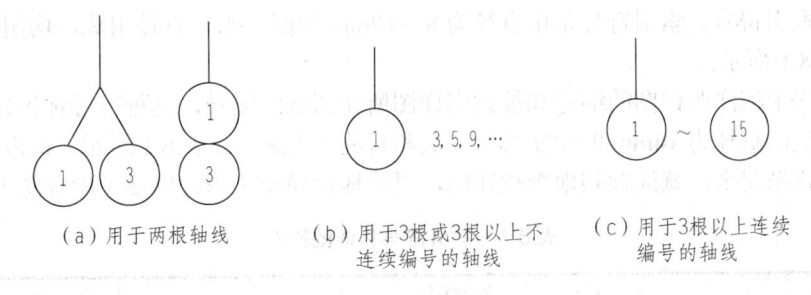

（a）用于两根轴线　　（b）用于3根或3根以上不连续编号的轴线　　（c）用于3根以上连续编号的轴线

图 8.5　详图的轴线编号注写方式

3．标高

标高是标注建筑物高度的一种尺寸标注方式，标高由标高符号和标高数值组成。房屋建筑施工图中的标高符号用细实线画的等腰直角三角形表示，如图 8.6（a）左图所示；当标注位置不够也可按图 8.6（a）右图所示形式绘制。直角顶点指至被标高点，或指至从被标高点处引出的细实线上，引出方向可以向上也可以向下，如图 8.7（a）所示。标高数值注写至小数点后三位，零点标高注写为"±0.000"，正数标高不注"＋"，负数标高应加注"－"，如图 8.7（b）所示。若不同楼层的同一位置需注标高时，可在一层集中注写，如图 8.7（b）所示。

总平面图室外地坪标高符号，宜用涂黑的三角形表示，如图 8.6（b）所示。绝对标高以青岛黄海平均海平面为零点，一般用于建筑总平面图中。其他施工图中均采用相对标高，并以首层室内地面高度为零点。

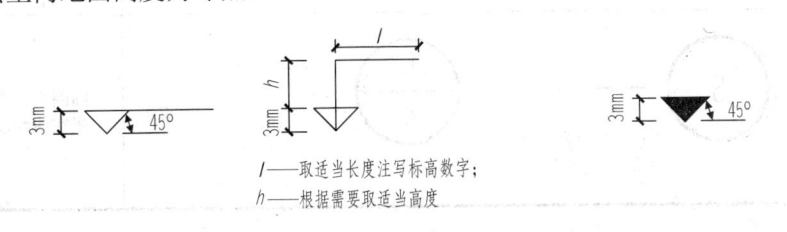

l——取适当长度注写标高数字；
h——根据需要取适当高度

（a）室外标高　　（b）总平面图室外地坪标高

图 8.6　标高符号的规定画法

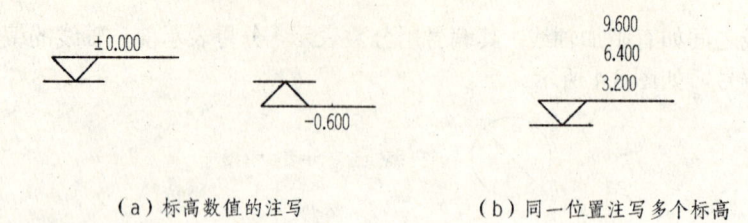

(a) 标高数值的注写　　　　(b) 同一位置注写多个标高

图 8.7　标高符号的指向与多标高数字

4. 索引符号和详图符号

当图样中的某一局部构造或构件需要用详图表示时，为了便于查阅这些详图，在平、立、剖面图中某些需要绘制详图的地方，需注明详图的编号、详图所在图纸的编号，这种符号称为索引符号。索引符号是由直径为 8～10mm 的圆和水平直径组成，均用细实线绘制，如表 8.1 所示。

在详图中应注明详图的编号和被索引详图所在图纸的编号，这种符号称为详图符号。详图符号是由直径为 14mm 的粗实线圆（或和直线）组成，如表 8.1 所示。将索引符号和详图符号联系起来，就能顺利地查找详图，更快地读懂施工图，以便于指导施工。

表 8.1　索引符号和详图符号

名称	表示方法	规定画法
索引符号	（详图的编号／详图在本张图纸上）（详图的编号／详图所在图纸的编号）（标准图集编号 J103／详图的编号／详图所在图纸的编号）	圆圈直径为 10mm；细实线绘制
剖面索引符号	剖切位置直线／详图的编号／详图所在图纸的编号／投射方向	圆圈直径为 10mm；细实线绘制
详图符号	（详图的编号）（详图与被索引图样在同一张图纸上）／（详图的编号／被索引的图纸编号）	圆圈直径为 14mm；粗实线绘制

5. 标准图与标准图集

为了提高设计的质量，加快设计和施工速度，把在房屋建筑中的常见结构和建筑构件、配件按统一的模数、不同的规格设计出系列施工图，供设计部门和施工企业选用，这样的图称为标准图。标准图装订成册,称为标准图集。

我国的标准图集一般分为两类:一是按适用范围分,经国家部、委批准的,可在全国范围内使用,或经各省、市、自治区有关部门批准的,一般可在相应地区范围内使用;二是按专业分类,在房屋建筑设计中使用较多的由地区编制的标准图集。

6. 建筑材料

房屋建筑图中要求在某些图样中指明所使用的材料,即在相应剖面图中画出建筑材料的图例,材料图例的画法见表 6.1,表中列出了常用的几种建筑材料图例,其余可参看相关国家标准。

在剖面图中绘制材料图例时,应注意以下几点:
- 图例线应间隔均匀,疏密适度,做到图例正确,表达清楚。
- 两个相同材料的构件相接时,图例线应错开或倾斜方向相反,如图 8.8(a)所示。
- 当剖面图的比例小于或等于 1∶100 时,钢筋混凝土材料可涂黑画出。两个相邻的涂黑图例间,其宽度不得小于 0.5mm,如图 8.8(b)所示。
- 在剖面图中需画的材料图例的面积过大时,可在轮廓线内延轮廓线局部表示,如图 8.8(c)所示。

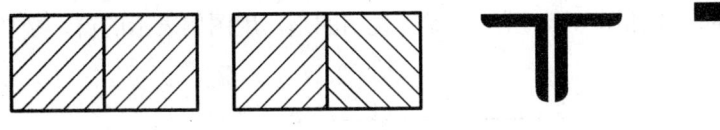

(a)相同图例相连接时的画法　　　　(b)相邻涂黑图例的画法

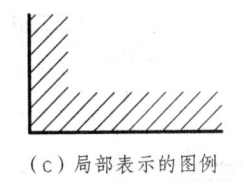

(c)局部表示的图例

图 8.8　材料图例的规定画法

8.2　建筑平、立、剖面图的画法

绘制建筑平、立、剖面图时,都要经过选定比例、画图稿、铅笔加深和上墨四个步骤。下面通过一个简单的例子来介绍建筑平、立、剖面图的绘制方法与步骤。

8.2.1　建筑平面图的绘制方法与步骤

建筑平面图是房屋的水平剖面图,也就是假想用一个水平剖切平面,沿门窗洞口位置剖开整幢房屋,将剖切平面以下部分向水平投影面作正投影所得到的图样,如图 8.9 所示。

1. 图线要求

图线的宽度 b,应根据图样的复杂程度和比例,并按现行国家标准的有关规定选用

表 1.1 所列出的图线。绘制较简单的图样时，可采用两种线宽的线宽组，其线宽比例宜为 $b:0.25b$。

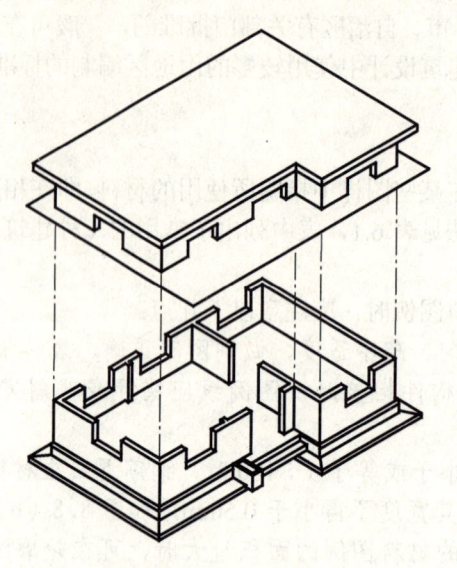

图 8.9 建筑平面图的形成

建筑平面图中选用的图线如图 8.10 所示。需要说明的是，用图例表示的窗、楼梯等构配件均用细实线绘制。

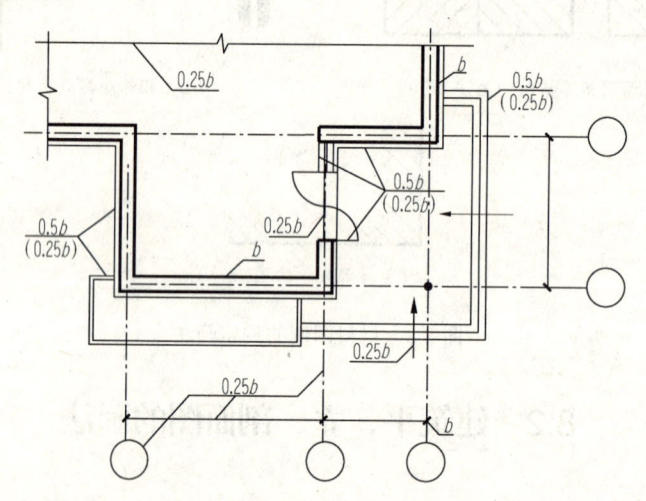

图 8.10 平面图图线宽度选用示例

2．平面图的画法

建筑平面图的绘制方法与步骤如下。

1）选定比例及图幅进行图面布置。根据房屋的复杂程度及大小，选定适当的比例，并确定图幅的大小。要注意留出标注尺寸、符号及文字说明的位置。

2）画铅笔图稿。用不同硬度的铅笔在绘图纸上画出的图形称为"底图"。其绘图步骤如下：

步骤 1　绘制图框及标题栏，并画出墙、柱的定位轴线，如图 8.11（a）所示。

第 8 章 房屋建筑施工图

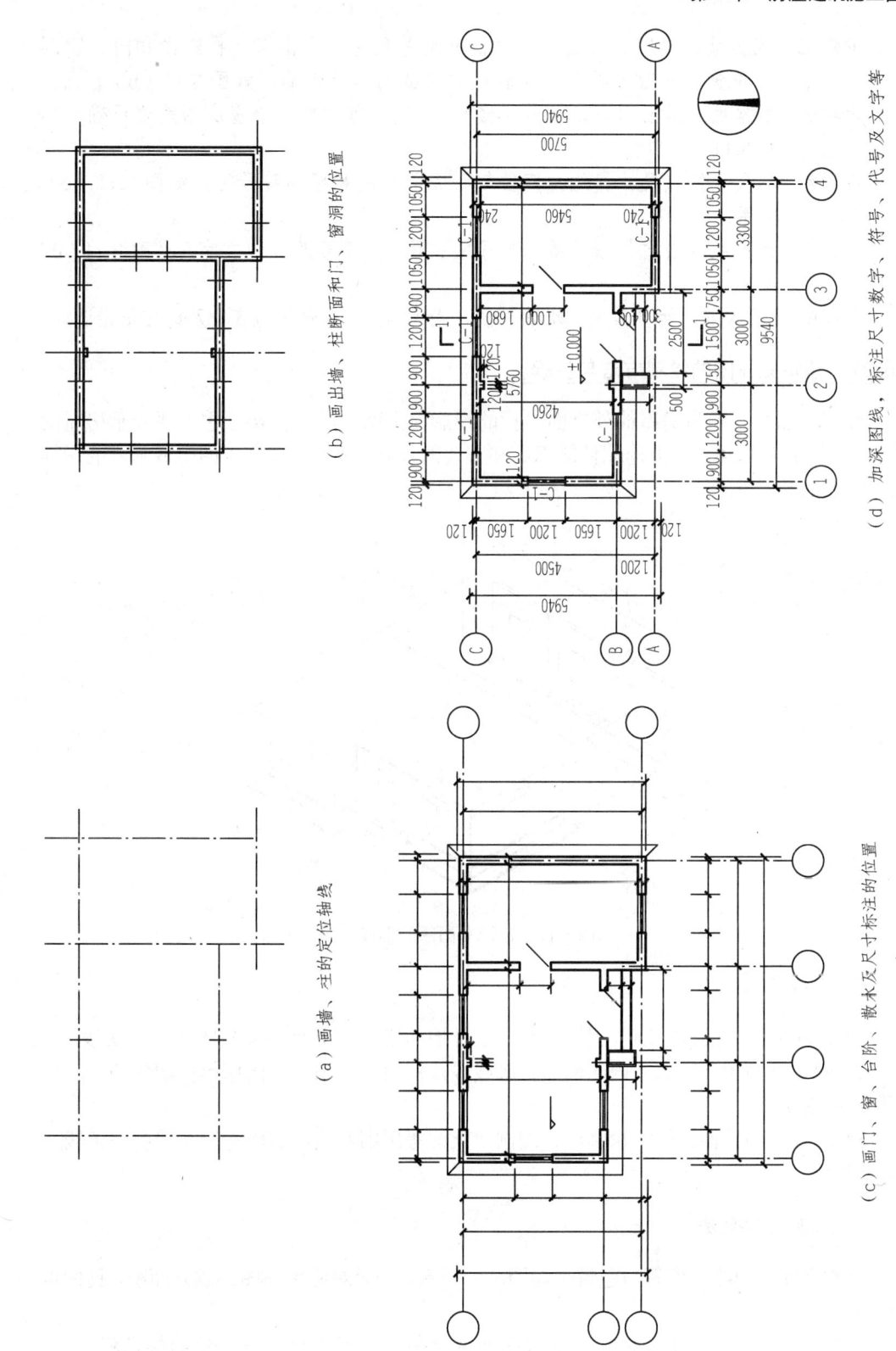

图 8.11 绘制建筑平面图的步骤

(a) 画墙、柱的定位轴线

(b) 画出墙、柱断面和门、窗洞的位置

(c) 画门、窗、台阶、散水及尺寸标注的位置

(d) 加深图线，标注尺寸数字、符号、代号及文字等

步骤 2 根据墙体厚度、门窗洞口和洞间墙等尺寸，画出墙、柱断面和门、窗洞的位置，同时也补全未定轴线的次要的非承重墙，如图 8.11（b）所示。

步骤 3 根据尺寸画出门窗、台阶（楼梯）、散水等细部，检查底图是否正确，如图 8.11（c）所示。

步骤 4 画尺寸线、尺寸界线、定位轴线编号圆圈和标高符号等，如图 8.11（c）所示。

步骤 5 按图线的层次加深图线，注写尺寸数字、符号及其他文字，如图 8.11（d）所示。

步骤 6 图面复核。为尽量做到准确无误，完成绘图前应仔细检查，及时更正错误。

8.2.2 建筑立面图的绘制方法与步骤

建筑立面图是在与房屋的外立面平行的投影面上所作的正投影，它主要表示房屋的外貌、外墙面装修及立面上构配件的标高和必要的尺寸，也是建筑施工图中最基本的图样之一，如图 8.12 所示。

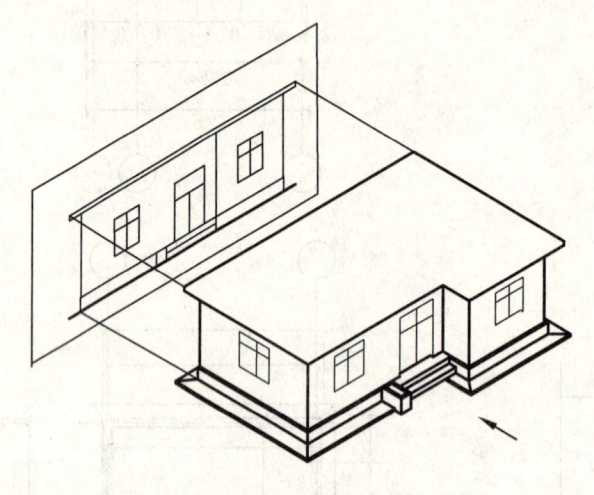

图 8.12 建筑立面图的形成

1. 图线要求

1）建筑立面图的外轮廓线用粗实线，室外地面线也可用宽度为 $1.4b$ 的加粗实线。

2）建筑立面图外轮廓之内的墙面轮廓线以及门窗洞、阳台、雨蓬等构配件的轮廓用中粗线或中实线。

3）一些较小的构配件的轮廓线、图例填充线等用细实线，如雨水管、墙面引条线、门窗扇等。

2. 立面图的画法

建筑立面图的绘制步骤与建筑平面图基本一致，一般对应平面图绘制立面图，具体步骤如下：

步骤 1 选定比例及图幅（一般与平面图相同）进行图面布置，绘制标题栏。

步骤 2 根据标高先画出室外地面线、屋面线和窗洞的位置，再画出两端外墙的定位轴线和轮廓线，如图 8.13（a）所示。

步骤 3　根据尺寸画门窗、阳台等建筑构配件的轮廓线，如图 8.13（b）所示。
步骤 4　按门窗、阳台、屋面的立面形式画出其细部，如图 8.13（b）所示。
步骤 5　画定位轴线编号圆圈和标高符号及尺寸等，如图 8.13（c）所示。
步骤 6　按图线的层次加深图线，注写标高数字和文字说明等，如图 8.13（c）所示。

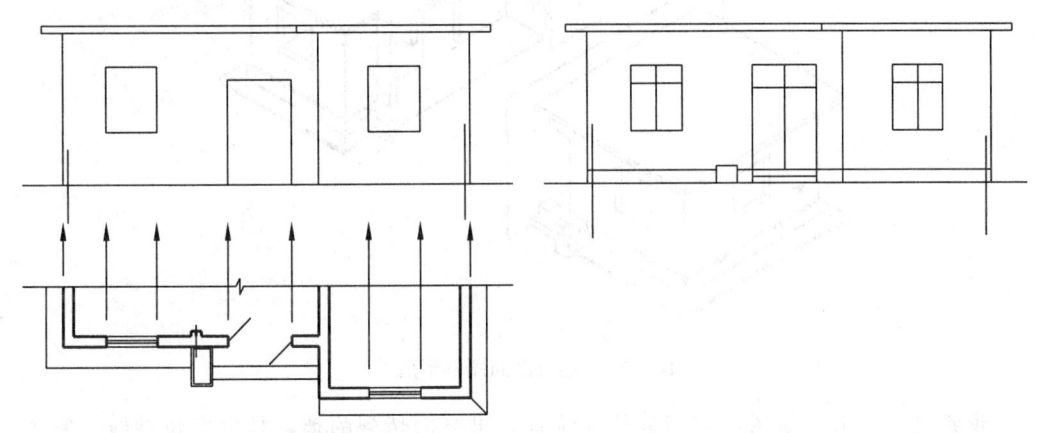

（a）对应平面图地平线、屋面线和门、窗洞口及两端外墙定位轴线和外墙线　　（b）画各细部结构

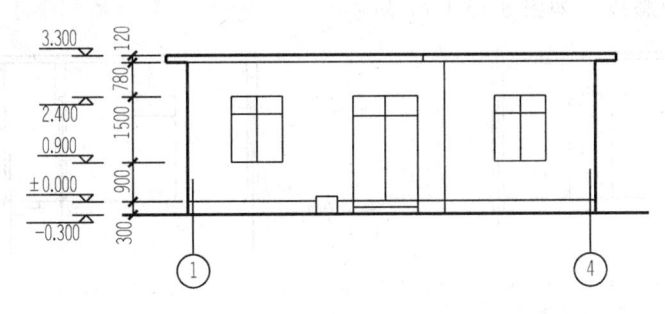

（c）画门、窗、台阶散水及尺寸标注的位置

图 8.13　绘制建筑立面图的步骤

8.2.3　建筑剖面图的绘制方法与步骤

建筑剖面图是房屋的垂直剖面图，即假想用一个或多个平行于房屋立面的垂直剖切平面剖开房屋，移去剖切平面与观察者之间的部分，将留下的部分向投影面投射所得到的图样，如图 8.14 所示。

1. 图线要求

建筑剖面图中各位置所选图线一般与建筑平面图一致。

2. 剖面图的画法

建筑剖面图的绘制步骤与建筑平面图和立面图一致，一般是在绘制好平面图和立面图的基础上绘制，具体步骤如下：

步骤 1　选定比例及图幅（比例、幅面一般与平面图一致）进行图面布置，绘制标题栏。

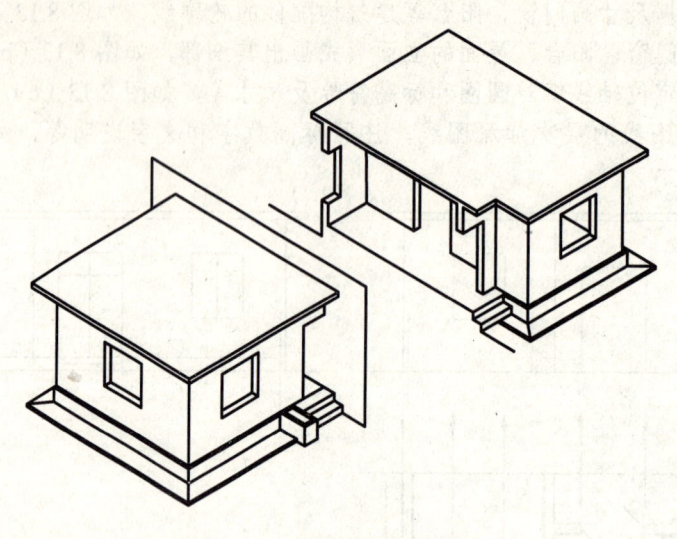

图 8.14 建筑剖面图的形成

步骤 2 根据平面图中剖切符号的位置画出被剖切到的墙、柱的定位轴线、室外地面（以及楼面、屋面、楼梯平台等）、屋面处的位置线和未剖到的外墙轮廓线，如图 8.15（a）所示。

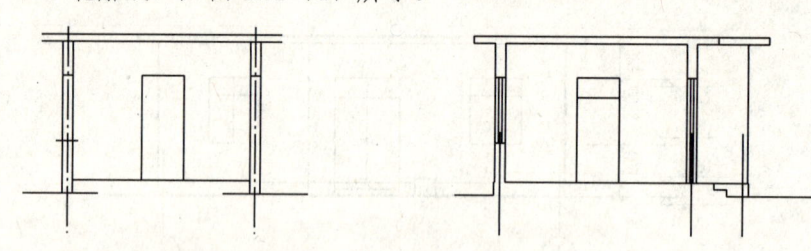

（a）对应平面图地平线、屋面线和门、窗洞口及两端外墙的定位轴线和外墙线

（b）画各细部结构

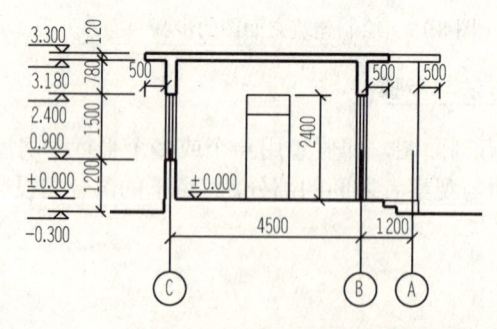

（c）画门、窗、台阶散水及尺寸标注的位置

图 8.15 绘制建筑剖面图的步骤

步骤 3 根据墙体、地面（屋面）、屋面以及门窗洞和洞间墙的尺寸，画出墙、柱、地面等断面和门窗的位置，如图 8.15（b）所示。

步骤 4 画出未剖到的内门等可见构配件的轮廓，如图 8.15（c）所示。

步骤 5 画出门窗、雨篷等细部构造以及尺寸线、尺寸界线、标高符号等，如

图 8.15（d）所示。

步骤 6 按图线的层次加深图线，注写尺寸数字、标高、文字说明等，如图 8.15（d）所示。

8.3 图纸目录与总平面图

8.3.1 图纸目录

编制图纸目录的目的是为查找图纸提供方便。图纸目录列出了全套图纸的类别，各类图纸的数量，每张图纸的图号、图名、图幅大小等。若有些构件采用标准图，应列出它们所在标准图集的名称、标准图的图名和图号或页次。

8.3.2 总平面图

1. 总平面图的成图与作用

总平面图是表明新建房屋及其周围建筑的平面形状、位置、朝向、相互间距和与周围环境的关系的图样，是新建房屋的施工定位、土方施工及施工总平面设计的重要依据。

总平面图表示的范围比较大，一般采用 1∶500、1∶1000、1∶2000 的比例绘制。图中标注的尺寸以米（m）为单位。图中各种地物均采用《总图制图标准》（GB/T 50103—2010）中规定的图例表示，总平面图中常用图例见表 8.2。若用到一些《总图制图标准》（GB/T 50103—2010）中没有规定的图例，则应在图中另加图例说明，如图 8.16 所示。

表 8.2 常用总平面图图例

名 称	图 例（单位：mm）	说 明
新建建筑物	（图例：新建建筑物轮廓，标注 X=、Y=、①12F/2D、H=59.00m；地下建筑物虚线；外挑建筑细实线）	新建建筑物以粗实线表示与室外地坪相接处±0.00 外墙定位轮廓线；建筑物一般以±0.000 高度处的外墙定位轴线交叉点坐标定位。轴线用细实线表示，并标明轴线号；根据不同设计阶段标注建筑编号，地上、地下层数，建筑高度，建筑出入口位置；地下建筑物以粗虚线表示；建筑上部（±0.000 以上）外挑建筑用细实线表示；建筑物上部连廊用细虚线表示，并标注位置
原有建筑物	（矩形细实线）	用细实线表示
计划扩建的预留地或建筑物	（矩形中粗虚线）	用中粗虚线表示

续表

名　称	图　例（单位：mm）	说　明
拆除的建筑物		用细实线表示
敞棚或敞廊		—
水池、坑槽		也可以不涂黑
围墙及大门		—
坐　标	X105.00 Y425.00 (a) A131.51 B278.25 (b)	图（a）表示地形测量坐标系； 图（b）表示自设坐标系； 坐标系数字平行于建筑标注
填挖边坡		—
雨水口	1 2 3	1 表示雨水口； 2 表示原有雨水口； 3 表示双落式雨水口
地面露天停车场		—
室内地坪标高	143.00	室外标高也可采用等高线
新建的道路	R=6.00 0.3% 100.00 107.50	"R=6.00"表示道路转弯半径；"107.50"为路面中心线交叉点设计标高，两种表示方式均可，同一图纸采用一种方式表示；"100.00"为变坡点之间距离，"0.3%"表示道路坡度，"→"表示坡向
公路桥		用于旱桥时应注明
草坪		表示人工草坪

续表

名　　称	图　例（单位：mm）	说　　明
花　卉		—
竹　丛		—
常绿阔叶灌木		—
落叶阔叶灌木		—

2. 总平面图的内容与读图示例

现以图 8.16 中所示某学校新建教工住宅的总平面图为例，说明总平面图的内容和读图方法。

（1）图名、比例和有关的文字说明

由图 8.16 的图名可知，该图是某学校东边一个小区的总平面图，绘图比例为 1∶500，在这个范围内要新建一幢七层教工住宅楼，也就是图 8.1 所示的住宅轴测图。由图中的文字说明可知，两幢教工住宅的西墙前后对齐。

（2）小区的风向、方位和用地范围

小区的风向在总平面图中用风向频率玫瑰图表示，它是根据当地平均多年统计的各个方向吹风次数的百分数，按一定比例绘制的，风的方向是从外吹向中心。实线表示全年风向频率，虚线表示六、七、八三个月的夏季风向频率。从图 8.16 所示的风向频率玫瑰图可以看出：该小区常年主导风向是西北风，夏季主导风向是东南风。由风向频率玫瑰图上的指北针，可知这个小区是某学校东边的一部分，位于南、北、东三条路之间。

（3）新建房屋的平面形状、大小、朝向、层数、位置和室内外地面标高

图 8.16 中画出了新建教工住宅的平面形状为左右对称，朝向正南，东西向总长 25.2m，南北向总宽 13.14m，共七层。房屋的位置可用定位尺寸或坐标确定，从图 8.16 中可以看出，这幢新建教工住宅在小区的东北角，其位置以原有的教工住宅定位，西墙与原有教工住宅的西墙对齐，南墙与原有教工住宅的北墙相距 21m。它的底层室内地面的绝对标高为 145.05m，室外地面的绝对标高为 146.05m，室外地面高出室内地面 1.00m。

（4）新建房屋周围的地形、地物和绿化情况

在总平面图中，对于地势有起伏的地方，应画出表示地形的等高线，因该小区地势平坦，故不画等高线。由图 8.16 可知，在新建教工住宅的四周有绿化地和道路，道路与该住宅的出入口之间有 2.00m 宽的人行道相连。

从图 8.16 中还可以看出，在新建教工住宅的西北面是一片绿化地和餐厅，西面有一幢待拆除的办公楼，南面有一幢六层的教工住宅楼。小区的最南边是花园、综合楼和学生宿舍，西边是篮球场和拟建学生宿舍的预留地。沿东、南、北三面墙边有 1.5m 宽的树木和草地绿化带，该小区有道路与学校的其他小区相通。

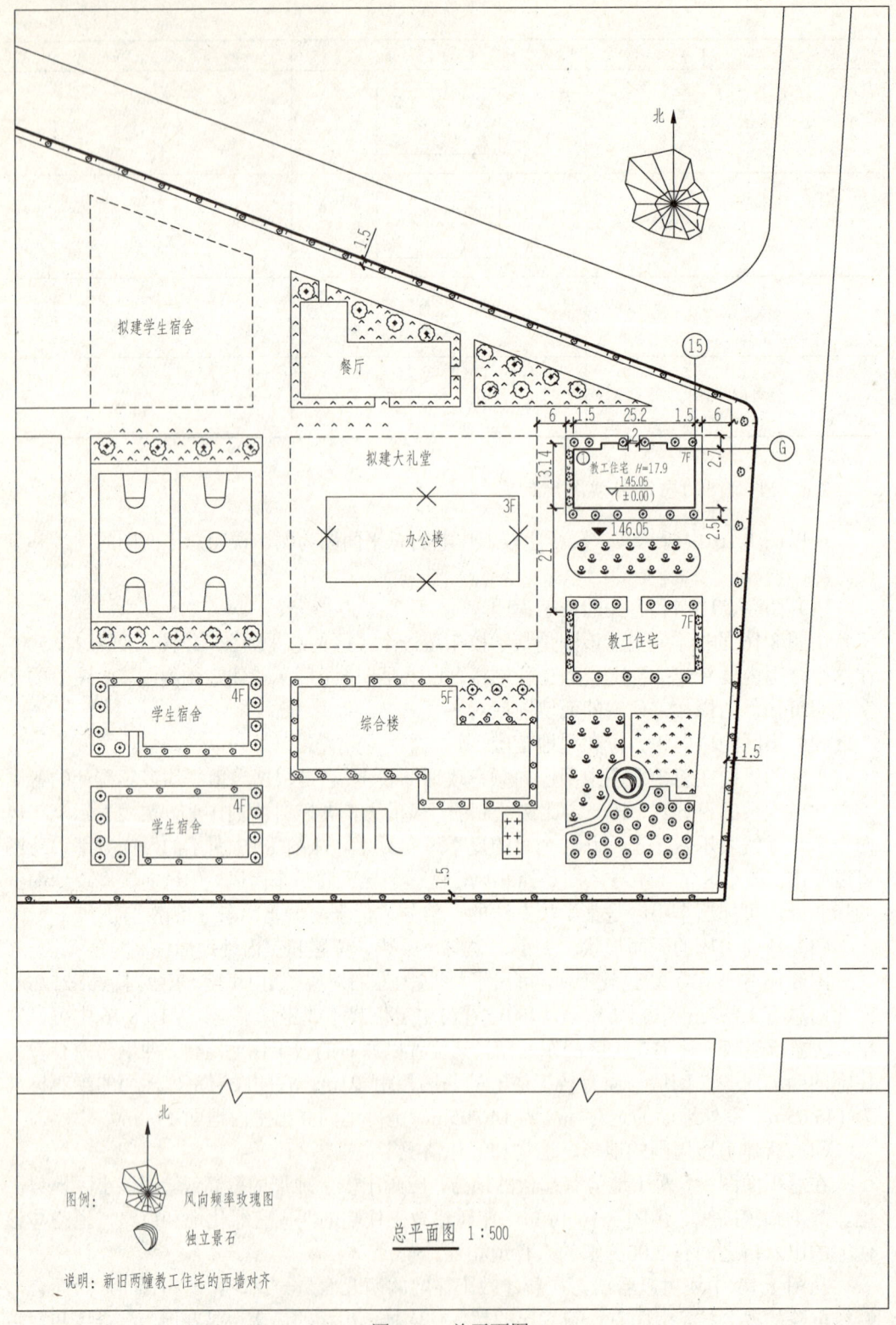

图 8.16 总平面图

8.4 建筑平面图

8.4.1 建筑平面图的数量

建筑平面图是建筑施工图中最基本的图样之一，它主要用来表示房屋的平面形状、大小和房间布置，墙、柱的位置、厚度和材料，门窗的类型和位置等情况。

对于多层建筑，原则上应画出每一层的平面图，并在图形下方标注图名，图名通常以楼层编号命名，例如底层平面图、二层平面图等。习惯上，如果有两层或更多层的平面布置完全相同，则可用一个平面图表示，图名用×层～×层平面图，也可称为标准层平面图；如果房屋的平面布置左右对称，则可将两层平面图合并为一图，左边画一层的一半，右边画另一层的一半，中间用对称线分界，在对称线的两端画上对称符号，并在图的下方分别注明它们的图名。需要注意的是，底层平面图必须单独画出。

建筑平面图除了上述各层平面图，还有局部平面图、屋顶平面图等。局部平面图就是将平面图中的某个局部以较大的比例单独画出，例如高窗、预留洞、顶棚等，以便能较清晰地表示它们的形状和标注它们的定形尺寸和定位尺寸。屋顶平面图将在 8.4.3 节中介绍。

8.4.2 建筑平面图的内容与阅读方法

以前述教工住宅的底层平面图（图 8.17）为例，说明建筑平面图所表达的内容、读图的方法和步骤

1. 图名、比例、朝向

图 8.17 中图名是底层平面图，说明该图是沿底层窗台以上、底层通向上层的楼梯平台之下水平剖切后，向水平投影面投射所得的剖面图，它反映这幢住宅底层的平面布置、房间大小等。

比例采用 1∶100，这是根据房屋的大小和复杂程度选自《建筑制图标准》（GB/T 50104—2010）。

在建筑物±0.00 标高的平面图上画出指北针，并放在明显位置，所指方向应与总平面图一致。指北针用细实线绘制，圆的直径为 24mm，指针指向北，指针尾部宽度为 3mm，在指针头部应注"北"或"N"字。由指北针可以看出这幢住宅以及各个房间的朝向。

2. 定位轴线及编号

由定位轴线及编号，可以了解墙、柱的位置和数量。从图 8.17 中可以看到，这幢住宅从左向右按横向编号的有 15 根定位轴线和 2 根附加定位轴线，从下往上按竖向编号的有 8 根定位轴线和 1 根附加定位轴线。

3. 墙、柱的断面，房间的平面布置

国标规定，在建筑平面图中，比例大于 1∶50 时，应画出抹灰层、保温隔热层的面层线，并宜画出材料图例；平面图的比例等于 1∶50 时，宜画出保温隔热层，抹灰层的面层

图 8.17 底层平面图

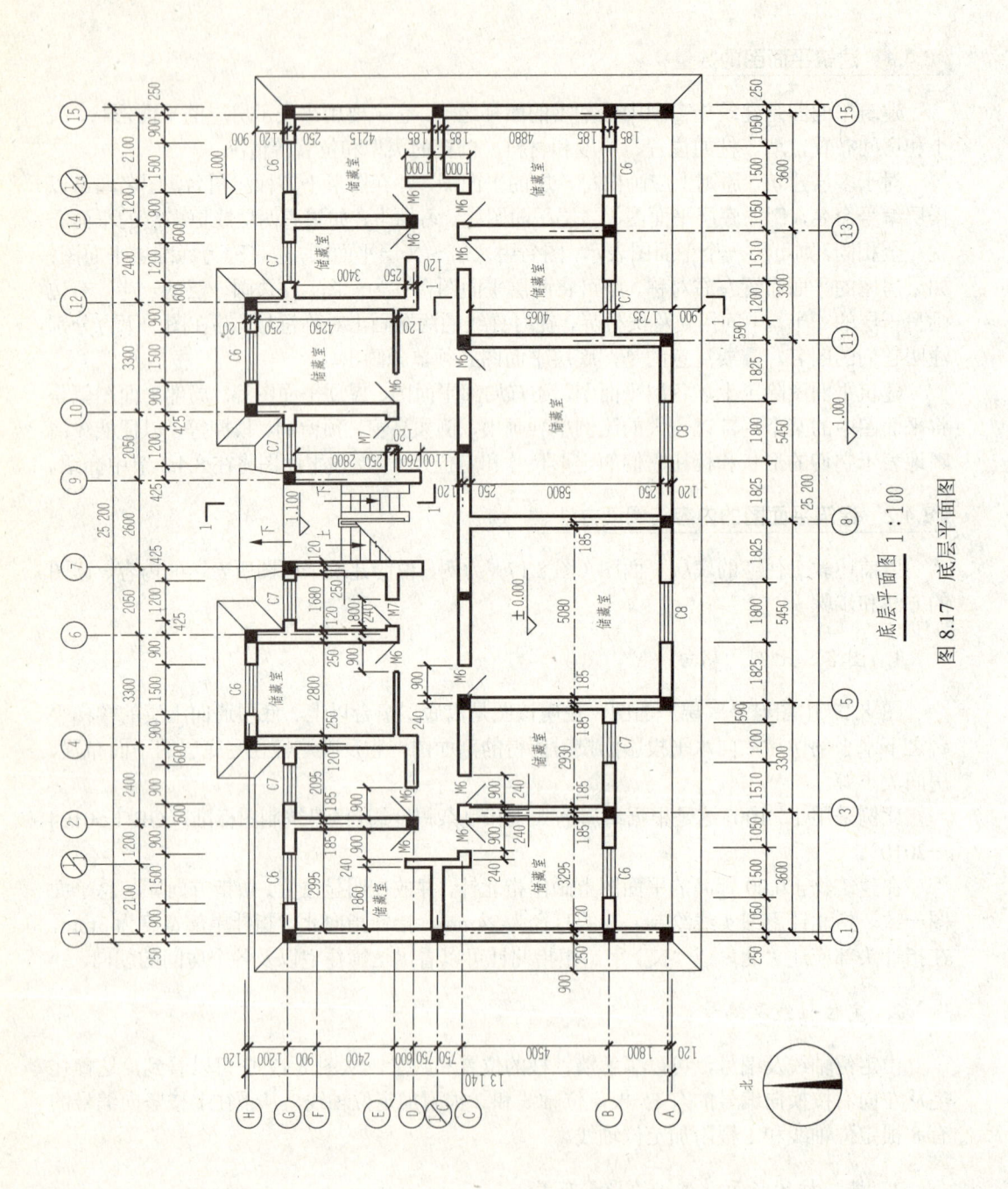

线应根据需要而定；比例小于1∶50时，可不绘抹灰层的面层线。比例为1∶100～1∶200时，墙、柱的断面绘简化的材料图例（砖墙涂红色，钢筋混凝土涂黑色）；比例小于1∶200时，墙、柱的断面可不绘材料图例；在本书中，为了图形清晰，只涂黑了钢筋混凝土构件的断面，没有涂红砖墙的断面。

从图 8.17 中可以看到，这幢住宅的底层被墙分隔成若干个房间，每个房间都注明名称。房间的布置左右对称，在出入口处是一楼梯间，两边各有 7 个房间，全部是储藏室。

4. 门窗编号及门窗表

在建筑平面图中，门窗是按规定的图例表示的，其中用两条平行细实线表示窗框及窗扇的位置，用 45°倾斜的中实线表示门及其开启方向。在图例的一侧还要注写门窗的编号，如 M1、M2、C1、C2 等，其中 M 是门的代号，C 是窗的代号，具有相同编号的门窗，表示它们的构造和尺寸完全相同。书中所用门窗图例如表 8.3 所示（包括门窗的立面图和剖面图图例）。

表 8.3 构造与配件部分图例

名　称	图　例	说　明	名　称	图　例	说　明
墙体	(a) (b)	图(a)为外墙，图(b)为内墙；外墙细实线表示有保温层或幕墙	单面开启单扇门（包括平开或单面弹簧）		门的名称代号用 M 表示； 平面图中，下为外，上为内，门的开启线为 90、60 或 45，开启弧线宜绘出； 立面图中，开启线实线为外开，虚线为内开，开启线交角的一侧为安装合页一侧。开启线在立面图中可不表示； 剖面图中左为外，右为内
墙体		适用于到顶与不到顶隔断	双层单扇平开门		
栏杆			门连窗		
楼梯	(a)下 (b)下上 (c)上	图(a)为顶层楼梯平面，图(b)为中间层楼梯平面，图(c)为底层楼梯平面	单层外开平开窗		窗的名称代号用 C 表示； 其他要求同门

续表

名　称	图　例	说　明	名　称	图　例	说　明
坡道		为两侧垂直的门口坡道	单层内开平开窗		窗的名称代号用C表示；其他要求同门
平面高差		用于高差小的地面或楼面交接处			
孔洞		—	洗脸盆		—
坑槽		—	浴盆		—
风道		—	污水池		—
检查口	(a)　(b)	图(a)为可见检查口，图(b)为不可见检查口	坐式大便器		—

为了便于施工，在首页图或建筑平面图中有时还列出门窗表，表中列出门窗的编号、名称、数量、尺寸及所选标准图集的编号等内容，如表8.4所示。关于门窗的细部尺寸和做法，还需要参阅门窗的构造详图。

表8.4　门窗统计

代号	名称	数量/个	洞口尺寸（宽/mm×高/mm）	图集编号	备注
C1	PVC塑料窗	10	3000×1550	L99J605 HPC-14	
C2	PVC塑料窗	10	2100×1550	L99J605 HC-96	
C3	PVC塑料窗	20	1800×1550	L99J605 HC-93	
C4	PVC塑料窗	4	1500×1550	L99J605 HC-63	
C5	PVC塑料窗	30	1200×1550	L99J605 HC-61	
C6	PVC塑料窗	6	1500×450	L99J605 PC-09	
C7	PVC塑料窗	6	1200×450	L99J605 PC-04	
C8	PVC塑料窗	2	1800×450	L99J605 PC-49	选自《山东省建筑标准设计图集》
C9	PVC塑料窗	4	1200×900	L99J605 HC-05	
M1	木质夹板门	10	1000×2100	L92J601 M1-176	
M2	木质镶板门	40	900×2450	L92J601 M2-65	
M3	PVC塑料门	10	900×2450	L99J605 PMN-33（34）	
M4	木质镶板门	20	800×2450	L92J601 M2-14	
M5	木质镶板门	20	1860×2450	L99J605 M1-49	
M6	木质镶板门	18	900×1800	L92J601 M1-566	
M7	木质镶板门	2	800×1800	L92J601 M1-25	
M8	木质镶板门	2	800×1500	L92J601 M1-25	

由表8.4可知，这幢住宅的窗户全部采用塑钢窗，编号从C1~C9共92个，编号为M3的门为塑钢门，共10个；其余编号的门为木质门，有7种，共112个。从图8.10中

可以看出，底层有编号为 C6、C7 的窗各 6 个，编号为 C8 的窗 2 个，编号为 M6 的门 12 个和编号为 M7 的门 2 个。

5. 其他构配件和固定设施

在建筑平面图中，除了墙、柱、门窗，还应画出其他构配件和固定设施的图例或轮廓形状，如阳台、雨篷、楼梯、通风道、厨房和卫生间的固定设施、卫生器具等。从图 8.17 中可以看出，这幢住宅的底层平面图画出室外散水和入口处坡道的轮廓形状，以及楼梯间内楼梯的图例。

6. 室内外的有关尺寸，地面、平台的标高

在建筑施工图中所标注的尺寸，根据其作用可归纳为三种尺寸，并定义为：
- 总尺寸。建筑物外轮廓尺寸，若干定位尺寸之和。
- 定位尺寸。轴线尺寸，建筑物构配件，如墙体、门、窗、洞口洁具等，相当于轴线或其他构配件确定位置的尺寸。
- 细部尺寸。建筑物构配件的详细尺寸。

建筑施工图中还应标注出各主要构配件的标高，其中包括：室内外地坪、楼地面、地下层底面、阳台、平台、檐口、屋脊、女儿墙、雨篷、门、窗、台阶等。

建筑平面图中标注的尺寸分为三类，即外部尺寸、内部尺寸、标高。

外部尺寸一般分为三排：离外墙最近的一排尺寸为细部尺寸，表示各构件的位置及大小，如门窗洞的宽度和位置，墙、柱的大小和位置等；在中间的第二排尺寸为定位尺寸，表示轴线间的距离，并确定承重构件的位置及间距，其中横墙轴线间的尺寸称为开间尺寸，纵墙轴线间的尺寸称为进深尺寸；第三排尺寸为总尺寸，表示房屋的外轮廓。

外墙以内标注的尺寸称为内部尺寸，它用于表示房间的净空大小、内墙上门窗洞的宽度和位置、墙厚和固定设施的大小与位置等。

在建筑平面图中还应标注室内外地面、楼面、阳台、平台等处的标高，该标高为房屋完成面的标高。

由图 8.17 中标注的尺寸，可以了解房屋的总长度和总宽度、各房间的开间和进深、外墙与门窗及室内设施的大小和位置。例如，从图 8.17 中可以看出，这幢住宅的总长为 25 200，总宽为 13 140。内外墙的宽度均为 370，最大的两个房间分别在横向定位轴线 ⑤～⑧ 和 ⑧～⑪，在纵向定位轴线 Ⓐ～Ⓒ，它们的开间为 5450，进深为 6300，该房间的净空尺寸为长 5800，宽 5080，窗洞宽 1800，窗洞到两侧定位轴线的距离均为 1825，门的宽度 900，距最近的定位轴线 240，室内地面标高±0.000，室外地面标高 1.000。

7. 有关的符号

在±0.000 标高的底层平面图中，需要绘出建筑剖面图的剖切符号，在需要另画详图的局部或构件处，画出索引符号，以便与剖面图和详图对照查阅。

从图 8.17 中可以看出，1—1 剖面图是一个阶梯剖面图，剖切平面是两个互相平行的侧平面，剖切位置通过门洞、楼梯间和定位轴线⑪、⑬之间的窗洞，投射方向向左。

图 8.18 和图 8.19 分别是这幢教工住宅的标准层平面图和七层（阁楼）平面图，它们的表达内容和阅读方法基本上与底层平面图相同。不同的是，不必画指北针、剖切符号和底层平面图已表达过的室外地面上的构配件和固定设施。需要画出这层假想剖切平

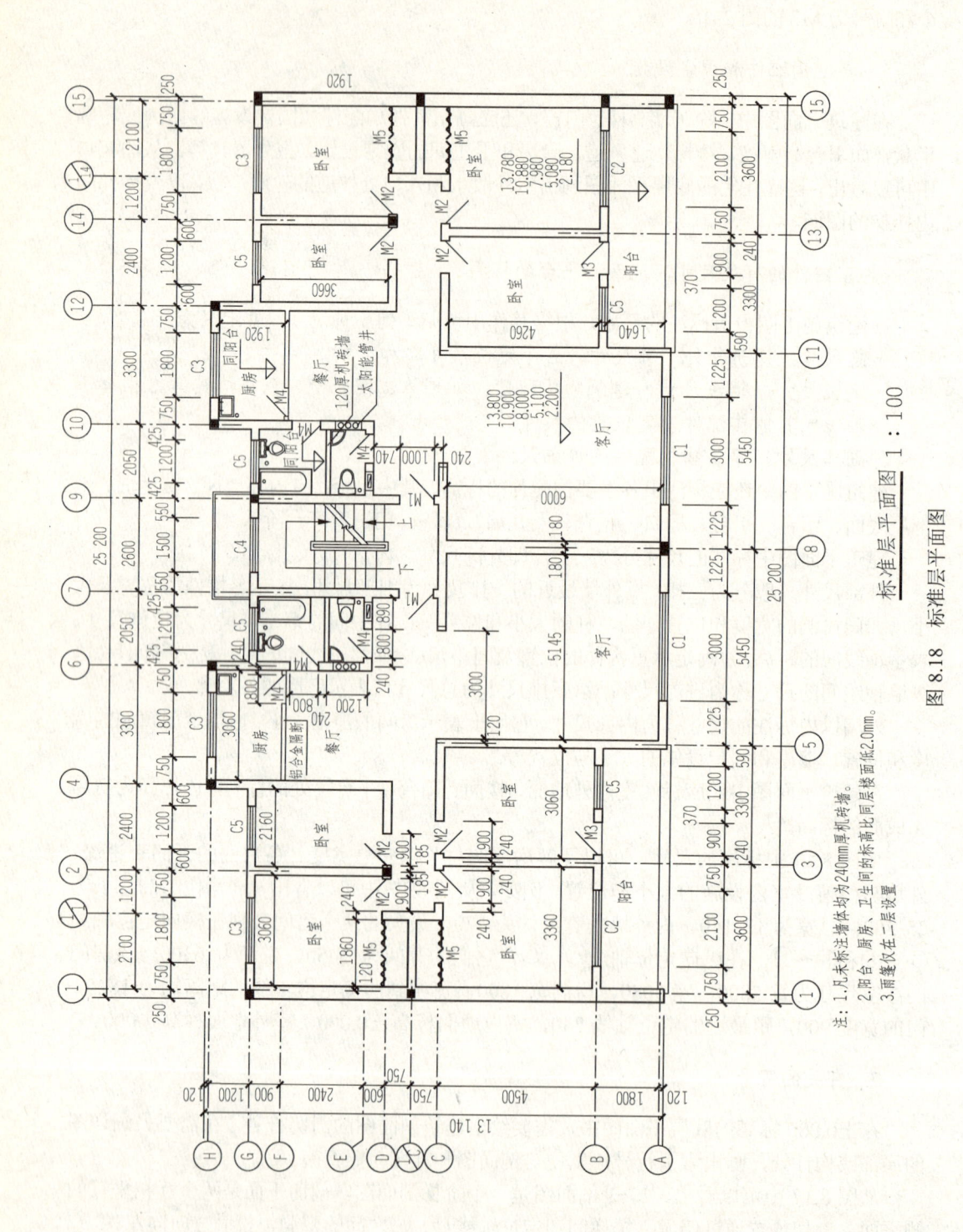

图 8.18 标准层平面图 1:100

注：1. 凡未标注墙体均为240mm厚机砖墙。
2. 阳台、厨房、卫生间同层楼面比同层前标高低2.0mm。
3. 雨篷仅在二层设置。

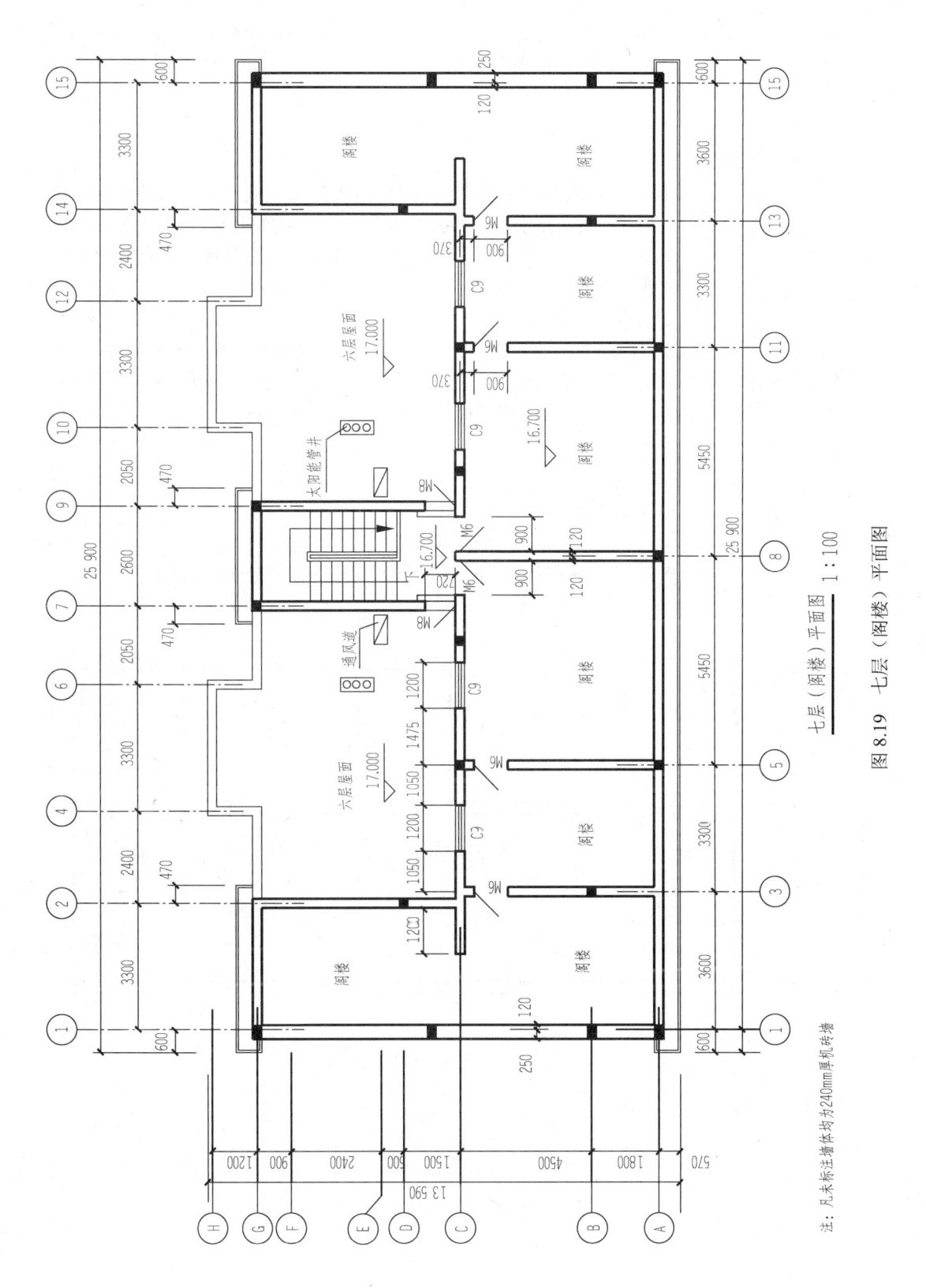

图 8.19 七层（阁楼）平面图

面以下、在下一层平面图中未表达的室外构配件和固定设施，如在标准层平面图中应画出阳台、雨篷等。此外，除标注定位轴线间的尺寸和总尺寸外，与底层平面相同的细部尺寸均可省略。

8.4.3 屋顶平面图

屋顶平面图也称屋面排水图，它是将房屋直接向水平投影面作正投影所得的图样，用来表示屋顶的形状和大小、屋面的排水方向和坡度、檐沟和雨水管的位置，以及水箱、烟道、上人孔等构件的位置和大小。由于屋顶平面图比较简单，可以根据其具体情况采用与其他平面图相同的比例或更小的比例绘制。

图 8.20 所示的是这幢住宅的屋顶平面图，比例采用 1：100。从图中可以看出，屋顶由坡屋面和平屋面组成，南、北两边有挑檐。屋面长度为 25.900m，宽度为 13.140m。坡屋面上的雨水先排到檐沟，再经雨水管排到地面。平屋面上的雨水沿 2% 的屋面坡度排到天沟，也经雨水管排到地面。图中还画出相关的定位轴线和雨水管的位置，以及需要用详图表达的局部的索引符号。

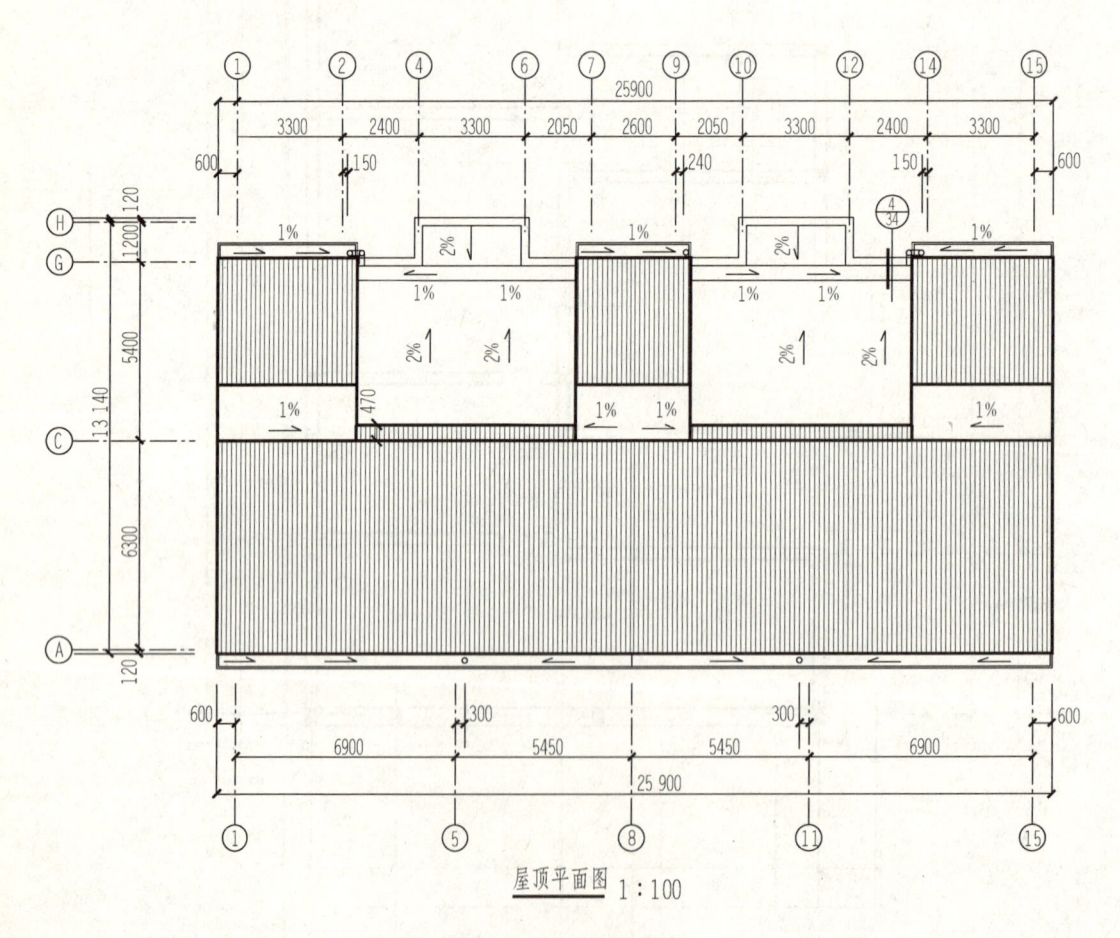

图 8.20 屋顶平面图

8.5 建筑立面图

8.5.1 建筑立面图的数量

由于建筑立面图按规定只画可见面，若房屋的前后、左右四个立面都不相同，则要画四个立面图。立面图的图名宜根据两端定位轴线编号来命名，如图 8.21 所示。

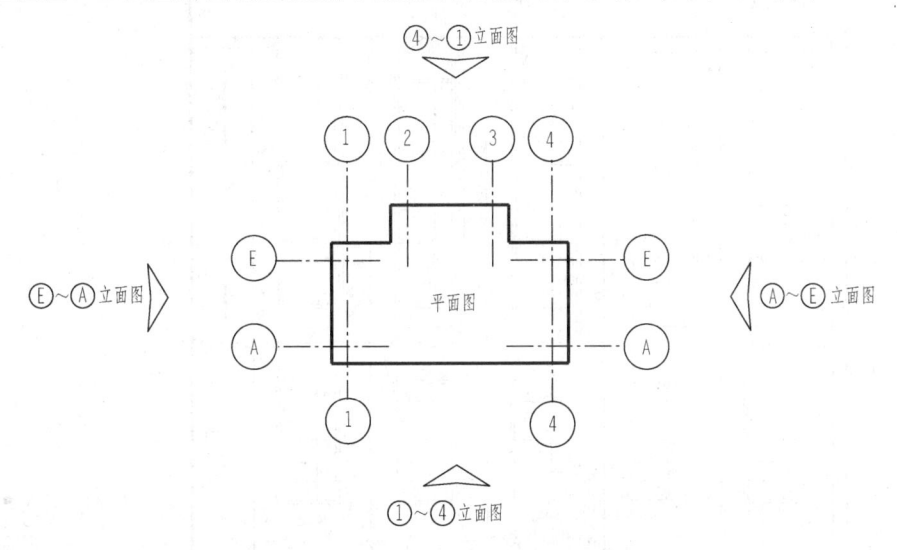

图 8.21 建筑立面图投射方向与名称

较简单的对称房屋，在不影响构造处理和施工的情况下，立面图可绘制一半，并在对称轴线处画对称符号。平面形状曲折的建筑物，可绘制展开立面图；圆形或多边形平面的建筑物，可分段展开绘制立面图，但均应在图名后加注"展开"二字。

在建筑立面图中，相同的门窗、阳台、外檐装修、构造作法等可在局部重点表示，并应绘出其完整图形，其余部分可只画轮廓线。

8.5.2 建筑立面图的内容与阅读方法

现以前述教工住宅①～⑮立面图为例，如图 8.22 所示，说明建筑立面图所表达的内容、读图方法和步骤。

1. 图名和比例

由立面图的图名对照这幢住宅的底层平面图（图 8.17）可以看出，该图表达的是朝南的立面，也就是将这幢住宅由南向北投射所得的正投影图。

建筑立面图通常采用与建筑平面图相同的比例，所以该立面图的比例也是 1∶100。

2. 房屋的外貌

建筑立面图反映了房屋立面的造型及构配件的形式、位置，以及门窗的开启方向。从图 8.22 中可以看出，这幢住宅共七层，最底层是半地下室；二～六层是居住房，且有阳台；第七层是阁楼。每层左右两边布局对称。由于门窗的立面是按实际情况绘制的，且各

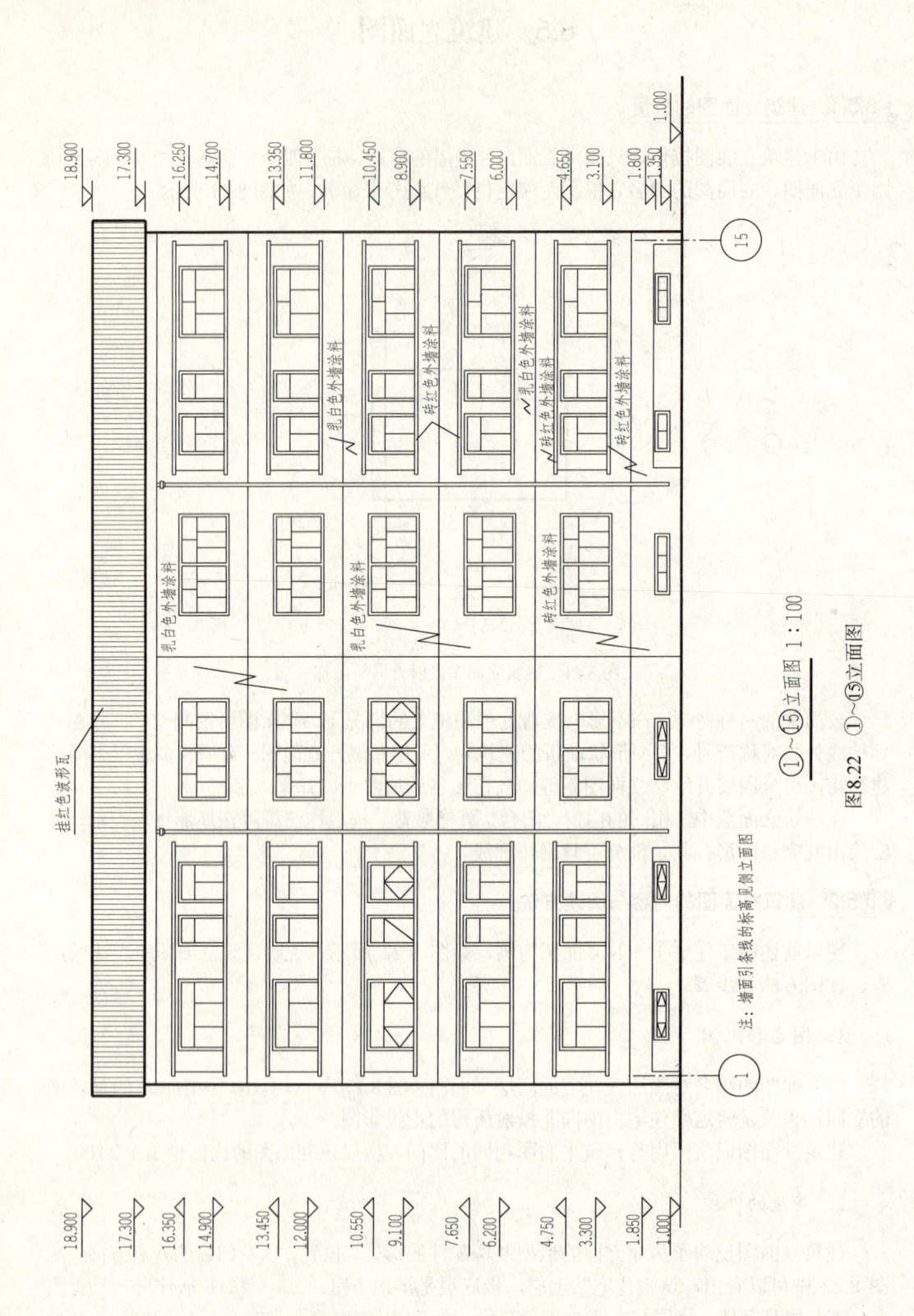

图8.22 ①～⑮立面图

类门窗至少有一处画出它们的开启方向线,可知该立面门窗的排列和形式以及窗户全部为外开平开窗,门为内开平开门;在东西两侧阳台和窗户之间的墙面上各有一根雨水管与檐沟相连。

3. 标高尺寸

在建筑立面图上,应标注外墙上各主要构配件的标高,如室外地面、台阶、门窗洞、雨篷、阳台、屋顶、墙面上的引条线等。若外墙上有预留孔洞,除标注标高外,还应注出其定形尺寸和定位尺寸。为方便读图,常将各层相同构造的标高注写在一起,排列在同一铅垂线上。如图 8.22 所示,左侧注写了室外地面、各层阳台底面和阳台栏板顶面、坡屋面的檐口线和屋脊线的标高;右侧注写了室外地面,各层窗洞的顶面和底面、檐口线和坡屋面屋脊线的标高。

需要指出的是,在立面图上标注标高时,除门窗洞顶面和底面的标高均为毛面的标高,其他构配件的上顶面标高是包括抹灰层在内的完成面的标高,又称建筑标高,如阳台栏板顶面等。而构配件下底面的标高是不包括抹灰层在内的毛面标高,又称结构标高,如阳台底面等。

4. 外墙面的装修材料、色彩和做法

在建筑立面图中,外墙面的装修常用指引线作出文字说明。从图 8.22 中可以看出,该立面被引条线沿高度方向分成六块,下面两块为砖红色外墙涂料,上面四块为乳白色外墙涂料,阳台的上下沿均为砖红色外墙涂料。

图 8.23 和图 8.24 分别是这幢住宅的 Ⓐ~Ⓗ立面图、⑮~①立面图。各立面图所表达的内容和阅读方法同①~⑮立面图。由于这幢住宅的两个侧立面彼此对称,Ⓐ~Ⓗ立面图与Ⓗ~Ⓐ立面图表达的内容相同,因此Ⓗ~Ⓐ立面图省略不画。

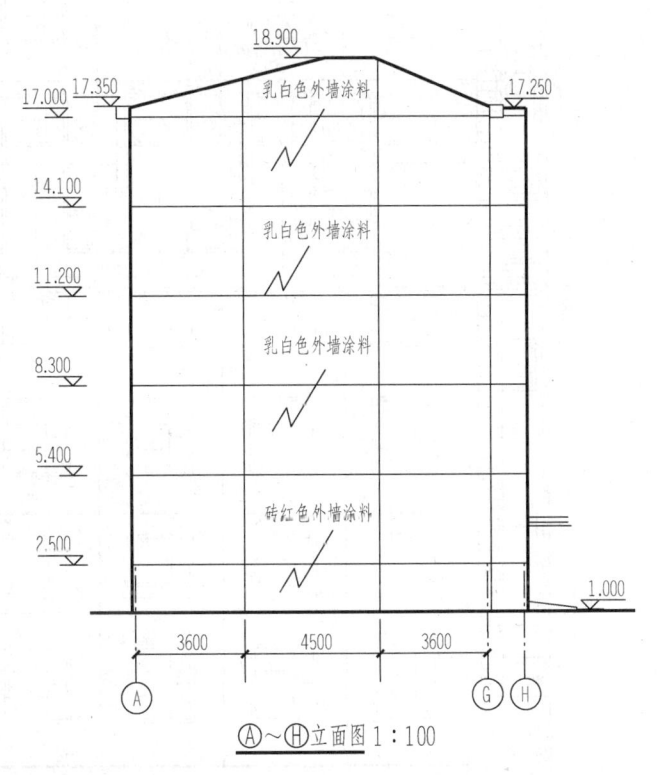

图 8.23 Ⓐ~Ⓗ立面图

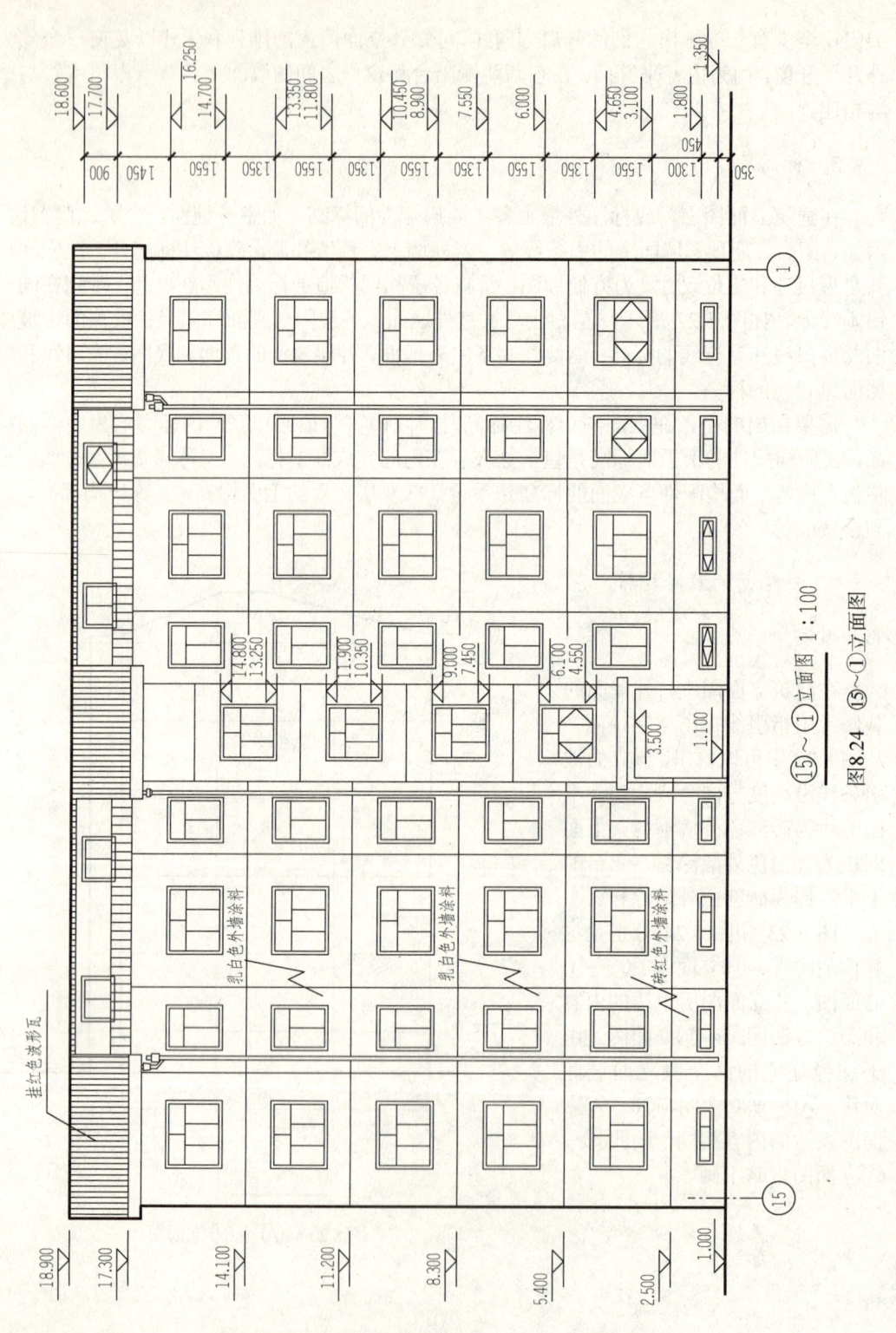

图8.24 ⑮~①立面图 1:100

8.6 建筑剖面图

8.6.1 建筑剖面图的数量

建筑剖面图主要用来表示房屋内部的结构形式、分层情况和各部位的联系、材料、高度等。建筑剖面图也是建筑施工图中最基本的图样之一，它与建筑平面图、建筑立面图相互配合，表示房屋的全局。

建筑剖面图的数量应按房屋的复杂程度和施工中的实际需要确定。剖切的位置应选在房屋内部结构比较复杂或典型的部位，并应通过门窗洞的位置，如房屋的入口处、多层房屋的楼梯间或层高不同、层数不同的部位。建筑剖面图的图名应与剖切符号所在平面图的剖切符号的编号一致，如 1—1 剖面图（图 8.25）。

8.6.2 建筑剖面图的内容与阅读方法

现以前述教工住宅的 1—1 剖面图（图 8.25）为例，说明建筑剖面图所表达的内容、阅读方法和步骤。

1. 图名、比例和定位轴线

图名是 1—1 剖面图，由此编号可在这幢住宅的底层平面图（图 8.17）中找到编号是 1 的剖切符号。根据其剖切位置可知，1—1 剖面图是阶梯剖面图，切平面分别通过楼梯间向分户门处转折 90°，进入右边住户，再转折 90°，通过定位轴线是⑪和⑬的房间和阳台剖开整个住宅，然后向左投射所得到的剖面图。对照这幢住宅的标准层平面图和七层平面图（图 8.18 和图 8.19）可以看出，通过楼梯间的剖切平面是剖切在下一层到上一层楼面的第一上行梯段处，另一个剖切平面都是剖切在右边住户有通向阳台门的卧室，并通过该房间的窗户。

建筑剖面图通常视房屋的大小和复杂程度选用与建筑平面图相同或较大一些的比例。1—1 剖面图的比例是 1∶100。

在建筑剖面图中，凡是被剖切到的墙、柱都要画出定位轴线并标注定位轴线间的距离，以便与建筑平面图对照阅读。

2. 被剖切到的建筑构配件

在建筑剖面图中，应画出房屋基础以上部分被剖切到的建筑构配件，从而了解这些建筑构配件的位置、断面形状、材料和相互关系。图中按《建筑制图标准》（GB/T 50104—2010）的规定，抹灰层和材料图例的画法与建筑平面图中的规定相同。

从图 8.25 中可以看出，被剖切到的建筑构配件有室内外地面、各层楼面、定位轴线编号为Ⓑ、Ⓖ的两个外墙和编号为Ⓒ的内墙、阳台、楼梯段和楼梯平台、屋顶、雨篷等。室内外地面用一条粗实线表示，其材料和作法可通过建筑详图了解。房屋垂直方向的主要承重构件是砖墙，每一楼层砖墙的上端有钢筋混凝土的矩形圈梁、楼梯间窗户的上端是钢筋混凝土的矩形过梁。房屋水平方向的承重构件是钢筋混凝土板，如楼面、楼梯平台面、屋面板等。图 8.25 中还画出了楼地面和楼梯平台面的面层线。楼梯段、楼梯梁和阳台的栏板都是钢筋混凝土材料，省略了梯段上的面层线。另外，在这幢住宅的入口处有一个雨篷，在檐口处有檐沟，它们均为钢筋混凝土槽形板。

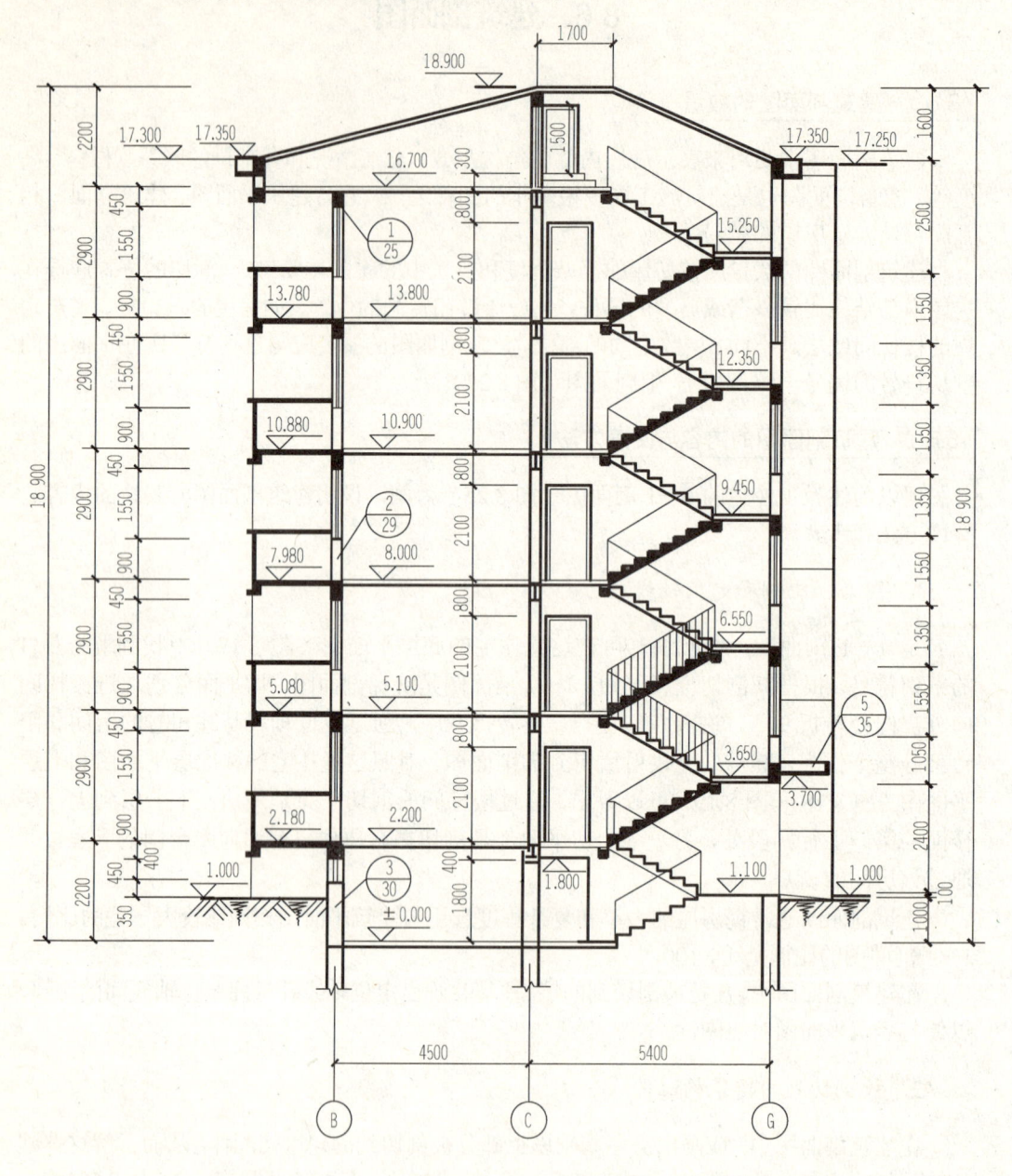

1—1 剖面图 1：100

图 8.25 1—1 剖面图

3. 未剖切到的可见构配件

在建筑剖面图中还应画出未剖切到但按投影方向能看到的建筑构配件，从而了解它们的位置和形状。按 1—1 剖面图剖切后的投射方向，图 8.25 中画出了未剖切到的可见构配件，如室外西边住户的厨房外墙、外墙上的引条线、女儿墙的顶面线、阳台西侧外墙的轮廓等；室内可看到的有西户门、下一层到上一层楼面的第二上行梯段和栏杆等。

4. 房屋垂直方向的尺寸及标高

在建筑剖面图中应标注房屋沿垂直方向的内外部尺寸和各部位的主要标高。外部通常标注三排尺寸，称为外部尺寸，从外到内依次为总高尺寸、层高尺寸和外墙细部尺寸。从图 8.25 中可以看出，左边标注出这幢住宅的总高度为 18.900m，底层和阁楼的层高为 2.200m，二～五层的层高为 2.900m，以及定位轴线编号为Ⓑ的外墙上窗洞和洞间墙的高度；右边标注出定位轴线编号为Ⓖ的外墙上门窗洞和洞间墙的高度；房屋的内部标注出内门洞及洞间墙的高度。在图 8.25 中还注明了室内外地面、楼面、楼梯平台、阳台地面、屋面、雨篷底面等的标高。同建筑立面图，门窗洞口的上下面和构配件的底面为毛面标高，其余为完成面标高。

5. 索引符号

在建筑剖面图中，凡需绘制详图的部位均应画上详图索引符号。从图 8.25 中可以看出，在定位轴线编号为Ⓑ的墙上有编号为 1、2、3 的三个详图索引符号，在住宅入口处有一个编号为 5 的详图索引符号。由此可从图 8.28～图 8.30 和图 8.35 中了解这四处的详细构造和作法。

8.7 建筑详图

8.7.1 概述

建筑平面图、建筑立面图和建筑剖面图三图配合已表达了房屋的全貌，但由于所用的比例比较小，房屋上的一些细部构造不能清楚地表示出来。因此，在建筑施工图中，除了上述三种基本图样，还应把房屋上的一些细部构造，采用较大的比例将其形状、大小、材料和作法详细地表达出来，以满足施工的要求，这种图样称为建筑详图，又称大样图或节点图。详图中有时还会有详图，如楼梯间、卫生间等。详图一般采用 1∶50 或 1∶20 的比例表明主要结构的形状、材料等。详图中的详图所采用的比例更大一些，如 1∶10 或 1∶5 等。

建筑详图的数量视房屋的复杂程度和平、立、剖面图的比例确定，一般有墙身详图、楼梯详图、阳台详图、门窗详图等。建筑详图通常采用详图符号作为图名，与被索引图样上的索引符号相对应，并在详图符号的右下侧注写绘图比例。若详图中的某一部位还需要另画详图时，则在其相应部位画上索引符号。若详图采用标准图，只要注明所选用图集的名称、标准图的图名和图号或页次，就不必再画详图。例如，门窗通常都是由工厂制作，然后运往工地安装，因此，只需要在建筑平、立面图中表示门窗的外形尺寸和开启方向，其他细部构造（截面形状、用料尺寸、安装位置、门窗扇与框的连接关系等）则可查阅标准图集，而不必再画门窗详图。

在建筑详图中，对多种材料分层构成的多层构造，如地面、楼面、屋面、墙面、散水等，除了画出各层的材料图例，还要用文字说明各层的厚度、材料和作法，其方法是用引出线指向被说明的位置，引出线的一端通过被引出的各构造层，并用圆点示意对应各层次。另一端画若干条与其垂直的横线，将文字说明注写在水平线的上方或端部，文字说明的顺序应与被说明的层次一致；如层次为横向排列，则由上至下的说明顺序应与由左至右的层次相互一致，如图 8.26 所示。

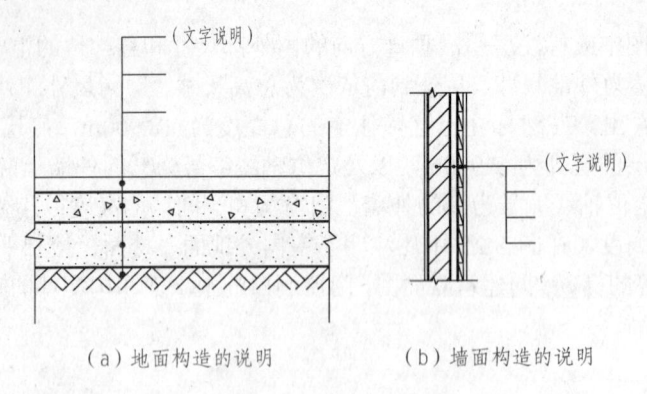

（a）地面构造的说明　　（b）墙面构造的说明

图 8.26　多层构造的说明

建筑详图图线的选用应符合国家标准的规定。建筑构造详图中被剖切的主要部分的轮廓线、构件详图中的外轮廓线应选粗实线。详图中的一般轮廓线应选中粗实线。详图材料作法引出线粉刷线，保温层线，地面、墙面的高差分界线应选中实线。图例填充线应选细实线。在专业制图选用图线时，还应根据图样的复杂程度和比例，适当选用图线线宽比。图 8.27 所示为墙身详图图线线宽选用示例。

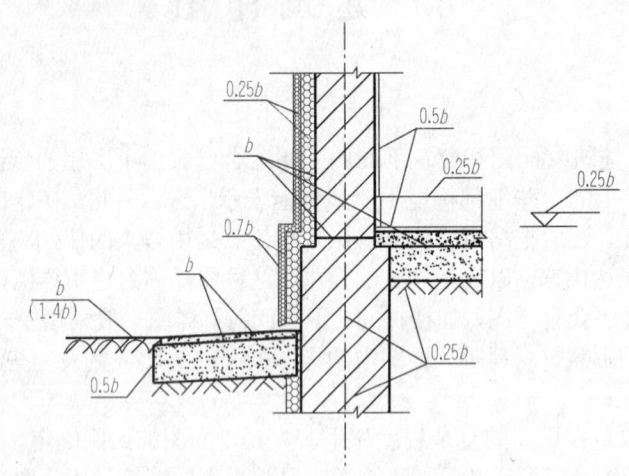

图 8.27　墙身详图图线宽度选用示例

下面以前述教工住宅的部分建筑详图为例，说明建筑详图的内容和图示方法以及阅读建筑详图的方法和步骤。

8.7.2　外墙身详图

外墙身详图实际上是建筑剖面图的局部放大图，主要表达墙身从防潮层到屋顶各主要节点的构造和作法，当多层房屋的中间各节点构造相同时，可只画出底层、顶层和一个中间层。图 8.28～图 8.30 是从 1—1 剖面图（图 8.25）中索引的三个节点详图，从图中可以看出，它们是定位轴线为Ⓑ的外墙身节点详图。

编号为 1 的详图是屋顶节点，如图 8.28 所示，它表明屋顶、顶层窗过梁等的构造和作法。从图 8.28 中可以看出，屋面和顶层（阁楼）楼面的构造和作法采用多层构造说明的方式，表明屋面的承重层是 100mm 厚的现浇钢筋混凝土板，以及板上找平层、防水层等的作法。顶层楼面的承重层是钢筋混凝土板，以及板上各层的厚度、材料和作法。图中还表明了檐沟、阳台上面的过梁、窗顶的圈梁都是钢筋混凝土构件，其中檐沟板与圈梁、屋面板合浇筑为一个整体，在外墙面作保温层，再刷外墙涂料。在阁楼的内墙面用混合砂浆抹面，再刷内墙仿瓷涂料。

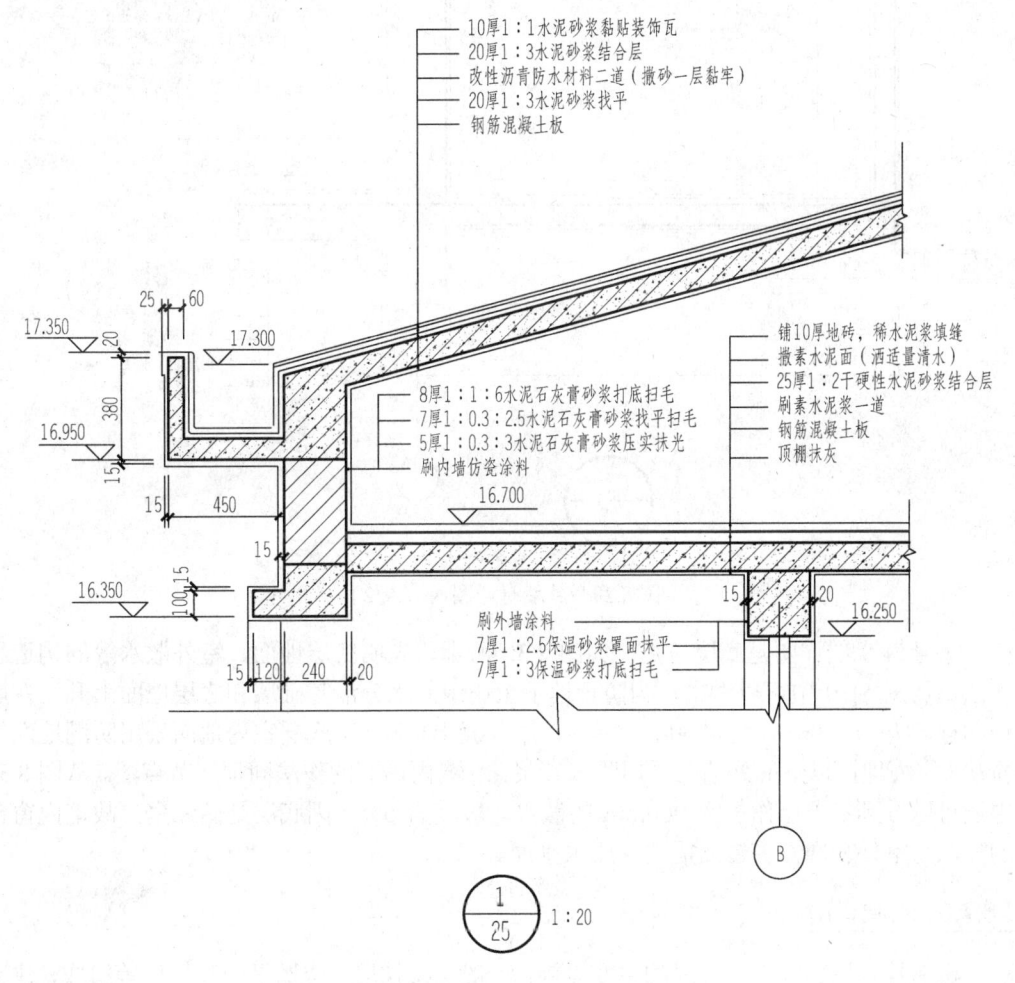

图 8.28　外墙身详图（节点 1）

编号为 2 的详图是中间节点，如图 8.29 所示，它表明二～六层的阳台、窗台、窗顶、楼面以及室内、外墙面的构造和作法。从图 8.29 中可以看出，阳台的地面和栏板都是现浇钢筋混凝土板，阳台地面下面的过梁、窗顶上的圈梁以及楼板浇筑为一个整体，阳台地面和楼面的作法均采用多层结构说明的方式。中间各层楼面、内外墙面的构造和做法同顶层节点图。从图中还可以看出，窗台和窗顶的作法是外窗台顶面和底面都用抹灰层做成一定的排水坡度，内窗台是在水平面上加白色水磨石面板。图中还表明了踢脚板的尺寸和作法。

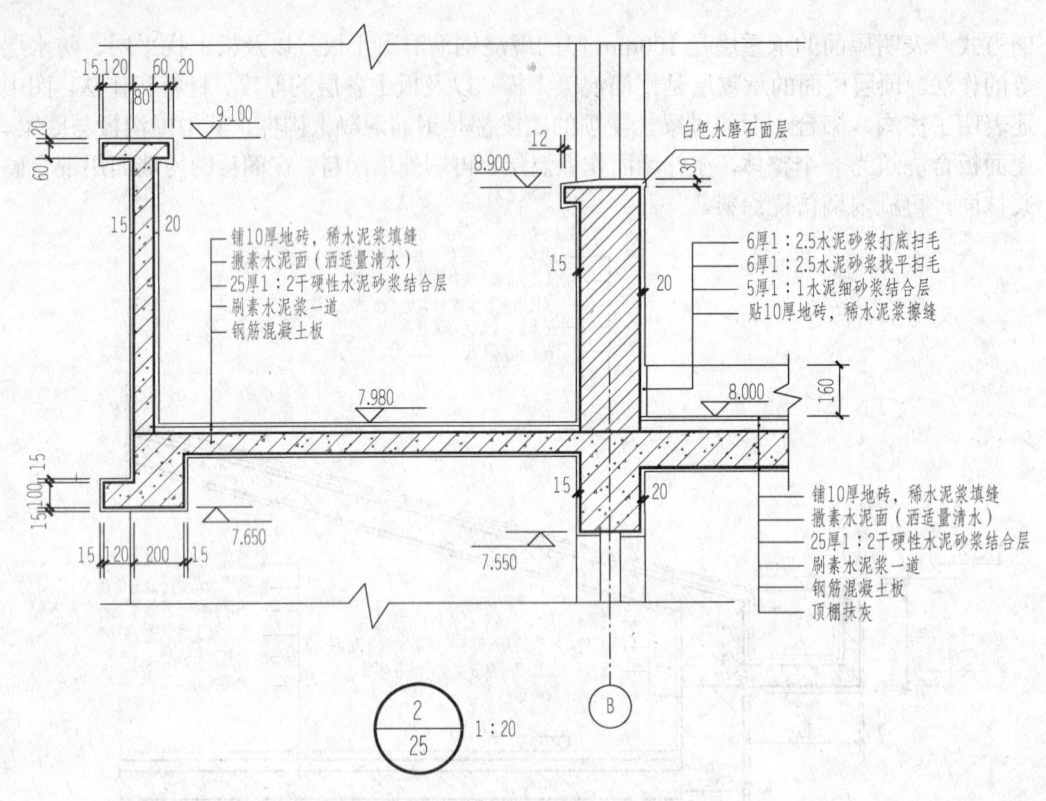

图 8.29 外墙身详图（节点 2）

编号为 3 的详图是底层节点，如图 8.30 所示，表明底层地面、室外散水等的构造和作法。从图 8.30 中可以看出，为防止地下土壤中的水分沿基础墙和底层地面上升，在墙体的标高为-0.050m 处设置 60mm 厚的钢筋混凝土防潮层，底层室内地面采用防潮地面的作法，室外地面以下的外墙面采用防水砂浆抹面，内墙面的作法同顶层节点图。从图 8.30 中还可以看到沿外墙作了宽 900mm 的散水，坡度为 5%。因底层是储藏室，故室内窗台的作法与室外相同，窗台面需要抹成水平面。

8.7.3 楼梯详图

楼梯是多层建筑上下交通的主要设施，一般由楼梯段、楼梯平台和栏杆等组成，建造楼梯常用钢材、木材、钢筋混凝土等材料。目前木楼梯很少应用，钢楼梯大多用于工业厂房，在房屋建筑中应用最多的是预制或现浇钢筋混凝土楼梯。

楼梯详图一般包括楼梯平面图、楼梯剖面图和踏步、栏杆等节点详图。楼梯平面图、楼梯剖面图比例要一致，并尽可能画在同一张图纸内，以便对照阅读。踏步等节点详图的比例要大些，以便将这些部分的构造表达清楚。

楼梯详图主要表示楼梯的类型、结构形式、各部位的尺寸及装修作法等。下面分别介绍楼梯详图的内容及其图示方法。

1. 楼梯平面图

楼梯平面图是楼梯间的水平剖面图。一般应画出每一层的楼梯平面图；三层以上的房屋若中间各层的楼梯位置以及楼梯段数、步级数（每上一个台阶为一步级）和大小都相同时，可以只画底层、中间层和顶层三个平面图。

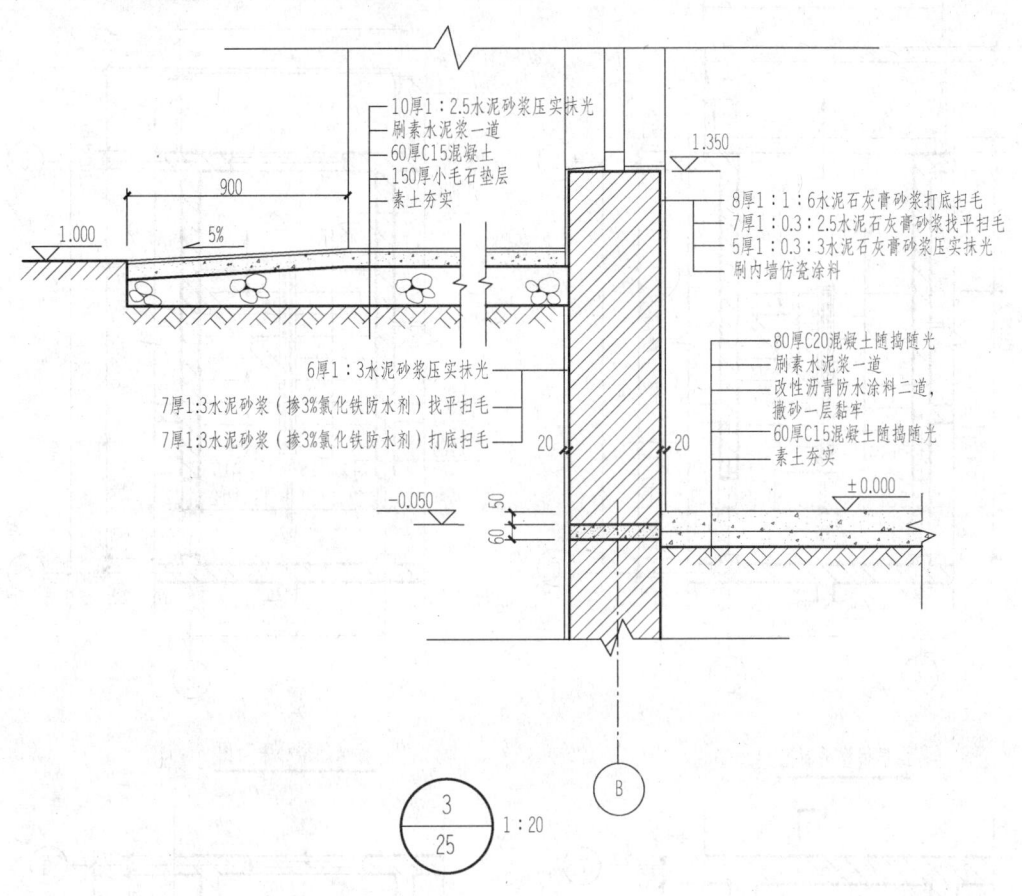

图 8.30　外墙身详图（节点 3）

楼梯平面图的剖切位置是在该层向上走的第一梯段的中间部处，剖切后从上向下投射，并规定被剖切到的梯段用双根 45°折断线断开。在每一梯段处画一个长箭头，注有上或下以及步级数，表示从下一层到上一层或从上一层到下一层的步级数。

图 8.31 是上述教工住宅的楼梯平面图。在底层平面图［图 8.31（c）］中，画出到折断线为止的上行第一梯段，箭头表示上行方向，注明往上走 14 个步级到达二层楼面。在二层平面图［图 8.31（a）］中，折断线的一边是该层的上行第一梯段，注明往上走 18 个步级到达三层楼面，向折断线的另一边是该层的下行第二梯段，在该平面图中，还画出未剖切到的该层下行第一梯段和楼梯进口处地面，并用箭头表示下行方向，注明往下走 14 个步级到达底层地面；三～六层的楼梯位置以及楼梯段数、步级数和大小完全相同，采用一个标准层平面图表示。在顶层平面图［图 8.31（d）］中，由于水平剖切面剖切不到楼梯段，图中画出的是从顶层下行到六层楼面的两个完整的楼梯段和楼梯段间的楼梯平台。从图 8.31 中还可以看出，楼梯段上的栏杆和扶手到达顶层后，就在这个位置转 90°弯，沿楼面边缘继续做栏杆和扶手，一直到墙壁为止。

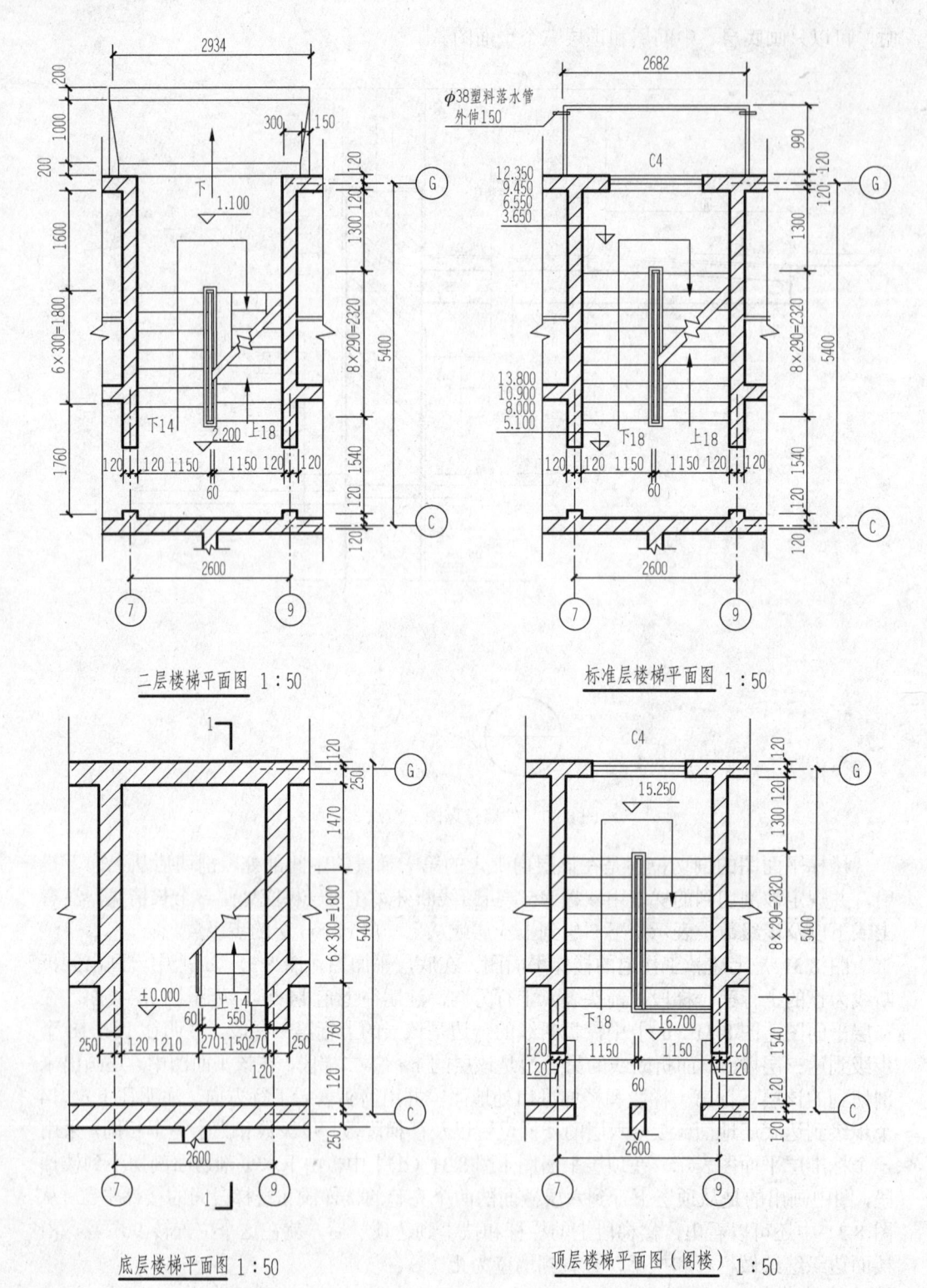

图 8.31 楼梯平面图

在楼梯平面图中，除注出楼梯间的定位轴线和定位轴线间的尺寸以及楼面、地面和楼梯平台的标高外，还要注出各细部的详细尺寸。通常把楼梯段的长度尺寸与踏面数、踏面宽的尺寸合并写在一起，如底层平面图中的 6×300=1800，表示该楼梯段有 6 个踏面，每个踏面宽 300，楼梯段的水平长度为 1800。

除楼梯间外，图中还画出了住宅入口处的室外地面、门上的雨篷等，并标注了有关的尺寸。雨篷的长为 2682，宽为 990，在东西两侧各有一根直径为 38 的塑料落水管，外伸 150mm。

2. 楼梯剖面图

楼梯剖面图是楼梯间的垂直剖面图。假想用一个铅垂的剖切平面，通过各层的一个楼梯段，将楼梯间剖开，向没有被剖到的楼梯段方向投射所得的图样即为楼梯剖面图，其剖切符号画在楼梯底层平面图中。

图 8.32 是按楼梯底层平面图（图 8.31）中的剖切位置和投射方向画出的，每层的上行第一楼梯段是被剖切到的，而上行第二楼梯段未被剖切到。习惯上，若楼梯间的屋面没有特殊之处，一般可不画出。这个楼梯剖面图画出除屋面之外各层的楼梯段和楼梯平台，从图 8.32 中可以看出，每层有两个楼梯段，称为双跑式楼梯。楼梯段是现浇钢筋混凝土板式楼梯，与楼面、楼梯平台的钢筋混凝土现浇板浇筑成一个整体。还可以看出，住宅进口门上方的雨篷及门外的坡道和未被剖切到而可见的西边住户厨房凸出处的墙面（包括墙面上的引条线）。

在楼梯剖面图中，应注明地面、楼面、楼梯平台等的标高。通常把楼梯段的高度尺寸与踢面数、踢面高的尺寸合并注写，如图中底层上行第一梯段处的 7×157.1=1100，表示该楼梯段有 7 个踢面，每个踢面高 157.1mm，楼梯段的高度为 1100mm。

从图 8.32 中的索引符号可知，楼梯栏杆、扶手、踏步面层和楼梯节点的构造另有详图，用更大的比例表达它们的细部构造、大小、材料、做法等。

3. 楼梯节点详图

编号为 1 的楼梯节点详图是从 1—1 楼梯剖面图（图 8.32）索引过来的，如图 8.33 所示，表明了楼梯段、楼梯平台、栏杆等的构造、细部尺寸和作法。从图 8.33 中可以看出，楼梯段是现浇钢筋混凝土板式楼梯，楼梯平台是 80mm 厚现浇钢筋混凝土板，楼梯段、楼梯梁和楼梯平台浇筑为一体，它们的面层采用 20mm 厚水泥砂浆找平，其上黏贴 15mm 厚磨光花岗岩板饰面。栏杆由直径为 18 的光圆钢筋焊成，同时标注出其定位尺寸和高度。在这个详图的扶手处有一个编号为 2 的索引符号，表明在本张图纸上有编号为 2 的扶手断面详图。从 2 号详图中，可以看出扶手的断面形状、尺寸、材料以及与栏杆的连接情况。

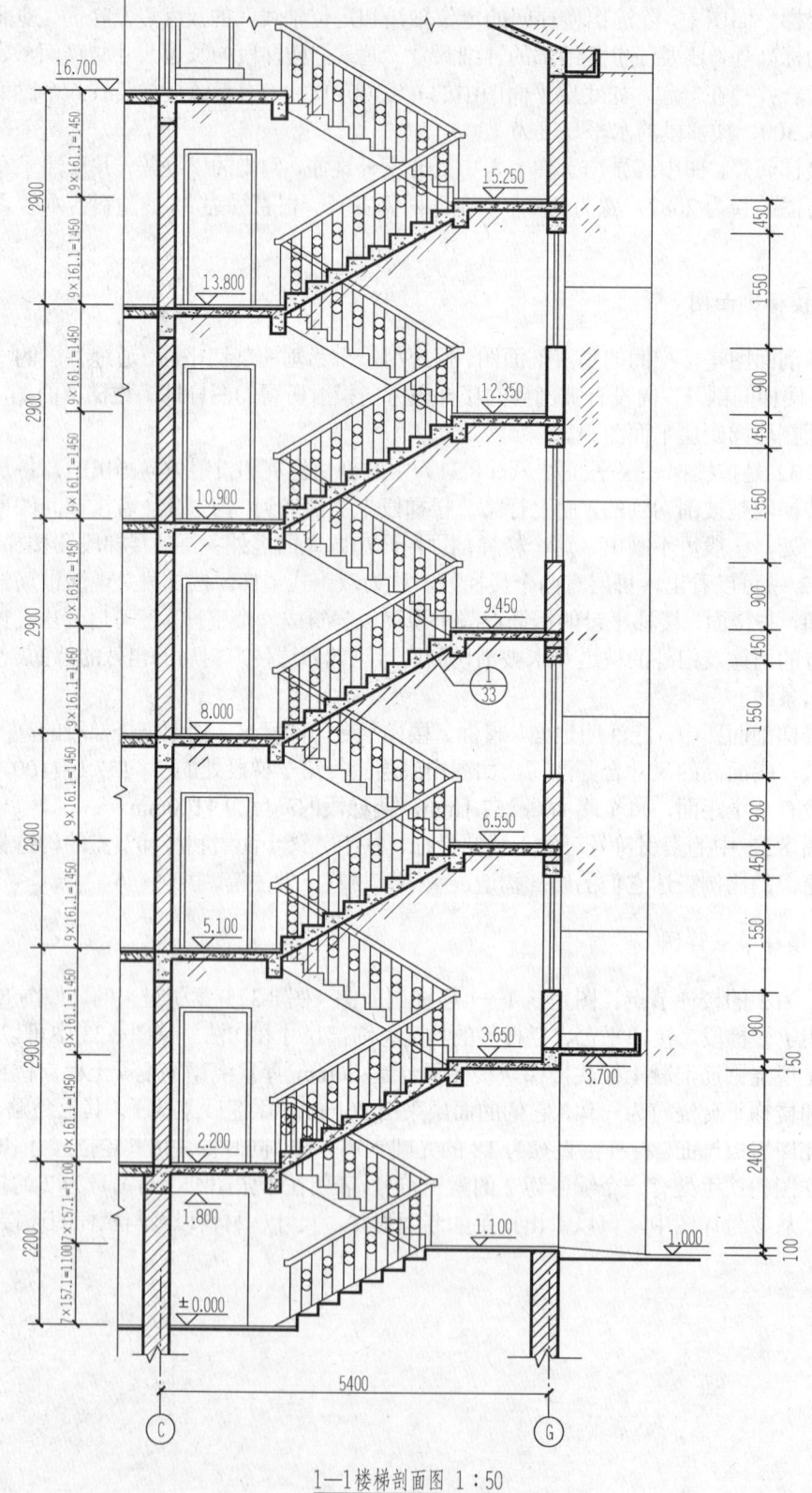

图 8.32 1—1 楼梯剖面图

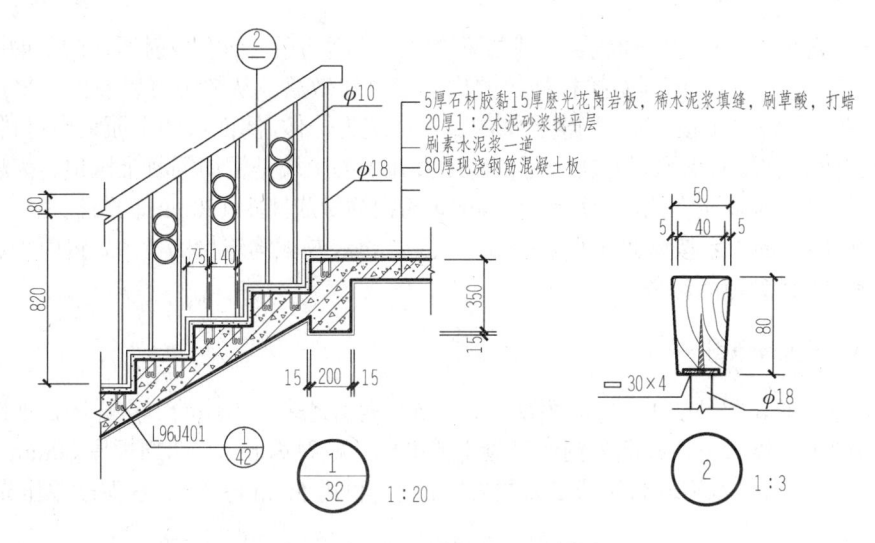

图 8.33 楼梯节点详图

8.7.4 其他建筑详图示例

1. 女儿墙节点剖面详图

图 8.34 是从屋顶平面图（图 8.20）中索引过来的编号为 4 的节点详图。从图 8.20 中

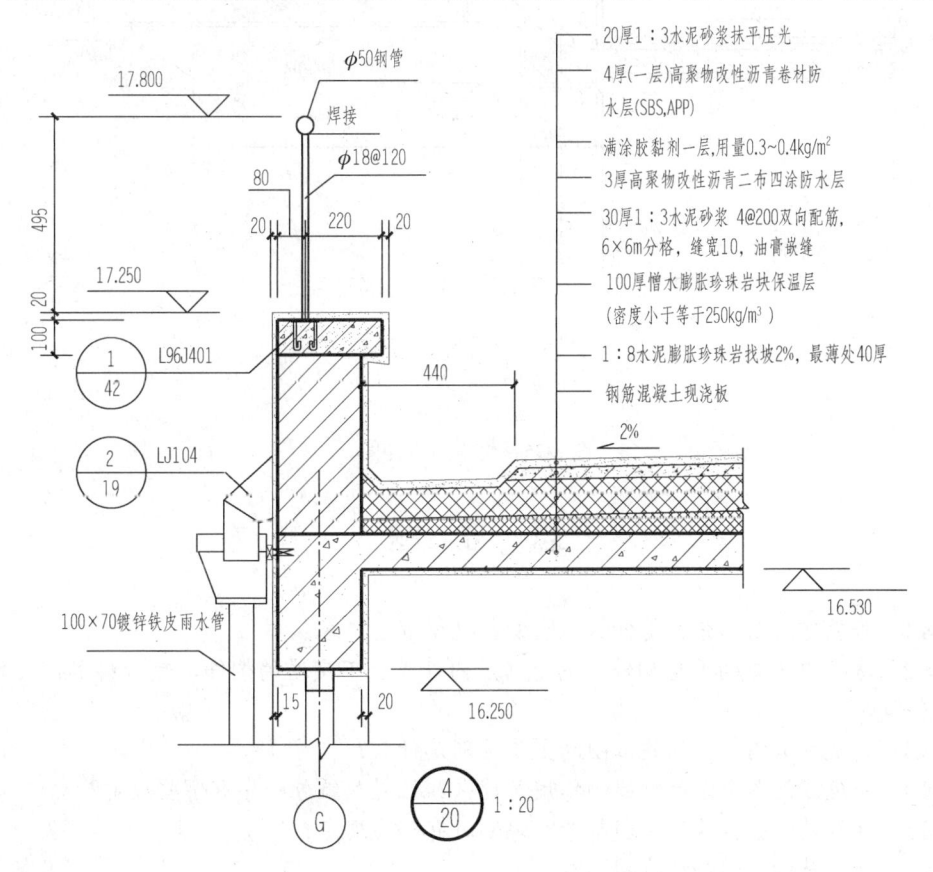

图 8.34 女儿墙节点剖面详图

可以看出，它是在东户定位轴线⑫、⑭之间的窗洞处剖切后，向右投射所得的剖面图，它表明平屋面、女儿墙、屋顶防护栏杆等的构造尺寸和做法。从图中可以看出，平屋面为100 厚现浇钢筋混凝土板，并与搁楼上部的圈梁浇筑为一体，屋面板的上面采用材料找坡，排水坡度 2%，并做有保温层和防水层。砖砌女儿墙的上端是钢筋混凝土压顶，为满足上人屋面的防护要求，在女儿墙上用直径 18mm 的钢筋做成间距 120mm 的防护栏杆。还可以看出，屋面上的雨水按屋面排水方向流入天沟，再经与天沟连接的弯头，将雨水排入水斗，经雨水管排到地面。

2. 雨篷节点详图

编号为 5 的详图是从 1—1 剖面图（图 8.25）索引过来的雨篷的节点详图，如图 8.35 所示。从图中可以看出，雨篷为钢筋混凝土槽形板，板厚 80mm，四周板厚 60mm，面层先用 15mm 厚 1∶3 水泥砂浆做成 2%的排水坡度，再用 5mm 厚 1∶2 水泥砂浆压光。

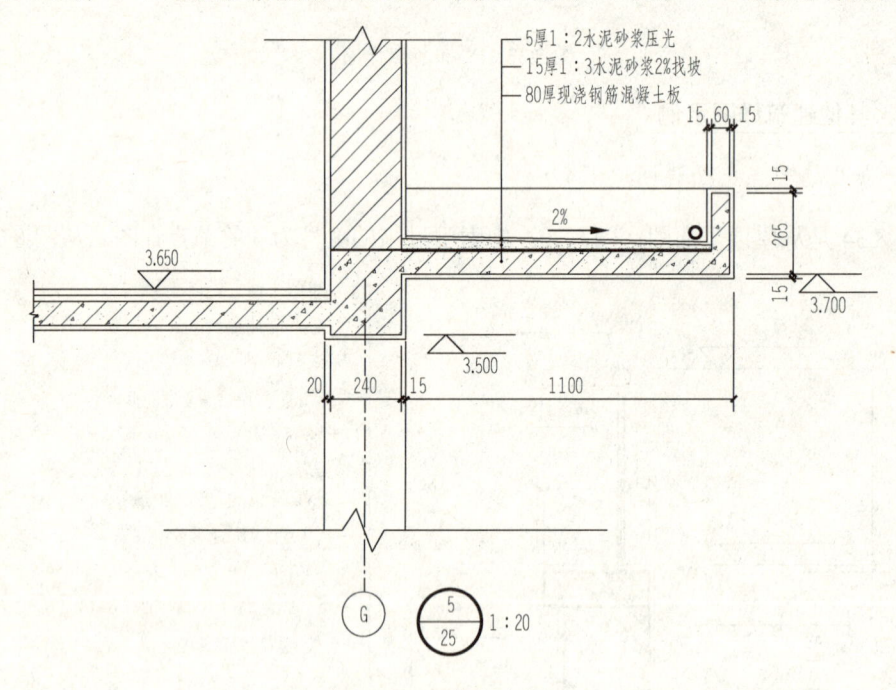

图 8.35 雨篷节点详图

思 考 题

8.1 房屋建筑图的分类是什么？它们各包括哪些内容？

8.2 房屋中主要的承重构件、沟通房屋内外或上下交通的构件、起着排水作用的构件各有哪些？

8.3 建筑施工图与结构施工图的主要区别是什么？

8.4 房屋建筑图中定位轴线的作用是什么？位置和编号顺序有哪些规定？

8.5 什么是索引符号和详图符号？编制时有哪些规定？

8.6 什么是标准图和标准图集？

8.7 建筑平面图和建筑剖面图在表达内容和表达方法上各有什么相同和不同之处？

8.8 在什么情况下采用标准层平面图？

8.9 建筑平面图上应标注哪些尺寸和标高？各道尺寸分别起什么作用？

8.10 建筑立面图和建筑剖面图在表达内容和表达方法上各有什么区别？在尺寸标注上又有何区别？

8.11 怎样确定建筑剖面图的剖切位置和数量？

8.12 为什么要画建筑详图？它在表达内容上与平面图、立面图、剖面图有何不同？

第 9 章 结构施工图

结构施工图是表达建筑结构的整体布置和各承重构件的形状、大小、构造、用料等的图样,是建筑结构施工的技术依据。结构施工图主要由结构平面图和构件详图组成。本章将介绍结构施工图的图示内容和阅读方法。

9.1 概 述

在房屋设计中,建筑设计是整个设计工作的先行,画出建筑施工图后,还要进行结构设计。根据房屋建筑的安全与经济施工的要求,首先进行结构选型和构件布置,再通过力学计算,确定建筑物各承重构件(如基础、墙、梁、板、柱等)的形状、尺寸、材料及构造等,最后依据计算、选择结果绘制施工图图样,以指导施工,这种图样称为结构施工图,简称"结施"。

结构施工图主要用于基础施工、钢筋混凝土构件的制作,同时也是计算工程量、编制预算和进行施工组织设计的依据。

常见的房屋结构按承重构件的材料可分为:

- 混合结构。建筑物中墙用砖砌筑,梁、楼板、楼梯、屋面等都是钢筋混凝土构件。
- 钢筋混凝土框架结构。由钢筋混凝土梁、板、柱、屋面和基础组成的框架结构来承受荷载,在结构中,墙只起围护作用,不起承重作用。
- 钢结构。承重构件全部为钢材。
- 木结构。承重构件全部为木材。

目前我国最常用的是砖混结构和钢筋混凝土结构。本章以混合结构为例(教工住宅楼),介绍结构施工图的图示方法。在配套的习题集中选择一幢钢筋混凝土结构综合楼施工图,作为识图练习。

结构施工图包括如下三个方面内容。

(1) 结构设计总说明

结构设计总说明主要包括:结构设计的依据,抗震设计,地基情况,各承重构件的材料,强度等级,施工要求和选用的标准图集等。

(2) 结构平面图

结构平面图主要包括基础平面图、楼层结构平面图、屋面结构平面图等。

(3) 结构详图

结构详图主要包括：基础详图，梁、板、柱构件详图，楼梯结构详图，屋架结构详图等。

房屋结构的基本构件种类繁多，布置复杂。为便于绘图和读图，常用代号来表示构件的名称。构件代号采用该构件名称汉语拼音中的第一个字母表示。根据《建筑结构制图标准》（GB/T 50105—2010）规定，部分常用构件代号如表 9.1 所示。

表9.1 常用构件代号

名　称	代　号	名　称	代　号	名　称	代　号
板	B	屋面梁	WL	柱	Z
屋面板	WB	圈梁	QL	框架柱	KZ
空心板	KB	过梁	GL	构造柱	GZ
槽形板	CB	连系梁	LL	桩	ZH
折板	ZB	基础梁	JL	地沟	DG
楼梯板	TB	楼梯梁	TL	梯	T
盖板或沟盖板	GB	框架梁	KL	雨篷	YP
挡雨板或檐口板	YB	屋架	WJ	阳台	YT
墙板	QB	框架	KJ	梁垫	LD
天沟板	TGB	刚架	GJ	预埋件	M
梁	L	支架	ZJ	基础	J

9.2 钢筋混凝土构件图

9.2.1 钢筋混凝土构件介绍

钢筋混凝土构件是由钢筋和混凝土两种材料组成的共同受力构件。钢筋混凝土构件有现浇的和预制的两种。现浇构件是指在施工现场浇筑的构件；预制构件是指在预制构件厂先浇筑好，然后运到工地进行吊装的构件，有的预制构件也可在工地上预制，然后吊装。

混凝土（俗称"砼"，音 tóng）是由水泥、砂、石子和水按一定比例拌和，经一定时间硬化而成的一种人工石材。混凝土抗压强度高，但抗拉强度低，一般仅为抗压强度的 1/10~1/20，受拉时容易开裂。

钢筋具有良好的抗压、抗拉强度，而且与混凝土良好的黏结力，其热膨胀系数与混凝土相近，两者结合在一起，可得到具有良好使用性能的钢筋混凝土构件。如图 9.1 所示，支承在两端砖墙上的钢筋混凝土简支梁，在均布荷载的作用下产生弯曲变形，上部为受压区，主要由混凝土承受压力，下部为受拉区，主要由钢筋承受拉力。

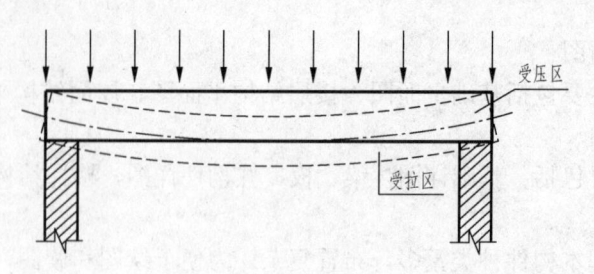

图 9.1 钢筋混凝土简支梁受力情况示意图

1. 钢筋的作用和分类

配置在钢筋混凝土构件中的钢筋，按其所起的作用可分为：
- 受力筋。受力筋承受拉力、压力或剪力的钢筋。在梁、板、柱等各种钢筋混凝土构件中都有配置。如图 9.2 所示，梁下部的三根钢筋、板下部的钢筋均为受力筋。
- 架立筋。架立筋一般只在梁中使用，与受力筋、箍筋一起形成钢筋骨架，用以固定箍筋位置。
- 箍筋。箍筋一般用于梁、柱内，用以固定受力筋的位置，并承受一定的斜拉应力。
- 分布筋。分布筋一般用于板内，与受力筋垂直，用以固定受力筋的位置，与受力筋一起构成钢筋网片，使力均匀分布给受力筋。
- 构造筋。构造筋是指因构件在构造上的要求或根据施工安装的需要而配置的钢筋，如板上的吊环，在吊装预制构件时使用。构件中的架立筋和分布筋也属于构造筋。

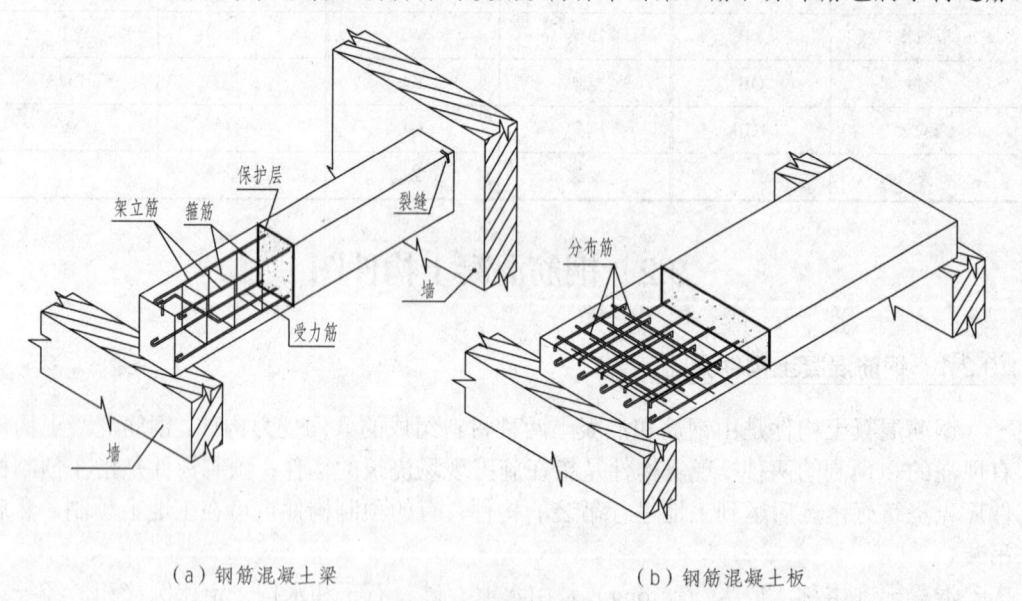

（a）钢筋混凝土梁　　　　　　　　　（b）钢筋混凝土板

图 9.2 钢筋的分类

2. 钢筋的规格

建筑工程常用的钢筋为热轧钢筋，按其外形有光圆钢筋和带纹钢筋（表面上有人字纹或螺旋纹）。在钢筋混凝土结构设计规范中，各种钢筋给予不同的符号，以便标注和识别。常用的钢筋符号见表 9.2。

表 9.2 中的 HPR 为热轧光圆钢筋、HRB 为热轧带肋钢筋、RRB 为余热处理钢筋。常用的钢筋有热轧光圆钢筋（俗称圆钢）和热轧带肋钢筋（俗称螺纹钢）。

表 9.2 常用钢筋符号

钢筋的种类	符　号	直径 d/mm	强度标准值 f_{yk}/(N/mm^2)
HPB235	ϕ	8～20	235
HRB335	ϕ	6～50	335
HRB400	ϕ	6～50	400
RRB400	ϕ^R	8～40	400

3. 钢筋的弯钩和弯起

1) 钢筋的弯钩。为了使钢筋和混凝土之间具有良好的黏结力，规范规定在光圆钢筋两端做成半圆弯钩或直弯钩，箍筋在交接处常做出斜弯钩，弯钩的常见形式和画法如图 9.3 所示。带纹钢筋与混凝土的黏结力强，两端可不做弯钩。

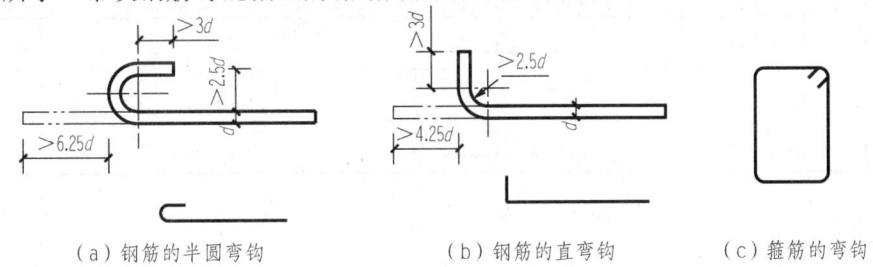

（a）钢筋的半圆弯钩　　（b）钢筋的直弯钩　　（c）箍筋的弯钩

图 9.3　弯钩的常见形式和简化画法

2) 钢筋的弯起。根据构件受力需要，常在构件中设置弯起钢筋，即将构件下部的纵向受力钢筋在靠近支座附近弯起，如图 9.2（a）所示。弯起钢筋的弯起角一般为 45°或 60°。

4. 钢筋的保护层

钢筋混凝土构件的钢筋不能外露，为了防锈、防火、防腐蚀，钢筋的外边缘到构件表面之间应留有一定厚度的保护层。保护层的厚度与构件的工作环境、构件及钢筋种类等因素有关。在室内正常环境下常用构件混凝土保护层分别为：梁、柱的保护层一般为 25mm，板的保护层一般为 15mm。

9.2.2　钢筋混凝土构件传统表示法

用来表示钢筋混凝土构件的形状尺寸和构件中的钢筋配置情况的图样称为钢筋混凝土构件详图，又称配筋图，其图示重点是钢筋及其配置。

1. 图示方法

假想混凝土是透明体，构件内的钢筋是可见的。构件外形轮廓线采用中实线或细实线（依据构件的复杂程度和图样的比例选用），钢筋用粗实线画出，断面图中被截断的钢筋用黑圆点画出。断面图上不画材料图例。

配筋图上各类钢筋的交叉重叠很多，为了清楚地表示有无弯钩及它们相互搭接情况，常见的规定画法如表 9.3 所示。

表 9.3　钢筋的一般表示方法

序号	名　称	图　例	说　明
1	无弯钩的钢筋端部	(a) (b)	图（b）表示长、短钢筋投影重叠时，短钢筋的端部用 45°斜划线表示
2	带半圆的钢筋搭接		—
3	带直钩的钢筋端部		—
4	带丝扣的钢筋端部		—
5	无弯钩的钢筋搭接		—
6	带半圆弯钩的钢筋搭接		—
7	带直钩的钢筋搭接		—

配筋图上钢筋的画法还要符合表 9.4 的规定。

表 9.4　钢筋的画法

序号	说　明	图　例
1	在结构楼板中配置双层钢筋时，底层钢筋的弯钩应向上或向左，顶层钢筋的弯钩则向下或向右	（底层）（顶层）
2	钢筋混凝土墙体配双层钢筋时，在配筋立面图中，远面钢筋的弯钩应向上或向左，而近面钢筋的弯钩则向下或向右（JM 近面，YM 远面）	
3	若在断面图中不能表达清楚的钢筋布置，应在断面图外增加钢筋大样图（如钢筋混凝土墙、楼梯等）	

序号	说　　明	图　　例
4	图中所表示的箍筋、环筋等若布置复杂时，可加画钢筋大样及说明	

2. 钢筋的标注

构件中的各种钢筋应进行标注，标注内容包括钢筋的编号、数量、规格、直径和间距等。

1）钢筋编号。构件中对不同形状、不同规格的钢筋应进行编号。其中，规格、直径、形状、尺寸完全相同的钢筋，编同一个号；上述各项中有一项不同，则需分别编号。构件中的所有钢筋按先主后次的顺序逐一编号，编号数字写在直径为 6mm 的细实线圆圈内。对于简单构件，钢筋还可不编号。

2）钢筋的标注。钢筋的标注一般采用以下两种形式：
- 标注钢筋的数量和直径。例如，梁内的受力筋和架力筋的标注如图 9.4（a）所示。
- 标注钢筋的直径和相邻钢筋的中心距。例如，梁内箍筋和板内钢筋的标注如图 9.4（b）所示。

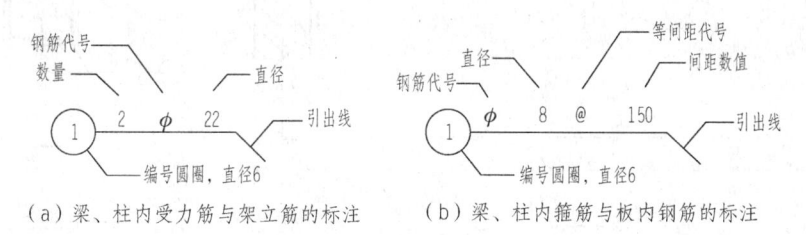

（a）梁、柱内受力筋与架立筋的标注　　（b）梁、柱内箍筋与板内钢筋的标注

图 9.4　钢筋的标注形式

3）钢筋表。钢筋混凝土构件图画好后，为了便于钢筋用量的统计、下料和加工，还要列出钢筋表，钢筋表的内容如图 9.5 所示。简单构件可不画钢筋表。

钢筋表

构件名称	钢筋编号	钢筋规格	钢筋简图	每根长度/mm	根　数	总长度/m	备注

图 9.5　钢筋表的格式与内容

9.2.3　钢筋混凝土构件平面整体表示法（平法）

目前我国对传统混凝土结构施工图的设计方法做了重大改革，自 1996 年经住房和城乡建设部批准，作为国家建设标准设计图集在全国推广使用。现行最新的平法系列图集共有三本，即《混凝土结构施工图平法整体表示方法制图规则和构造详图》（11G 101-1～3），本章中简称《平法标准图集》。

平法的表达形式是按照平面整体表示方法的制图规则，把结构构件的尺寸和配筋等，整体直接表达在各类构件的结构平面布置图上，再与标准构造详图相配合，构成完整的结构施工图。平法改变了传统的将构件从结构平面布置图中索引出来，再逐个绘制配筋详图的繁琐方法。每套图集都包括构件的平法制图规则和标准构造详图两大部分。实际设计时，只用平法绘制结构平面图，不必抄绘图集中的标准构造详图。

平法之前的表示方法，本章称为"传统表示法"，结合工程需要，本章同时介绍结构施工图中的传统表示法和平法表示法。

本节着重讲述钢筋混凝土梁、柱、板结构施工图的制图规则。

9.2.4 钢筋混凝土构件图的识读

1. 钢筋混凝土梁

（1）梁的传统表示法

图 9.6 所示为钢筋混凝土梁的配筋图，其中包括纵断面图、横断面图、钢筋成型图和钢筋表。

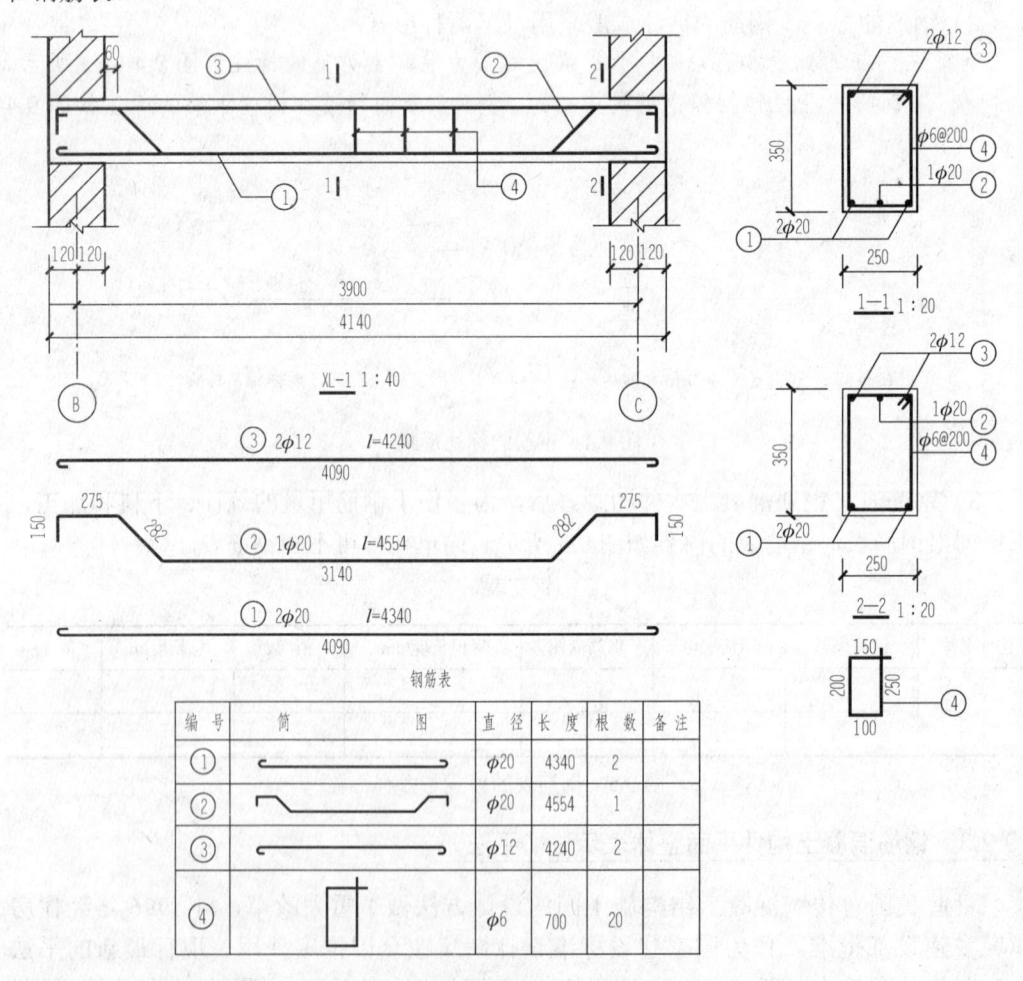

编 号	简　　　图	直 径	长 度	根 数	备 注
①	⎯⎯⎯⎯	$\phi 20$	4340	2	
②	⎯⎿⎽⏋⎯	$\phi 20$	4554	1	
③	⎯⎯⎯⎯	$\phi 12$	4240	2	
④	▯	$\phi 6$	700	20	

钢筋表

图 9.6　梁的配筋图（传统表示法）

1）纵断面图。由纵断面图可知梁的外形尺寸，梁的两端搁置在砖墙上，该梁共有四种钢筋：①、②号钢筋为受力筋，位于梁下部，通长配置，其中②号钢筋为弯起钢筋，其中间段位于梁下部，在两端支座处弯起到梁上部，图中注出弯起点的位置；③号钢筋为架立筋，通长配置，位于梁上部；④号钢筋为箍筋，沿梁全长均匀布置，在立面图中箍筋采用简化画法，在适当位置画出三～四根即可。

2）横断面图。横断面图表达梁的断面形状尺寸，各纵向钢筋的数量、位置和箍筋的形状。1—1断面表达梁跨中的配筋情况，该处梁下部有三根受力筋，由标注可见受力筋均为HPB235钢筋。两根①号钢筋在外侧，中间一根为②号弯起钢筋；梁上部是两根③号架立筋，也是HPB235钢筋。2—2断面表达两端支座处的配筋情况，可以看出，梁下部只有两根①号钢筋，②号钢筋弯起到梁上部，其他钢筋没有变化。横断面图中注明钢筋的编号、根数、规格、直径、间距等。

3）钢筋成型图。钢筋成型图画在与纵断面图相对应的位置，比例与纵断面图一致。每个编号只画出一根钢筋，标注编号、根数、规格、直径和钢筋上各段长度及单根长度。计算各段长度时，箍筋尺寸为内皮尺寸，弯起钢筋的高度尺寸为外皮尺寸。

4）钢筋表。为了便于钢筋用量的统计、下料和加工，还列出钢筋表。

(2) 梁的平面整体表示法

梁平法施工图的表示方法有两种，即平面注写方式和截面注写方式。因截面注写方式与传统表示方法相似，在此不做介绍。本章仅介绍梁的平面注写方式。

梁的平法表示法是在梁平面布置图上采用平面注写方式表达梁的截面尺寸和配筋的图样。梁平面布置图应分别按梁的不同结构层，将全部梁和与其相连的柱、墙、板一起绘制，梁的平面整体配筋图中应注明各层的楼层结构标高和结构层高（各结构层所需标高应列表注出）。轴线未居中的梁应标注其偏心定位尺寸（贴柱边的梁不注）。

施工图中采用平法表示梁时，需要对梁进行分类与编号，其编号的方法应符合表9.5的规定。

表9.5 梁编号一览表

梁类型	代号	序号	跨数及是否带有悬挑	备注
楼层框架梁	KL	××	(××)、(××A)或(××B)	
屋面框架梁	WKL	××	(××)、(××A)或(××B)	
框支梁	KZL	××	(××)、(××A)或(××B)	（××A）为一端有悬挑，（××B）为两端有悬挑，悬挑不计入跨数
非框架梁	L	××	(××)、(××A)或(××B)	
悬挑梁	XL	××		
井字梁	JZL	××	(××)、(××A)或(××B)	

平面注写方式就是在梁的平面布置图上，分别在不同编号的梁中各选一根，直接在其上注写截面尺寸和配筋具体数值。

平面注写方式包括集中标注与原位标注两部分。集中标注表达梁的通用数值；原位标注表达梁的特殊数值。当集中标注中的某项数值不适用于梁的某部位时，则将该项数值按原位标注，施工时原位标注取值优先。

图9.7（a）为梁平面注写方式示例，图9.7（b）的四个梁断面图系采用传统表示方

法绘制，用于对比按平面注写方式表达的内容。实际采用平面注写方式表达时，不需绘制梁断面配筋图和图 9.7（a）中相应的单边截面号。

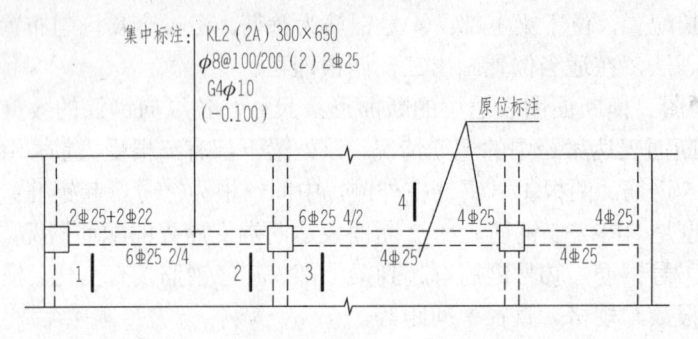

（a）梁的平面注写方式（不需绘出剖切符号）

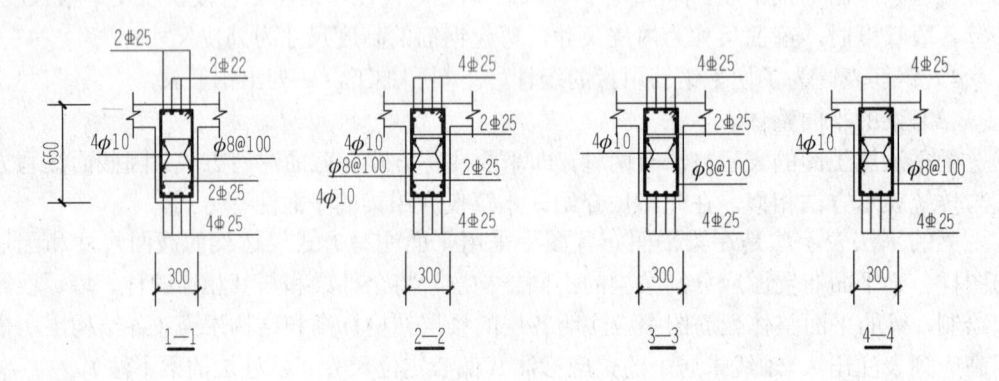

（b）传统表示法断面图识读对照

图 9.7　梁的配筋图（平法表示法）

1）集中标注的形式与内容为：

KL2（2A）300×650　　　梁编号（跨数）截面宽×高。
$\phi8@100/200(2)$　　　　箍筋直径、加密区间距/非加密区间距（箍筋肢数）。
2⊕25　　　　　　　　　通长筋根数、直径。
G4ϕ10　　　　　　　　梁侧面纵向构造钢筋根数、直径。
（-0.100）　　　　　　　梁顶标高与结构层标高的差值，负号表示低于结构层标高。

说明

梁高≥450mm 时，需配置侧面纵向构造筋，注"G"字打头；当梁侧面需配置纵向受扭钢筋时，注"N"字打头。

集中标注中箍筋加密区的区间位置与距离，以及支座钢筋的长度和深入支座的尺寸等均没有注出，这些尺寸可查阅《平法标准图集》中的标准构造详图，对照确定。

2）原位标注内容包括梁支座上部纵筋是含通长筋在内的所有纵筋。同排钢筋有两种直径时，用"+"将两种直径的纵筋相联，角筋在前；其上、下部纵筋多于一排时，用斜线"/"将各排钢筋分开，并按由上向下的顺序标注各排纵筋的根数。

3）梁平面整体表示法实例识读。

识读图9.7（a）中集中注写内容可知：

"KL2（2A）"表示2号框架梁，两跨，一端有悬挑，截面尺寸为300×650；"ϕ8@100/200(2)"表示直径为ϕ8的HPB235箍筋，加密区间距为100，非加密区间距为200，均为双肢箍；"2⊈25"表示上部有直径为25的HRB400通长筋两根，位于角部；"G4ϕ10"表示在梁的两侧共配置直径为10的HRB235纵向构造筋4根；"(-0.100)"表示梁顶低于结构层0.1m。

识读图9.7（a）中原位标注可知：

梁支座上部纵筋"2⊈25+2⊈22"表示支座上有4根纵筋（含通长筋），其中2⊈25放在角部；"6⊈25 4/2"表示梁支座处梁上部纵筋共6根（含通长筋），上一排纵筋为4⊈25，下一排纵筋为2⊈25。

梁下部纵筋"6⊈25 2/4"表示梁下部纵筋为两排，上排为2⊈25，下排为4⊈25，钢筋全部伸入支座。

读者可根据平法制图规则阅读图9.7（a）中其余的钢筋标注。为了使习惯传统标注方法的读者能尽快掌握平法标注施工图的识读，在图9.7（b）中应用传统表示法绘出梁KL2在不同位置的断面图，直观地反映梁的整体配筋，请读者自行对照分析。

2. 钢筋混凝土柱

（1）柱的传统表示法

钢筋混凝土柱的图示方法基本上和梁相同。其配筋图一般包括立面图、断面图和钢筋表。对于形状复杂的构件，还要画出模板图，以表达其具体的形状尺寸、预埋铁件和预留孔洞的位置等。

图9.8所示为某钢筋混凝土柱的配筋图。由图中可知，柱的截面尺寸为370mm×370mm，①号钢筋为受力筋，共8根，为HRB335钢筋，直径为18mm；②号钢筋为箍筋，HPB235钢筋，直径为8mm，间距200mm；③号钢筋为附加腰筋，HPB235钢筋，直径为8mm，间距200mm，其作用是增加柱的强度，提高柱的抗剪切能力。

（2）柱的平面整体表示法

柱子的平法表示方法有两种，即列表注写方式和截面注写方式。本章仅介绍截面注写方式。

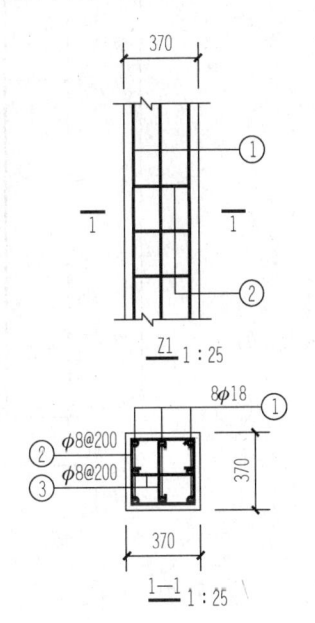

图9.8 柱的配筋图（传统表示法）

截面注写方式是在柱平面布置图上，从相同编号的柱中选择一个截面（不同编号中各选择一个截面），按另一种比例原位放大绘制柱截面配筋图，并在各配筋图上注写截面尺寸和配筋数值，如图9.9所示。

1）截面注写方式。

LZ1——编号。

250×300——截面尺寸$b \times h$（矩形）及其与轴线关系b_1、b_2、h_1、h_2的具体数值。

6⏀16——角筋、截面各边中部筋或全部纵筋（纵筋采用一种直径时）。

ϕ8@200——箍筋等级、直径、加密区/非加密区间距。

2）柱平面整体表示法实例识读。

识读图9.9中柱的配筋的平法注写方式可知：

柱LZ1截面尺寸为250mm×300mm，全部纵筋6根，均为直径为16的HRB400钢筋，箍筋采用HPB235钢筋，直径为8，间距200。柱KZ1截面尺寸为650×600，角筋为4根直径22的HRB400钢筋，b边一侧中部筋为5根直径22的HRB400钢筋，h边一侧中部筋为4根直径20的HRB400钢筋，b、h边另一侧中部筋均对称配置，箍筋为HPB235钢筋，直径为10mm，加密区间距为100，非加密区间距为200。其加密区的位置与尺寸需查阅《平法标准图集》中的标准构造详图。

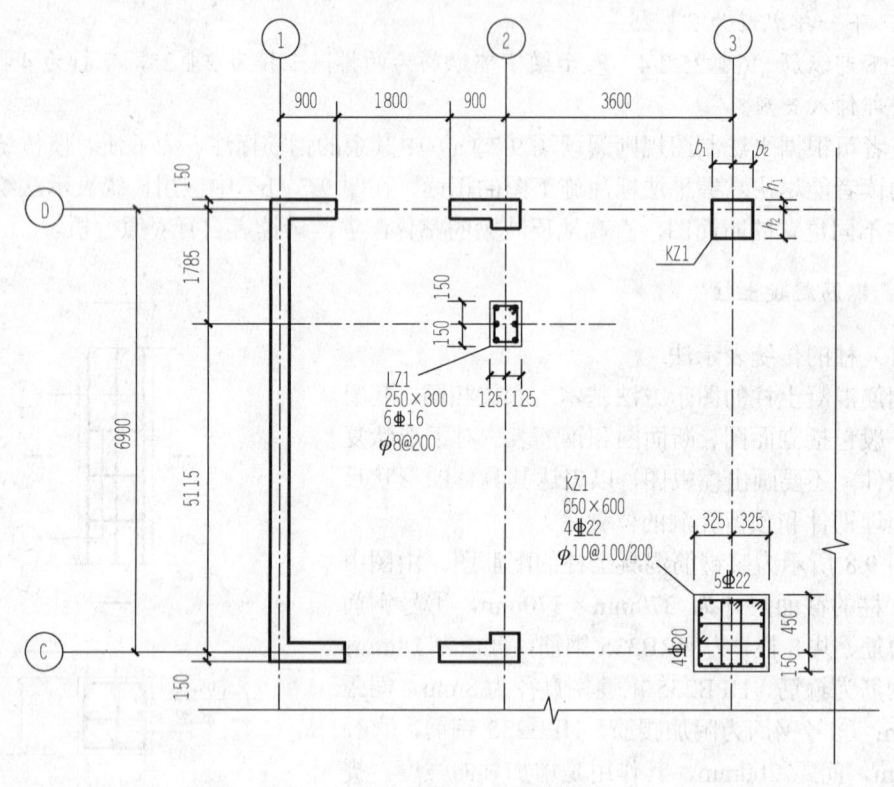

柱平法施工图（局部）

图9.9 柱的配筋图（平法表示法）

3. 钢筋混凝土板

（1）钢筋混凝板的传统表示法

图9.10所示为定位轴线①、②间编号为XB-1的现浇板钢筋混凝土板的传统表示法配筋图。图中由左下角到右上角的细对角线表示板的位置。对角线旁注写的XB-1表示板的编号是1，图中的$h=100$表示板的厚度为100mm。该板中共配置了四种钢筋：④号钢筋直径为10mm，间距为150mm，两端半圆弯钩向左，配置在板底层；③号钢筋直径为8mm，间距为150mm，两端半圆弯钩向上，配置在板底层；①号钢筋直径为8mm，

间距为 200mm，两端直弯钩向右，配置在板顶层，②号钢筋直径为 8mm，间距为 200mm，两端直弯钩向下，配置在板顶层，并伸入②轴右侧现浇板内。该板所配钢筋均为 HPB235 钢筋。

图 9.10 中可见的板下构件轮廓用细实线绘制，不可见的构件轮廓线用细虚线绘制。

（2）板的平面整体表示方式

板平面注写主要包括板块集中标注和板支座原位标注。图 9.11 为局部板的平法施工图。

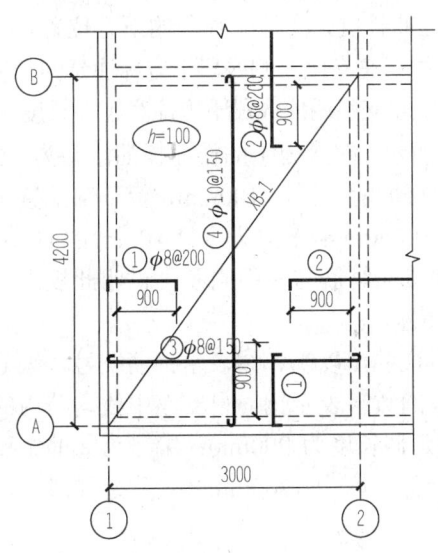

图 9.10　板的配筋图（传统表示法）　　　图 9.11　板的配筋图（平法表示法）

1）板块集中标注的内容为板块编号、板厚、贯通纵筋，以及当板面标高不同时的标高高差。

① 板块编号。所有板块都应编号，相同编号的板块可选择一块进行集中标注，其他仅标注编号（置于圆圈内）及标高高差即可，如图 9.11 所示的楼面板 LB1。板块编号应符合表 9.6 的规定。

表 9.6　板块编号

板 类 型	代　号	序　号
楼 面 板	LB	××
屋 面 板	WB	××
悬 挑 板	XB	××

② 板厚。板厚注写为 $h=×××$（垂直于板面的厚度），当设计已在图中统一注明板厚时，此项可不注。

③ 贯通纵筋。为方便表达，规定结构平面的坐标方向为：当两向轴网正交布置时，图面从左至右为 X 向，从下至上为 Y 向。

贯通纵筋按板块的下部和上部分别注写（当板块上部不设贯通纵筋时则不注），并以 B 代表下部，以 T 代表上部，B&T 代表下部与上部；X 向贯通纵筋以 X 打头，Y 向贯通纵筋以 Y 打头，两向贯通纵筋配置相同时则以 X&Y 打头。

当为单向板时,另一向贯通的分布筋可不标注,而在图中统一注明。

④ 板面标高高差。板面标高高差是相对于结构层楼面标高的高差,应将其注写在括号内,有高差则注,无高差不注。

2) 板支座原位注写内容为板支座上部的非贯通纵筋。标注时,应在配置相同跨的第一跨表达。在配置相同跨的第一跨,垂直于板支座(梁或墙)绘制一段长度适当的中粗实线,以该线段代表支座上部非贯通纵筋,并在线段上方注写钢筋编号(如①、②等),配筋值,横向连续布置的跨数(注写在括号内,当为一跨时可不注)。

板支座上部非贯通筋自支座中线向跨内的延伸长度,注写在线段的下方位置。当中间支座上部非贯通纵筋向支座两侧对称延伸时,可仅在支座一侧线段下方标注延伸长度,另一侧不注。当向支座两侧非对称延伸时,应分别在支座两侧线段下方注写延伸长度。

3) 板平面整体表示法实例识读。如图9.11所示,编号为1的楼面板的注写为:LB1 $h=100$ B:$X\phi 8@150$ $Y\phi 10@150$。其表示1号楼面板,板厚100mm,板下部配置了贯通纵筋X向为直径8mm的HPB235钢筋,间距为150mm,Y向为直径10mm的HPB235钢筋,其间距为150mm。图中没有注写板上部贯通纵筋与板面高差,说明此板上部没有配置贯通纵筋,楼面板相对于结构层楼面无高差。

如图9.11所示,板LB1支座上部配置非贯通筋,以①、②表示钢筋编号,编号后面注明钢筋的直径、等级、间距,线段下方注写的数字表示钢筋自支座中线向跨内的延伸长度。编号为①的钢筋自支座中线向LB1的延伸长度为900mm;编号为②的钢筋向板LB1的延伸长度为900mm,向另一侧板的延伸长度为1200mm(对称延伸时,可仅在一侧注写延伸长度)。

9.3 基础平面图与基础详图

基础是建筑物最下部的承重构件,它承受房屋的全部荷载,并传给基础下面的地基。

基础根据上部结构的形式、地基承载能力的大小和施工条件等因素综合考虑,可有多种形式,如条形基础、独立基础、片筏基础、箱形基础和桩基础等。图9.12所示最常见的墙下条形基础和柱下独立基础。

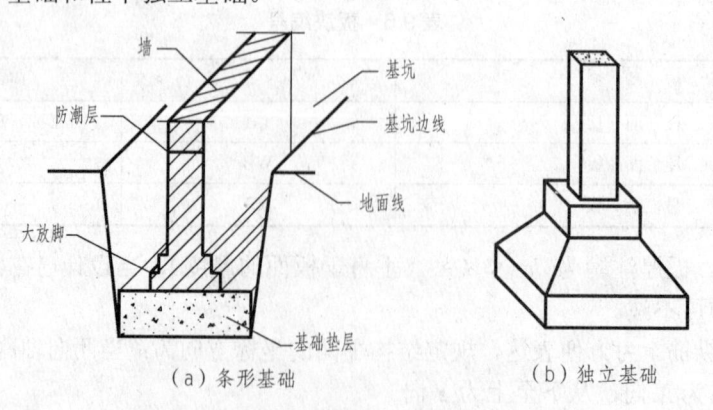

(a)条形基础　　(b)独立基础

图9.12 常见的基础构造

基础图是表示建筑物室内地面以下基础部分的平面布置和详细构造的图样,它是施工时在基地上放灰线、开挖基坑和砌筑基础的依据。基础图包括基础平面图和基础详图。

9.3.1 基础平面图

1. 图示内容与方法

基础平面图主要表示基础的平面布置情况。无论采用哪种形式的基础，其结构布置都是采用水平剖切平面沿底层地面将房屋切开，移去剖切平面上部的房屋和周围图层（基坑没有填土），向下投射所得到的水平剖面图。

基础平面图的绘图比例一般与建筑平面图的比例相同。基础平面图中的定位轴线及编号也应与建筑平面图一致。在基础平面图中，被剖切到的基础墙用中实线绘制，被剖切到的钢筋混凝土柱子涂黑表示，基础底面轮廓线用细实线绘制，大放脚[为了扩大基础墙与基础顶面的接触面，可视需要将墙的下端加宽墙厚，加宽部分的构造称为大放脚，如图9.12（a）所示]等其他可见轮廓线省略不画。基础梁用粗点划线（单线）绘制。

2. 阅读例图

本章仍以第9章中所述教工住宅楼为例。

图9.13是该住宅楼的基础平面图，它与建筑施工图中的底层平面图关系密切，应配合起来阅读。

1）绘图比例。采用比例与建筑平面图相同，均为1∶100。

2）定位轴线。轴线的编号必须和建筑施工图中建筑平面图的轴线编号完全一致，它是放灰线的依据。图9.13中标注了定位轴线间距。

3）基础的平面布置。从图9.13中可以看出，该房屋基础为条形基础。图中粗实线表示被剖切到的基础墙，细实线表示基础底面轮廓线。图中标注基础墙的厚度、基础底面宽度。未标注的尺寸参见基础详图。

4）构造柱。在砖混结构中常在砖墙内设置一定数量的钢筋混凝土构造柱，以增加建筑物的整体稳定性，提高抗震能力。图9.13中涂黑的小方块即为构造柱，其编号有GZ1、GZ2，已在图中注明。构造柱的断面尺寸及配筋情况见详图9.14。

5）剖切符号。凡构造、尺寸、配筋不同的基础，都要画出它的断面图，即基础详图，并在基础平面图上用剖切符号表示断面图的剖切位置，本例中共有12个不同断面形状的条形基础，如1—1、2—2、⋯⋯。

9.3.2 基础详图

基础平面图只表明基础的平面布置，而基础的形状、大小、材料、作法以及基础的埋置深度均未表达，所以需要画出基础详图。基础详图是垂直剖切的断面图，常用较大的比例画出。图9.14是图9.13所示条形基础的详图，采用1∶20的比例绘制。它包括12个断面图，其中3—3、4—4、10—10、12—12共用一个断面图，2—2、6—6、7—7、9—9共用一个断面图，另外1—1、5—5、11—11三个断面图分别与4—4、10—10、12—12断面完全对称，省略未画。

图 9.13 基础平面图

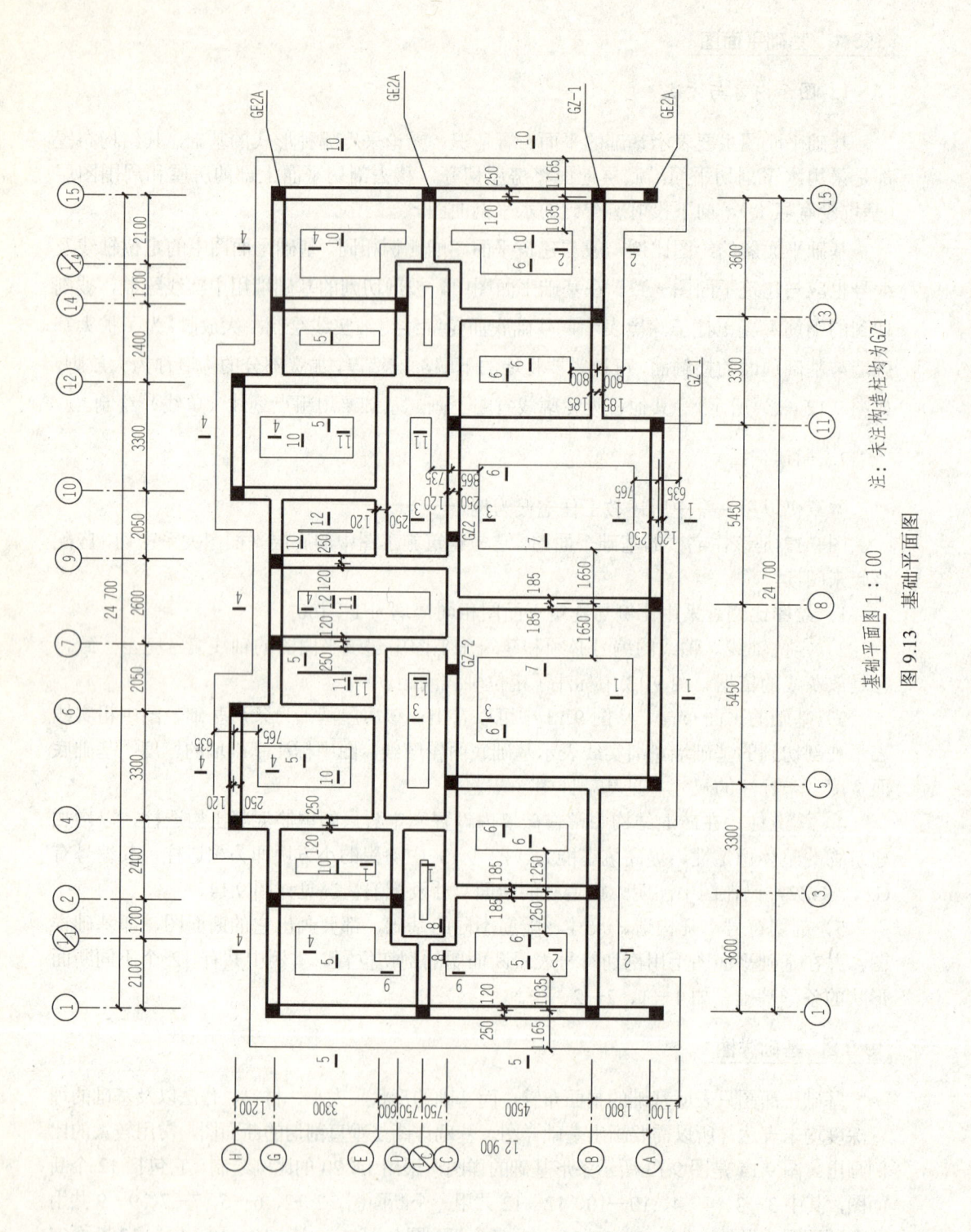

现以图 9.14 中 8—8 断面图为例，识读基础详图。该条形基础上部是砖砌基础墙，墙厚 370，并设防潮层，防潮层以上墙厚减为 240，基础墙的下端为一层大放脚，高为 120（两皮砖的厚度），向两边各放出 60（1/4 砖的宽度）。下部采用钢筋混凝土结构，垫层为素混凝土，厚 100，宽 1600。图中注出室内地面标高±0.000，基础底面标高-1.000m，轴线到基底边线的距离为 700，轴线到墙边距离为 185 等尺寸。钢筋混凝土基础的配筋情况为：地梁 DL 截面尺寸 490×400，配置受力筋 8ϕ16 及四支箍ϕ8@200；条形基础板底配置受力筋ϕ10@130 和分布筋ϕ8@200。

其他断面图及构造柱的配筋详图如图 9.14 所示，不再详述，请读者自行分析。

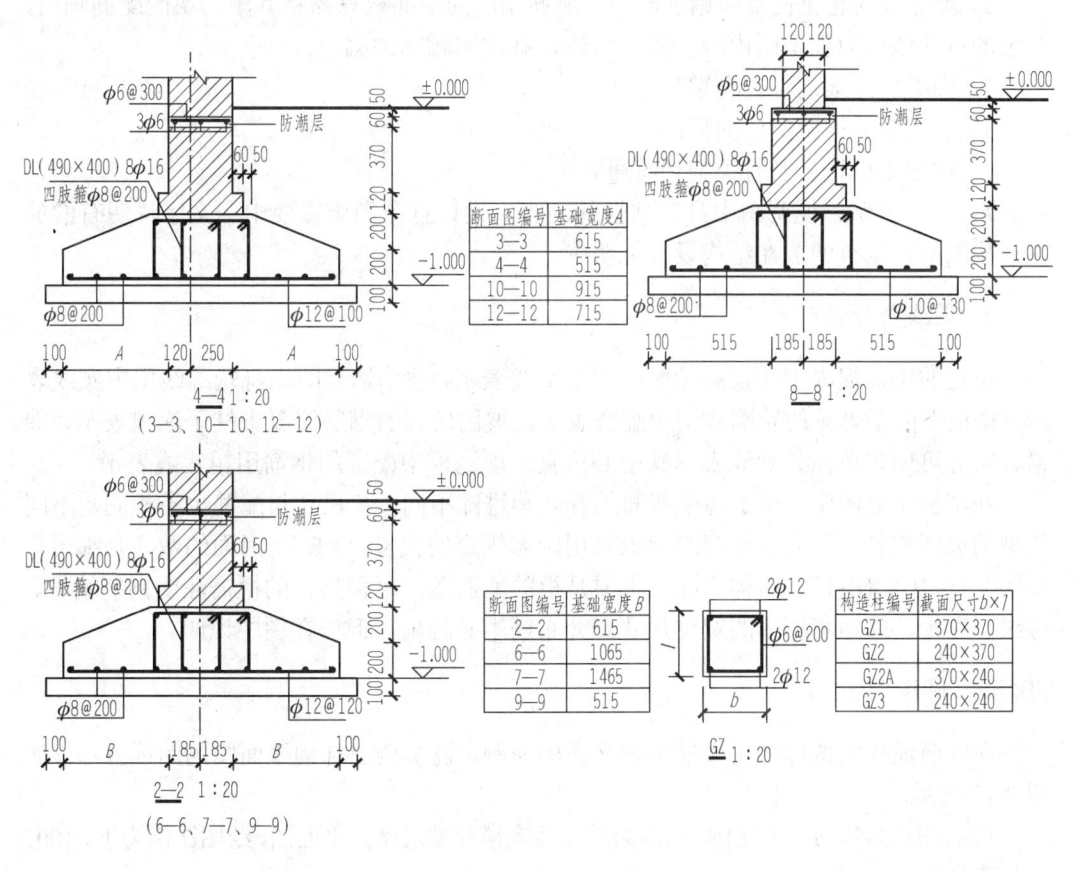

图 9.14 基础断面详图

9.4 楼层结构平面图

楼层结构平面布置图是假想从房屋每层地板面上方做水平剖切并向下投射所得到的平面图，用来表示每楼层的楼板、墙、梁、柱等各层承重构件平面布置的全剖面图，是指导施工的重要依据。

在多层建筑中，原则上每一层都要画出它的结构平面图，如果各层楼面结构布置情况相同，可共用一个标准层的楼层结构平面图，并注明适用各层的层数与标高。

9.4.1 楼层结构平面图的内容与图示方法

1. 楼层结构平面图的主要内容

对照图9.15分析结构平面图的内容。

1）比例。楼层结构平面图的比例应与建筑平面图一致，常用比例是1∶100或1∶200、1∶50。

2）定位轴线网（应与建筑平面图相同）及墙、柱、梁的编号和定位尺寸。

3）现浇板的起止位置和钢筋配置。配筋相同的楼面板只需将其中一块的配筋画出，其余的可在该楼面板范围内画一条对角线，并注明相同的编号。

4）圈梁、过梁的位置和编号。

5）楼面及各种梁的底面标高。

6）详图索引符号及有关剖切符号。

7）文字说明。说明图中具有共性的内容、设计意图和施工要求。文字说明有的放在结构图中，也有的放在结构设计说明中。

2. 图线与标注

可见的钢筋混凝土楼板的轮廓线用细实线表示，被剖切到的墙身轮廓线用中实线表示，楼板下面不可见的轮廓线用中虚线表示，被剖切到的钢筋混凝土柱子涂黑表示，圈梁、梁等可用粗单点长划线表示其中心位置，现浇板中配置的钢筋用粗实线表示。

在结构平面图中，由于各个房间的开间和进深不同，其尺寸与配筋也不相同，不同类型的板应编号。现浇钢筋混凝土板采用国家规定的代号"XB"，后面的数字是编号，如图9.15中"XB-1"。结构平面图主要是板的配筋图，每种规格的板需注明钢筋编号、等级、直径、间距和钢筋的定位尺寸。分布筋不必画出，但应在图中说明。

9.4.2 阅读例图

现以前述住宅楼标准层楼层结构平面图为例，说明楼层结构平面图的阅读方法，如图9.15所示。

1）看图样名称与绘图比例。该图为教工住宅楼标准层结构平面图，绘图比例为1∶100，与基础平面图一致。

2）看定位轴线。定位轴线与建筑平面图相同。

3）看板块编号阅读配筋配置。如图9.15中"XB-1"，板厚为100mm，板底部配置有双向钢筋：①号钢筋为沿板的长方向、直径为10mm的HPB235钢筋，其间距为200mm；②号钢筋为沿板的短方向、直径为10mm的HPB235钢筋，其间距为150mm。板顶部沿板的短方向左端设有⑦号筋，是直径为10mm的HPB235钢筋，间距为150mm，伸入⑤号轴线左侧现浇板内。板顶部沿短方向右端设有⑥号筋，是直径为10mm的HPB235钢筋，间距为150mm，伸入⑧号轴线右侧现浇板内。沿板的长方向，板顶两端分别设有⑩、⑦号筋，均为直径10mm的HPB235钢筋，其间距均为150mm。板顶部分布筋均为直径为6mm的HPB235钢筋，间距均为200mm。其他板块请读者自行阅读。

4）看墙、柱。主要表明墙、柱的平面布置。图中涂黑的小方块为被剖切到的构造

第9章 结构施工图

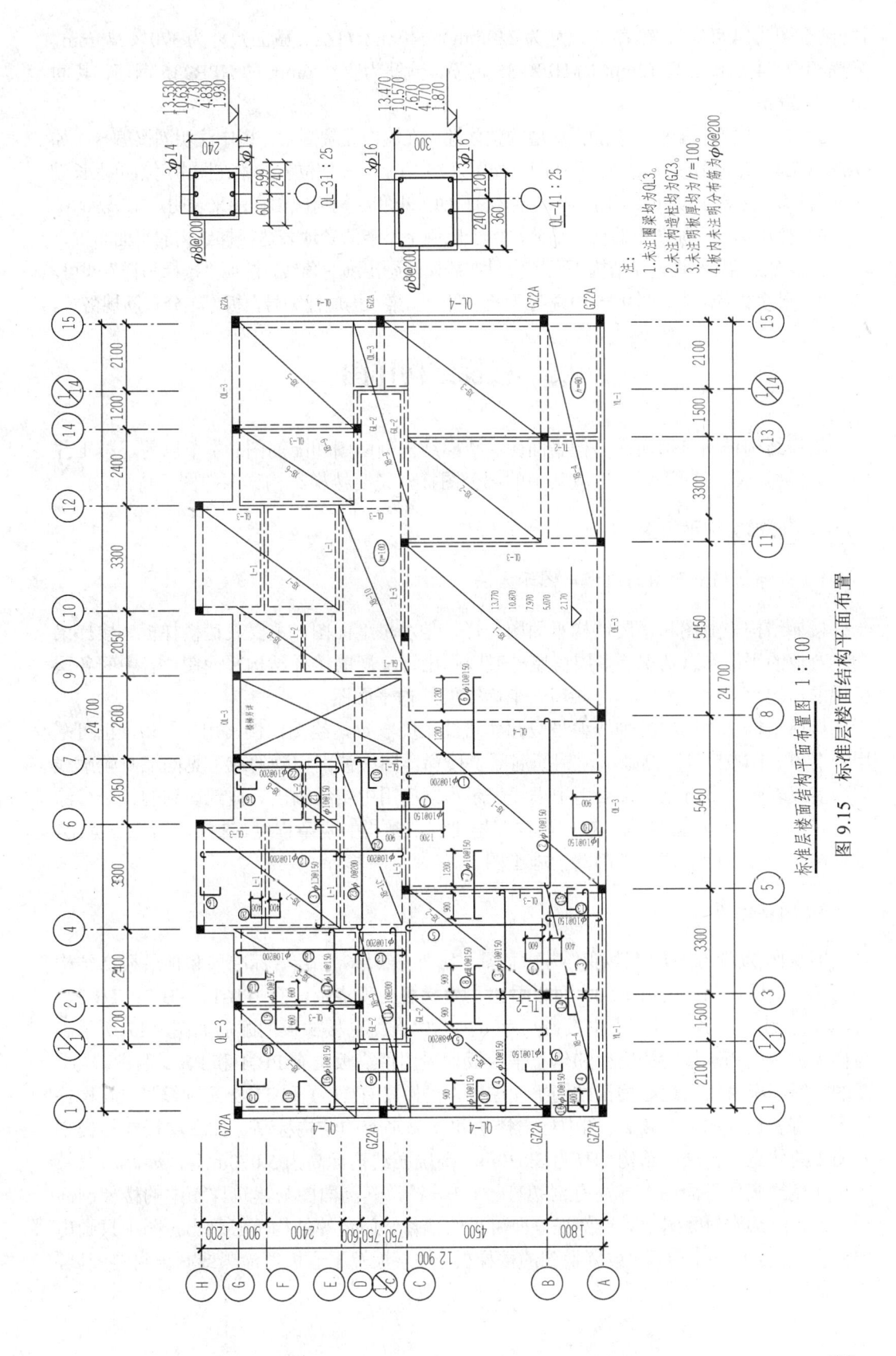

注：
1. 未注圈梁均为QL3。
2. 未注构造柱均为GZ3。
3. 未注明板厚均为h=100。
4. 板内未注明分布筋为φ6@200

图 9.15 标准层楼面结构平面布置

柱，结合图 9.14 可知，GZ3 截面尺寸为 240mm×240mm，GZ2A 截面尺寸为 370×240mm，配筋相同，4 根直径为 12mm 的 HPR235 钢筋，箍筋为直径 6mm 的 HPB235 钢筋，其间距为 200mm。

5）梁的位置与配筋。为加强房屋的整体性，在墙内设置圈梁，图中注明圈梁编号，如 QL3、QL4，并画出该圈梁的配筋详图，如图 9.15 所示。其他位置的梁在图中用粗单点长划线画出并均有标注，如 L-1、L-2 等。各梁的断面大小和配筋情况由详图来表明，本书从略。

6）楼层结构平面图中的楼梯部分，由于比例小不能清楚地表达楼梯结构的平面布置，需另画出楼梯结构详图。在结构平面图中只在楼梯间画出细对角线，注明"楼梯另详"即可。

7）阅读文字说明。图 9.15 中说明了未注明的圈梁、构造柱编号，板厚、分布筋规格等。

9.5　楼梯结构详图

楼梯结构详图包括楼梯结构平面图、楼梯结构剖面图和配筋图。本节以前述教工住宅楼的楼梯结构详图为例，选取其中的部分图样，说明楼梯结构详图的图示特点。

9.5.1　楼梯结构平面图

1. 楼梯结构平面图的内容与图示方法

楼梯结构平面图和楼层结构平面图一样，是水平剖面图，主要表达楼梯板、楼梯梁和平台板的平面布置情况。多层房屋一般应画出每一层的楼梯结构平面图，若中间各层楼梯的结构尺寸完全相同，可共用一个标准层结构平面图。

楼梯结构平面图中的轴线编号应和建筑施工图一致，绘图比例常用 1∶50，也可采用 1∶30、1∶25 等比例画出。钢筋混凝土楼梯详图中被剖切到的或可见的墙身轮廓线用中实线表示，不可见轮廓线用中虚线表示。钢筋用中实线画出。被剖切到的柱子可涂黑表示。结构详图中的图线一般应根据图样比例和结构的复杂程度，选择适当的线宽比，以使图样清晰准确，便于正确阅读施工图。

2. 阅读例图

图 9.16 为前述住宅楼楼梯结构平面图，分别为底层、二层、标准层和顶层楼梯结构平面图，绘图比例均为 1∶50。可以看出，楼梯板为现浇板，有 TB-1、TB-2、TB-3、TB-4 四种编号，其位置和水平投影尺寸可由图中查得，楼梯板的配筋如图 9.17 所示。与楼梯板两端相连接的楼层板和休息平台板均采用现浇板，有 PB-1 和 PB-2 两种编号，板的配筋情况直接表达在楼梯结构平面图中。楼梯梁有 TL-1 和 TL-2 两种编号，其构件详图另有表达（本书从略）。图中标出楼层和休息平台的结构标高，如二层楼梯结构平面图中的休息平台顶面结构标高为 3.620m、楼层面结构标高为 5.070m 等。

在楼梯底层平面图中标注有剖切符号"1—1"，其剖面图与建筑详图中的楼梯剖面图类似，但结构剖面图中对沿剖视方向可见的墙体、门窗等结构不必画出，图中只画出楼梯段、楼层板和平台板。被剖切到的楼梯板、楼层板及平台板可涂黑或画出材料图例，该剖面图不再画出。

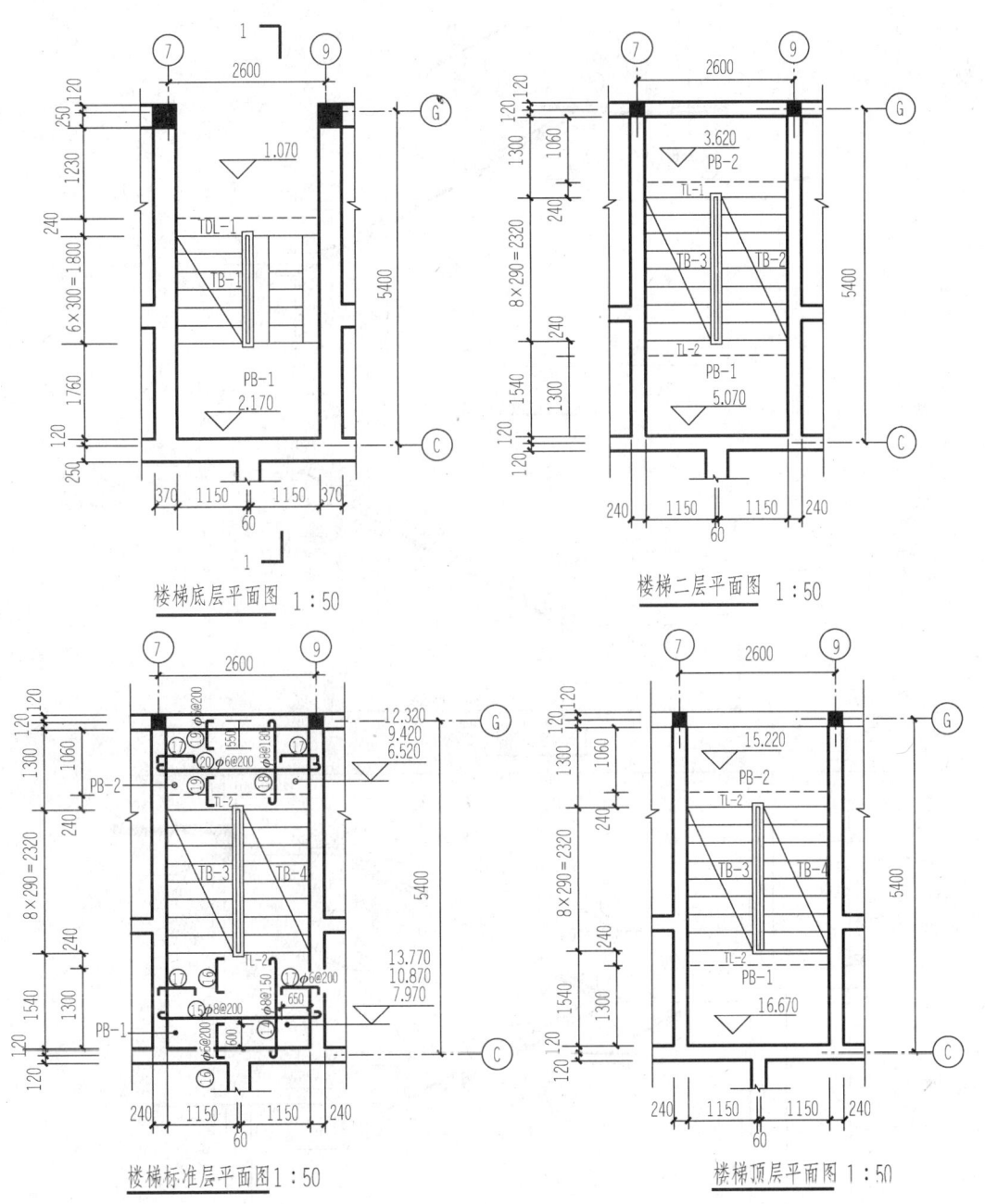

图 9.16 楼梯结构平面图

注：平台板厚 80，负筋分布筋φ6@200

9.5.2 楼梯结构配筋图

在楼梯结构剖面图中，不能详细表达楼梯板和楼梯梁的配筋，另用较大的比例画出配筋图。图 9.17，清楚地表示楼梯板的配筋情况。

以图 9.17 中的 TB-3 配筋图为例，阅读楼梯板配筋图。

由图 9.17 中可见：该楼梯板有 8 个踏面，每个踏面宽 290mm，总宽 2320mm。楼梯板底部的受力筋为⑩号钢筋，该钢筋是直径 10mm 的 HPB235 钢筋，间距为 100mm。

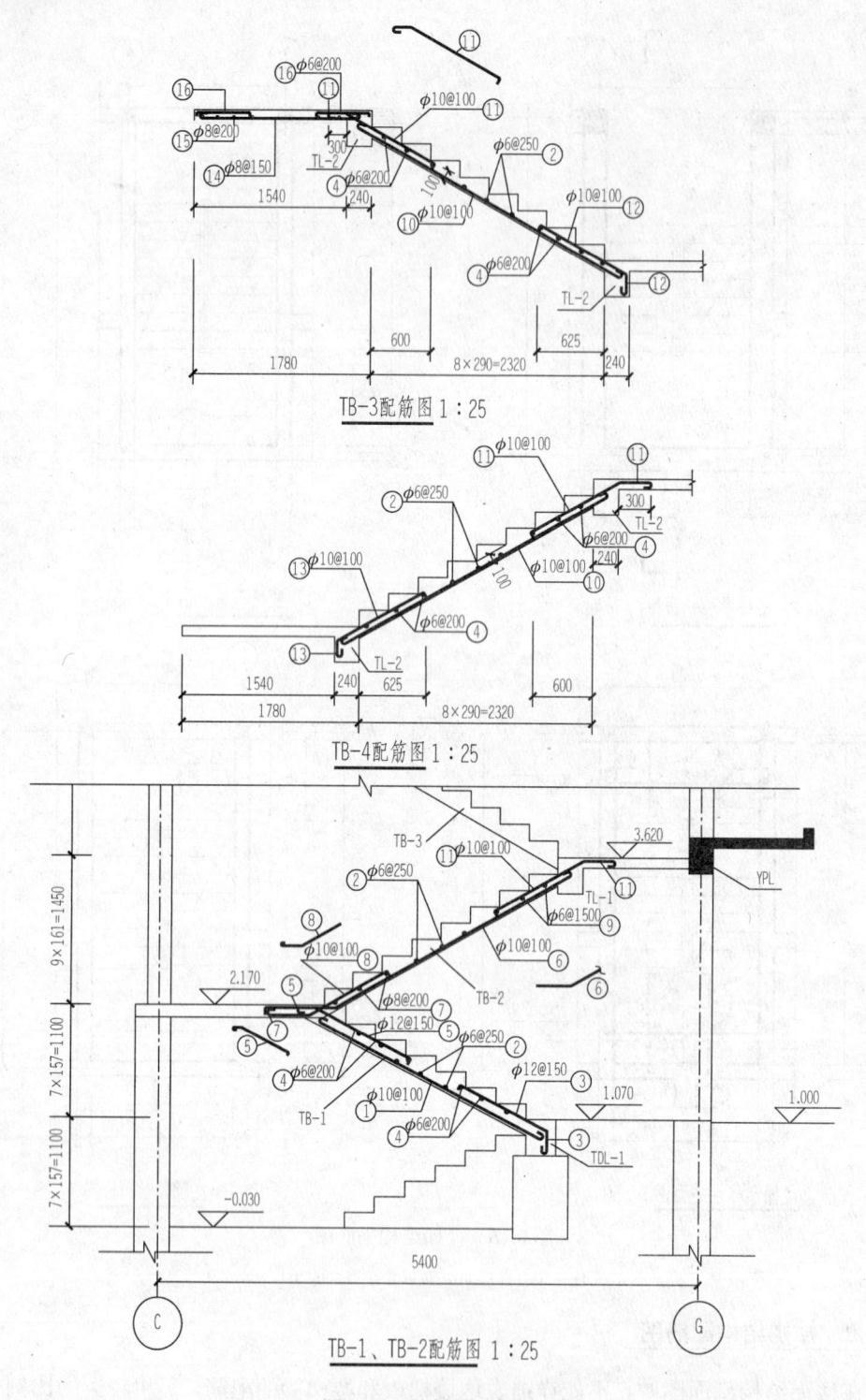

图 9.17 楼梯板配筋图

分布筋采用②号筋，为直径 6mm 的 HPB235 钢筋，间距 250mm。在楼梯板的上端顶部配置了⑪号构造筋，为直径 10mm 的 HPB235 钢筋，间距为 100mm；分布筋为④号钢筋 ϕ6@200。楼梯板的下端顶层配置⑫号构造筋，为直径 10mm 的 HPB235 钢筋，间距

100mm；分布筋为④号钢筋。在配筋复杂的情况下，钢筋的形状和位置有时在图中不能表达得非常清楚，应在标注钢筋代号、直径、间距及编号的附近画出表示大致形状的钢筋参考大样图，如图中的⑪号构造筋在标志处上部画出形状参考图。其他楼梯板的配筋图请读者自行阅读。

9.6 钢结构构件图简介

钢结构是由各种型钢和钢板连接而成的承重构件，常用于大跨度建筑、高层建筑或工业厂房。常见的钢结构构件有屋架、檩条、支撑、梁、柱等。

9.6.1 型钢及其连接

1. 型钢的类型及标注

型钢是由轧钢厂按标准规格轧制而成的钢材。型钢的类型及标注方法应符合《建筑结构制图标准》（GB/T 50105—2010）的规定，表 9.7 列出了几种常用型钢的名称及其标注方法。

表 9.7 常用型钢标注方法

序号	名称	截面	标注	说明
1	等边角钢	∟	∟ $b \times t$	b 为肢宽；t 为肢厚
2	不等边角钢	∟	∟ $B \times b \times t$	B 为长肢宽；b 为短肢宽；t 为肢厚
3	工字钢	I	I N　Q I N	轻型工字钢加注 Q 字
4	槽钢	[	[N　Q [N	轻型槽字钢加注 Q 字
5	方钢		$\Box b$	—
6	扁钢		— $d \times t$	—
7	钢板		$\dfrac{-d \times t}{L}$	宽×厚 板长
8	圆钢	⊘	ϕd	
9	钢管	○	$\phi d \times t$	d 为外径，t 为壁厚

2. 型钢的连接及标注法

钢结构构件是由标准规格的型钢经焊接、螺栓连接或铆钉连接而制成的。
（1）焊接

两型钢连接时，接头形式可分为对接接头、T 形接头、角接接头和搭接接头。型钢熔接处称为焊缝，按焊缝结合形式可分为对接焊缝、角焊缝和点焊缝三种。在焊接的钢结构图中，必须把焊缝的位置、形式和尺寸标注清楚。按国标规定，焊缝应用"焊缝代号"标注。焊缝代号如图 9.18 所示。焊缝代号由带箭头的引出线、焊缝尺寸、焊缝符号等组成。

焊接钢构件的焊缝还应按现行的国家标准《焊缝符号表示法》(GB/T 324—2008)有关规定执行。

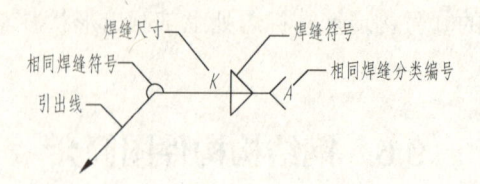

图9.18 焊缝代号

(2) 螺栓连接及表示法

螺栓连接拆装方便，其图示方法见表9.8。

表9.8 螺栓、孔、电焊铆钉表示方法

名　称	图　例	名　称	图　例
永久螺栓		圆形螺栓孔	
高强螺栓		长圆形螺栓孔	
安装螺栓		电焊铆钉	

注：1. 细"+"线表示定位线。
　　2. M 表示螺栓型号。
　　3. d 表示电焊铆钉直径。

9.6.2 钢屋架结构图

钢屋架结构详图是表示钢屋架的形式、大小、型钢的规格、杆件的组合和连接情况的图样。钢屋架结构图主要有屋架简图和屋架详图等。

1. 屋架简图

屋架简图又称屋架示意图或屋架几何尺寸图，用以表达屋架的结构形式、各杆件的计算长度等，作为放样的依据。图中用单线表示各杆件的几何中心线，一般用粗实线绘制，常用比例1∶100或1∶200。

图9.19为某钢屋架的屋架简图，由于左右对称，采用简化画法，只画了一半多一点，用折断线断开。屋架上面的杆件称为上弦杆，下面的杆件称为下弦杆，中间的杆件为腹杆，腹杆包括竖杆和斜杆。杆件连接处称为节点。该图比例为1∶100，图中主要标明屋架跨度（24 000mm）、各杆件长度尺寸和各节点编号。

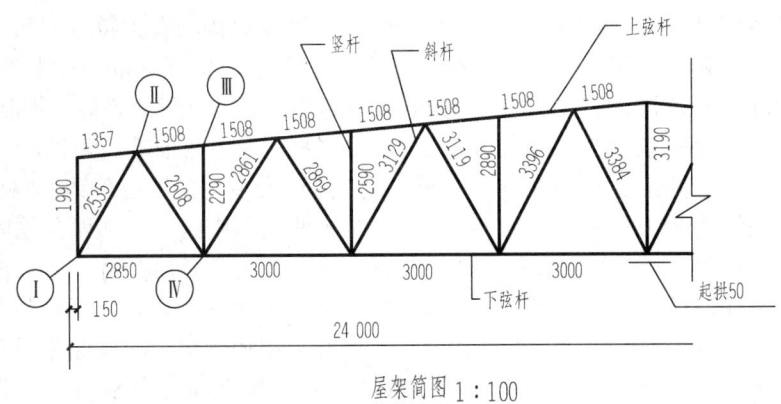

图 9.19 钢屋架简图

2. 屋架详图

屋架详图包括立面图和节点详图，图中详细表达各杆件的组合、各节点的构造和连接情况，以及每根杆件的型钢型号、长度和数量等。

屋架立面图是钢屋架结构图中的主要图样，常选用 1∶50 的比例绘制。由于屋架的跨度、高度与杆件的断面尺寸相差较大，为了更清楚表达，常在立面图中采用两种不同的比例，即屋架杆件几何中心线用较小的比例，节点、杆件用较大的比例。由于立面图所表达内容和标注与节点详图相同，本书从略。

屋架节点详图也是钢屋架结构图中的主要图样，常选用 1∶20 的比例绘制。图 9.20 所示是屋架简图（图 9.19）中标有编号Ⅳ的节点详图。这个节点是由两根斜杆和一根竖杆通过节点板和下弦杆焊接而成的。图中对各杆件、节点板、扁钢都编排了零件编号，

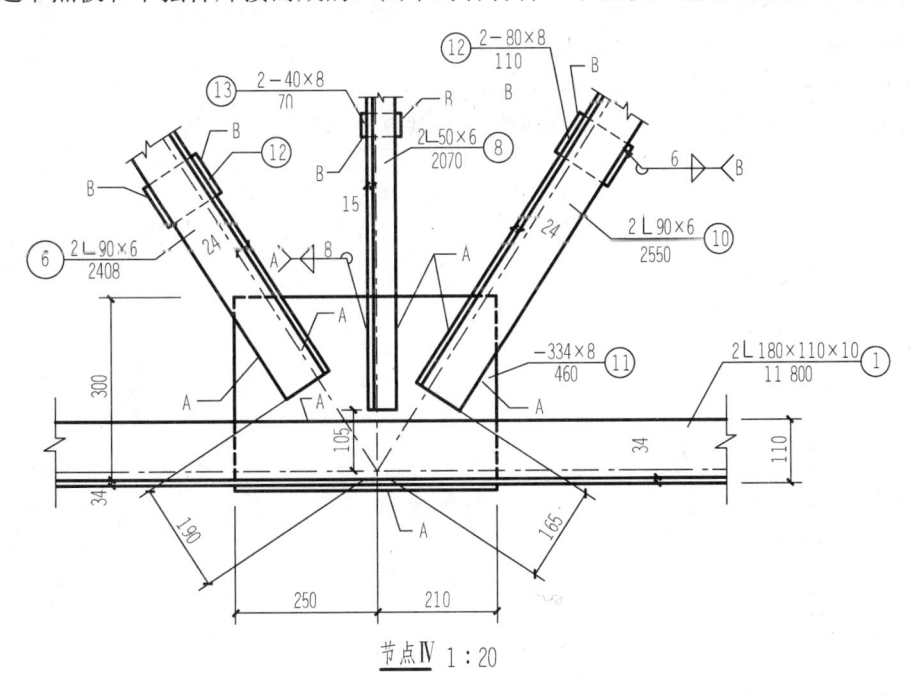

图 9.20 钢屋架节点详图

并表达了各杆件、节点板的型号、尺寸和位置,以及焊接的有关符号和尺寸。由图9.20可知,①号杆是下弦杆,采用两根不等边角钢,长肢宽为180mm,短肢宽为110mm,肢厚为10mm,下料长度为11 800mm;⑥号杆是斜杆,采用两根等边角钢肢宽为90mm,肢厚为6mm,下料长度为2408mm;⑧号杆是竖杆,采用两根等边角钢,肢宽为50mm,肢厚为6mm,下料长度为2070mm;⑩号杆是斜杆,采用两根等边角钢,规格尺寸同⑥号杆,下料长度为2550mm。由于每根杆件都是由两根角钢组成,在两角钢间有连接板,如图中所示编号为⑫、⑬的扁钢,已注出其宽度、厚度和长度尺寸。节点板为一块矩形板,编号为⑪,其定形、定位尺寸如图9.20所示。还可以看出,各杆件与节点板、连接板之间采用焊接,图中标注了焊缝代号。虽然都采用相同焊,即双面角焊缝,但焊缝的高度尺寸不同,所以分为A和B两类。A类焊缝的焊缝高度为8mm;B类焊缝的焊缝高度为6mm。

思 考 题

9.1 分别说明钢筋混凝土梁、柱、板内钢筋的组成及其作用。
9.2 传统表示法配筋图的特点与阅读方法是什么?
9.3 平法的表达形式是什么?
9.4 阅读平法表示法梁、板、柱的配筋图。
9.5 结构施工图包含哪些图样?
9.6 常见的钢筋混凝土构件的代号是什么?(注:常见的钢筋混凝构件有梁、柱、预应力空心板、实心板、过梁、雨篷、圈梁等。)
9.7 条形基础的图示特点和图示内容及阅读方法是什么?
9.8 楼层结构平面图表示哪些内容?
9.9 楼梯结构详图的内容及阅读方法是什么?
9.10 钢屋架的图示内容、特点和阅读方法是什么?

第 10 章　道桥施工图

　　道路是一种主要承受汽车荷载反复作用的带状工程结构物。道路的基本组成包括路基、路面、桥梁、涵洞、隧道、防护工程以及排水设备等构筑物。因此，道路工程图是由表达路线整体状况的路线工程图和表达各工程实体构造的桥梁、隧道及涵洞等工程图组合而成。本章主要介绍道路工程、桥梁工程图的绘图方法、图示特点和表达内容。

10.1　公路路线工程图

　　道路根据它们不同的组成和功能特点，可分为公路和城市道路两种。位于城市郊区和城市以外的道路称为公路；位于城市范围以内的道路称为城市道路。

　　道路路线是指道路沿长度方向的行车道中心线。由于地形、地物和地质条件的限制，道路路线的线型在平面上由直线和平曲线组成，在纵面上由平坡和上、下坡段及竖曲线组成，所以，从整体上来看，道路路线是一条空间曲线。

　　道路路线设计的最后结果是以平面图、纵断画图和横断面图来表达，由于道路竖向高差和平面的弯曲变化都与地面起伏形状密切相关，道路工程具有组成复杂、长宽高三向尺寸相差大、形状受地形影响大和涉及学科广的特点。因此，道路路线工程图的图示方法与一般工程图不同，它是以地形图作为平面图，以纵向展开断面图作为立面图，以横断面作为侧面图，来表达道路的空间位置、线型和尺寸。绘制道路工程图时，应遵守《道路工程制图标准》（GB/T 50162—92）中的有关规定。

10.1.1　路线平面图

　　路线平面图的作用是表达路线的方向、平面线型（直线和左、右转弯）以及沿线两侧一定范围内的地形、地物状况。

　　1.　路线平面图的绘图方法

　　路线平面图是从上向下投影所得到的水平投影图，也就是用标高投影法所绘制的道路沿线周围地区的地形图。

2. 路线平面图的表达内容与特点

图 10.1 为某公路 K2+800～K4+300 段的路线平面图。

（1）地形部分

1）绘图比例。为了清晰地表达图样，根据地形起伏情况的不同，地形图采用不同的比例。道路平面图所用比例一般较小，通常在城镇区为 1∶500，或 1∶1000，山岭区为 1∶2000，丘陵区和平原区为 1∶5000 或 1∶10 000。

2）路线的方位与走向。为了表示路线所在地区的方位和路线的走向，在路线平面图上应画出指北针或测量坐标网。图 10.1 采用的是指北针表示法。

3）地形地貌。平面图中地形起伏情况主要是用等高线表示，如图 10.1 所示。图中每两根等高线之间的高差为 2m，每隔四条等高线画出一条粗等高线，称为计曲线，并标有相应的高程数字。根据图中等高线的疏密可以看出，该地区北部地势较高，由西北向东南有一条河，沿河流两侧地势低洼且平坦．河岸两边是旱地。

4）地面设施。在平面图中还表示一些建筑设施，如道路、桥梁等，均按国家标准规定图例绘制。常见的地物及构造物图例如表 10.1 所示。按照图例可知，由西向东有一条大车道，向北方向在山坡上有一条小路等。

（2）路线部分

1）设计路线。由于公路的宽度相对于长度尺寸很小，并且路线平面图所采用的绘图比例一般较小，无法按实际尺寸画出公路的宽度，因此通常是沿道路中心线画出一条加粗的实线来表示新设计的路线中心线。

2）里程桩。道路路线的总长度和各段之间的长度用里程桩号表示。里程桩号应从路线的起点至终点由小到大依次顺序编号，并规定在平面图中路线的前进方向总是从左向右的。里程桩分为公里桩和百米桩两种，公里桩宜注在路线前进方向的左侧，用符号"⌀"表示桩位，公里数注写在符号的上方，如"K3"表示离起点 3km；百米桩宜标注在路线前进方向的右侧，用垂直于路线的细短线表示桩位，用字头朝向上方的阿拉伯数字表示百米数，注写在短线的端部，例如在 3 公里桩的前方注写的"4"，表示桩号为 K3+400，说明该点距路线起点为 3400m。

3）平曲线。道路路线在平面图上是由直线段和曲线段组成的，在路线的转折处应设平曲线。最常见的简单平曲线为圆弧，其基本的几何要素如图 10.2 所示：JD 为交角点，是路线的两直线段的理论交点；α 为转折角，是路线前进时向左（α_Z）或向右（α_Y）偏转的角度；R 为圆曲线半径，是连接圆弧的半径长度；T 为切线长，是切点与交角点之间的长度；E 为外距，是曲线中点到交角点的距离；L 为曲线长，是圆曲线两切点之间的弧长。

路线平面图中对曲线还需标出曲线起点 ZY（直圆点）、中点 QZ（曲中点）和曲线终点 YZ（圆直点）的位置。如果设置缓和曲线 l，则将缓和曲线与前、后段直线的切点分别记为 ZH（直缓点）和 HZ（缓直点）；将圆曲线与前、后缓和曲线的切点分别记为 HY（缓圆点）和 YH（圆缓点），如图 10.1 所示。

第10章 道桥施工图

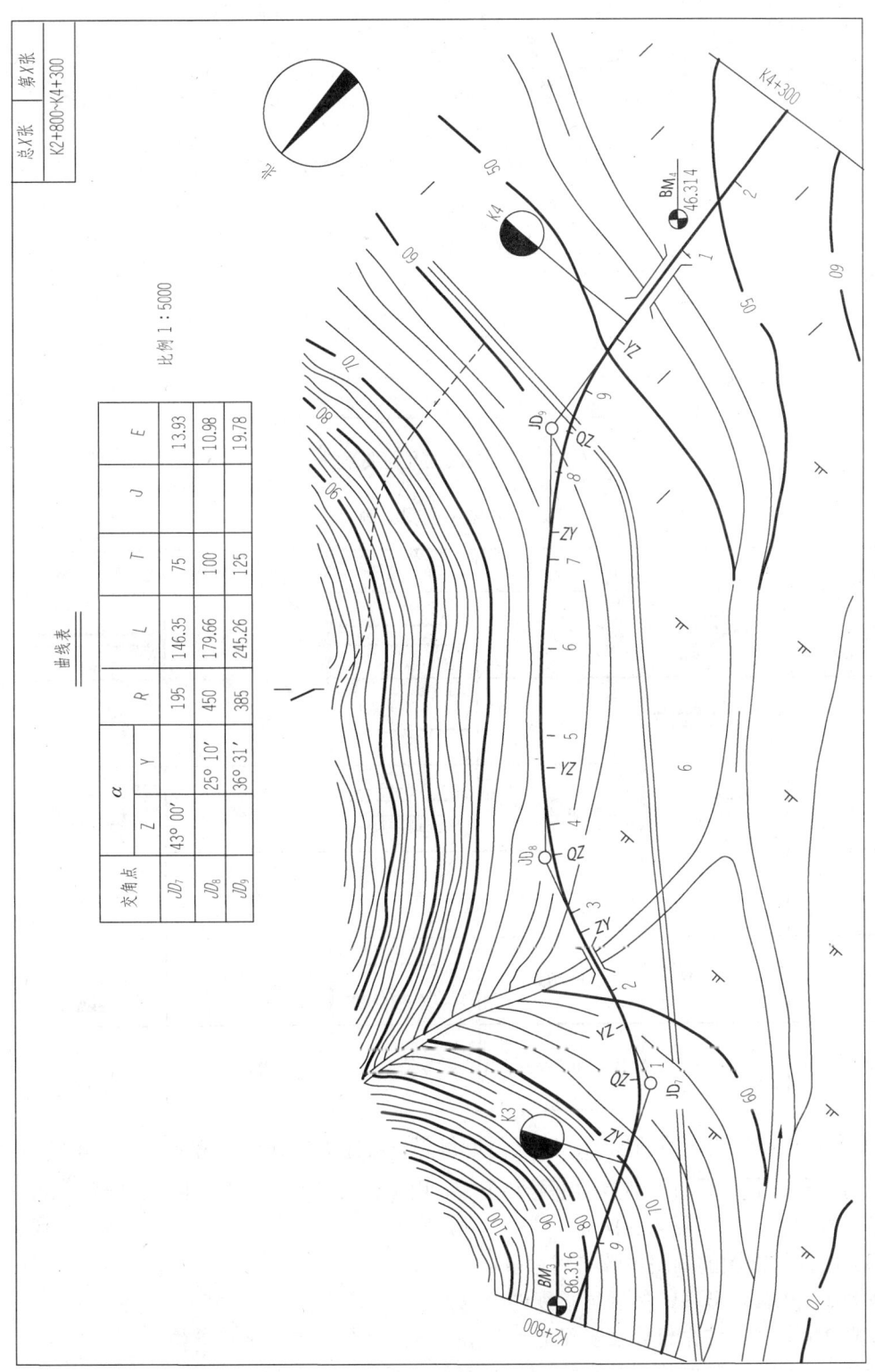

总X张	第X张
K2+800~K4+300	

比例 1:5000

曲线表

交角点	α		R	L	T	E
	Z	Y				
JD_7	43°00′		195	146.35	75	13.93
JD_8		25°10′	450	179.66	100	10.98
JD_9		36°31′	385	245.26	125	19.78

图 10.1 公路路线平面图

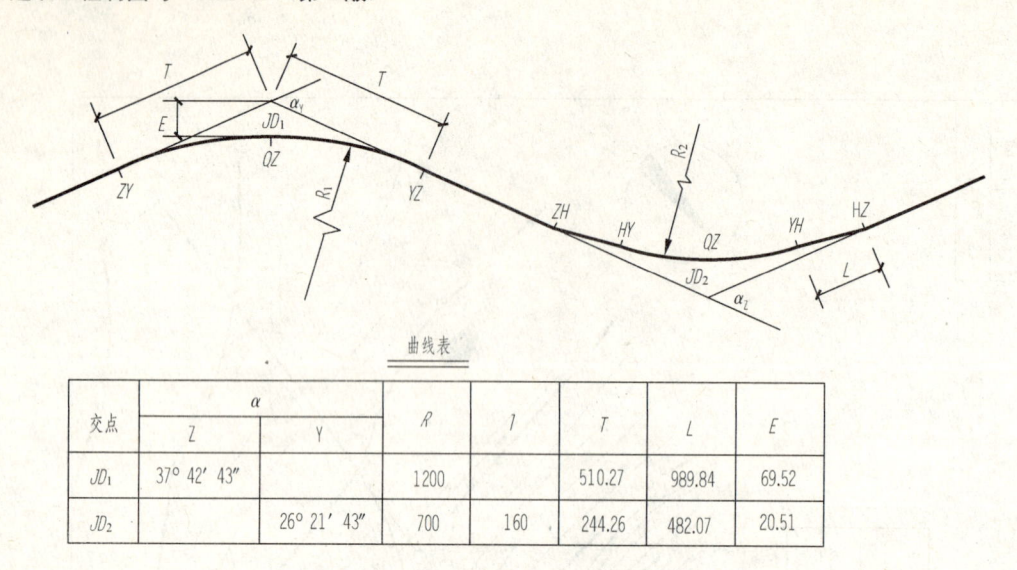

图 10.2 平面曲线的几何要素

表 10.1 路线平面图图例

名 称	图 例	名 称	图 例	名 称	图 例
河流		公路		大车路	
土堤		小路		水准点	
桥梁		水渠		房屋	
草地		旱田		学校	
果树		电力线	低压 高压	交电室	
菜地		电信线		指北针	

曲线表

交点	α		R	l	T	L	E
	Z	Y					
JD_1	37°42′43″		1200		510.27	989.84	69.52
JD_2		26°21′43″	700	160	244.26	482.07	20.51

4）控制点和沿线道路结构物。路线附近每隔一段距离，在图中应标出用三角网测量的三角点和控制高程的水准点的编号和位置，用于路线的高程测量。例如，"$\frac{BM_4}{46.314}$"表示第 4 号水准点，高程 46.314m。

（3）路线平面图的画图步骤与注意事项

步骤 1　先画地形图，然后画路线中心线。

步骤 2　等高线按先粗后细步骤徒手画出，要求线条光滑，平顺连接。

步骤 3　路线平面图从左向右绘制，桩号左小右大。

步骤 4　道路中心线以两倍于粗等高线的粗度绘出。

步骤 5　平面图的植物图例，应朝上或向北绘制。每张图纸右上角标有角标（也可用表格形式），注明图纸序号及总张数。

（4）平面图的拼接

一般情况下由于路线较长，不可能将整个路线平面图画于一张图纸内，通常需分段绘制，使用时再将各张图拼接起来。平面图中路线的分段宜在整桩号处断开，断开的两端均应画出垂直于路线的点划线作为接图线，相邻图纸拼接时，路线中心对齐，接图线重合，并以正北方向为准，如图 10.3 所示。

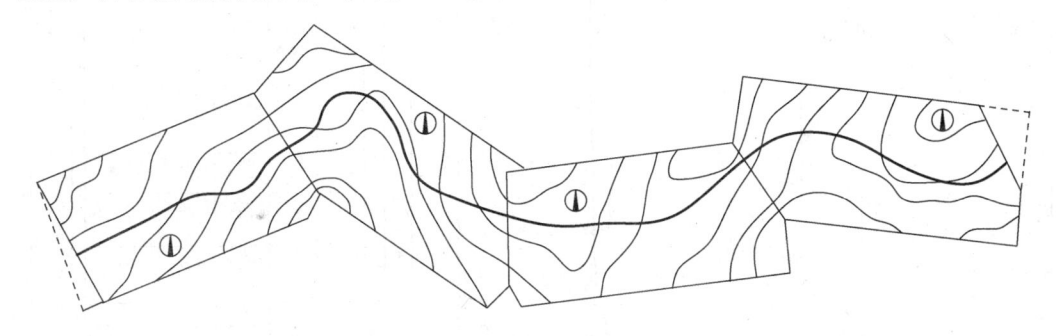

图 10.3　路线平面图的拼接

10.1.2　路线纵断面图

路线纵断面图的作用是表达路线中心线纵向线型及地面起伏、地质情况和沿线构造物的情况。纵断面图包括图样和资料表。

1. 纵断面图的图示方法

路线纵断面图是通过公路中心线用假想的铅垂剖切面进行纵向剖切，然后展开绘制获得的，如图 10.4 所示。由于道路路线是由直线和曲线组合而成的，纵向剖切面既有平面又有柱面，为了清楚地表达路线的纵断情况，需要将纵断面拉直展开成一平面绘制在图纸上，这就形成了路线纵断画图。

2. 纵断面图的内容与特点

路线纵断面图包括图样和资料表两部分，一般图样画在图纸的上部，资料表布置在图纸的下部。图 10.4 所示为某公路从 K2+800～K4+300 段的纵断面图。

（1）图样部分

1）绘图比例。纵断面图的水平方向表示路线的长度即里程（前进方向），竖直方向表示设计线和地面的高程；由于路线的高差比路线的长度尺寸小得多，为了把高差明显地表示出来，绘图时一般竖向比例比水平比例放大 10 倍，在纵断面图的左侧还应按竖向比例画出高程标尺，以便于画图和读图。

2）设计线和地面线。在纵断面图中用粗实线表示公路的设计线，用细实线表示原地面线。设计线是根据地形起伏和公路等级，按相应的工程技术标准而确定的，设计线上的各点高程通常是指路基边缘的设计高程，地面线是根据原地面线上一系列中心桩的实测高程绘制的，故显示为不规则的细实线。比较地面线和设计线的相对位置，可确定填挖地段和填挖高度。

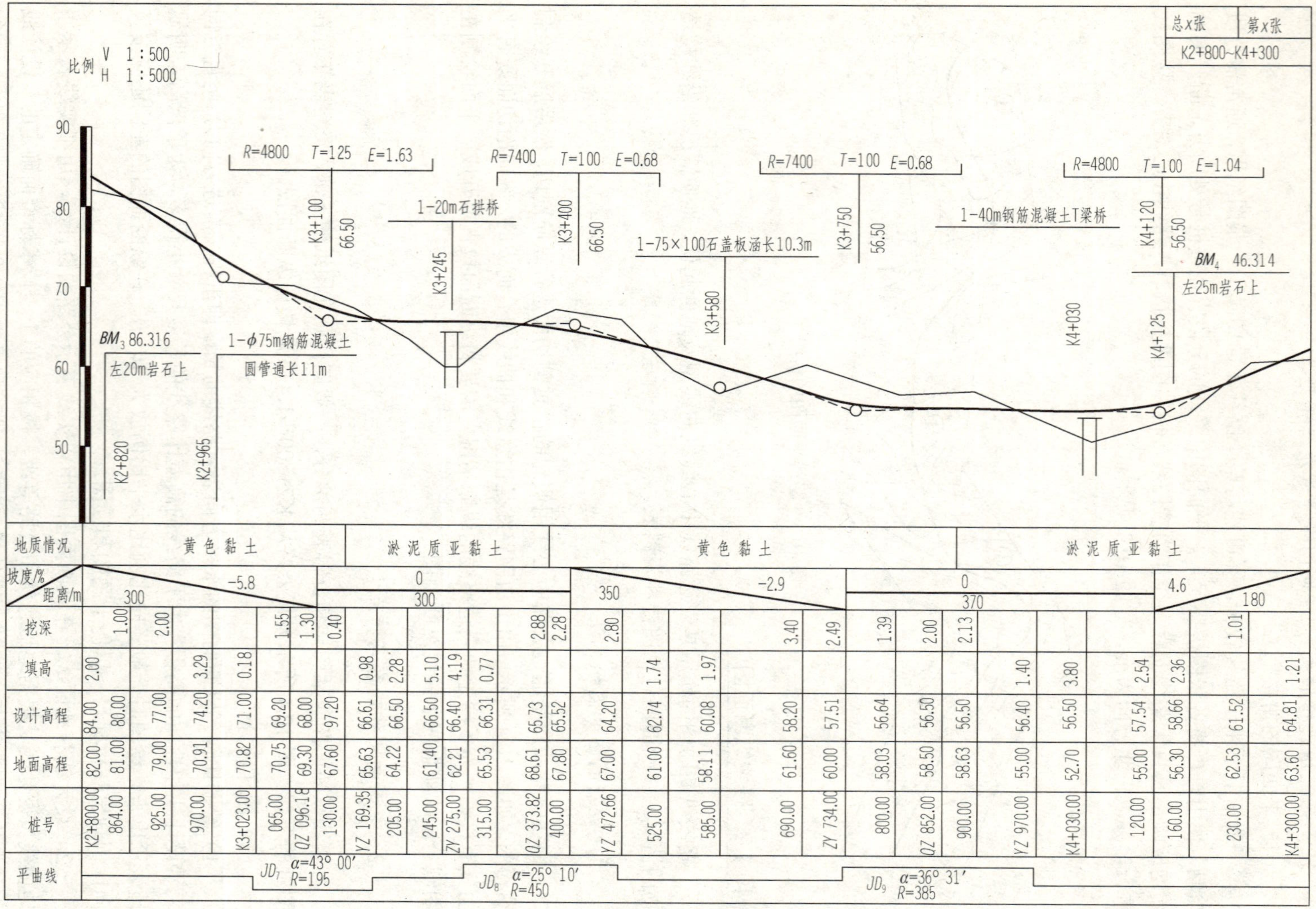
总x张 第x张
K2+800~K4+300
比例 V 1 : 500
H 1 : 5000
90
80
70
60
50
R=4800 T=125 E=1.63
K3+100 66.50
1-20m石拱桥
K3+245
R=7400 T=100 E=0.68
K3+400 66.50
1-75×100石盖板涵长10.3m
K3+580
R=7400 T=100 E=0.68
K3+750 56.50
1-40m钢筋混凝土T梁桥
K4+030
R=4800 T=100 E=1.04
K4+120 56.50
BM4 46.314
左25m岩石上
K4+125
BM3 86.316
左20m岩石上
K2+820
1-φ75m钢筋混凝土
圆管通长11m
K2+965
地质情况
黄色黏土
淤泥质亚黏土
黄色黏土
淤泥质亚黏土
坡度/%
距离/m
300 -5.8
0 300
350 -2.9
0 370
4.6 180
挖深
1.00 2.00 1.55 1.30 0.40 2.88 2.28 2.80 3.40 2.49 1.39 2.00 2.13 1.01
填高
2.00 3.29 0.18 0.98 2.28 5.10 4.19 0.77 1.74 1.97 1.40 3.80 2.54 2.36 1.21
设计高程
84.00 80.00 77.00 74.20 71.00 69.20 68.00 97.20 66.61 66.50 66.50 66.40 66.31 65.73 65.52 64.20 62.74 60.08 58.20 57.51 56.64 56.50 56.50 56.40 56.50 57.54 58.66 61.52 64.81
地面高程
82.00 81.00 79.00 70.91 70.82 70.75 69.30 67.60 65.63 64.22 61.40 62.21 65.53 68.61 67.80 67.00 61.00 58.11 61.60 60.00 58.03 58.50 58.63 55.00 52.70 55.00 56.30 62.53 63.60
桩号
K2+800.00 864.00 925.00 970.00 K3+023.00 065.00 QZ 096.18 130.00 YZ 169.35 205.00 245.00 ZY 275.00 315.00 QZ 373.82 400.00 YZ 472.66 525.00 585.00 690.00 ZY 734.00 800.00 QZ 852.00 900.00 YZ 970.00 K4+030.00 120.00 160.00 230.00 K4+300.00
平曲线
JD7 α=43° 00′ R=195
JD8 α=25° 10′ R=450
JD9 α=36° 31′ R=385
图 10.4 路线纵断面图

3）竖曲线。纵断面设计线是由直线和竖曲线组成的，在设计线的纵向坡度变更处，为了便于车辆行驶，按技术标准的规定应设计竖曲线。竖曲线分为凸形竖曲线和凹形竖曲线两种，在图中分别用"⌐⌐"和"⌐⌐"符号表示，并在其上标注竖曲线的半径（R）、切线长（T）和外距（E）。在图10.4路线纵断面图中，在K3+100处设有一条凹形竖曲线。

4）构造物和水准点。桥梁、涵洞、立体交叉和通道等公路沿线的人工构造物，应在设计线的上方或下方用竖直引出线标注，并标出构造物的名称、种类、大小和中心里程桩号，如图10.4所示。沿线设置的测量水准点应标注，如水准点BM_3设置在里程K2+820处的左侧距离为20m的岩石上，高为86.316m。

（2）资料表部分

资料表和图样应上下对齐布置，以便阅读。资料表主要包括以下栏目和内容：

- 地质概况。根据实测资料，在图中注出沿线各段的地质情况。
- 里程桩号。沿线各点的桩号是按测量的里程数值填入的，单位为米（m），从左向右排列。在平曲线的起点、中点、终点和桥涵中心点等处可设置加桩。
- 坡度/坡长。标注设计线各段的纵向坡度和该坡路段的长度。表格中的对角线表示坡度方向，左下至右上表示上坡，左上右下表示下坡，坡度和距离分注在对角线的上下两侧，如图10.4所示。
- 高程。表中有设计高程和地面高程两栏，高程与图样相互对应，分别表示设计线和地面线上各点（桩号）的高程。
- 挖填高度。挖填的高度值是指各点桩号对应的设计高程与地面高程之差的绝对值。
- 平曲线。平曲线栏表示该路段的平面线型，在该栏中用"——"表示直线段；以"⌐⌐"和"⌐⌐"或"⌐⌐"和"⌐⌐"四种图样表示平曲线段，前两种表示设置缓和曲线的情况，后两种表示只设圆曲线的情况。图样的凸凹表示曲线的转向，上凸表示右转曲线，下凹表示左转曲线。当路线的转折角小于规定值时，可不设平曲线，但需画出转折方向，"∨"表示左转弯，"∧"表示右转弯。

每张图纸的右上角应有角标，注明图纸序号和总张数。

10.1.3 路基横断面图

路基横断面图的作用是表达路线各中心桩处路基横断面的形状和地面横向起伏状况。

1. 横断面图的图示方法

路线横断面图是用假想的剖切平面，垂直于路中心线剖切而得到的图样。在横断面图中，路中线、路肩线、边坡线、护坡线用粗实线表示，原有地面线用细实线表示，路中心线用细点划线表示。工程上应根据实测资料和设计要求每隔一段距离在每一中心桩处，顺次画出一系列路基中心桩号处的横断面图，用以计算路基土石方和作为路基施工的依据。路基横断面图一般以路基边缘的高程作为路基中心的设计标高。

横断面图的比例一般为1∶200、1∶100或1∶50。

2. 横断面图的内容与特点

(1) 横断面图的形式

路基横断面图的形式主要有以下三种，如图 10.5 所示。

- 挖方路基（路堑），如图 10.5（a）所示。整个路基全部为挖土区称为路堑。挖土深度等于地面高程减去设计高程，挖方山坡的坡度需根据土质情况而定。在图下标有该断面的里程号，并注有中心线处的挖方高度 h_W（m），和该断面的挖方面积 A_W（m^2）。

- 填方路基（路堤），如图 10.5（b）所示。整个路基全部为填土区称为路堤，填土高度等于设计高程减去地面高程。填方边坡的坡度需根据土质情况而定。在图的下方注有该断面的里程桩号，并注有中心线处的填方高度 h_T（m）以及该断面的填方面积 A_T（m^2）。

- 半填半挖路基，如图 10.5（c）所示。路基断面一部分为填土区，一部分为挖土区，半填半挖路基是上述两种路基的综合。在图下仍注有该断面的里程桩号，并注有中心线处的填（或挖）方高度 h_T（或 h_W）以及该断面的面积 A_T（m^2）和挖方面积 A_W（m^2）。

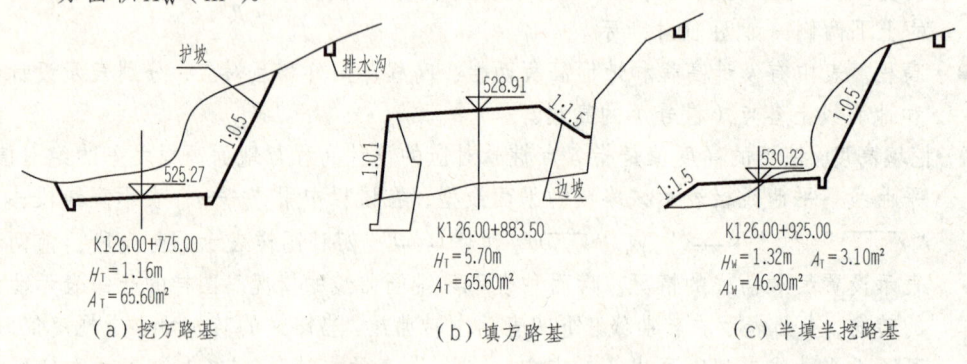

图 10.5 路线横断面图的基本形式

(a) 挖方路基　(b) 填方路基　(c) 半填半挖路基

(2) 超高

为了减小汽车在弯道上行驶时的横向作用力，路线在平曲线处需设计成外侧高内侧低的形式，道路边缘与设计线的高差称为超高，如图 10.6 所示。

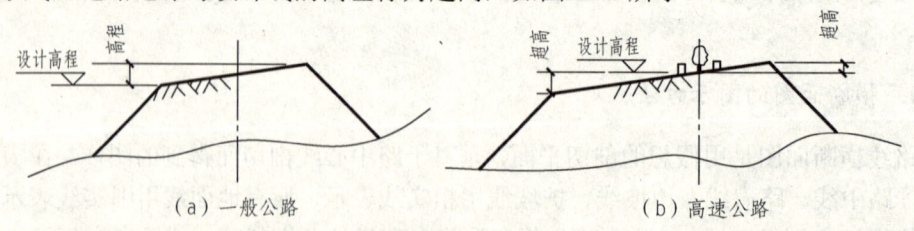

图 10.6 路线超高

(a) 一般公路　(b) 高速公路

3. 路基横断面图的绘制方法

路基横断面图的绘制方法如图 10.7 所示。

1) 路基横断面图的图面布置顺序。按桩号由下至上、从左到右进行布置。

2）地面线用细实线绘制。设计线用粗实线绘制。道路的加宽、超高也应在图中标出。

3）每张图纸的右上角应有角标，注明图纸序号和总张数。在最后一张图的右下角绘制图标。

4）绘图比例应在图纸中注释说明。

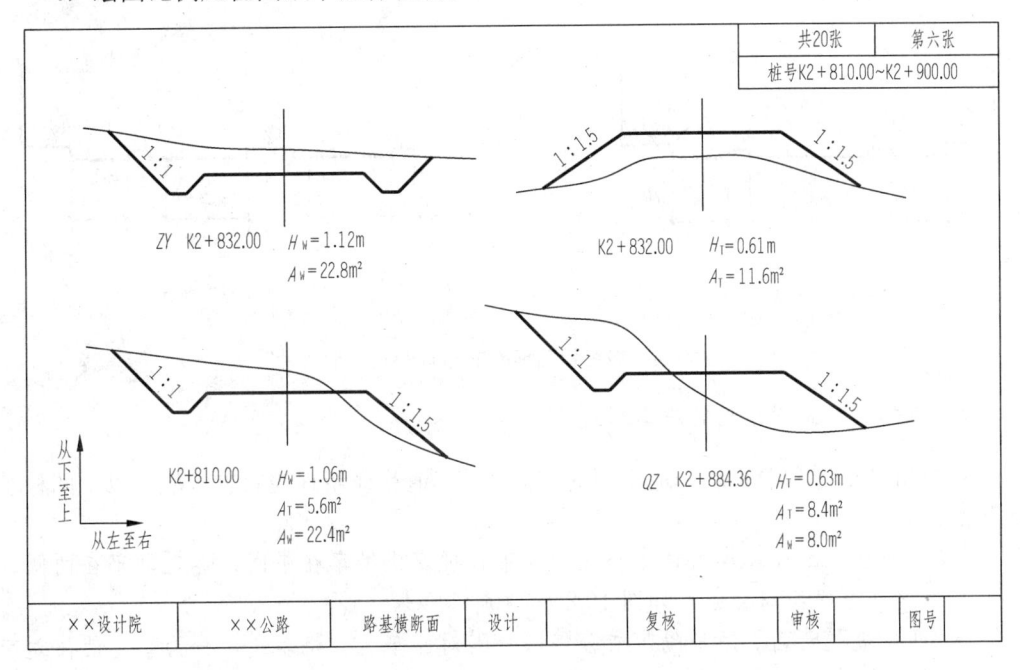

图 10.7 路基横断面图

10.2 城市道路路线工程图

城市里沿街两侧建筑红线之间的空间范围为城市道路用地。城市道路一般由机动车道、非机动车道、人行道、绿化带、分隔带、交叉口和交通广场以及各种设施组成。在交通发达的现代化城市，还建有高架道路以及地下通道等。

城市道路的线型设计结果是通过横断面图、平面图和纵断面图来表达的。其图示方法与公路路线工程图相同，城市道路的地型较平坦，但城市道路的设计是在城市规划和交通规划的基础上实施的，其交通性质和组成部分比公路复杂得多，体现在横断面图上城市道路比公路复杂得多。尤其是行人和非机动车辆较多，各种交通工具和行人的交通问题都需要在横断面设计中综合考虑予以解决，所以城市道路的横断面设计是矛盾的主要方面，一般都放在平面和纵断面设计之前进行。

10.2.1 道路横断面图

城市道路横断面图是沿道路的宽度方向，垂直于道路中心线方向的横断面图。该图由车行道、人行道、绿化带或分离带等部分组成，如图 10.8 所示。

（a）"一块板"断面

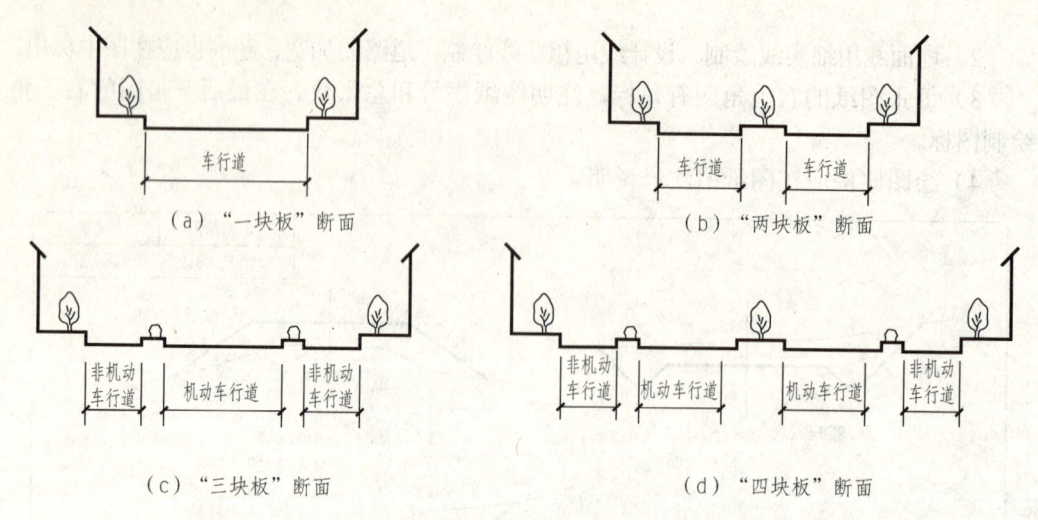

（b）"两块板"断面

（c）"三块板"断面

（d）"四块板"断面

图 10.8　城市道路横断面布置的基本形式

1. 道路横断面图布置的基本形式

根据机动车道和非机动车道不同的布置形式，道路横断画的布置一般有以下四种基本形式。

- "一块板"断面。车行道上不设分隔带，规定机动车在中间，非机动车在两侧，以路面划线组织交通，如图 10.8（a）所示。
- "两块板"断面。用分隔带或分隔墩分隔对面车流，将车道一分为二，使往返交通分离，同向车流中机动车、非机动车仍在一起混合行驶，如图 10.8（b）所示。
- "三块板"断面。用两条分隔带或分隔墩把机动车和非机动车交通分离，把车行道分隔为三块：中间为双向行驶的机动车道；两侧为方向彼此相反的单向行驶非机动车道，如图 10.8（c）所示。
- "四块板"断面。在"三块板"断面的基础上增设一条中央分离带，使机动车与非机动车均为单向行驶，如图 10.8（d）所示。

2. 横断面图的内容

横断面设计的最后成果用标准横断面设计图表示。图中要求表示出各组成部分及其相互关系。图 10.9 所示为"四块板"断面形式，依次设计的有中央绿化带、绿化带、人行道树，使双向机动车、非机动车与行人完全分到单向同行。图中还表示了各组成部分的宽度尺寸和结构设计要求。

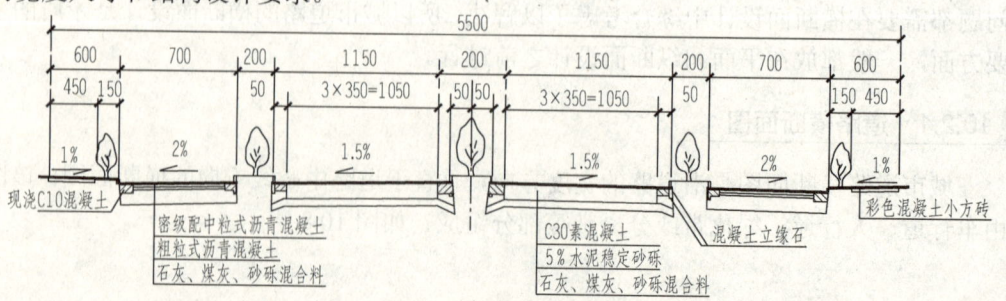

图 10.9　标准横断面设计图

"四块板"断面形式的优点在于，减少双向行使的机动车之间的干扰。但从建设投资方面来看，"四块板"断面形式的道路占地面及大，工程费用也较高，因此在城区内的道路大部分均采用"三块板"形式。

10.2.2 道路平面图

城市道路平面图与公路路线平面图相似，它是用来表示城市道路的方向、平面线型和车行道布置以及沿路两侧一定范围内的地形和地物情况。

图 10.10 为一段城市道路平面图：它主要表示环形交叉口和市区道路的平面设计情况。城市道路平面图的内容可分为道路和地形、地物两部分。

1. 道路情况

1）道路中心线用单点长划线表示。为了表示道路的长度，在道路中心线上标有里程。由于北段道路是待建道路，其里程起点是南北道路中心线的交点，如图 10.10 所示。

2）道路走向。道路的走向可用坐标网或画出指北针来确定。该图道路的地理位置和走向是用坐标网表示的，X 轴向表示南北（上指北），Y 轴向表示东西（右指东）。北段道路的走向随里程增加为北偏西方向。

3）城市道路平面图所采用的绘图比例较公路路线平面图大很多，因此车、人行道的分布和宽度可按比例画出，由图 10.10 中可以看出：待建北段道路为"三块板"断面形式，机动车道的宽度为 20m，非机动车道宽度为 7m，人行道为 5m，中间两条分隔带宽度均为 2m。

4）图 10.10 中两同心圆表示交通岛，其半径为 20m，同心单点长画线圆表示环岛车道中心线。

2. 地形和地物情况

1）城市道路所在的地势一般比较平坦，地形除用等高线表示外，还用大量的地形点表示高程。

2）北段道路需占用沿路两侧一些土地，该地区的地物和地貌情况可在表 10.1 和表 10.2 平面图图例中查阅。

表 10.2 城市道路工程常用地物图例

名 称	图 例	名 称	图 例	名 称	图 例
砖石或混凝土结构房屋	B	砖瓦房	C	石棉瓦房	D
只有屋盖的简易房	⌐ ¬	围墙	─┬─	蓄水池	水
下水道检查井	○	通信杆	⌀	非明确路边线	----

10.2.3 道路纵断面图

城市道路纵断面图也是沿道路中心线的展开断面图。作用与公路路线纵断面图相同，其内容也是由图样和资料表两部分组成，如图 10.11 所示。

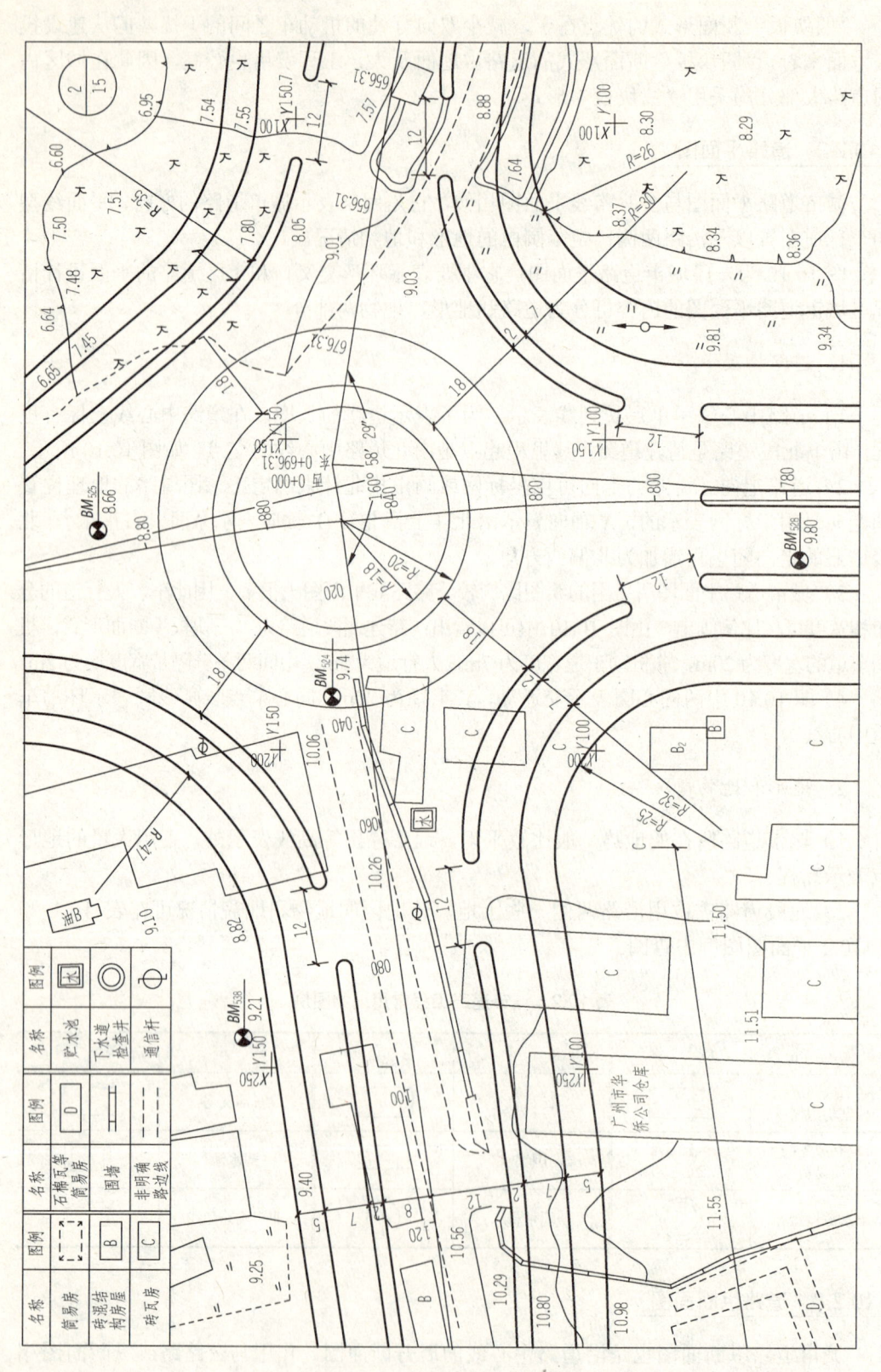

图 10.10 某城市道路路线平面图

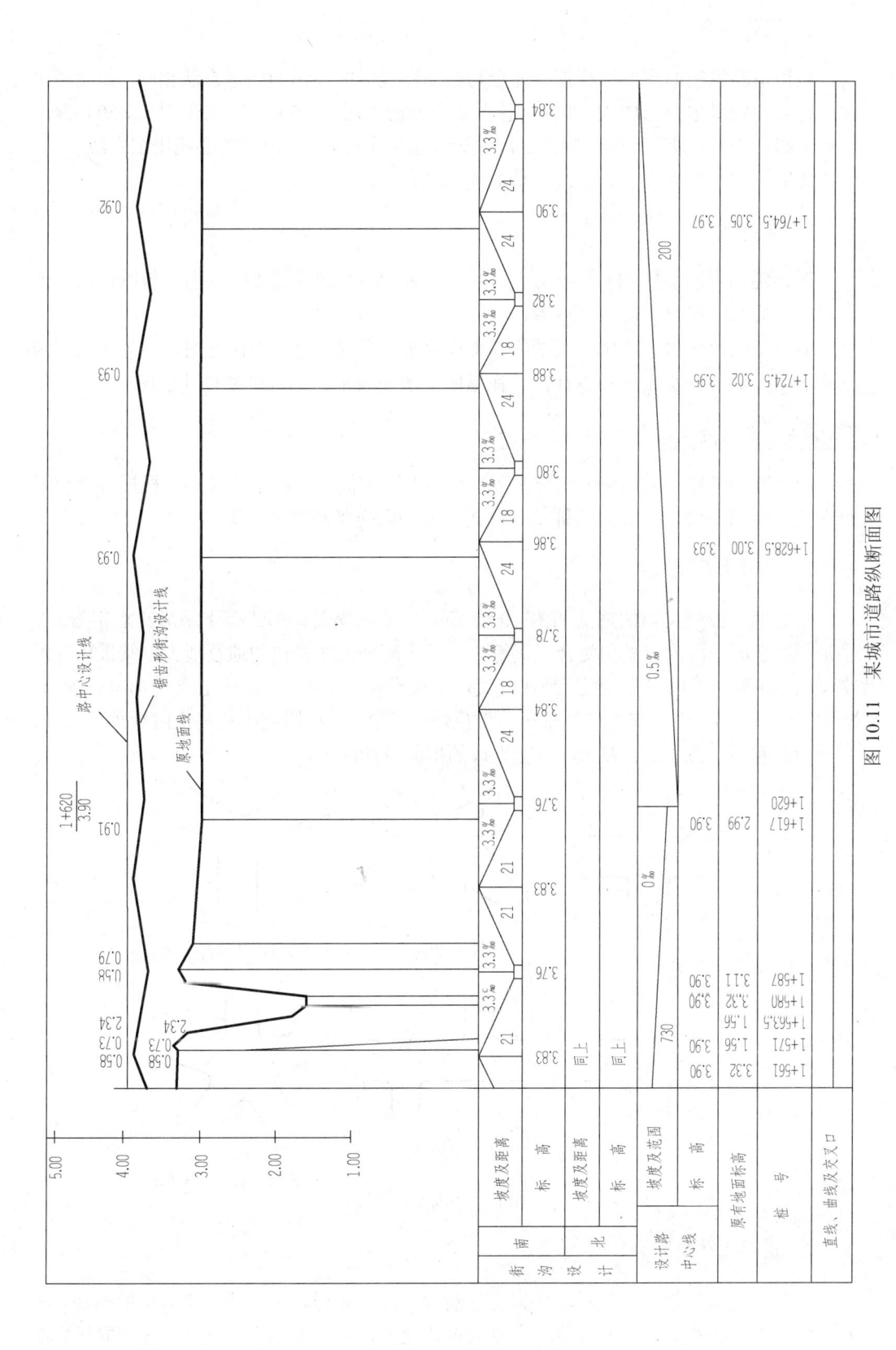

图 10.11 某城市道路纵断面图

1. 图样部分

城市道路纵断面图的图样部分完全与公路路线纵断面图的图示方法相同，如绘图比例竖直方向较水平方向放大 10 倍（该图水平方向采用 1∶500，竖向采用 1∶50）等。城市道路由于存在街沟设计，图中街沟设计线用粗实线表示，道路中心线用细实线表示，中心线上标注的数据表示设计线与地面线的高程差。

2. 资料部分

城市道路纵断面图的资料部分基本上与公路路线纵断面图相同，不仅与图样部分上下对应，而且标注有关的设计内容。

城市道路除作出道路中心线的纵断面图之外。当纵向排水有困难时，还需作出街沟纵断面图。对于排水系统的设计，可在纵断面图中表示，也可单独设计绘图。

10.2.4 道路交叉口

当道路与道路（或铁路）相交时所形成的共同空间部分称为交叉口。根据各相交道路在交叉点的高度，可分为两种基本形式，即平面交叉和立体交叉。

1. 道路平面交叉口

常见的平面交叉口的形式如图 10.12 所示。平面交叉口形式有十字形、X 字形、Y 字形、T 字形、错位交叉和复合交叉等。为了提高平面交叉口的通行能力，常采用环形交叉口。环形交叉口俗称转盘，是在交叉口中央设置一个中心岛，中心岛的形状有圆形、椭圆形、卵形等。进入交叉口的车辆不受色灯的控制，一律围绕中心岛逆时针单向行驶，直至所去路口。图 10.10 表示环形交叉口的平面设计图。

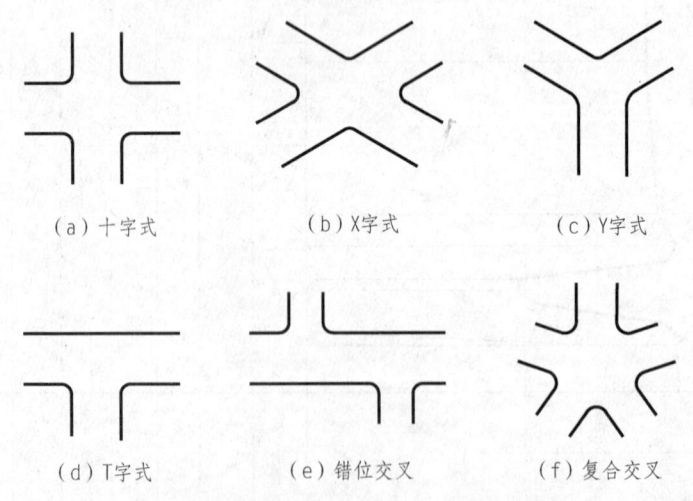

(a) 十字式　　(b) X 字式　　(c) Y 字式

(d) T 字式　　(e) 错位交叉　　(f) 复合交叉

图 10.12　平面交叉口形式

2. 道路立体交叉口

当平面交叉口仅用交通控制手段无法解决交通要求时，为了适应交通量的增加，解决行车安全和提高车流量和车速，在重要道路交叉口处可采用立体交叉。它能取代平面交叉口的信号灯管理，基本上消除平面交叉口的冲突点，使车辆能连续不断迅速通过交叉口，能大大提高道路的通行能力。

立体交叉是指交叉道路在不同高程的道口相交时，在交叉处设置跨越道路的桥梁，一条路在桥上通过，一条路在桥下通过，各相交道路上的车流互不干扰，保证车辆快速安全地通过交叉口。近年来我国交通事业发展迅猛，高速公路的通车里程与日俱增。随着经济的发展平面交叉口已不能适应现代化交通的需求；立体交叉工程从根本上解决各向车流在交叉口处的冲突，不仅提高了通行能力和安全舒适性，而且节约能源，提高了交叉口现代化管理水平；国家标准《公路工程技术标准》（JTJ 001—2003）中规定，高速公路、一级公路与其他公路相交时应采用立体交叉，立体交叉工程已经成为道路工程中占相当份量的组成部分。

(1) 立体交叉的类型

立体交叉的类型按设计的车流量、车速及地形等综合考虑，其分类方法大致有以下几种。

- 按有无匝道连接上、下相交道路，分为分离式立体交叉和互通式立体交叉，如图10.13（a, b）所示。
- 分离式立体交叉是在道路交叉口修建立体交叉桥，保证直行方向的交通互不干扰；互通式立体交叉分为"定向互通"和"全互通"两种，需要修建立体交叉桥并设置匝道，连接上下相交的道路，保证各个方向的车流能通畅行驶。
- 按结构，分为上跨式立体交叉和下穿式立体交叉，如图10.13（c, d）所示。
- 如果根据立体交叉在水平面上的几何形状，可分为菱形、苜蓿叶形、喇叭形等。同时，各种形式又可以有多种变形，如图10.14所示。

(2) 立体交叉的组成和作用

立体交叉由跨线桥、引道、坡道和匝道组成。跨线桥是指跨越相交道路间的构筑物；引道是指干道与跨线桥相接的桥头路，其范围是由干道的现场高程为起点到桥头相顺接的路段；坡道一般是指立交桥下低于现场地面高程的路段，其范围是由干道的现场地面高程到立交桥下路面高程相顺接的路段；匝道是指用以连接上、下两条相交道路的左右转弯车辆行驶的道路，如图10.14所示。

不管立体交叉形式如何，所要解决的问题只有一个，就是消除或部分消除各向车流的冲突点，也就是将冲突点处的各向车流组织在空间的不同高度上，使各向车流分道行驶，从而保证各向车辆在任何时间都能连续行驶，以提高交叉口处的通行能力和安全舒适。

(3) 立体交叉的图示方法

1) 平面图。平面图为立体交叉的主要图样，图10.14所示为苜蓿叶形立交桥的平面图。它显示南北向的主干道在桥下穿过，东西干道为跨线桥，外圈匝道是右转匝道，里圈匝道是左转匝道，箭头表示车流方向。该形式交叉绕行长、占地面积大，适用于郊区环路。

2) 立体交叉的交通组织图。在道路交叉口平面图上，用不同线型的箭线，标注机动车、非机动车和行人等在交叉口处必须遵守的行进路线，这种图样称为交通组织图。以交通组织图表示车流方向及交通组织，显示交通流在各方向的分流、合流、交织、平面交叉和立体交叉，如图10.15所示。

(a)分离式

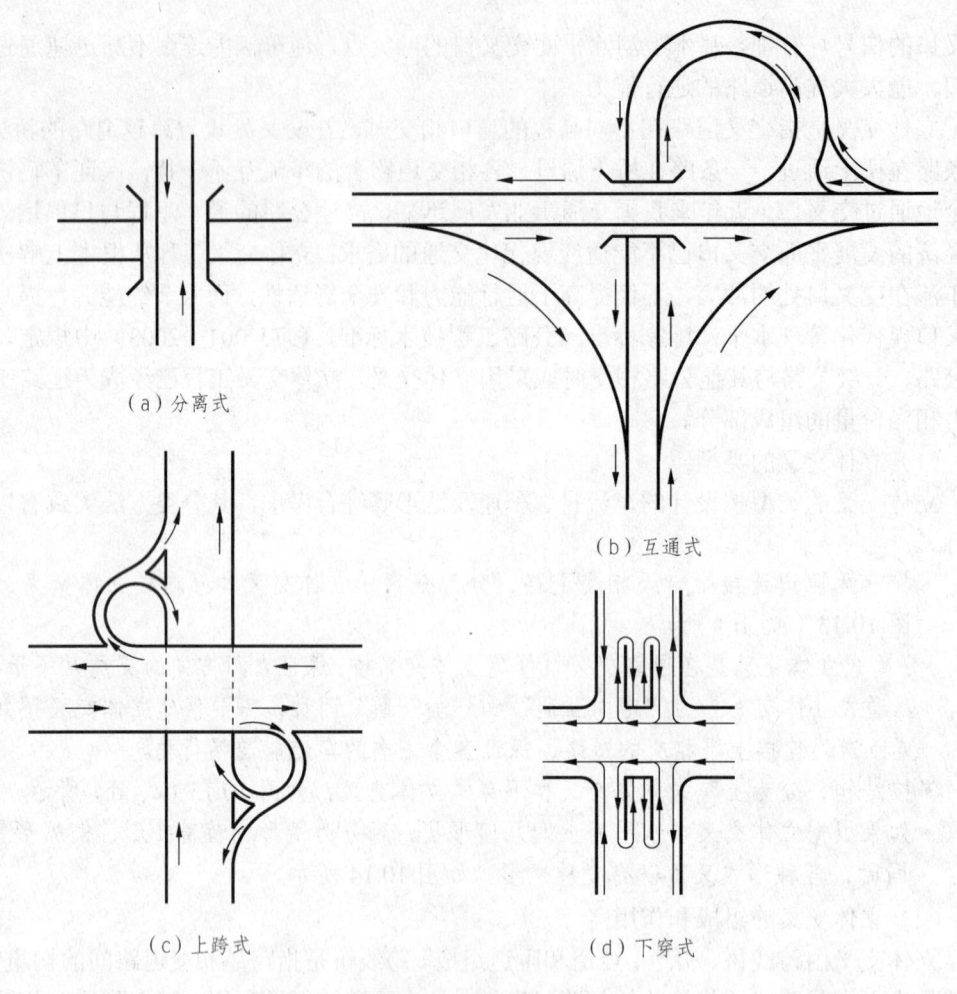

(b)互通式

(c)上跨式

(d)下穿式

图 10.13　立体交叉形式

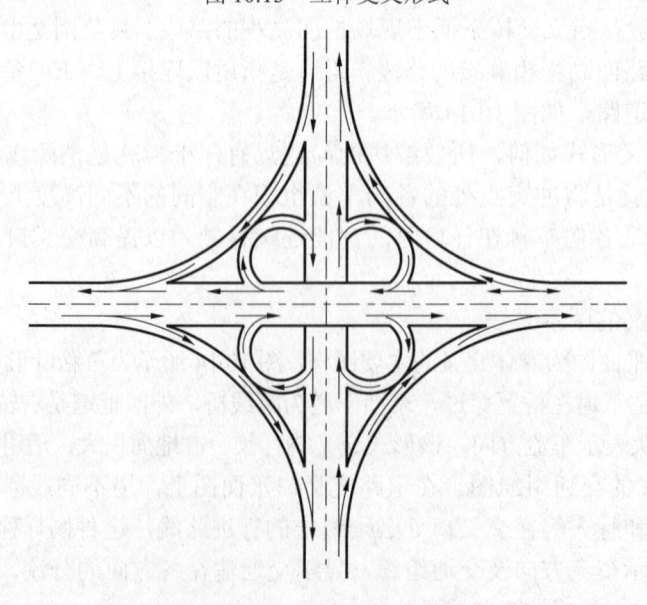

图 10.14　苜蓿叶形立交桥

第 10 章 道桥施工图

注：○为机动车、非机动车交叉点

非机动车道
机动车道
非机动车道

非机动车道
机动车道
机动车道
非机动车道

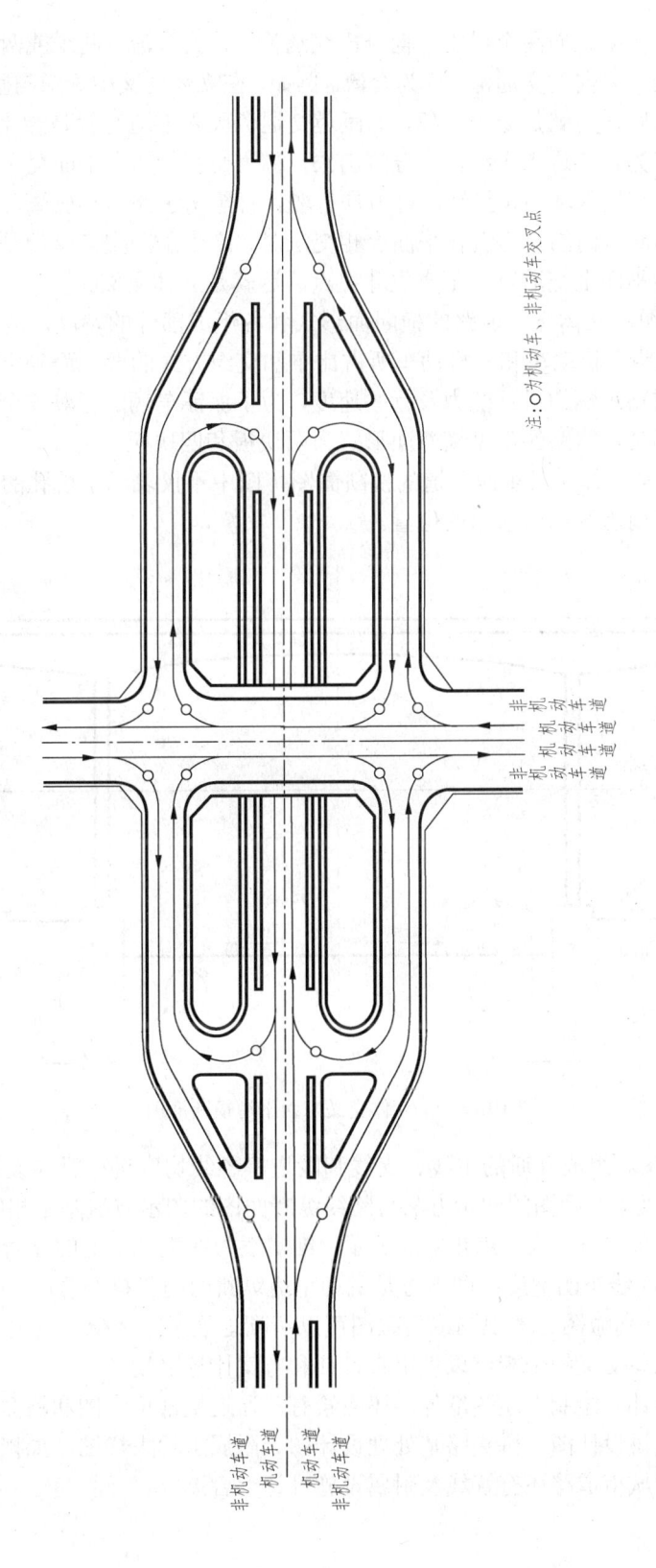

图 10.15 立体交叉平面图

一条交通流在某处向两个以上方向分出交通流,称为分流。两个或两个以上的交通流在某处合为同一方向的交通流,称为合流。例如,在立体交叉中干道与匝道的连接处,干道交通流驶入匝道时就是分流现象,而匝道交通流驶入干道时就是合流现象。两个或两个以上交通流先合流进入干线,再分流出去,称为交织。如在平面交叉道路中设置中心环岛,各方向车进入环岛,按逆时针方向行驶,行至所去路口再驶离环岛,便是交织现象。当两条不同方向的交通流在平面上相交汇时,产生了冲突点这便是平面交叉。当其在不同高度的平面上交汇时,不产生冲突点,这就是立体交叉。

3)横断面图。立体交叉道路的横断面形式和各组成部分的宽度,应根据道路的规划、等级、交通量、机动车和非机动车所占比重和交织方式的要求而确定。由于立体交叉是为了提高道路车辆的通行能力及行驶速度,为了保证车辆的行驶安全,道路横断面设计应设置分隔带,道路的常见横断面形式为两块板和四块板。

图10.16为某立体交叉东西干道的横断面图,图中不仅表示了桥孔的宽度、路面的横坡,还表示了雨水管和雨水口的位置。

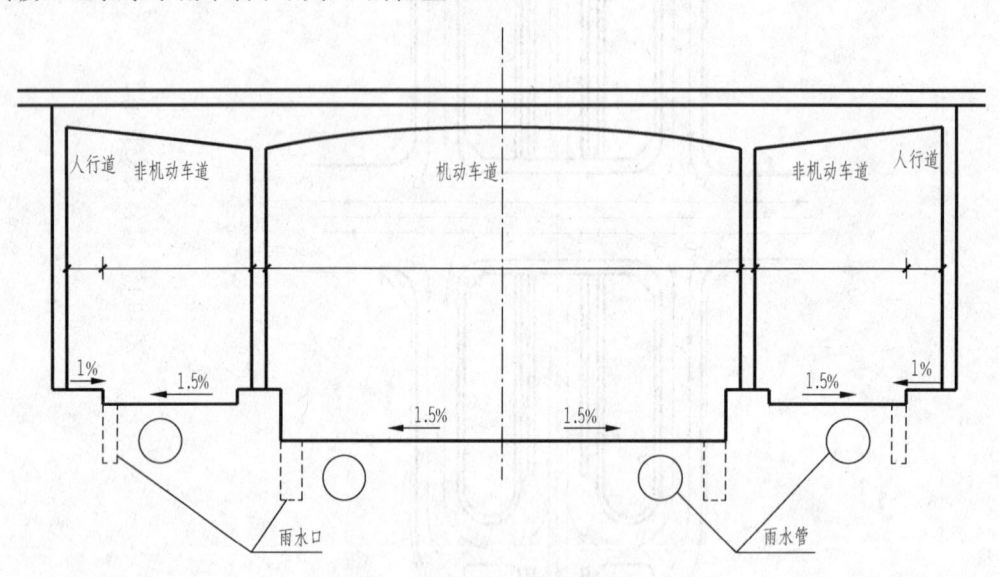

图 10.16 某立体交叉东西干道横断面图

4)纵断面图。组成互通的主线、支线和匝道等各线均应进行纵向设计,用纵断面图表示。立体交叉纵断画图的图示方法与路线纵断面图的图示方法基本相同,如图10.17所示。图中机动车道纵坡大,用粗实线表示;细实线为非机动车道的纵断面;图中上方的 ━━━ 表示跨线桥的宽度;图下方是机动车道纵断面的资料汇总。

5)透视图或鸟瞰图。透视图或鸟瞰图可以清晰地展示立体交叉桥的全貌,它以较高的视点展示立体交叉的全貌,以供审查设计和方案比选之用。

立体交叉设计除绘制上述图纸外,还应绘有互通连接部位详图和路面高程数据图、路面结构、跨线桥设计图、桥头路基处理设计图、附属工程大样图(如挡土墙、栏杆、灯柱)等,对于城市道路还有管线及附属设施设计综合图等。

第10章 道桥施工图

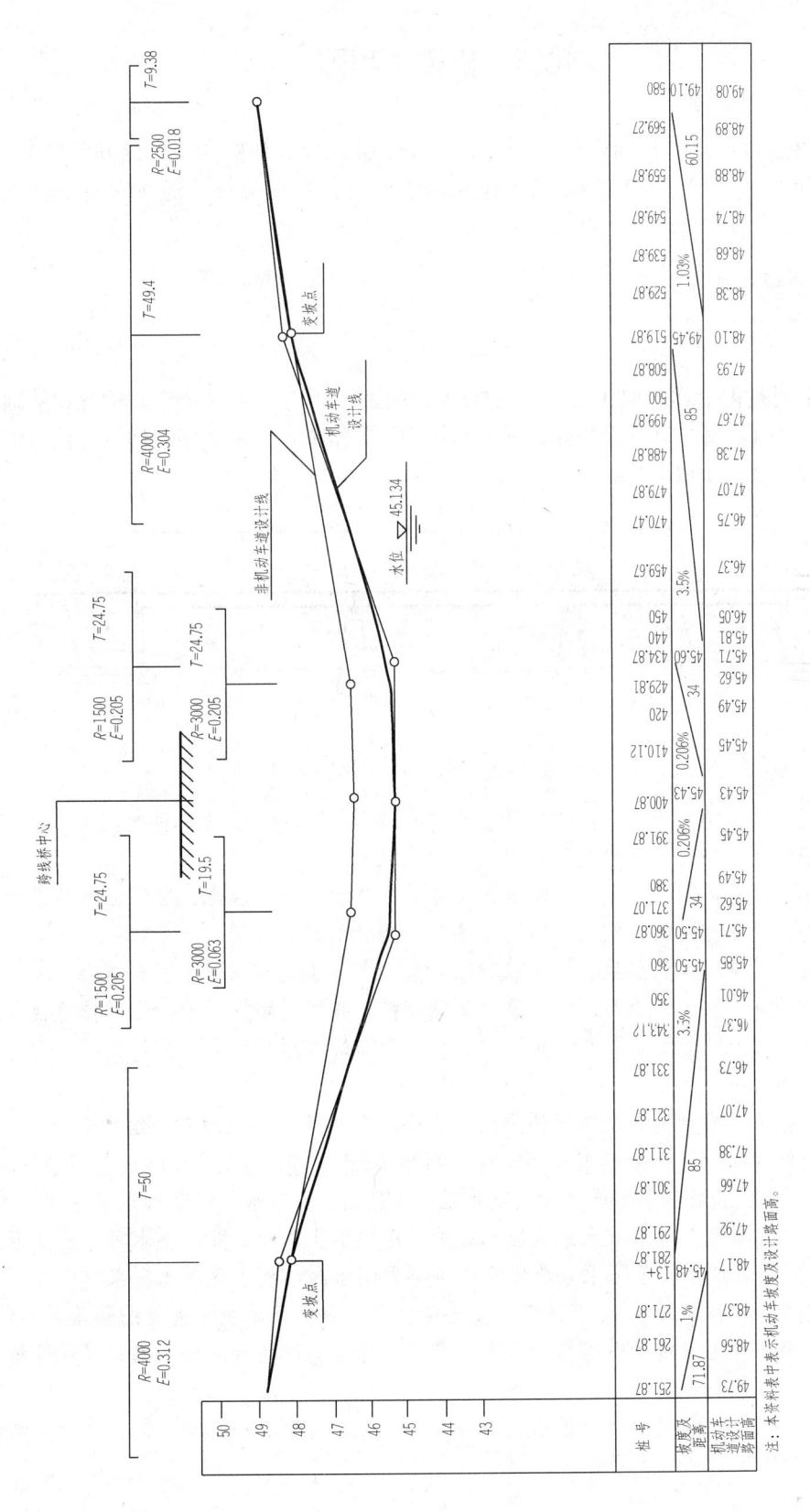

图 10.17 某立体交叉干道纵断面图

10.3 桥梁工程图

当道路路线在跨越江河湖泊、山谷、低洼地带以及其他路线（公路和铁路）时，需要修筑桥梁，以保证车辆的正常行驶和渲泄水流，保证船只的通航和桥下公路或铁路的运行。

10.3.1 桥梁的基本组成

1. 桥梁的组成

桥梁主要是由上部结构（主梁或主拱圈和桥面）、下部构造（桥墩、桥台和基础）及附属构造物（栏杆、灯柱及护岸、导流结构物）等组成，其中上部结构有时被习惯称为桥跨结构，如图 10.18 所示。

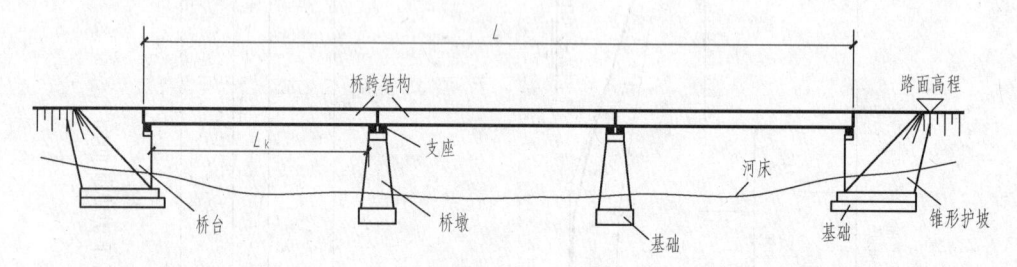

图 10.18 桥梁示意简图

桥梁也可看作由五个"大部件"和五个"小部件"组成。五大部件为：
- 桥跨结构。它是线路跨越障碍时的主要承载结构。
- 支座系统。其作用是支承上部结构并传递荷载于桥梁墩台上，应保证上部结构在荷载、温度变化或其他因素作用下达到所预计的位移功能。
- 桥墩。其是支承桥跨结构，并将恒载和车辆等活载传递给地基的建筑物。
- 桥台。桥台位于桥的两侧，一端与路堤相接，并防止路堤滑塌，为保护桥台和路堤填土，在桥台两侧常做一些防护工程，如砌筑锥形护坡等；另一侧则支承桥跨结构的端部。
- 墩台基础。墩台基础是保证桥梁墩台安全，并将荷载传至地基的结构部分。

五小部件均指直接与桥梁服务功能有关的部件，也可总称桥面构造。这五小部件为：
- 桥面铺装。桥面铺装的平整性、耐磨性、不翘曲、不渗水是保证行车平稳的关键。
- 排水防水系统。排水防水系统应迅速地排除桥面上积水，并使渗水可能性降低到最小程度。城市桥梁防水系统应保证桥下无滴水和结构上无漏水现象。
- 栏杆（或防撞栏杆）。栏杆是保证安全的构造措施，又是利于观赏的最佳装饰件。
- 伸缩缝。伸缩缝位于桥跨结构之间，或在上部结构和桥台端墙之间，以保证结构在各种因素下的变位。
- 灯光照明。现代化城市中标志式的大跨度桥梁都装置了多变幻的灯光照明，增添了城市中光彩夺目的晚景。

桥梁全长（桥长 L）是桥梁两端两个桥台的侧墙或八字墙后端点之间的距离。对于无桥台的桥梁，其为桥面系行车道的全长。

2. 桥梁的分类

桥梁的种类繁多，其分类方式也很多。下面介绍几种主要分类方式。

- 按桥梁的受力体系的不同，可分为梁式桥、拱式桥、桁架桥、斜拉桥、悬索桥等。
- 按主要承重结构所用的材料，划分钢筋混凝土桥、预应力混凝土桥、钢桥和木桥等。

《公路桥涵设计通用规范》（JTG D60—2004）中按桥梁全长和跨径的不同分为特大桥、大桥、中桥和小桥，见表10.3。

表10.3　桥梁涵洞分类

桥梁分类	多孔跨径全长 L/m	单孔跨径/m
特大桥	$L>1000$	$L_k \geq 150$
大桥	$1000 \geq L \geq 100$	$150 \geq L_k \geq 40$
中桥	$30<L<100$	$20 \leq L_k<40$
小桥	$8 \leq L \leq 30$	$5 \leq L_k<20$
涵洞	—	$L_k<5$

- 按跨越障碍的性质，可分为跨河桥、跨线桥（立体交叉）、高架桥和栈桥。
- 按上部结构的行车位置可分为上承式桥、下承式桥和中承式桥。桥面布置在主要承重结构之上者称为上承式桥；布置在主要承重结构之下者称为下承式桥；布置在主要承重结构中间的称为中承式桥，如图10.19所示。

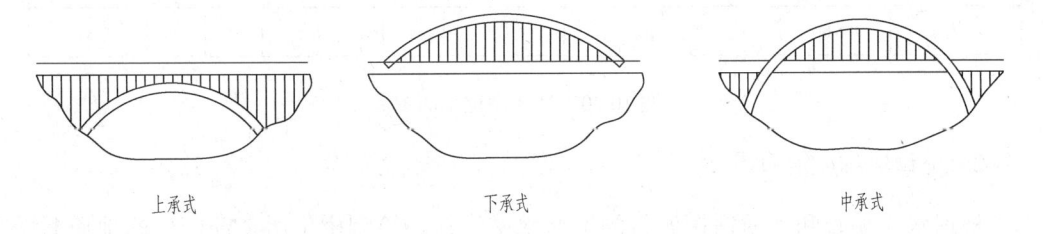

上承式　　　下承式　　　中承式

图10.19　桥面布置位置示意图

无论形式和建筑材料如何，工程图均采用正投影的基本理论和基本作图方法绘制，下面运用这些理论和方法再结合桥梁工程图的图示特点来阅读和绘制桥梁工程图。

桥梁工程图是建造一座桥梁的施工依据，需用的图纸很多，一般包括桥位平面图、桥位地质纵断面图、总体布置图和构件详图等。

10.3.2　桥位平面图与纵断面图

1. 桥位平面图

桥位平面图主要是表示桥梁与路线连接的平面位置，通过地形测量绘出桥位处的道路、河流、水准点、钻孔及附近的地形和地物（如房屋、老桥等），以便作为设计桥梁、施工定位的根据。这种图一般采用较小的比例，如 1：500，1：1 000，1：2 000 等。图 10.20 所示为某桥的桥位平面图，除了表示路线平面形状、地形和地物，还表明了钻孔、里程、水准点的位置和数据等。

桥位平面图中的植被、水准符号等均应以正北方向为准，而图中文字方向则可按路线要求及总图标方向来决定。

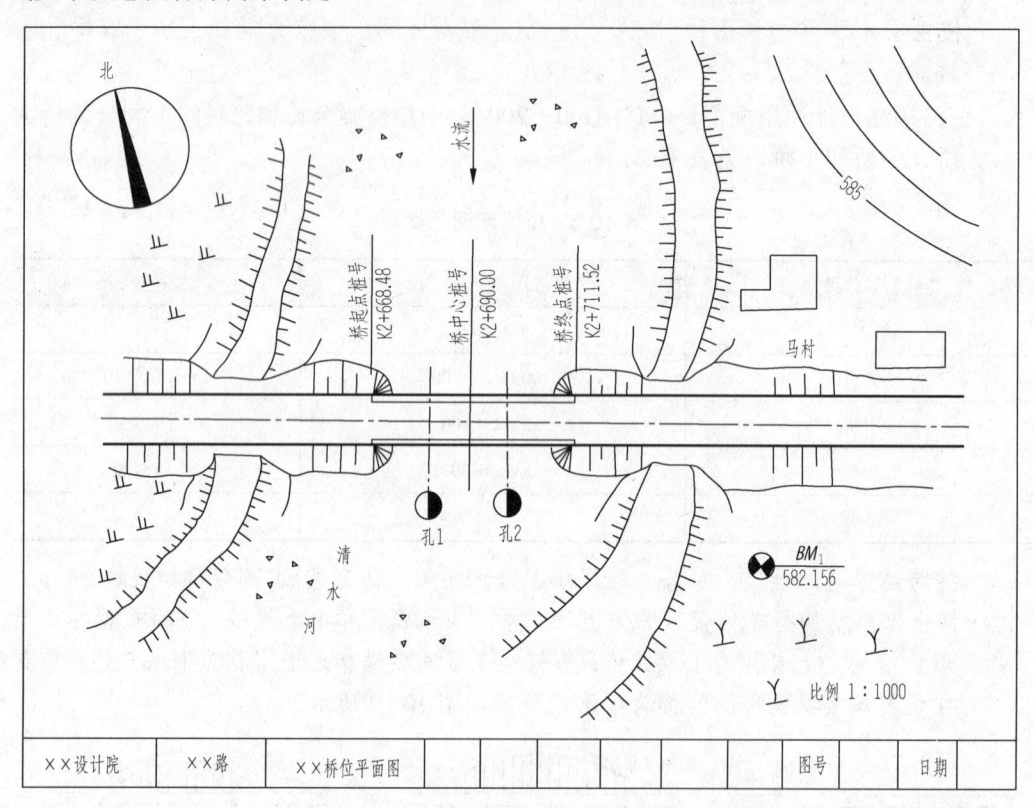

图 10.20　××桥位平面图

2. 桥位地质纵断面图

根据水文调查和地质钻探所得的地质水文资料，绘制桥位所在河床位的地质断面图，包括河床断面线、最高水位线、常水位线和最低水位线，以便作为设计桥梁、桥台、桥墩和计算土石方数量的依据。某些桥可不绘制桥位地质断面图，但应写出地质情况说明。桥梁地质断面图为了显示地质和河床深度变化情况，特意把地形高度（高程）的比例较水平方向比例放大数倍画出。如图 10.21 所示，地形高度的比例采用 1：200，水平方向比例采用 1：500。

10.3.3　桥梁总体布置图

桥梁总体布置图主要表明桥梁的形式、总跨径、孔数、桥面标高、桥面宽度、桥跨结构横断面布置和桥梁的线型，以及各主要部分的相互位置关系及标高、材料数量和总的技术说明等。桥梁总体布置图中还应表明桥位处的地质及水文资料和桥面设计标高、地面标高、纵坡及里程桩号,作为施工时确定墩台位置、安装构件和控制标高的依据。

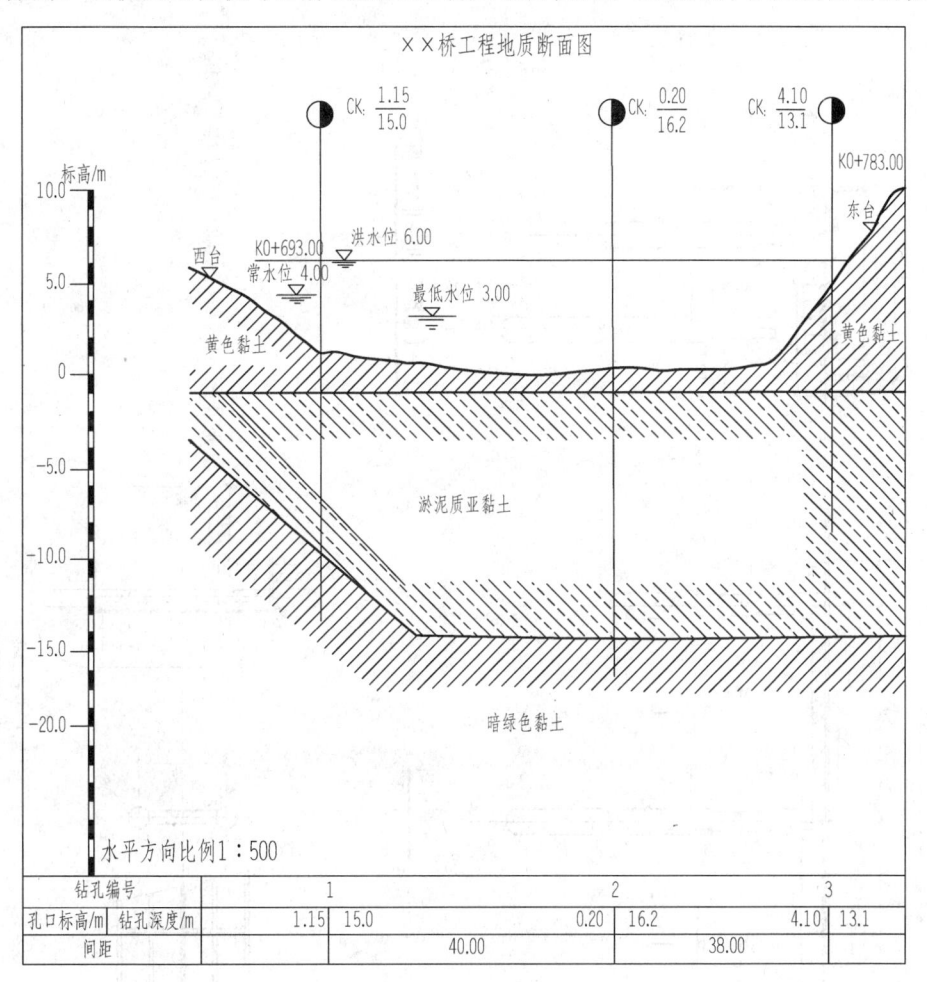

图 10.21 桥位地质断面图

图 10.22 所示为某一梁桥的总体布置图,它是由立面图、平面图和横剖面图组成,比例均采用 1∶100。

(1) 立面图

立面图一般由半立面图和半纵剖面图组合而成。半立面图表示桥梁的立面投影即外部形状;半纵剖面图表示其内部剖切情况即内部构造,以桥面中心线展开绘制。从立面图可以反映本桥的特征和桥型,由有三孔组成,中间一孔跨径为 20m,两边孔跨径为 10m,全长为 44m(从耳墙的后边缘算起)。由于被剖切到的 T 形梁部分截面较小,其用涂黑表示。从半纵剖面图中可以看出中间一孔的梁与边孔的梁结构是不同的,还可以看出中间孔的梁有五根横隔梁。横隔梁的作用是将一片主梁与另一片主梁横向连接起来,其示意图见图 10.23。立面图中还反映两边桥台为带耳墙的双柱式轻型桥台,桥墩为双柱式轻型桥墩,基础为钻孔灌注桩;还反映河床的形状,根据高程可知混凝土钻孔桩的埋置深度等。由于桩埋置较深,为了节省图幅可以采用折断画法。

在工程图中,人们习惯假设没有填土或填土为透明体,因此埋在土里的基础和桥台部分,仍用实线表示,并且只画出结构物可以看见的部分,不可见的部分省略不画。

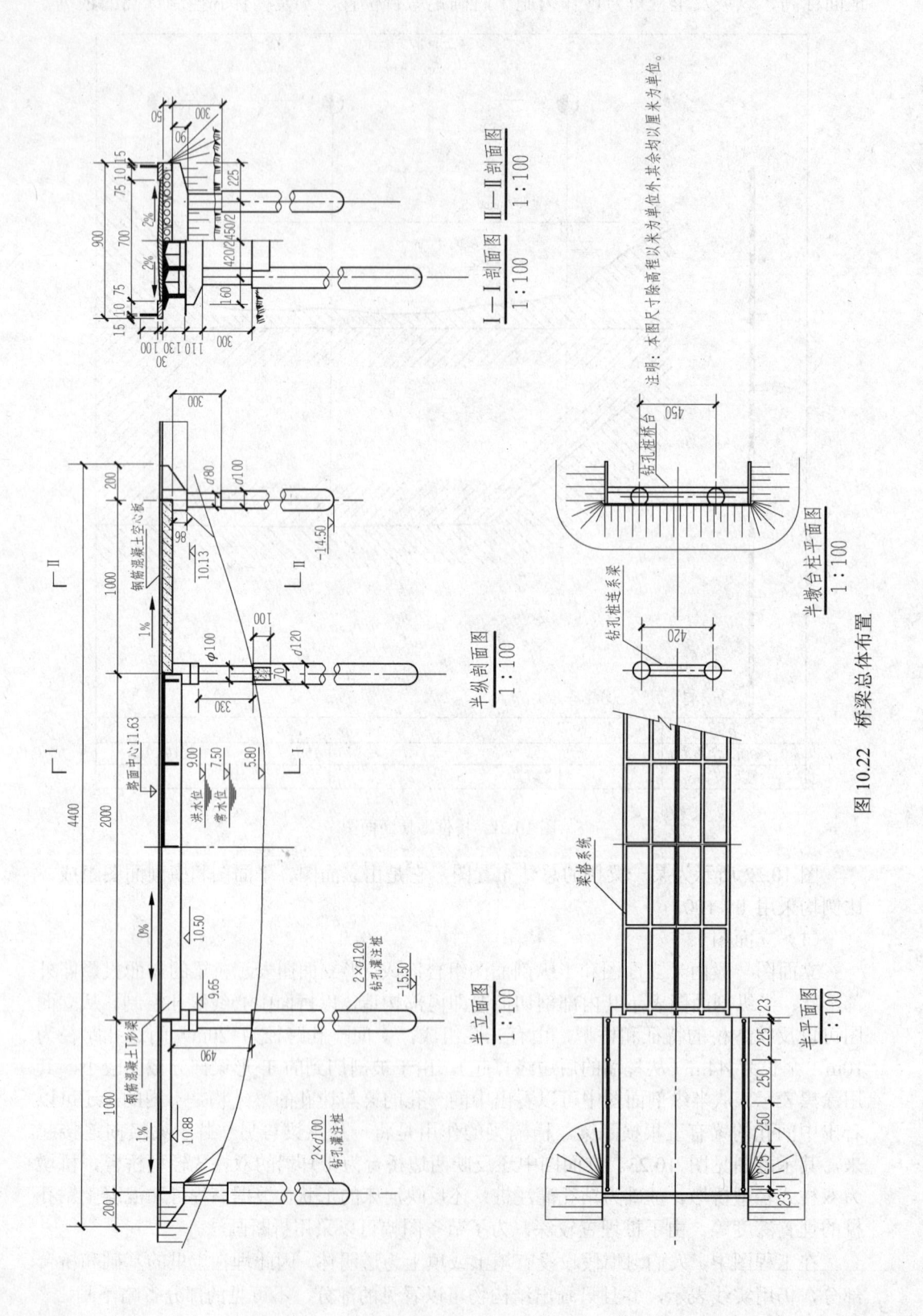

图 10.22 桥梁总体布置

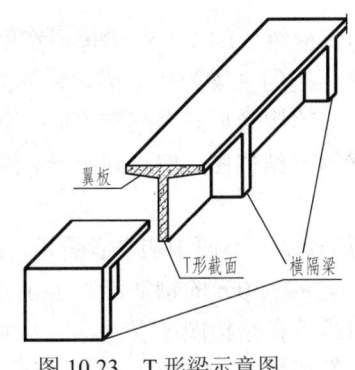

图 10.23 T 形梁示意图

（2）平面图

平面图一般采用半平面图半剖面图的形式来表示。在半平面图中，桥台两边显示锥形护坡以及桥面上两边栏杆的布置。在半剖面中采用了半剖面图和局部剖面图的形式，分别表达了梁格系统、桥墩和桥台的位置。桥墩是剖切在双柱式桥墩的双柱处。桥台是剖切在灌注桩上部。因此，在桥墩处显示出两根立柱联系梁，桥台处显示台顶面与两根灌注桩的位置（虚线表示灌注桩）。对照横剖面图，可以看出桥面净宽为 7m，人行道宽两边各为 0.75m，还有栏杆、立柱的布置尺寸。由于支座尺寸较小，图 10.22 中未画出。

（3）侧面图（横剖面图）

图 10.22 是由 1/2Ⅰ—Ⅰ剖面图和 1/2Ⅱ—Ⅱ剖面图拼接成的一个图样，在工程图中常采用这种表示法，并且为了表达清楚，侧面图的比例可以设置为比平面图和立面图的比例大。由图中可以看出，桥梁的上部结构在中间孔位置由 5 片 T 形梁组成（Ⅰ—Ⅰ剖面中为两片半，全宽为五片），上部构造在边孔位置为五片空心板梁（Ⅱ—Ⅱ剖面中为两片半，全宽为五片）；下部构造一半为桥台，一半为桥墩，且只画出可见部分。详细尺寸及构造均在后面构造详图中介绍。

10.3.4 桥梁的构件图

在总体布置图中，桥梁的构件都没有详细完整地表达出来，因此单凭总体布置图是不能进行施工的，为此还必须根据总体布置图采用较大的比例把构件的形状、大小完整地表达出来，才能作为施工的依据，这种图称为构件结构图，简称构件图。由于采用较大比例，也称为详图，如桥台图、桥墩图、主梁图和栏杆图等。构件图常用的比例为 1∶10~1∶50。当构件的某一局部在构件图中不能清晰完整地表达时，则应采用更大的比例如 1∶3~1∶10 等来画局部放大图。

构件图主要表明构件的外部形状及内部构造（如配筋情况等），所以又包括构造图和结构图两种类型。只画构件形状、不表示内部钢筋布置的称为构造图，当外形简单时该图可省略，其图示方法与第 6 章中所讲的"视图"完全一致。主要表示钢筋布置情况的称为结构图，通常又称为某构件钢筋构造图，结构图一般应包括钢筋布置情况、钢筋编号及尺寸、钢筋详图（即钢筋成型图）、钢筋数量表等内容。图中，钢筋直径以毫米为单位，其余均以厘米为单位。图示方法与第 10 章所讲的钢筋混凝土构件详图的画法完全相同。

1. 主梁结构图

（1）钢筋混凝土 T 形梁

在总体布置（图 10.22）中，中间孔是采用跨径为 20m 的装配式钢筋混凝土 T 形梁，

T形梁是由梁肋、横隔板和翼板组成的。T形梁每根宽度较小,在使用中常常是几根并在一起,所以人们习惯上称两侧的主梁为边主梁,中间的主梁为中主梁。

一般情况下,边梁与中梁的构造形式会略有不同,其钢筋结构图也会有差别,故分别有中梁钢筋结构图和边梁钢筋结构图,但大同小异。这里仅以中梁为例说明钢筋结构图的图式特点和图示内容。

由于20m梁的结构钢筋较多,不便于初学者看懂,选用10m梁为例,其图示方法是一样的。图10.24所示为跨径为10m的钢筋混凝土T形梁结构,由于梁外形简单,不需另画构造图,其主要轮廓线可在结构图中表示,次要的线条可省略不画。它是由立面图、断面图、钢筋详图(钢筋成型图)及钢筋数量表组成的。

立面图是主梁钢筋图。梁的下方编号为①和编号为②的钢筋,其下方的水平部分实际上是重叠接在一起的,并和编号为④、⑤、⑥等钢筋端部重叠焊接在一起。为了图示清楚,在画图时有意把线条分开。图中短划平行线表示焊缝符号,焊缝长度为8cm或16cm。

跨中断面图把重叠的钢筋用空心圆来表示。如不重合的仍用涂黑小圆来表示,也可标注在断面图上、下方与断面图相对应的小方格内,图中上、下小方格内的数字就是所在对应位置的钢筋的编号。钢筋详图表示每种钢筋的弯曲形状及其尺寸。图中受力主筋用粗实线表示,如图中的①、②、③、④、⑤、⑥号钢筋;分布钢筋及箍筋用中粗实线表示,如图中的⑦、⑧号钢筋。

应说明的是,图10.24仅画出T形梁中间部分的配筋情况,所以也称主梁骨架结构图,两端的翼板也是要配置钢筋的,应绘有T形梁翼板钢筋布置图。有横隔板连接的T形梁能保证主梁的整体稳定性,横隔板在接缝处都预埋了钢板,在架好后通过预埋钢板焊接成整体,使各梁能共同受力。反映主梁隔板即横隔梁的钢筋(钢板)的布置情况的工程图有主梁隔板结构图和隔板接头构造图,此处从略。

(2)钢筋混凝土空心板

钢筋混凝土空心板梁也是主梁的常用形式之一,本例中边孔所采用的即是钢筋混凝土空心板梁,图10.25为钢筋混凝土空心板结构图(即空心板钢筋布置图)。因空心板外形较简单不需另画构造图,在结构图中用细线及虚线表示其外形轮廓。该图由立面图、横断面图和钢筋详图表示,钢筋数量表从略。

立面图中板的端部钢箍的尺寸标注是"5×7",其意思是"数量×间距",即五根钢箍按间距为7cm排列,尺寸16×15,11×20均同义。靠近两端处各有编号15的两根吊环钢筋,每块板设四个吊环,为吊装之用。图中水平方向的两条虚线表示空心板内圆孔的两条外形线,横断面图显示空心板的三个圆孔位置,图中箍筋⑧、⑨、⑩在立面图中是重叠在一起的。同前所述,断面图下方的小方格中的数字,就是与其对应位置的断面图中的钢筋编号。

还需补充说明的是:钢筋也可以用冠以N字的编号标注,如图10.25所示。若需标注根数,则应注写在N字之前。

2. 桥台结构图

桥台是桥梁的下部结构,一方面支承梁,另一方面承受桥头路堤的水平推力,并通

第10章 道桥施工图

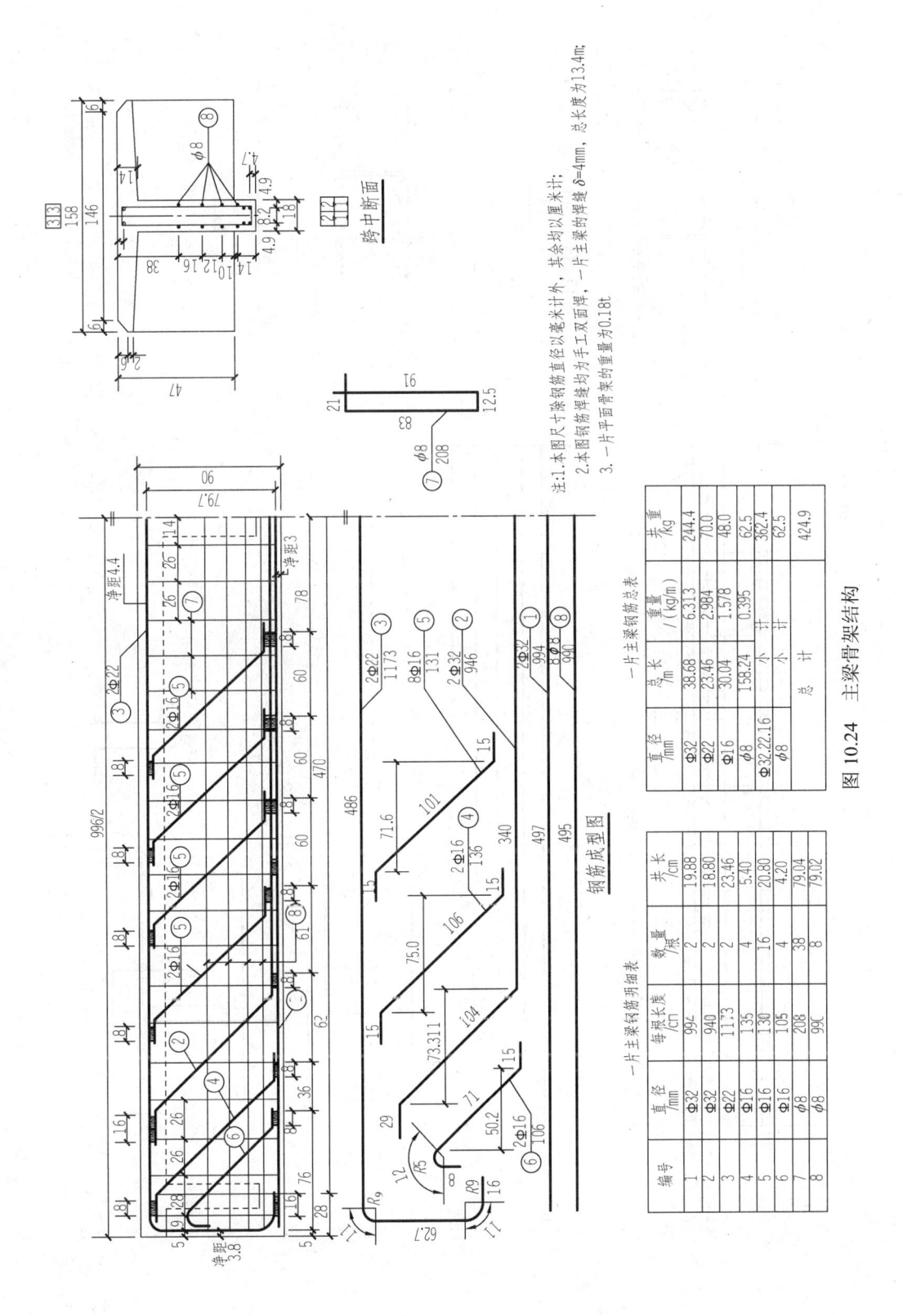

注:
1. 本图尺寸梁钢筋直径以毫米计外,其余均以厘米计;
2. 本图钢筋焊缝均为手工双面焊,一片主梁的焊缝 δ=4mm,总长度为13.4m;
3. 一片平面骨架的重量为0.18t。

一片主梁钢筋明细表

编号	直径 /mm	每层米长度 /cm	共长 /cm	数量 /根
1	Φ32	994	19.88	2
2	Φ32	940	18.80	2
3	Φ22	1173	23.46	2
4	Φ16	135	5.40	4
5	Φ16	130	20.80	16
6	Φ16	105	4.20	4
7	φ8	208	79.04	38
8	φ8	990	79.02	8

一片主梁钢筋总表

直径 /mm	总长 /m	重量 /(kg/m)	重量 /kg
Φ32	38.68	6.313	244.4
Φ22	23.46	2.984	70.0
Φ16	30.04	1.578	48.0
φ8	158.24	0.395	62.5
Φ32,22,16		小计	362.4
φ8		小计	62.5
		总计	424.9

图10.24 主梁骨架结构

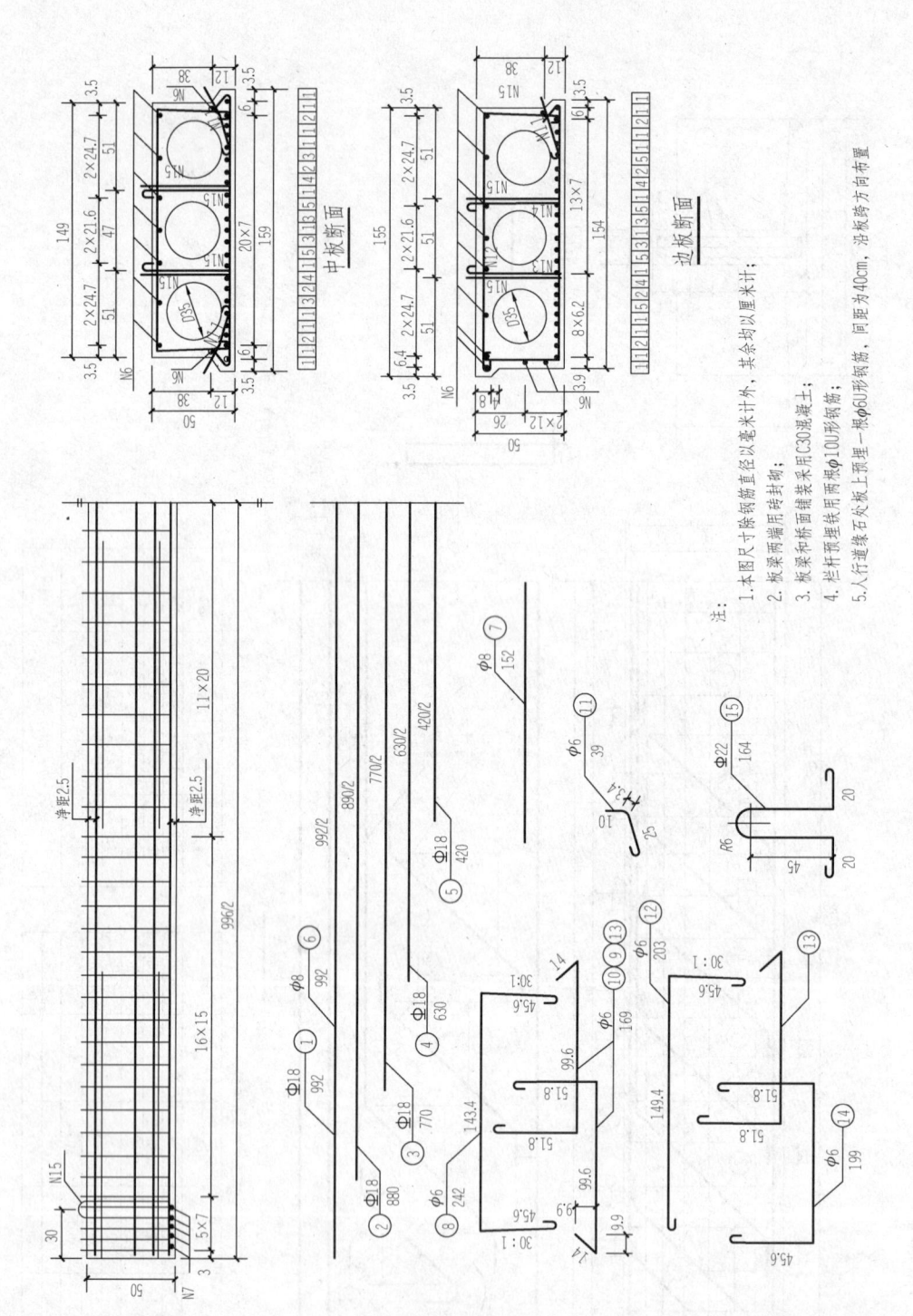

图 10.25 板梁钢筋结构

过桩基把荷载传给地基。常见的有重力式 U 形桥台（又称实体式桥台）、埋置式桥台、轻型桥台、组合式桥台等几种形式。下面举两例说明桥台构造。

（1）双柱式轻型桥台

桥梁总体布置（图 10.22）中的桥台即为双柱式轻型桥台；图 10.26 所示为该例中桥台与桥墩的轴测示意图。

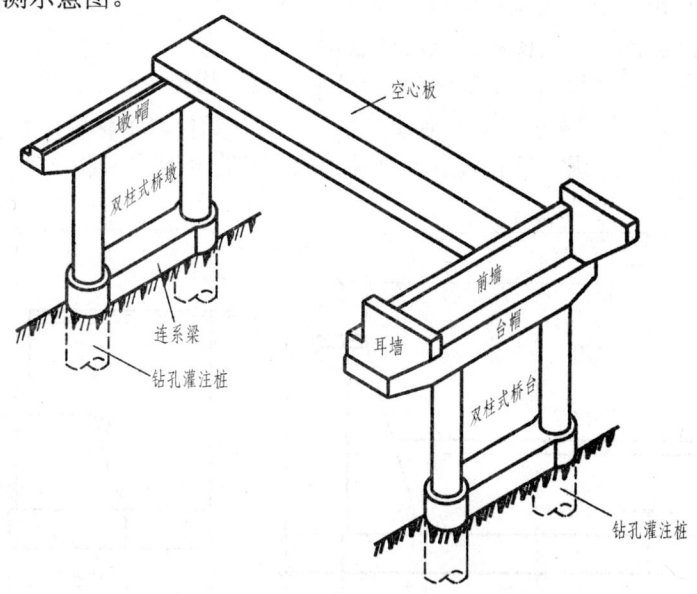

图 10.26 桥墩、桥台轴测示意图

由于此桥台的外形比较复杂，内部又有钢筋，需分别画出构造图与结构图。图 10.27 即为桥台的构造图。

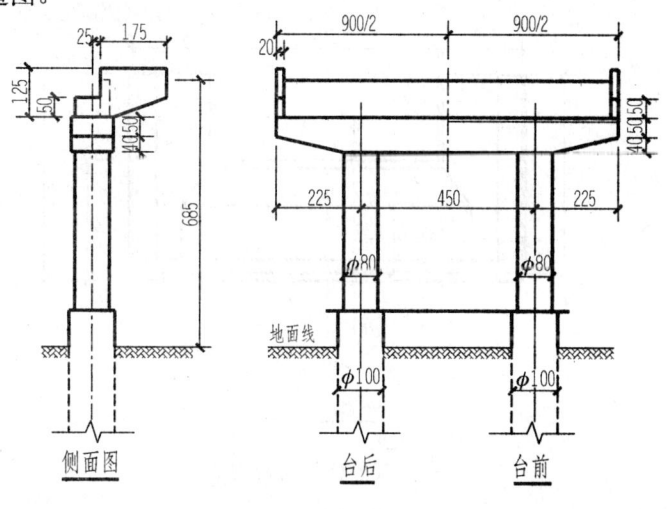

图 10.27 桥台构造

1）桥台构造图。如图 10.27 所示，桥台由台帽（也称台帽盖梁，盖梁上应包括前墙和耳墙）、两根柱身及两根混凝土灌注桩组成。构造图由立面图和右侧立面图表示。桥台前面是指连接桥梁上部结构的一面；后面是指连接岸上路堤这一面。从投影的角度来看，台前是指人站在桥下观看桥台所看到的部分；台后是指人站在路堤上观看桥台（假设除去填土）所看到的部分。构造图中只画出可以看到的部分。

2）配筋图。桥梁施工还应绘制桥台钢筋构造图即配筋图，在此处略。

（2）重力式混凝土桥台

图 10.28 为常见的重力式 U 形桥台的构造图，它是由台帽、台身、侧墙（翼墙）和基础组成。这种桥台是由胸墙和两道侧墙垂直连成"U"形，再加上台帽和基础两个部分组成，用正立面图、平面图和纵剖面图表示。

- 正立面图。正立面图由 1/2 台前和 1/2 台后两个图合成。
- 平面图。设想主梁未安装，后台也未填土，这样就能清楚地表示桥台的水平投影。
- 纵剖面图。采用纵剖面图代替侧立面图，显示出桥台内部构造和材料。

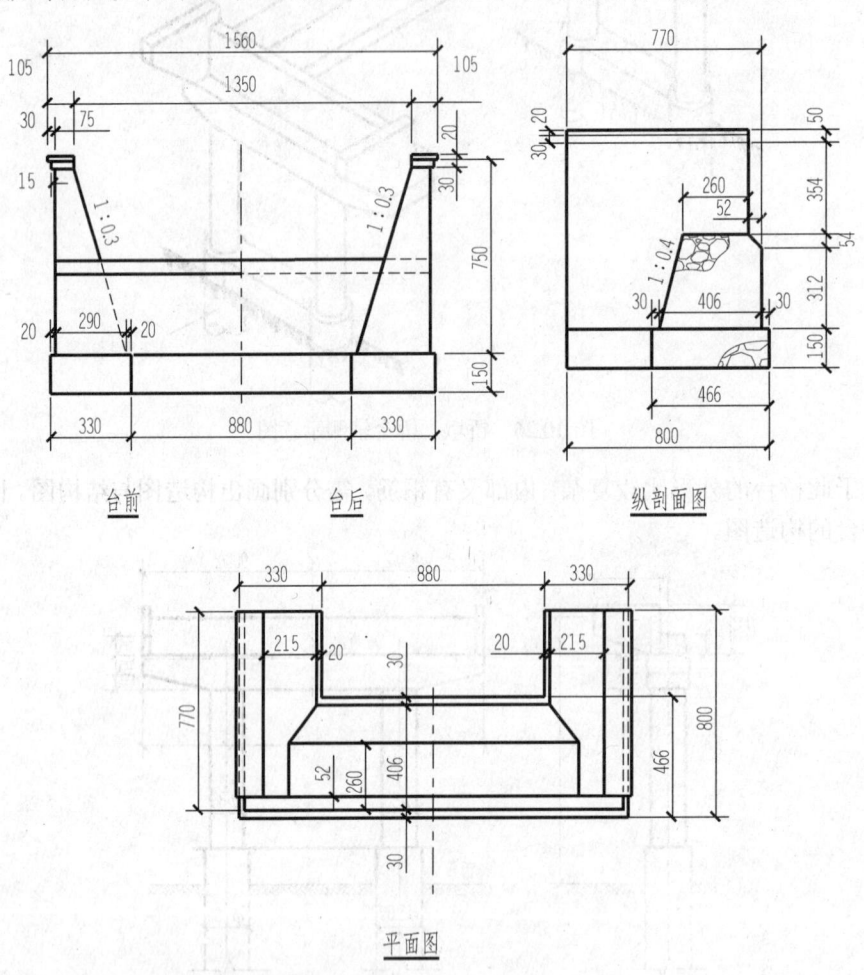

图 10.28　U 形桥台构造

3. 桥墩结构图

桥墩是桥梁的下部结构，常用形式有重力式桥墩和桩柱式桥墩等。在桥梁总体布置（图 10.22）中的桥墩即为双柱式轻型桥墩。桥墩工程图由一般构造图和钢筋结构图两部分组成。

（1）构造图

图 10.29 所示为双柱式桥墩的构造。从图 10.26 中可以看出桥墩由墩帽、柱、桩、联系梁等几部分组成，用正立面图和侧立面图表示。图 10.29 反映柱、墩帽、联系梁等的高度和宽度等，由于桩身较长，采用了折断画法。

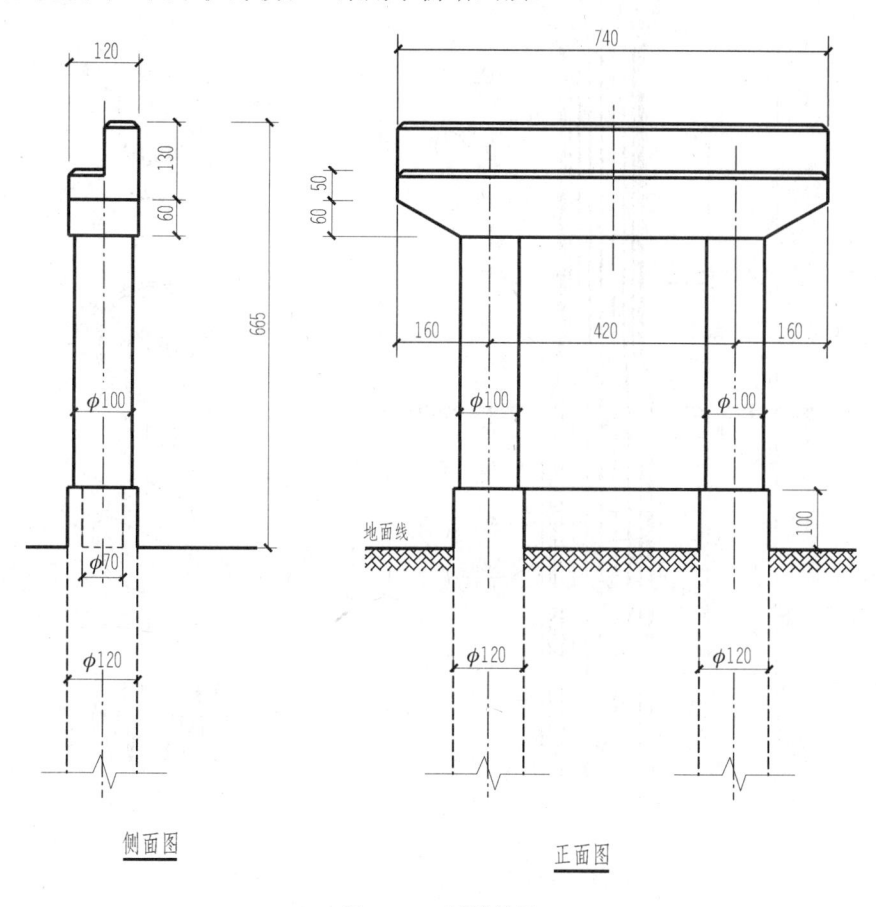

图 10.29　桥墩构造

（2）柱、钻孔灌注桩桩身钢筋结构图

如图 10.30 所示，桩基结构图由立面图和断面图表示，并绘有钢筋详图，钢筋数量表从略。图 10.30 中，①、②、③分别为柱、桩的主筋，④、⑤为柱、桩的定位钢筋（也称加强筋），⑥、⑦为柱、桩的螺旋分布筋。

（3）墩帽配筋图

桥梁施工还应绘制墩帽钢筋结构图以及联系梁钢筋构造图等，在此从略。

10.3.5　桥梁工程图的阅读与绘图

1. 阅读桥梁工程图

（1）读图的方法

1）采用形体分析方法来分析桥梁工程图。桥梁虽然是庞大而又复杂的建筑物，但它是由许多构件所组成，首先了解每一个构件的形状和大小，再通过总体布置图把它们联系起来，弄清彼此之间的关系，就不难了解整个桥梁的形状和大小。因此，必须把整个桥梁由大化小、由繁化简，各个击破、解决整体，即先经过由整体到局部，再经过由局部到整体的反复读图过程。

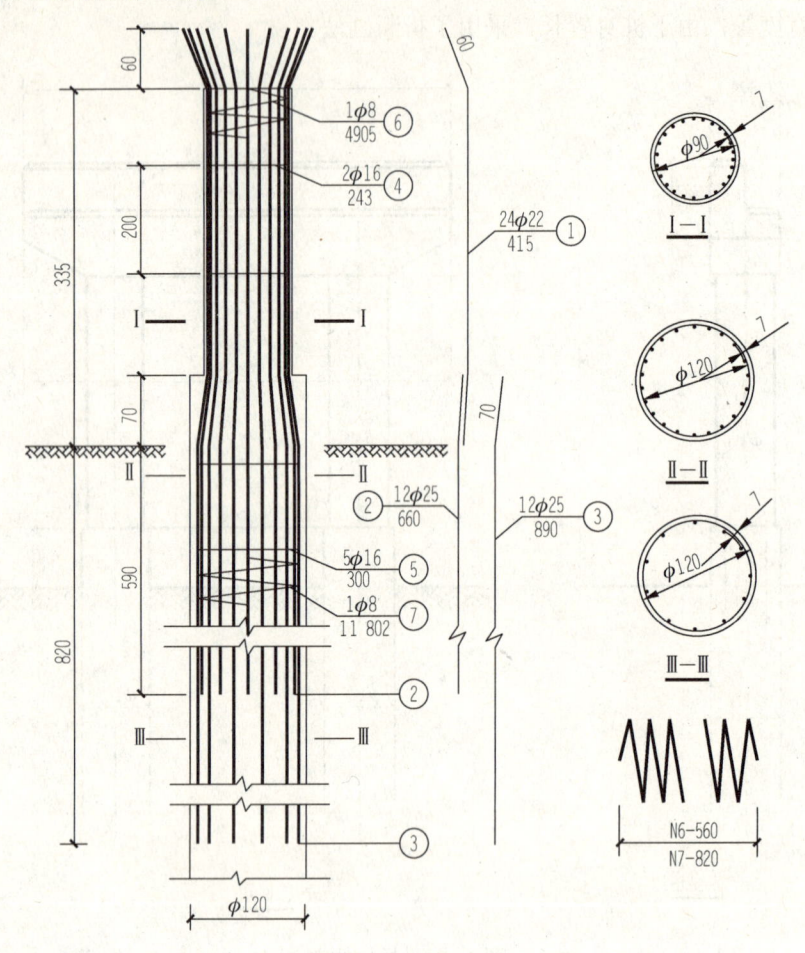

图 10.30 桩基结构

2) 运用投影规律，互相对照，弄清整体。读图时不能单看一个投影图，而是同其他投影图（包括总体图或详图）、钢筋明细表、文字说明等联系起来。

(2) 读桥梁工程图的步骤

看图步骤可按以下顺序进行：

步骤 1　看图纸标题栏和附注，了解桥梁名称、种类、主要技术指标、施工措施、比例、尺寸单位等。读桥位平面图、桥位地质断面图，了解桥的位置、水文、地质状况。

步骤 2　看总体图。掌握桥型、孔数、跨径大小、墩台数目、总长、总高，了解河床断面及地质情况。应先看立面图（包括纵剖面图），对照看平面图和侧面图、横剖面图等，了解桥的宽度、人行道的尺寸和主梁的断面形式等。如有剖、断面，则要找出剖切线位置和观察方向，以便对桥梁的全貌有一个初步的了解。

步骤3　分别阅读构件图和大样图，搞清每个构件的详细构造。
步骤4　了解桥梁所使用的建筑材料，并阅读工程数量表、钢筋明细表及说明等。
步骤5　重复来阅读总体图，了解各构件的相互配置及装置尺寸，直到全部看懂为止。
步骤6　看懂桥梁图后，再看尺寸，进行复核，检查有无错误或遗漏。

2. 画图

绘制桥梁工程图，基本上和其他工程图一样，有着共同的规律。首先是确定投影图数目（包括剖面图、断面图）、比例和图纸尺寸，可参考表10.4选用。

表10.4　桥梁图常用比例参考

项目	图名	说明	比例 常用比例	比例 分类
1	桥位图	表示桥位及路线的位置及附近的地形、地物情况。对于桥梁、房屋及农作物，只画出示意性符号	1∶500～1∶2000	小比例
2	桥位地质断面图	表示桥位处的河床、地质断面及水文情况。为了突出河床的起伏情况，高度比例较水平方向比例放大数倍画出	1∶100～1∶500；（高度方向比例）1∶500～1∶2000（水平方向比例）	普通比例
3	桥梁总体布置	表示桥梁的全貌、长度、高度尺寸，通航及桥梁各构件的相互位置；横剖面图可较立面图放大1～2倍画出	1∶50～1∶500	—
4	构件构造	表示梁、桥台、人行道和栏杆等杆件的构造	1∶10～1∶50	大比例
5	大样图（详图）	表示钢筋的弯曲和焊接、栏杆的雕刻花纹、细部等	1∶3～1∶10	大比例

注：1. 上述1、2、3项中，大桥选用较小比例，小桥选用较大比例。
　　2. 在钢结构节点图中，一般采用1∶10、1∶15和1∶20的比例。

现以图10.22为例说明画图的方法和步骤。按规定画立面图、平面图和横剖面三个投影。立面图和平面图一半画外形，另一半画剖面，按表选用1∶100比例；横剖面图则由两个半剖面图合并而成。可采用1∶50比例，本图采用与立面图相同比例。当投影数目、比例和图纸尺寸决定之后，便可以进行画图了。

如图10.31所示，画图步骤：
步骤1　布置和画各投影图的基线。根据所选定的比例及各投影图的相对位置把它们匀称地分布在图框内，布置时应注意空出图标、说明、投影图名称和标注尺寸的地方。当投影图位置确定之后便可以画出各投影图的基线，一般选取各投影图的中心线为基线，如图10.31（a）所示。
步骤2　画出构件的主要轮廓线。以基线作为量度的起点，根据高程及各构件的尺寸画构件的主要轮廓线，如图10.31（b）所示。
步骤3　画各构件的细部。根据主要轮廓从大到小画全各构件的投影，注意各投影图的对应线条要对齐，并把剖面、栏杆、坡度符号线的位置、高程符号及尺寸线等画出来。

步骤 4 加深或上墨。各细部线条画完，经检查无误即可加深或上墨，最后标注尺寸注解等，完成绘图。其绘图结果请参看桥梁总体布置图（图 10.22）。

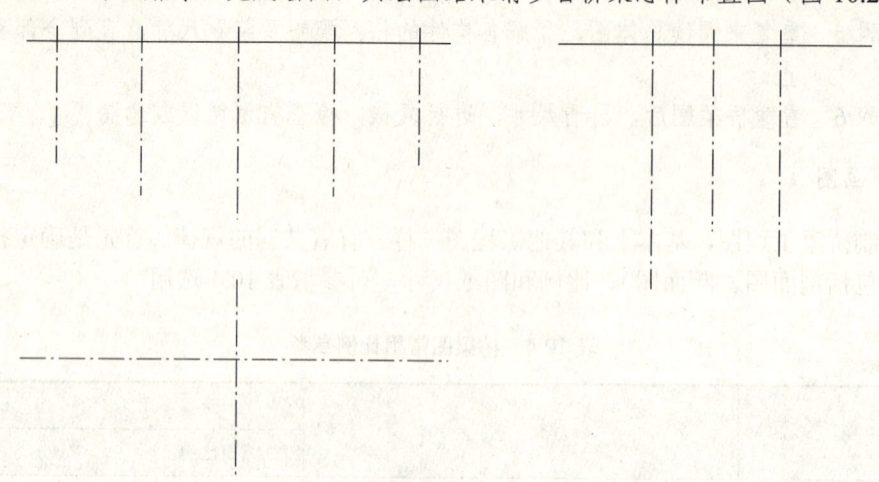

(a) 布置和画各投影图的基线或各构件的中心线

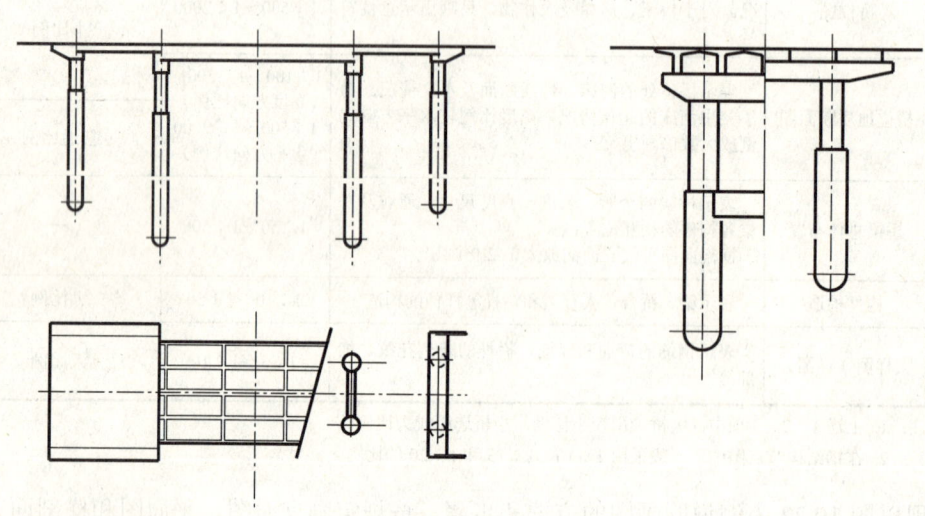

(b) 画各构件的主要轮廓

图 10.31 桥梁总体布置图的画图步骤

思 考 题

10.1 路线工程图的图示方法与一般工程图有哪些不同？

10.2 路线工程图中对比例有哪些规定？

10.3 路线工程图包含哪些图样？图中都表示哪些内容？

10.4 城市道路线型设计结果由哪些图样来表达？

10.5 城市道路横断面的基本形式有哪几种？标准横断面图是什么？

10.6 道路立体交叉工程图包含哪些内容？

10.7 道路立体交叉平面图所表达的内容有哪些特点？

10.8 桥梁由哪些部分组成？
10.9 桥梁工程图一般由哪些图样组成？
10.10 桥位平面图与桥位地质纵断面图有哪些图示特点？

第二篇

计算机绘制工程图

第二篇

け算れ合と工事写図

第 11 章 AutoCAD 2010 的基本操作

本章主要介绍 AutoCAD 2010 的操作方法、用户界面，数据输入、命令输入方法和坐标系；要求学会设置绘图单位、绘图边界，以及各种辅助工具的使用。

11.1 AutoCAD 的工作界面

11.1.1 AutoCAD 的启动

AutoCAD 安装成功后，会自动在桌面上创建图标，双击桌面上的 AutoCAD 2010 快捷方式图标，如图 11.1 所示，进入 AutoCAD 2010 工作界面。当桌面上图标丢失时，可以按照如图 11.2 所示的方法，单击计算机桌面左下角的开始菜单图标，在弹出的菜单中单击"所有程序"中的"Autodesk"文件夹，然后在打开的"Autodesk"文件夹中单击"AutoCAD 2010-Simplified Chinese"弹出可执行文件命令"AutoCAD 2010"，单击该命令进入 AutoCAD 或右击复制其到桌面创建快捷方式。

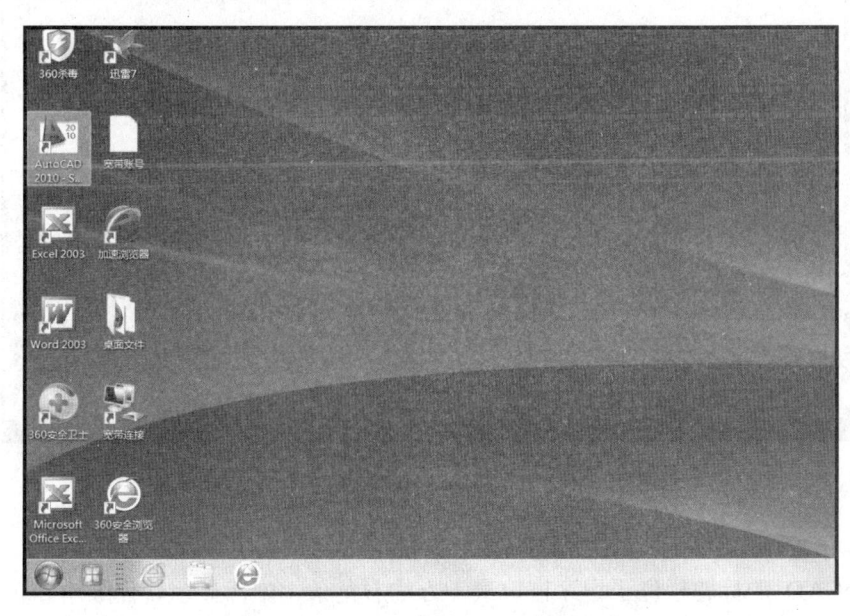

图 11.1 双击桌面图标启动 AutoCAD

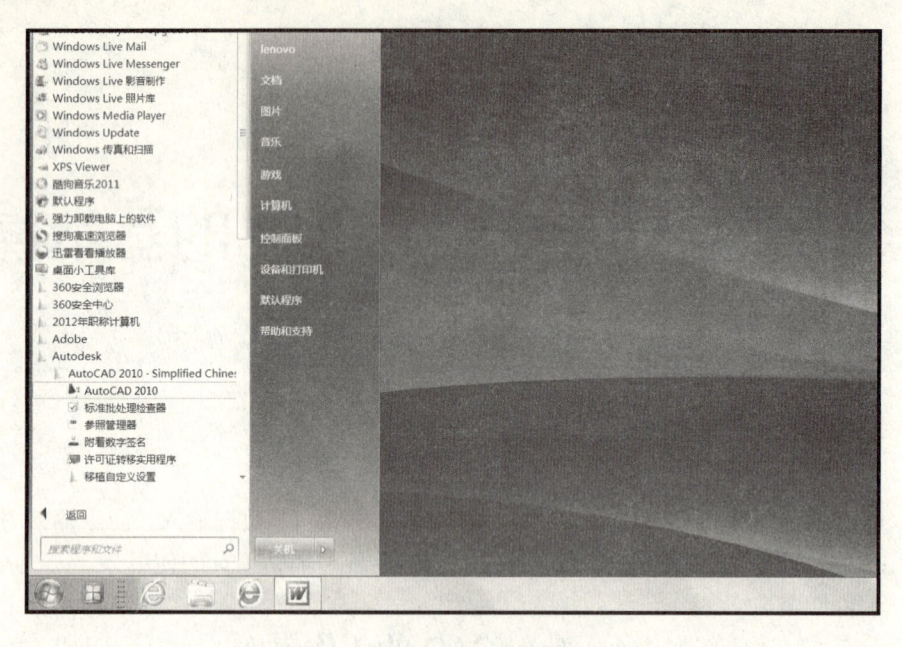

图 11.2　从开始菜单启动 AutoCAD

11.1.2　AutoCAD 的工作界面

AutoCAD 的工作界面如图 11.3 所示，主要由如下几部分组成。

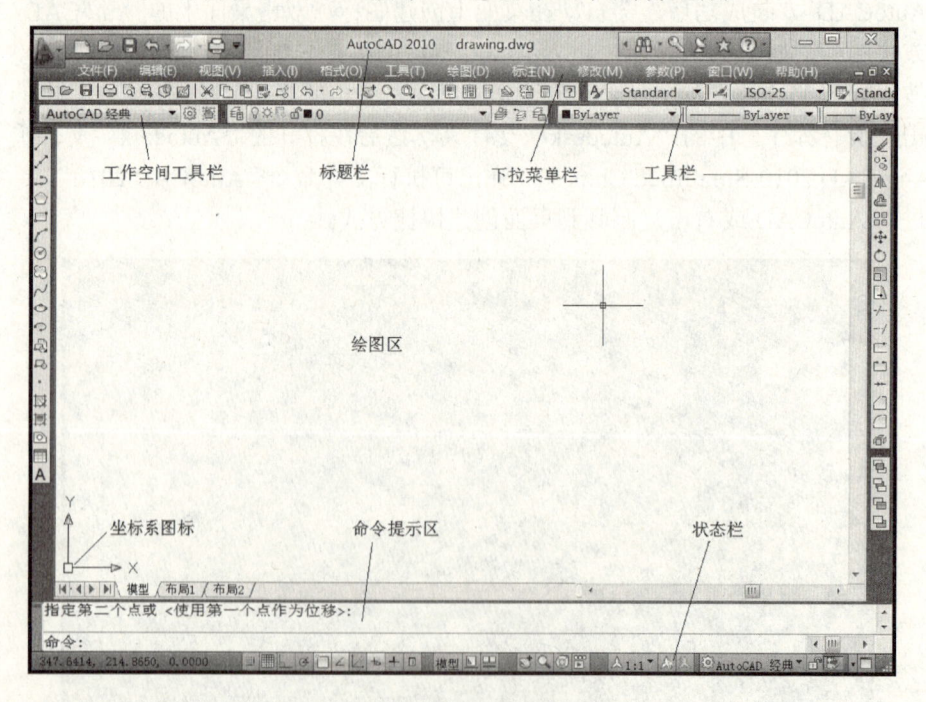

图 11.3　AutoCAD 的工作界面

（1）标题栏

AutoCAD 的标题栏位于程序窗口最上方的彩色条，中部显示软件版本和正在打开进行操作的图形文件名。开始新图时，AutoCAD 的缺省文件名是"Drawing1.dwg"。

单击右边的按钮可以实现该图形文件窗口的最小（最大）化、还原、关闭等操作。

（2）下拉菜单

下拉菜单位于标题栏下，是 AutoCAD 文字形式的命令集，单击任一选项，在其下会立即弹出该项的下拉菜单。要选取某个菜单命令，应将光标移到该菜单命令上，使之醒目显示，然后单击。有时某些菜单命令是暗灰色的，表示在当前特定的条件下，这些功能不能使用。菜单命令后面有"…"符号的，表示选中该菜单命令后会弹出一个对话框。菜单命令后面有黑色小三角符号的，表示该菜单命令有一个级联子菜单。如图 11.4 所示，单击"绘图"命令，弹出绘图命令的下拉菜单，鼠标移动到"圆"命令上，继而弹出绘制"圆"命令的级联子菜单。

如果屏幕上不显示下拉菜单，可在命令区输入 MENU 命令，在弹出的对话框中打开"acad"菜单文件即可。

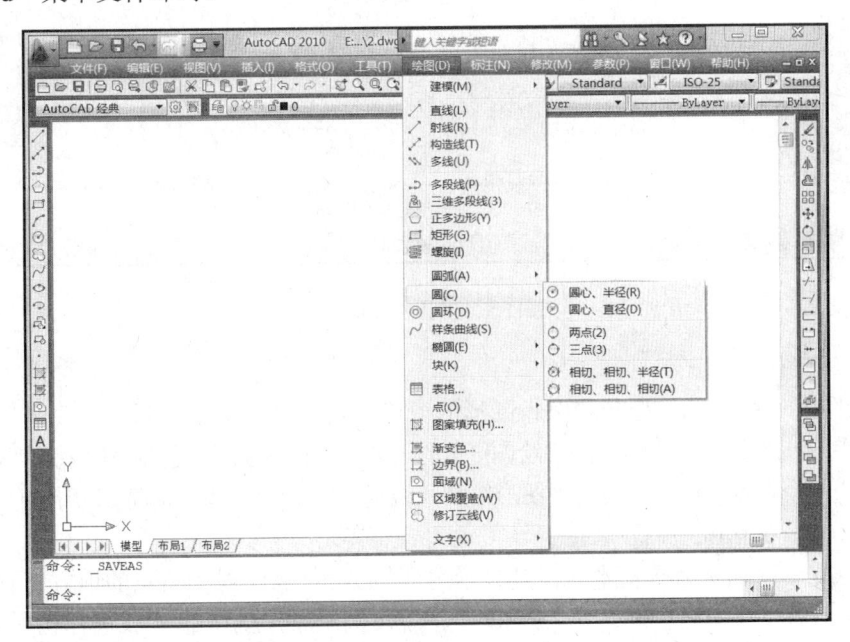

图 11.4 AutoCAD 的下拉菜单

（3）工具菜单

工具菜单是由一系列象形的图标按钮构成的，每一个图标按钮形象化地表示一条 AutoCAD 的命令。单击某一个按钮，即可调用相应的命令。如果把光标指向某个按钮上并停顿一下，屏幕上就会显示出该工具按钮的名称。

图 11.3 所示的工具栏是系统的默认配置，AutoCAD 提供的所有工具栏均可打开或关闭，将光标指向任意工具栏，单击鼠标右键，弹出如图 11.5 所示的右键菜单，工具栏名称前有"√"符号，表示已打开。单击工具栏名称即可打开或关闭相应的工具栏。

工具栏可浮动在屏幕的绘图区，或固定在绘图区外，拖动可实现其位置的移动。

（4）工作空间工具栏

针对不同类型绘图任务的需要，AutoCAD 提供了三种工作空间环境，即 AutoCAD 经典、二维草图与注释、三维建模，三种工作空间的主要区别是打开的默认工具栏和工具选项板有所不同。AutoCAD 2010 默认方式为 AutoCAD 经典，单击工作空间工具栏窗口弹出下拉菜单可切换工作空间环境。

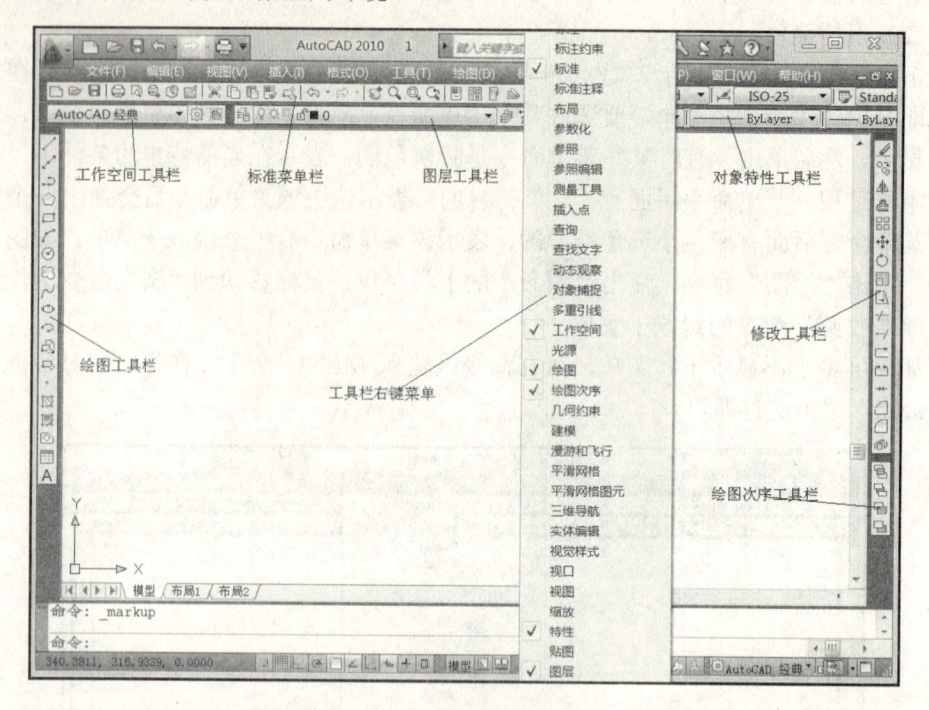

图 11.5　工具栏右键菜单

（5）绘图区

"绘图区"是显示、控制和编辑图形的窗口，用户可以根据实际需要关闭当前不用的工具栏，调整绘图区域的大小。"绘图区"的下方是绘图区标签，包括"模型"、"布局1"、"布局2"三个标签，模型主要用于图形绘制和编辑，"布局1"和"布局2"用于打印出图。

（6）命令提示区

命令提示区也称命令文本区，是显示用户与 AutoCAD 对话信息的地方。它以窗口的形式放置在"绘图区"的下方，绘图时应注意这个区的提示，输入或选择相应的信息。

（7）状态栏

状态栏位于屏幕的最下方，左边显示当前光标的 X、Y、Z 坐标位置。中间为辅助工具的状态按钮，有 10 个开关键，依次为"捕捉"、"栅格"、"正交模式"、"极轴追踪"、"对象捕捉"、"对象捕捉追踪"、"动态坐标系"、"动态输入"、"线宽"、"模型"，用鼠标左键单击某项即可打开或关闭该项。右边显示当前使用的注释对象比例、当前使用的工作空间等内容，可以在窗口改变选项。

11.2　命令与数据输入

11.2.1　命令输入

1. 命令输入的方式

输入命令的主要方式有下拉菜单命令、工具栏命令、命令行命令和右键（快捷）菜单命令。每一种方式各有特色，其中，工具栏命令速度快、直观明了，但工具栏占用屏幕空间，不宜同时打开太多；下拉菜单命令最为完整和清晰，但操作效率比工具栏命令低；命令行命令最全但需记忆。熟练操作 AutoCAD 后，键盘输入各命令的快捷字母绘图速度最快，是制图员最喜欢使用的命令输入方式。右键菜单命令只提供常用的和最近使用的少数命令。因此，对于输入命令的方法，初学者建议以工具栏命令输入为主，其他方式为辅。

2. 各种输入命令的操作方法

1）工具栏命令。单击工具栏上相应命令的图标按钮。

2）下拉菜单命令。单击命令所属下拉菜单栏项，弹出对应的下拉菜单，单击要执行的命令项。

3）命令行命令。在"命令："右侧输入英文的命令名或该命令的快捷方式字母。

4）右键菜单命令。单击鼠标右键，从右键菜单中选择要输入的命令项。

命令执行中选择项的输入方法有：

- 用右键菜单选择。当命令行中出现多个选项时，单击鼠标右键，可从右键菜单中选择需要的选项。
- 从键盘输入选项。当命令行中出现多个选项时，从键盘输入各选项后面提示的大写字母，默认选项可直接回车，不必输入选项。

3. 重复执行某命令的方式

1）按回车键重复上一个命令。

2）单击鼠标右键，在右键菜单中选择上一个命令。

4. 终止命令的方式

1）正常执行一条命令后自动终止。

2）在执行命令过程中按 Esc 键终止。

3）在执行命令过程中，从菜单或工具栏中调用另一命令，绝大部分命令可终止。

11.2.2 坐标系与数据输入

1. 坐标系

在 AutoCAD 绘制工程图工作中，使用笛卡尔坐标系和极坐标系来确定"点"的位置。

1）笛卡尔坐标系有 X、Y、Z 三个坐标轴，三维坐标值的输入方式为"X, Y, Z"，二维坐标值的输入方式为"X, Y"，坐标值可以加正负表示方向。

2）极坐标系使用距离和角度来定位点。极坐标系通常用于二维绘图，极坐标值的输入方式是"距离<角度"，距离和角度之间用"<"号分隔。其中，距离是指从原点（或从上一点）到该点的距离，角度是指连接原点（或从上一点）到该点的直线与 X 轴所成的角度。距离和角度也可以用正负号表示方向。

3）世界坐标系（WCS）与用户坐标系（UCS）。

AutoCAD 的默认坐标系为世界坐标系（WCS），如图 11.6（a）所示，世界坐标系原点（0，0，0）位于屏幕左下角；X 轴为水平轴，向右为正；Y 轴为垂直轴，向上为正；Z 轴方向垂直于 XY 平面，指向绘图者为正向。在世界坐标系中，笛卡尔坐标系和极坐标系都可以使用，这取决于坐标值的输入方式。

WCS 坐标系不能被改变，在特殊需要时，可以相对于它建立其他的坐标系，称为用户坐标系（UCS），如图 11.6（b）所示。用户坐标系可以用 UCS 命令来创建。

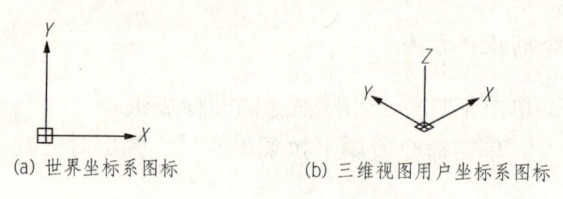

(a) 世界坐标系图标　　　　(b) 三维视图用户坐标系图标

图 11.6　坐标系图标

2. 绝对坐标和相对坐标

（1）绝对坐标

点的坐标以绘图原点 0（0，0）计算，可以根据需要和方便选择直角坐标或极坐标。例如图 11.7 中，A 点的直角坐标为（70，30）；B 点的极坐标为（60＜45）。

（2）相对坐标

输入点的坐标相对于前一点来计算，也可按需要选择直角坐标或极坐标。相对直角坐标的格式为@X，Y；相对极坐标的格式为@距离＜角度。如图 11.8 所示，D 点相对于 C 点的直角坐标为（@70，40）；E 点相对于 C 点的极坐标为（@60＜45）。

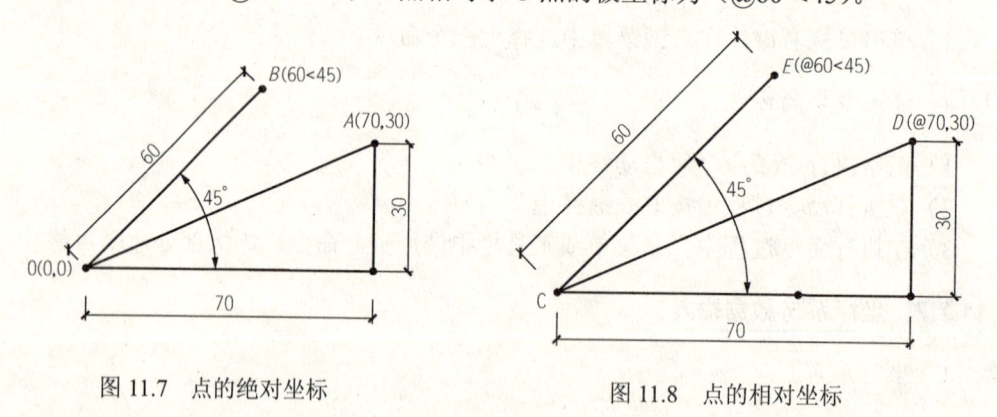

图 11.7　点的绝对坐标　　　　图 11.8　点的相对坐标

3. 点的输入

绘图过程中需要根据命令行的提示输入点的坐标时，可以用以下方法进行点的输入。

- 移动鼠标单击左键在屏幕上指定点。
- 利用对象捕捉功能精确捕捉对象的某些几何特征点，如圆心、直线端点、中点、垂足等指定点。
- 鼠标导向，输入距离指定点。
- 键盘输入点的坐标指定点。

4. 距离值的输入

在 AutoCAD 命令中，有时需提供高度、宽度、半径、长度等距离值。AutoCAD 提供了如下两种输入距离值的方式：
- 用键盘在命令行直接输入数值。
- 在屏幕上选择两点，以两点的距离定出所需数值。

> **提示**
> 屏幕绘图时，一般是上面几种方式结合使用。图形上的第一个点可在屏幕上任意点取，其他点由鼠标导向，按工程图的尺寸标注输入距离；或利用对象捕捉功能和对象追踪功能按投影关系捕捉点。当键盘输入点的坐标时，屏幕右下角的输入法提示应是英文输入状态。

11.3 环境设置与精确绘图

AutoCAD 是世界通用的绘图软件，面向中国用户的 AutoCAD 2010（中文版）各项绘图环境命令的默认设置基本能满足绘制简单图形的需要。可是要能顺利地绘制建筑工程图等复杂的图样，必须学会绘图环境的设置与应用。

11.3.1 设置绘图单位（Units 命令）

1. 命令功能

"Umits"命令的功能为：设置绘图的单位和精度。AutoCAD 默认的长度计数方式是小数，单位是毫米（mm），精确到小数后四位，角度单位是度（°），逆时针为正，精确到小数后两位。

2. 命令调用

如图 11.9 所示，从下拉菜单"格式"中选择"单位"或在命令提示下输入"Units"，可弹出"图形单位"对话框，如图 11.10 所示。在对话框中可选择不同的长度单位、角度单位和精度。

（1）设置长度单位和精度

根据绘图类别可在长度的"类型"下拉列表中选择小数、分数、工程、建筑、科学等单位类别，在精度等级列表中选择精度等级，插入时的缩放单位一般用默认的"毫米"，如果改为"英寸"则会影响图形界限、文字输入、尺寸标注等多个方面内容的正常显示。AutoCAD 的图形界限、文字高度、尺寸标注的默认单位均是毫米。

（2）设置角度单位和精度

根据需要可在角度"类型"中选择十进制度数、百分度、度/分/秒、弧度、勘测单位等类别；在"精度"列表中选择精度等级，例如选择"度/分/秒"类别，在其中将出现相应的精度等级供选择。

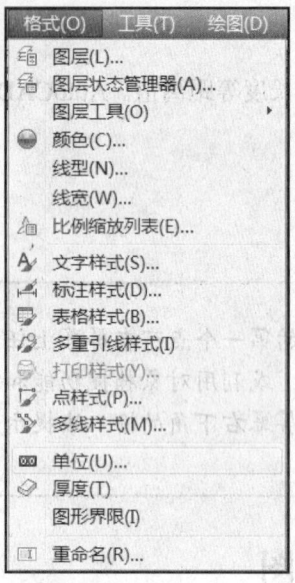

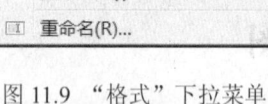

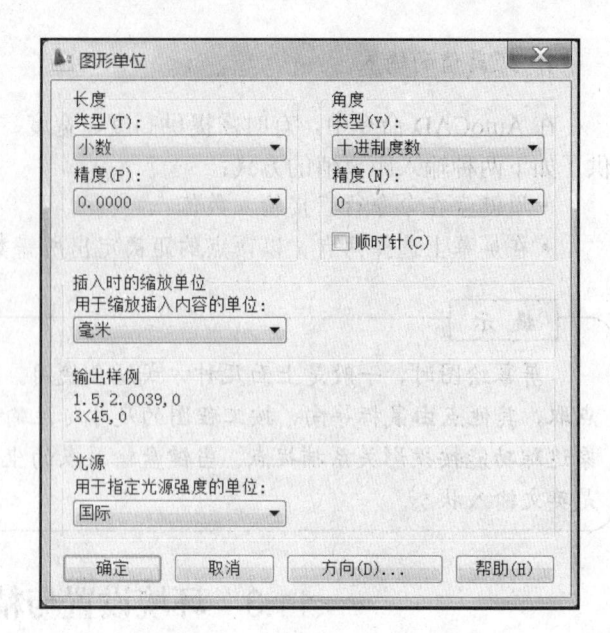

图 11.9 "格式"下拉菜单　　　　图 11.10 "图形单位"对话框

11.3.2 设置绘图边界（Limits 命令）

1. 命令功能

"Limits"命令的功能是：设置模型空间的绘图界限。

2. 命令调用

从下拉菜单"格式"中选择"图形界限"（图 11.9）或在命令提示下输入"Limits"，根据提示，输入"左下角点坐标"和"右上角点坐标"。

例如，设置竖放 A4 幅面（210×297）的绘图边界，对话过程如下：

  命令：Limits（回车）
  重新设置模型空间界限
  指定左下角点或[开（ON）/关（OFF）]（0.0000, 0.0000）：（回车）
  指定右上角点（420.0000, 297.0000）：210, 297（回车）
  命令：ZOOM（回车）
  指定窗口角点，输入比例因子（nX 或 XP），或[全部（A）/中心点（C）/动态（D）/范围（E）/上一个（P）/比例（S）/窗口（W）]（实时）：
  A（回车）

> **提示**
>
>   Zoom 命令的 A 选项运行后能使图形界限设定的图幅在绘图窗口尽可能大地显示。只运行 Limits 命令，不运行 Zoom 的 A 选项，绘图窗口内不会显示 Limits 命令重新设置的图形界限。
>   图形界限的数值应综合考虑打印出图的图幅和绘图比例。如绘制 1∶100 的建筑图，计划打印到横放的 A2 图幅上，可重新设定图形界限为左下角（0.000 0, 0.000 0），右上角（59 400.000 0, 42 000.000 0）；执行 Zoom 命令的 A 选项。
>   键盘输入"图形界限角点"的坐标，输入法提示必须是英文状态，否则不能有效输入。

11.3.3 设置绘图环境（Options 命令）

在"工具"菜单中选择"选项",将弹出"选项"对话框,如图 11.11 所示,可以对 AutoCAD 的环境进行定制。

对话框提供了丰富的定制内容,例如单击"颜色"按钮,弹出图 11.12 所示的对话框,可设置屏幕绘图窗口的颜色为白色、紫色等（默认是黑色）。初学者一般采用默认值即可。

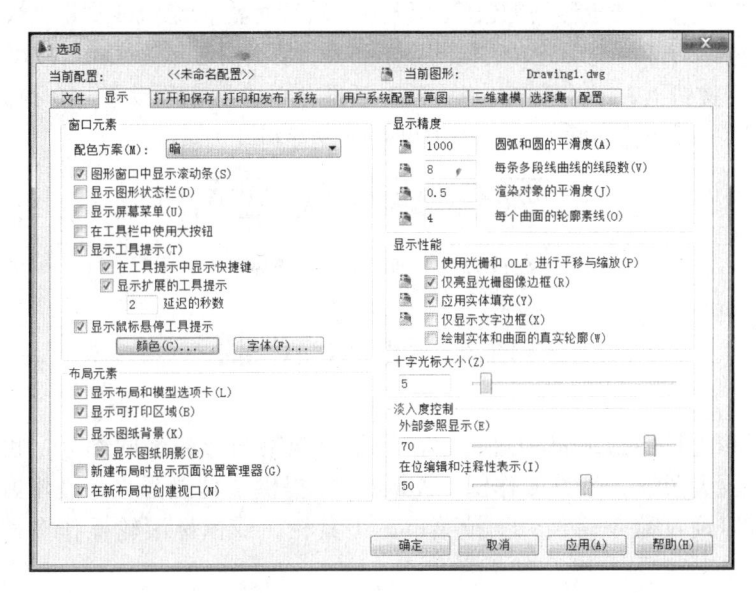

图 11.11 "选项"对话框

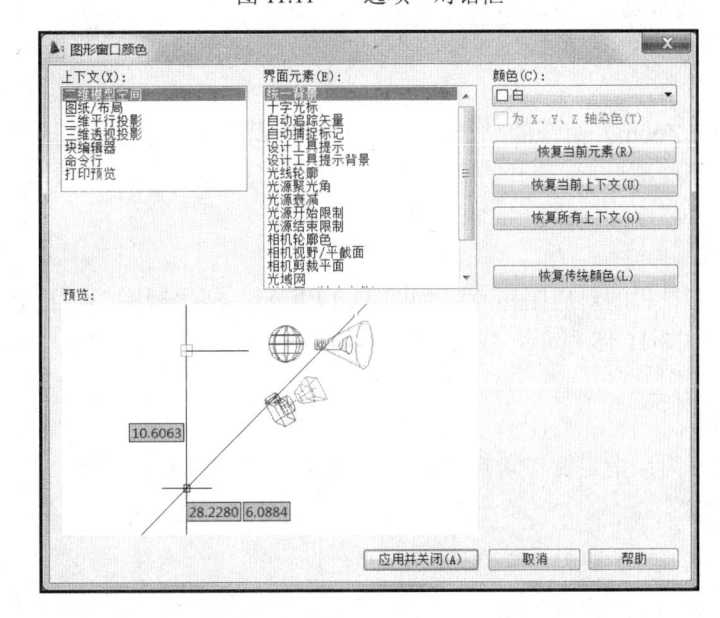

图 11.12 "图形窗口颜色"对话框

11.3.4 辅助工具

当在图上画线、圆、圆弧等对象时,定位点的输入方式有前述四种,即鼠标点选、键盘输入、鼠标导向、特征点捕捉,其中鼠标点选方式最快捷。当单独使用时不能在要求的准确位置定位点,键盘输入能准确定位点但操作较费时。为解决鼠标导向和特征点捕捉定位点等问题,AutoCAD 提供了一些辅助工具,置于屏幕的下方,如图 11.13 所示。这些工具从左到右依次为"捕捉"、"栅格"、"正交模式"、"极轴追踪"、"对象捕捉"、"对象捕捉追踪"、"允许/禁止移动 UCS"、"动态输入"、"显示/隐藏线宽"、"快捷特性"。这些辅助工具按钮为开关键形式,呈彩色显示为开,呈黑白显示为关,点按可实现开或关。光标移至工具按钮上右击,可打开对应的对话框菜单进行选项设置。10 种辅助工具均为透明指令,即在其他命令执行的过程中可修改设置和开关。

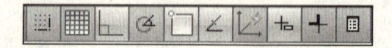

图 11.13 "辅助工具"图标菜单

11.4 显 示 控 制

在绘图和进行图形编辑的过程中,经常要观察图形的不同部分,也常需要以不同的比例来放大图形。为方便作图,AutoCAD 提供了功能强大、使用方便的显示控制命令;可以通过命令输入、下拉菜单、工具栏、或鼠标滚轮操作多种方式来执行平移和缩放显示。

11.4.1 图形缩放命令(Zoom 命令)

1. 功能

图形缩放(Zoom)命令的功能是:对已绘制或正在绘制的图形提供即时移近、移远的放大与缩小屏幕显示。

2. 操作

单击标准工具栏的对应图标,如图 11.14 所示;或"视图"下拉菜单中"缩放"的各子项目,如图 11.15 所示;或命令行输入命令"Zoom"(或"Z")。

3. 命令区提示

命令区提示为:指定窗口角点,输入比例因子(nX 或 Nxp)或

[全部(A)/中心点(C)/动态(D)/范围(E)/上一个(P)/比例(S)/窗口(W)/对象(O)]:(实时)(输入选项)

4. 各选项及使用方法说明

1)缺省模式。用回车回答"Zoom"命令的提示,执行实时缩放,此时光标变成放大镜形状,按住鼠标左键,自上向下拖动则缩小图形,自下向上拖动鼠标则放大图形。

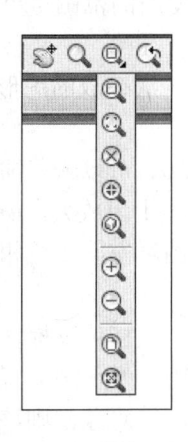

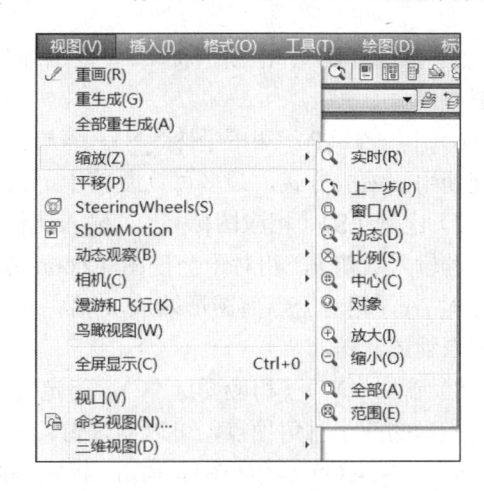

图 11.14　标准工具栏中的显示控制命令　　图 11.15　"视图"下拉菜单中的"缩放"子菜单

2）全部（A）（相应图标 ）。图形以全图显示，即由"Limits"界限定义的图形边界和绘图超过边界的部分。

3）中心点（C）（相应图标 ）。要求指定缩放中心，再输入图形相对当前图形大小的比例（如 2X 表示比当前放大两倍）或图面高度（数值越大，图形越小）。

4）动态（D）（相应图标 ）。以动态方式移动和缩放观察框（相当于执行"Zoom"命令和"Pan"命令），当观察框的位置和大小符合要求时，单击鼠标右键确定，框内图形充满屏幕。键入"D"后屏幕上出现几个不同颜色的矩形框，如图 11.16 所示。一个固定的蓝色框表示图形扩展区（即定义图幅和图形实际占用区二者中较大者）；绿色虚线框表示当前视图区（即当前图形屏幕）；中心画有"X"的黑色实线框为观察框，移动鼠标可以确定观察窗口与图形的位置（相当于使用"Pan"命令），单击左键，切换为带指向右边线箭头的观察框，上下移动鼠标可变动框的位置，左右移动鼠标可缩放框的大小（保持长宽比例不变），调整合适后单击鼠标右键，则框内图形充满整个屏幕。单击鼠标左键，可以在平移框和缩放框之间切换。

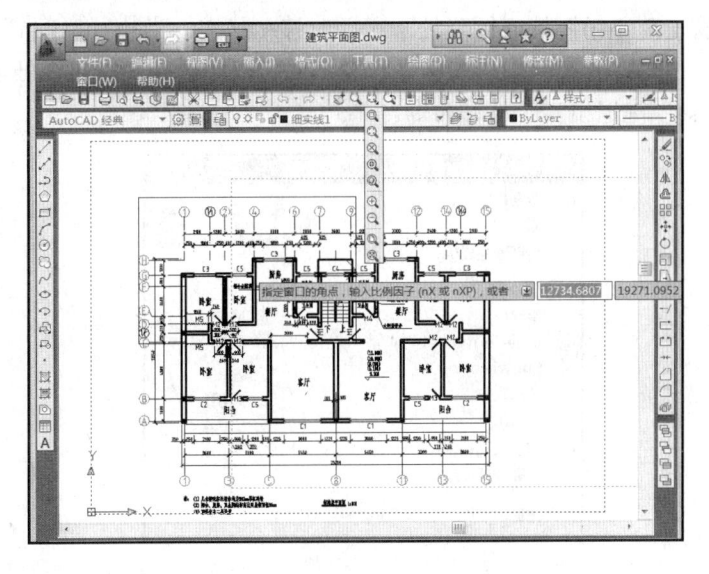

图 11.16　Zoom 命令动态缩放

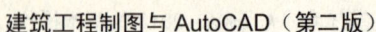

5）范围（E）（相应图标）。范围缩放，使图形实际使用的范围尽可能大地显示于屏幕。

6）上一个（P）（相应图标）。缩放上一个，即恢复上一次缩放的图形显示区，若连续使用该缩放方式，最多可恢复前十屏视图。

7）比例（S）（相应图标）。输入比例因子（nX 或 NxP），可以输入缩放的比例数字。若输入数值 n，相对于全视图（Zoom All）放缩 n 倍，$n>1$ 为放大，$n<1$ 为缩小；若输入 Nx，相对于当前图形缩放 n 倍；若输入 nXP，根据图纸空间单位相对于当前显示图形缩放 n 倍。

8）窗口（W）（相应图标）。指定窗口作为缩放区域，直接用鼠标在屏幕上指定一个矩形的两个对角顶点，可以实现窗口缩放，将窗口内容尽量大地在屏幕上显示。

9）对象（O）（相应图标）。指定多段线、矩形、圆、等对象，则该对象可实现屏幕显示的最大化。

11.4.2 图形平移显示（Pan 命令）

1. 功能

"Pan"命令的功能是：为已绘制或正在绘制的图形提供即时移动显示。

2. 操作

单击"视图"下拉菜单中"平移"的各子项目；或命令行输入命令"Pan"（或"P"）。

3. 说明

1）"Pan"命令的子项目分别提供实时平移、在指定两点之间平移和给出平移方向，向指定方向平移图形的操作选项，如图 11.17 所示。

2）绘图和查看图形时，多采用实时平移，AutoCAD 执行实时平移可以有三种方式：执行"Pan"命令的实时平移选项、单击工具栏的实时平移图标，或直接按住鼠标中轮移动鼠标，屏幕出现小手图标时图形处于可即时移动状态。当执行"Pan"命令的实时平移选项、单击工具栏的实时平移图标平移图形时，按住鼠标左键可以拖动屏幕上下左右移动，按"Esc"键退出实时移动命令。

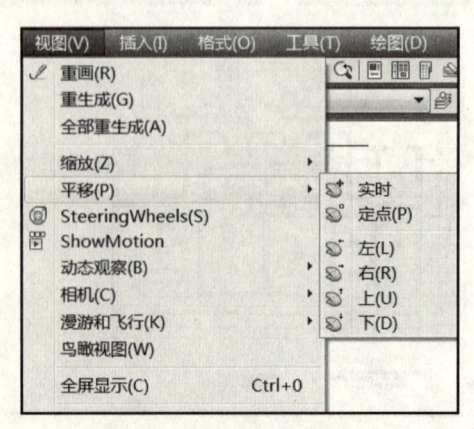

图 11.17 "视图"下拉菜单中的"平移"子菜单

11.4.3 使用鸟瞰视图（Dsvinwer 命令）

1. 功能

"Dsvinwer"命令的功能为：在另外一个独立的窗口中显示整个图形视图，以便快速对目的区域缩放和平移。

2. 操作

选择"视图"下拉菜单中"鸟瞰视图"命令，如图 11.17 所示。打开"鸟瞰视图"窗口。鼠标左键单击鸟瞰视图窗口，出现细实线矩形框，反复单击矩形框，矩形框内分别显示"×"和"→"图标。当出现"×"时，为平移图形状态，上下左右移动鼠标，矩形框随之快速平移，图形窗口图形显示范围发生相应变化。当出现"→"时，为缩放图形状态，左右移动鼠标，矩形框随之快速缩放，图形窗口图形大小发生相应变化，再上下移动鼠标，可平移图形屏幕，从而观察不同部位的图形，如图 11.18 所示。要放大图形，则缩小矩形框；要缩小图形，则放大矩形框。按"Esc"键，则鸟瞰视图窗口细实线矩形框消失，在鸟瞰视图窗口再次按下鼠标左键，可继续执行鸟瞰视图操作；在图形屏幕窗口按下鼠标左键，可以对图形进行绘制和编辑。

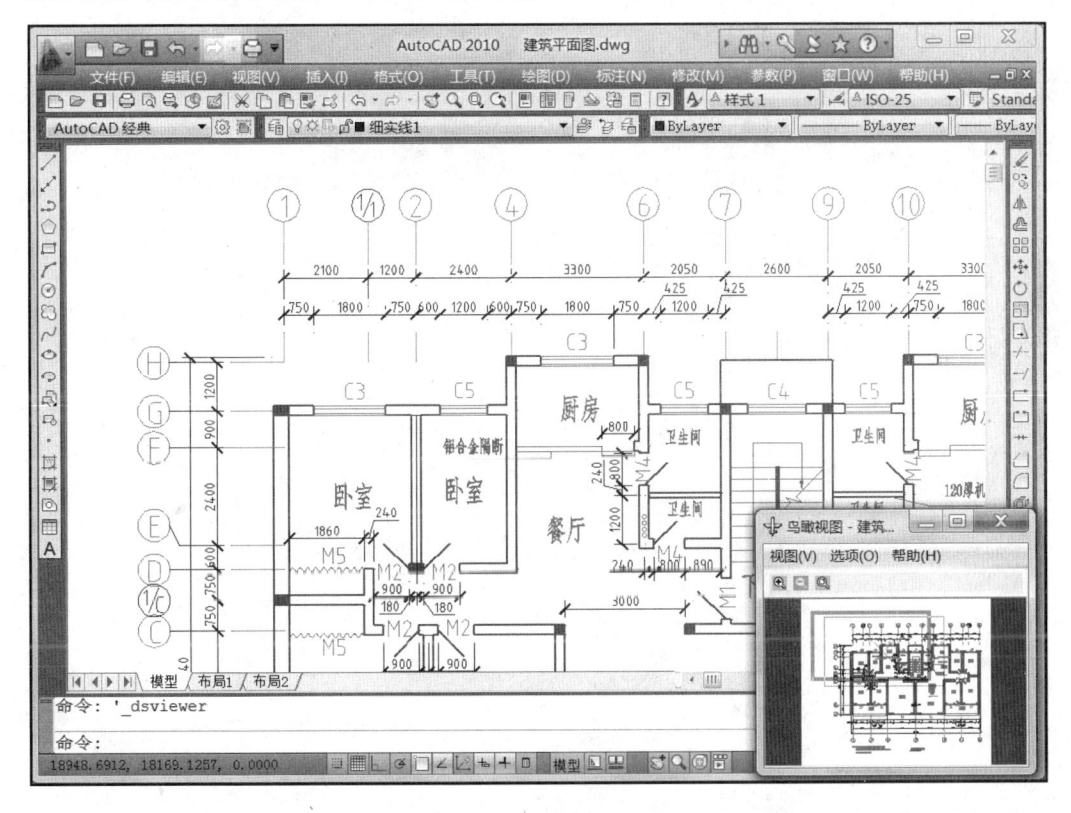

图 11.18 鸟瞰视图举例

思 考 题

11.1 如何打开或关闭工具栏?

11.2 AutoCAD 输入命令的方式有哪几种?

11.3 说明输入点的坐标有哪些方式,分别在什么情况下使用。

11.4 怎样设置绘图界限和绘图单位?

11.5 为什么辅助工具被称为"透明指令"?

11.6 缩放工具栏的各个图标代表什么?如何使用?

11.7 在 AutoCAD 2010 绘制的图形如何存储为 AutoCAD 2007 能打开的图形文件?

第 12 章　实体绘图命令与精确绘图命令

本章主要介绍各种基本图形的绘图命令和使用方法，各实体绘图命令的参数、选项和关键字的意义和使用方法，以及如何灵活应用实体绘图命令完成简单图形的绘制，并结合第 11 章介绍的辅助工具，使作图快速、准确并提高效率。

AutoCAD 提供了十分丰富的绘图命令，能方便地完成各种复杂图样的绘制，使用 AutoCAD 绘制建筑工程图样，要先熟悉基本几何元素的绘制。本章将介绍常用的绘图命令，相应的绘图工具栏图标如图 12.1 所示。绘图命令下拉菜单如图 12.2 所示。

图 12.1　"绘图"工具栏

12.1　基本绘图命令

12.1.1　绘制点（Point 命令）

1. 功能

"Point"命令的功能为：在指定位置绘制一个点，以显示标记或作为捕捉的参考点。

2. 操作

1）单击绘图工具栏点的图标；或在命令行输入"Point"命令；或在"绘图"下拉菜单中选择"点"。

2）执行"点"命令的提示信息。

　　命令：Point
　　当前点模式：PDMODE=0　PDSIZE=0.0000
　　指定点：（输入点的坐标，或在屏幕"绘图区"单击鼠标左键即可完成点的绘制）

3）设置点的形状和大小。为了清晰醒目地标记点的位置，AutoCAD 设置了 20 种点的形状，并能改变其大小。设置方法是：

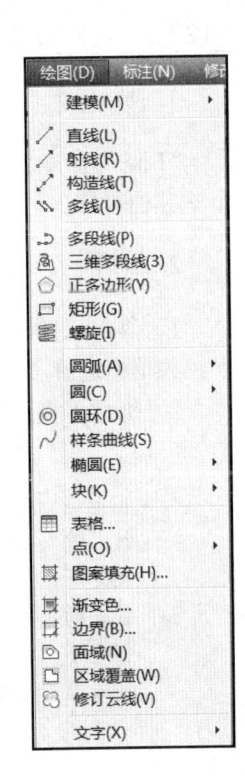

图 12.2　"绘图"下拉菜单

单击屏幕菜单"格式"选项,弹出如图 12.3 所示的格式下拉菜单,在格式菜单中选择"点样式";弹出"点样式"对话框如图 12.4 所示,在对话框中可以选择点的式样和设置点的大小。

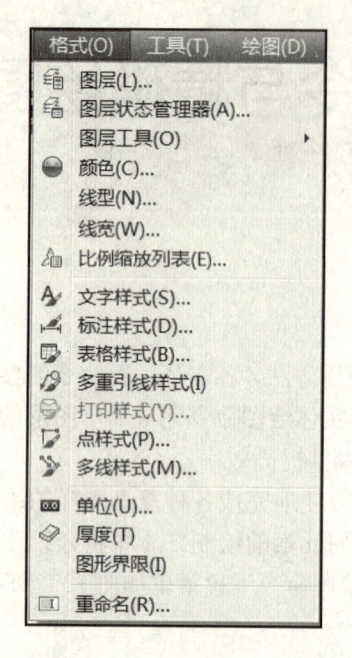

图 12.3 "格式"下拉菜单

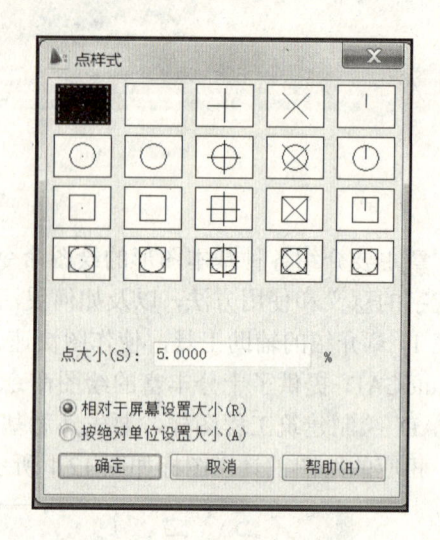

图 12.4 "点样式"对话框

12.1.2 绘制直线（Line 命令）

1. 功能

"Line"命令的功能为:绘制直线段、折线段及闭合多边形,其中每一线段均是一个单独的对象。

2. 操作

1) 单击绘图工具栏直线的图标 ；或在命令行输入"Line"命令;或在"绘图"下拉菜单中选择"直线"。

2) 执行"直线"命令的提示信息。

命令：Line 指定第一点：（输入点的坐标或在屏幕绘图区单击鼠标左键）
指定下一点或[放弃（U）]：（输入点的坐标或在屏幕绘图区单击鼠标左键,完成第一段直线,输入 U 回到第一点）
指定下一点或[放弃（U）]：（输入点的坐标或在屏幕绘图区单击鼠标左键,完成第二段直线,输入 U 回到上一点）
指定下一点或[或闭合（C）/放弃（U）]：（输入点的坐标或在屏幕绘图区单击鼠标左键,完成第三段直线；输入 C,与第一点成闭合图形；输入 U,回到上一点）

3. 说明

1)执行直线命令过程中的右键菜单。

在执行直线命令,命令提示区出现指定下一点或[或闭合(C)/放弃(U)]的提示时,单击鼠标右键弹出相应快捷菜单,可代替键盘输入各选项,如图 12.5 所示。

2)命令提示"指定第一点:"时键入空格或回车键,则 AutoCAD 以继续方式画直线,即新直线的起点为刚画过的直线或圆弧的终点,若刚画的是圆弧,则新直线的方向为圆弧的终点切线方向,如图 12.6 所示。

图 12.5 "直线"右键菜单

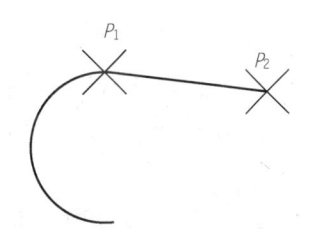

图 12.6 继续方式画直线

3)命令提示指定下一点或[或闭合(C)/放弃(U)],不输入点信息,空回车,结束直线命令。

4)结束上一个直线命令后直接回车或按鼠标右键,可再次执行直线命令。

提示

1)在指定直线命令各点时,可以用第 11 章讲到的各种输入方法和采用各种坐标。

2)画水平和竖直线时应在正交开启状态,使用鼠标导向方式给定线段端点,以提高绘图速度。

4. 实例

【例 12.1】 用直线命令"Line"绘制图 12.7 所示平面图形。

【分析】 图形由七段直线组成封闭多边形,如果从 A 点开始画,采用相对极坐标画出斜线 AB,然后在正交模式下使用鼠标导向依次输入各段长度到 G 点,最后闭合到 A 点。

【作图】 作图命令如下:

命令:Line 指定第一点:(在屏幕任意位置单击一点为 A 点)

指定下一点(或放弃):(@30<45)

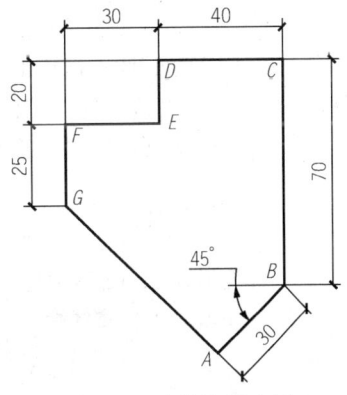

图 12.7 直线绘图实例

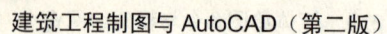

（单击透明指令打开正交模式）
指定下一点（或放弃）：（向上移动鼠标 然后输入 70）
指定下一点（或放弃）：（向左移动鼠标 然后输入 40）
指定下一点（或放弃）：（向下移动鼠标 然后输入 20）
指定下一点（或放弃）：（向左移动鼠标 然后输入 30）
指定下一点（或放弃）：（向下移动鼠标 然后输入 25）
指定下一点（或放弃）：（按右键选择闭合）

12.1.3 绘制射线（Ray 命令）

1. 功能

"Ray"命令的功能为：绘制从给定点出发的射线。

2. 操作

1）在命令行输入"Ray"命令；或在"绘图"下拉菜单中选择"射线"。
2）执行"射线"命令的提示信息：

命令：Ray
指定起点：（输入点的坐标或拾取一点）
指定通过点：（输入点的坐标或拾取射线上一点）
指定通过点：（不断输入点，可连续画出同一起点的多条射线）

3）需要说明的是，在正交模式下射线只能是水平线或竖直线，关闭正交模式可绘制任意方向射线。

12.1.4 绘制构造线（Xline 命令）

1. 功能

"Xline"命令的功能为：创建过指定点的双向无限长直线，指定点称为根点。这种线模拟手工作图中的辅助作图线，在绘图输出时可不作输出，常用于辅助作图。

2. 操作

1）单击绘图工具栏直线的图标 ；或在命令行输入"Xline"命令；或在"绘图"下拉菜单中选择"构造线"。
2）执行绘制"构造线"命令的提示信息。

命令：Xline
指定点[水平（H）/垂直（V）/角度（AutoCAD）/二等分（B）/偏移（O）]：（指定根点）
指定通过点：（给定通过点，画出一条双向无限长直线）
指定通过点：（继续给点，继续画线，按回车键结束命令）

3. 说明

1）执行"构造线"命令过程中的各选项可用右键菜单代替键盘输入。

2）需要绘制水平和竖直构造线时，可在正交状态下，给定根点后，沿水平或竖直方向移动鼠标，在该方向上任意点取一点即可。

3）需要绘制与水平线成指定角度的直线，选择"角度"（AutoCAD）选项后，输入角度值和构造线通过点即可。

4）二等分（B）选项是绘制选定角的角平分线。

5）偏移（O）选项是绘制与选定直线平行的直线，距离和方向在构造线偏移（O）选项运行时给定。

12.1.5 绘制圆（Circle 命令）

1. 功能

"Circle"命令的功能为：绘制指定圆心和半径绘的圆，还可通过两点或三点等方式绘制圆。

2. 操作

1）单击绘图工具栏圆的图标 ⊙；或在命令行输入"Circle"命令；或在"绘图"下拉菜单中选择"圆"。

2）执行"圆"命令的提示信息。

  命令：Circle
  指定圆的圆心或[三点（3P）/两点（2P）/相切、相切、半径（T）]：（指定圆心或选项）
  指定圆的半径或[直径（D）]：（给出半径）

3. 说明

1）执行画圆命令用"绘图"下拉菜单中"圆"方式，选项比工具栏和命令行输入多一项"相切、相切、相切"方式绘图，如图12.8所示。

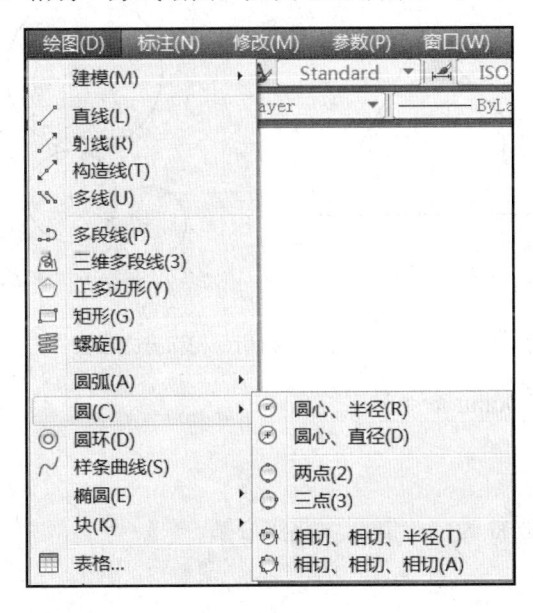

图 12.8 "绘图"下拉菜单中的"圆"子菜单

2）AutoCAD 默认方式是圆心、半径方式画圆，若用圆心、直径方式画圆需在下拉菜单选择该方式或在圆心、半径方式下先输入关键字"D"转换为圆心、直径方式画圆，再输入直径值。

3）输入关键字"2P"或右键菜单选择"2P"，表示用两点作为直径的端点，输入两个点，完成画圆。

4）输入关键字"3P"或右键菜单选择"3P"，表示用三点定圆的方式，输入三个点，完成画圆。

5）输入关键字"T"或右键菜单选择"T"，表示用已知半径与两个实体相切方式画圆，两个实体可以是直线或圆等已绘制实体，执行该方式后，单击实体上切点附近的点，AutoCAD 能找出切点，输入圆的半径，画出相切圆。如图 12.9 所示，图 12.9（a）为圆与两条已知直线 P_1、P_2 相切；图 12.9（b）为圆与两个已知圆 O_1、O_2 相切。

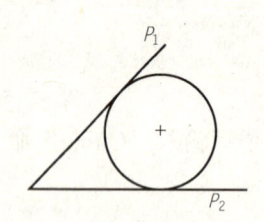

（a）圆与两条已知直线 P_1、P_2 相切　　（b）圆与两个已知圆 O_1、O_2 相切

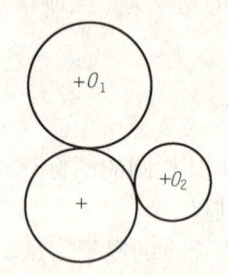

图 12.9　相切、相切、半径方式画圆

6）输入关键字"A"或右键菜单选择"A"，表示画圆与三个已知实体相切。单击与其相切的三个实体，AutoCAD 能找出切点，并通过这三个切点完成画圆。如图 12.10 所示，图 12.10（a）为圆与已知三角形相切；图 12.10（b）为圆与三个已知圆相切。

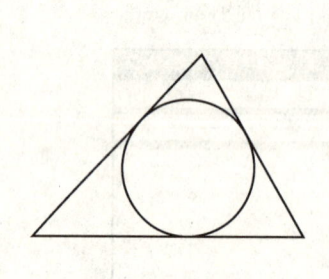

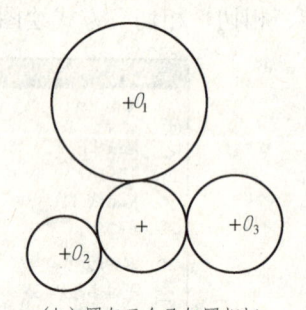

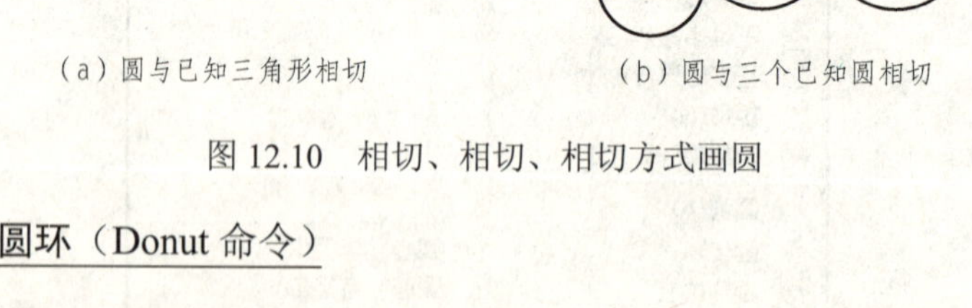

（a）圆与已知三角形相切　　（b）圆与三个已知圆相切

图 12.10　相切、相切、相切方式画圆

12.1.6　绘制圆环（Donut 命令）

1. 功能

"Donut"命令的功能为：绘制圆环或实心圆。

2. 操作

1）在命令行输入"Donut"命令；或在"绘图"下拉菜单中选择"圆环"。
2）执行"圆环"命令的提示信息。

```
命令：Donut
指定圆环的内径<0.5>：（输入圆环内径数值）
指定圆环的外径<1.0>：（输入圆环外径数值）
指定圆环的中心点：（屏幕指定圆环中心点）
```

3. 说明

如果内径数值为零，则画出实心圆。

12.1.7 绘制正多边形（Polygon 命令）

1. 功能

"Polygon"命令的功能为：绘制正多边形命令可以画边数为 3～1024 的正多边形。

2. 操作

1）单击绘图工具栏正多边形的图标 ⬠；或在命令行输入"Polygon"命令；或在"绘图"下拉菜单中选择"正多边形"。
2）执行"正多边形"命令的提示信息。

```
命令：Polygon
输入边的数目<4>：（输入 3～1024 的整数值）
指定正多边形的中心点（或边 E）：（指定正多边形中心点）
输入选项[内接于圆（I）/外切于圆（C）]<I>：（输入"C"或采用缺省值"I"两种方式
的区别如图 12.11 所示）
指定圆的半径：（输入半径或拾取一点确定半径，即可画出正多边形）
```

3. 说明

1）如果输入关键字"E"，则按指定正多边形一个边的方式绘制正多边形，AutoCAD 将出现提示：

```
指定第一个端点：（输入一点）
指定第二个端点：（输入另一点）
```

完成作图，如图 12.12 所示。
2）在正交状态下，只能绘制一边水平或竖直的圆内接或外切正多边形；非正交状态下，能绘制任意方向的圆内接或外切正多边形。

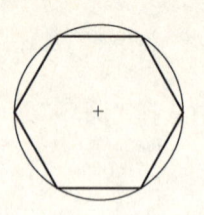

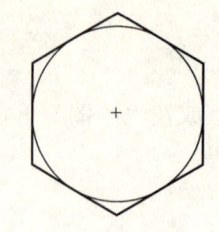

(a) I方式(内接于圆)　　　(b) C方式(外切于圆)

图 12.11　绘制正多边形的两种方式　　　图 12.12　按指定边画正多边形

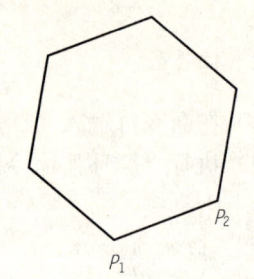

12.1.8　绘制矩形（Rectangle 命令）

1. 功能

"Rectangle"命令的功能为：绘制矩形、带圆角或倒角的矩形。

2. 操作

1）单击绘图工具栏矩形的图标 ▱，或在命令行输入"Rectangle"命令，或在"绘图"下拉菜单中选择"矩形"。

2）执行"矩形"命令的提示信息。

　　命令：Rectangle
　　指定第一角点或[倒角（C）/标高（E）/圆角（F）/厚度（T）/宽度（W）]：（指定矩形一个顶点或输入选项）
　　指定另一角点或[面积（A）/尺寸（D）/旋转（R）]：（指定对角顶点或输入选项）

3. 说明

1）指定第一角点可输入绝对坐标或屏幕点取；指定第二角点可输入绝对坐标，或第二角点相对第一角点的相对坐标（即矩形的长和宽），或屏幕点取，如图 12.13（a）所示。

2）如果输入关键字"C"，则绘制有倒角的矩形，然后按提示输入倒角距离（AutoCAD 默认倒角距离是 0），如图 12.13（b）所示。

3）如果输入关键字"E"，则在指定标高的平面上绘制矩形（用于三维绘图）。

4）如果输入关键字"F"，则绘制有圆角的矩形，然后按提示输入圆角半径（AutoCAD 默认圆角半径是 0），如图 12.13（c）所示。

5）如果输入关键字"W"，则绘制指定线宽的矩形，然后按提示指定线宽（AutoCAD 默认线宽是随层），如图 12.13（d）所示。

6）指定第二角点可输入矩形对角顶点的绝对坐标、或相对第一角点的相对坐标，或屏幕点取。

7）如果输入关键字"A"，则绘制指定面积的矩形，然后按提示指定长或宽。

8）如果输入关键字"D"，则绘制指定尺寸的矩形，然后按提示指定矩形长和宽。

9）如果输入关键字"R"，则绘制指定旋转角度的矩形（AutoCAD 默认形式是矩形边框水平和竖直），如图 12.13（e）所示。

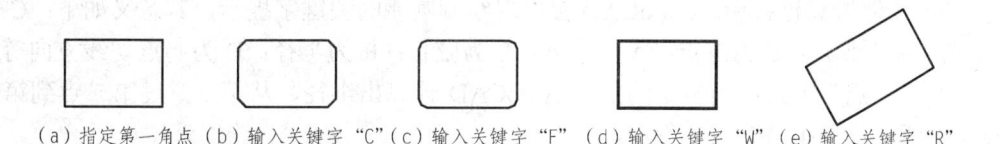

(a) 指定第一角点 (b) 输入关键字 "C" (c) 输入关键字 "F" (d) 输入关键字 "W" (e) 输入关键字 "R"

图 12.13　绘制矩形实例

提示

执行矩形命令时，输入的倒角距离、圆角半径、线宽等数据，在再次执行矩形命令时，会成为默认值。若要恢复 AutoCAD 默认值，需更改圆角半径、倒角距离、线宽等为原始数据 0.00。

12.1.9　绘制圆弧（Arc 命令）

1. 功能

"Arc"命令的功能为：以多种方式绘制圆弧。

2. 操作

1) 单击绘图工具栏圆弧的图标 ；或在命令行输入"Arc"命令；或在"绘图"下拉菜单中选择"圆弧"。

2) 执行"圆弧"命令的提示信息。

　　命令：Arc
　　指定圆弧的起点[或圆心（C）]：（指定圆弧起点或选择"C"，继续提示完成圆弧绘制）

3. 说明

1) AutoCAD 提供有 11 种绘制圆弧方式供选择，图 12.14 所示为圆弧命令的子菜单，绘图时根据已知条件选择所需的方式。除此之外，AutoCAD 绘制圆弧的方法还可以是先绘制完整的圆，再由相切条件修剪成所需的圆弧段，绘制方法将在第 13 章中讲述。

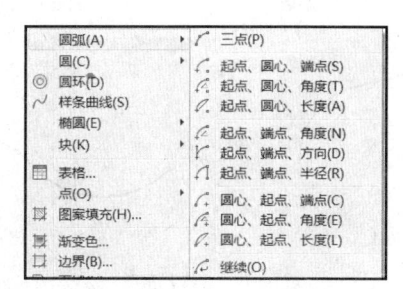

图 12.14　"绘图"下拉菜单中的"圆弧"子菜单

2)绘制圆弧的角度值逆时针为正,顺时针为负。角度为-360°~360°。

3)绘制圆弧过程中,AutoCAD 会出现绘制圆弧的关键字提示,其意义如下:C 为圆心;S 为起点;E 为终点;A 为角度;L 为弦长;R 为半径;D 为起点切线方向等。

4)"三点"方式。由指定的三点 AutoCAD 计算出半径,从第一点过第二点到第三点画圆弧,如图 12.15(a)所示。

5)"起点、圆心、端点"方式。指定起点、圆心、端点,按逆时针方向绘制圆弧,如图 12.15(b)所示。

(a)"三点"画弧　　(b)"起点、圆心、端点"画弧　　(c)"起点、圆心、角度"画弧

(d)"起点、圆心、长度"画弧　　(e)"起点、端点、角度"画弧

(f)"起点、端点、方向"画弧　　(g)"起点、端点、半径"画弧

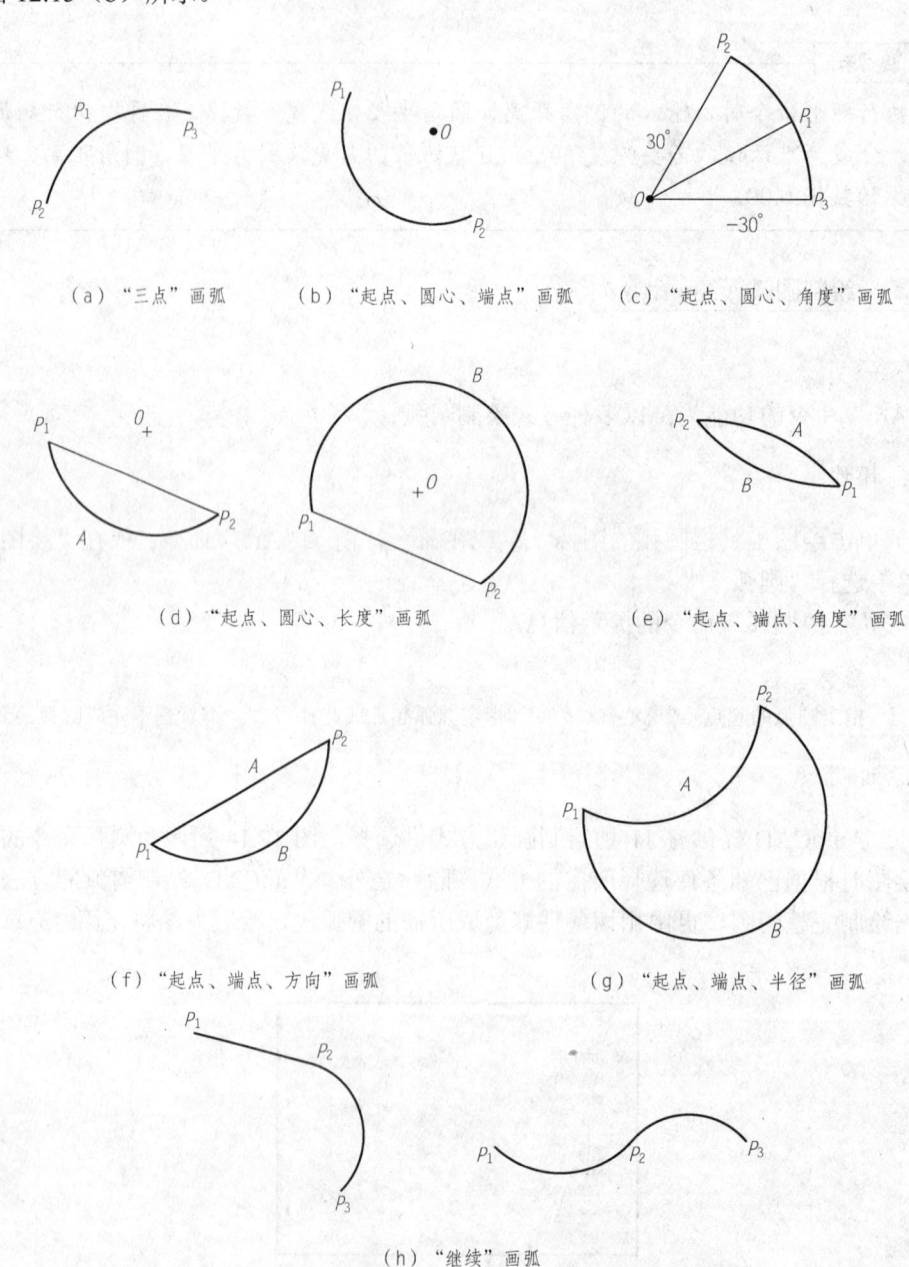

(h)"继续"画弧

图 12.15　绘制圆弧

6)"起点、圆心、角度"方式。在指定的圆心后,选择关键字"A",可输入角度,完成圆弧。若"角度"为正,则逆时针方向画弧,如图 12.15(c)中的 P_1P_2 弧;若"角度"为负,则顺时针方向画弧,如图 12.17(c)中的 P_1P_3 弧。

7)"起点、圆心、长度"方式。指定起点、圆心。在指定圆心后,选择关键字"L",可输入弦长,由起点开始逆时针画弧。若弦长为正,则画小圆弧,如图 12.15(d)中的小圆弧 P_1AP_2;若该弦长为负,则画大圆弧,如图 12.15(d)中的大圆弧 P_1BP_2。

8)"起点、端点、角度"方式。输入角度为正,则由起点逆时针画弧到端点,如图 12.15(e)中的圆弧 P_1AP_2;输入角度为负,则由起点顺时针画圆弧到端点,如图 12.15(e)中的圆弧 P_1BP_2。

9)"起点、端点、方向"方式。该方式是指定起点、端点和给定起点的切线方向画弧,提示和选项与前述类似。输入起点和端点后,选择关键字"D",再输入起点切线方向的角度或移动鼠标观察选择,完成圆弧绘制,如图 12.15(f)所示。

10)"起点、端点、半径"方式。该方式是指定起点、端点和圆弧半径,其提示和选项与上述类似。输入半径为正,则画小圆弧,如图 12.15(g)的小圆弧 P_1AP_2;输入半径为负,则画大圆弧,如图 12.15(g)中的大圆弧 P_1BP_2。

11)"继续"方式。绘制与前一条直线或圆弧相切的圆弧,按空格键或回车键回答"命令:Arc 指定圆弧的起点[或圆心(C)]"的提示,则自动进入"继续"画弧方式,并以上一段直线或圆弧的终点作为新圆弧的起点,如图 12.15(h)所示。

4. 实例

【例 12.2】 按图 12.16 所示的尺寸绘制平面图形。

【分析】 图形由两段直线和两个半圆弧组成,点 A、B、C、D 分别为直线与圆弧的切点,可采用"继续"方式画直线和圆弧的方法完成作图。

【作图】 1)设置极轴捕捉角度增量为 90,打开捕捉开关,设置对象捕捉为"端点",打开对象捕捉开关。

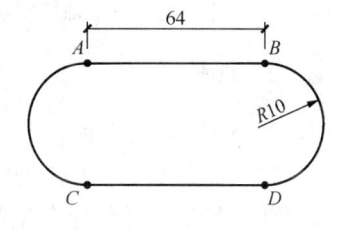

图 12.16 绘制圆弧实例

2)从 A 点开始绘图,点击画直线图标,发出画直线命令,操作步骤和绘图命令序列如下:

命令:Line 指定第一点:(在屏幕任意位置单击一点为 A 点)
指定下一点(或放弃):(移动鼠标出现极轴追踪提示时输入直线长度 64)

回车确定直线,再单击画圆弧图标,发出画圆弧命令。

命令:Arc
指定圆弧的起点[或圆心(C)]:(用回车键或空格键回答,表示以直线端点为起点,与直线相切画圆弧)
指定圆弧端点:42(移动鼠标,当屏幕上出现 270 极轴追踪线和半圆时,输入 42,确定圆弧端点 C 点)

再次单击画直线图标,发出画直线命令。

命令：Line 指定第一点：（用回车或空格键回答，表示沿圆弧端点切线方向画直线）
指定下一点（或放弃）：（移动鼠标出现180极轴追踪提示时输入直线长度64，画线到D点）

回车确定直线，再单击画圆弧图标，发出画圆弧命令。

命令：Arc
指定圆弧的起点[或圆心（C）]：（用回车键或空格键回答，表示以直线端点为起点，与直线相切画圆弧）
指定圆弧端点：42（移动鼠标到A点附近，当屏幕上出现端点捕捉标记时按下鼠标确定，完成作图。）

12.1.10 绘制椭圆和椭圆弧（Ellipse 命令）

1. 功能

"Ellipse"命令的功能为：绘制任意方向、任意长短轴尺寸的椭圆和椭圆弧。

2. 操作

1）单击绘图工具栏椭圆的图标；或在命令行输入"Ellipse"命令；或在"绘图"下拉菜单中选择"椭圆"。

2）执行"椭圆"命令的提示信息。

命令：Ellipse
指定椭圆的轴端点或[圆弧（A）/中心（C）]：（拾取一点为轴的起点）
指定轴的另一个端点：（拾取一点为轴的端点）
指定另一条半轴长度或[旋转（R）]：（输入或指定半轴长度，完成椭圆绘制）

3. 说明

1）如果输入关键字"C"，则先确定椭圆中心，再按提示绘制椭圆。

2）如果输入关键字"R"，则以旋转方式绘制椭圆，输入一角度，表示以给定的轴线长为直径的圆按给定角度旋转，再向绘图平面投影所形成的椭圆，如图12.17所示。

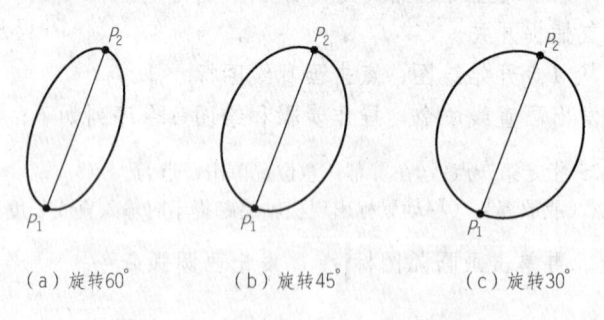

（a）旋转60°　　　（b）旋转45°　　　（c）旋转30°

图12.17 用旋转轴线方式绘制椭圆

3）如果输入关键字"A"，则可以绘制椭圆弧，在完成椭圆后，按提示输入椭圆弧的起始角和终止角绘制椭圆弧。也可以单击"绘图"工具栏椭圆弧图标，按提示绘制椭圆弧。

12.1.11 绘制样条曲线（Spline 命令）

1. 功能

"Spline"命令的功能为：样条曲线是通过指一系列点拟合成光滑曲线。

2. 操作

1) 单击绘图工具栏直线的图标 ；或在命令行输入"Spline"命令；或在"绘图"下拉菜单中选择"样条曲线"。

2) 执行绘制样条曲线命令的提示信息。

命令：Spline
指定第一个点或[对象（O）]：（输入或拾取一点）
指定下一个点或[闭合（C）/拟合公差（F）]：（输入第二点）
指定下一个点或[闭合（C）/拟合公差（F）]：（输入第三点，直到回车确定）
指定起点切向：（移动鼠标确定起点切向）
指定端点切向：（移动鼠标确定端点切向，完成作图）

3. 说明

1) 如果输入关键字"O"，可以将指定的多段线拟合为样条曲线。

2) 如果输入关键字"F"，可以设定样条曲线对于输入点的接近程度，拟合参数为零（缺省值）时，曲线将通过所有指定的点。图 12.18 所示为通过所有给定点绘制的样条曲线。

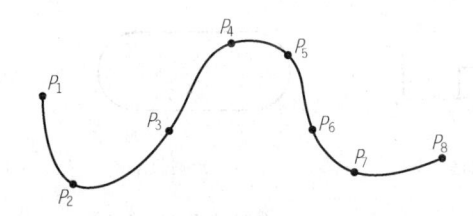

图 12.18 绘制样条曲线

12.1.12 绘制多段线（Pline 命令）

多段线是由直线与圆弧构成的组合线，绘制多段线（"Pline"命令）属于复合绘图命令。执行多段线命令一次画出的可以是由若干直线段组成的图形或是由直线段与圆弧组成的图形。与用前述的绘制直线命令和绘制圆弧命令绘制的图形的区别是：该命令绘制的图形是一个整体被作为单个图素对待，而且图形中线的起点、端点宽度可以设定，如图 12.19 所示。

1. 功能

"Pline"命令的功能为：绘制作为一个整体的多段直线或直线与圆弧组成的图形，可以设置不同线宽，可以使用多种线型等。

2. 操作

1) 单击绘图工具栏直线的图标 ；或在命令行输入"Pline"命令；或在"绘图"下拉菜单中选择"多段线"。

2) 执行"多段线"命令的提示信息。

    命令：Pline
    指定起点：（给出起点）
    指定下一点或[圆弧（A）/半宽（H）/长度（L）/放弃（U）/宽度（W）]：（输入第二点）
    指定下一点或[圆弧（A）/半宽（H）/长度（L）/放弃（U）/宽度（W）]：（继续输入点，直到回车结束）

3. 说明

1) 若用多段线命令画直线，指定起点后，再指定下一点，两点之间画直线，继续输入点画直线，完成作图，如图 12.19（a）所示。

2) 若由画直线转换为画圆弧，如图 12.19（b）所示，则要选择圆弧（A），切换为圆弧方式，然后按有关圆弧的提示进行转换。

    指定下一点或[圆弧（A）/半宽（H）/长度（L）/放弃（U）/宽度（W）]：（A）
    指定圆弧的端点或[角度（A）/圆心（CE）/闭合（CL）/方向（D）/半宽（H）/直线（L）/半径（R）/第二个点（S）/放弃（U）/宽度（W）]：（指定圆弧端点或选项）。

3) 若要画特粗线或由细变宽线（如带箭头直线），如图 12.19（c）所示，则要输入选项宽度（W）或半宽（H），先设定线宽再画线。

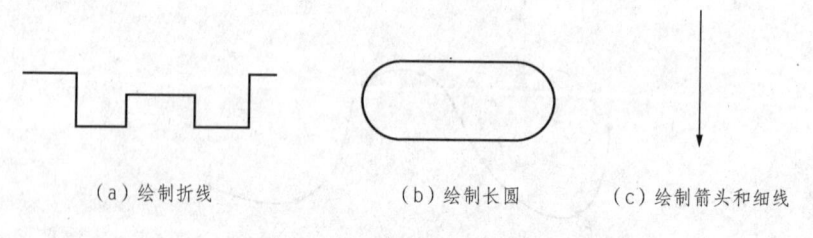

（a）绘制折线   （b）绘制长圆   （c）绘制箭头和细线

图 12.19　多段线绘图实例

12.1.13　绘制多线（Mline 命令）

1. 功能

"Mline"命令的功能为：绘制多条平行线组成的直线组，可以设置不同的线型、偏移距离和封口形状，如图 12.20 所示。

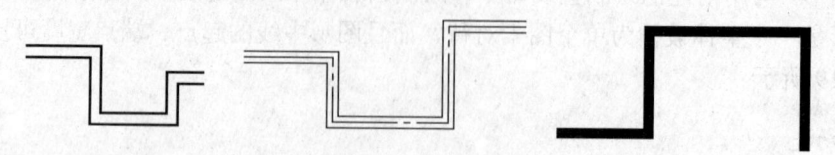

图 12.20　多线绘图实例

2. 操作

1）在"绘图"下拉菜单中选择"多线";或在命令行输入"Mline"命令。
2）执行"多线"命令的提示信息。

  命令:Mline
  当前设置:对正=上,比例=20.00,样式=STANDARD
  指定起点或[对正（J）/比例（S）/样式（ST）]:（输入一点）
  指定下一点或[放弃（U）]:（指定第二点或输入线段长）
  指定下一点或[闭合（C）/放弃（U）]:（指定第三点或输入线段长或回车结束画多线）

3. 说明

1）如果输入关键字"J",则改变多线起点位置,将出现提示。

  输入对正类型[上（T）/零（Z）/下（B）]<上>:

"对正方式"如图12.21所示,A、B点分别是画多线时输入或拾取的起点和终点,"上（T）"对正方式是多线中偏移量最大的元素与 A、B 对齐;"零（Z）"对正方式是多线中偏移量为零的元素与 A、B 对齐;"下（B）"对正方式是多线中偏移量最小的元素与 A、B 对齐。

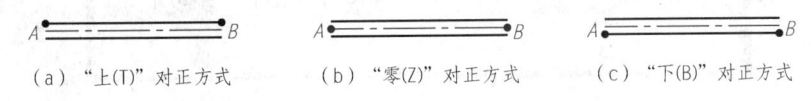

（a）"上(T)"对正方式　　（b）"零(Z)"对正方式　　（c）"下(B)"对正方式

图 12.21 多线的三种对齐方式

2）如果输入关键字"S",则改变多线比例,缺省的比例是 20。
3）如果输入关键字"ST",可以输入一个已经定义过的多线样式名。

4. 多线式样

多线的式样包括组成多线的单元数（AutoCAD 允许最大单元数为 16,即多线最多可由 16 条平行线组成）、线型、颜色、基点偏移量、填充颜色等内容。在"格式"下拉菜单中选择"多线式样"或在命令行输入"Mlstyle"命令可弹出图 12.22 所示的多线式样对话框,进行多线式样的设置。

1）一个图形可以使用多个多线式样,图形中使用的多线式样组成列表与图形一起保存。可以从列表中选择要使用的式样,也可以从多线式样库文件（.mln）中装载,或者在当前图形中创建。

2）STANDARD 式样为缺省的多线式样（由两条平行线组成）,用户不能对它进行编辑,也不能对正在使用的式样进行编辑,要改变多线式样的元素特性,必须在它未被使用之前进行。

3）"当前多线样式"显示当前使用的多线式样,要选择其他式样,可在列表中选择。
4）"说明"编辑框。为当前式样指定说明文字。
5）"加载（L）"按钮。从多线式样库中装入多线式样。
6）"保存"按钮。将当前设置的多线式样用"新样式名"框中输入的名字存入选定的多线式样库文件中。

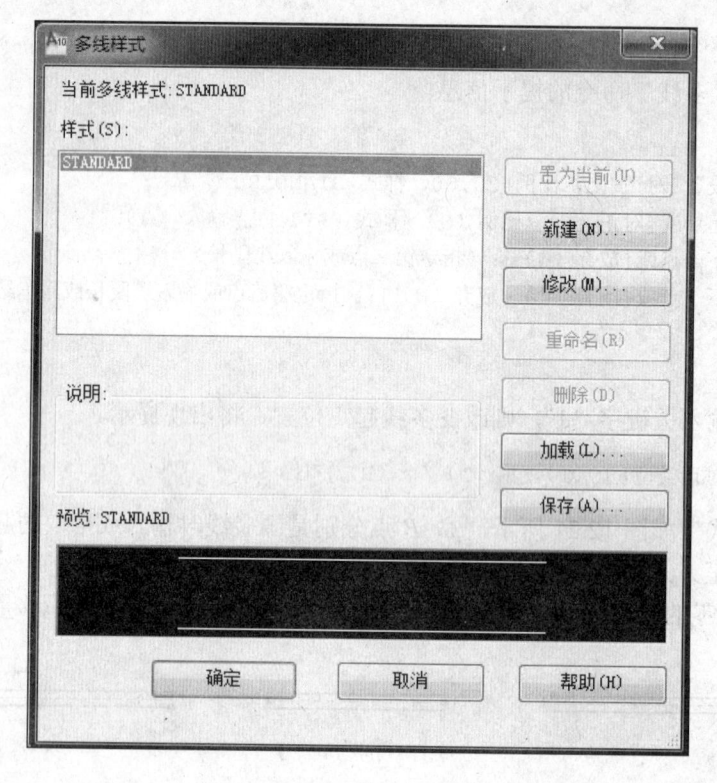

图 12.22 "多线式样"对话框

7)"重命名(R)"按钮。用"新样式名"框中输入的名字为在"当前"框中的多线式样换名。

8)"新建(N)"按钮。用于创建新的多线式样。

9)"修改(M)"按钮。用于修改已经定义但未使用过的多线式样。已经绘制过多线的多线式样不允许修改。

5. "新建"多线式样的步骤

1)在"格式"菜单中选择"多线式样";或在命令行输入"Mlstyle"命令,弹出图 12.22 所示的多线式样对话框。

2)单击"新建"按钮,弹出如图 12.23 所示的"新建"多线式样命名对话框,输入名字后,弹出如图 12.24 所示的"新建多线样式:"对话框。

图 12.23 "新建多线样式命名"对话框

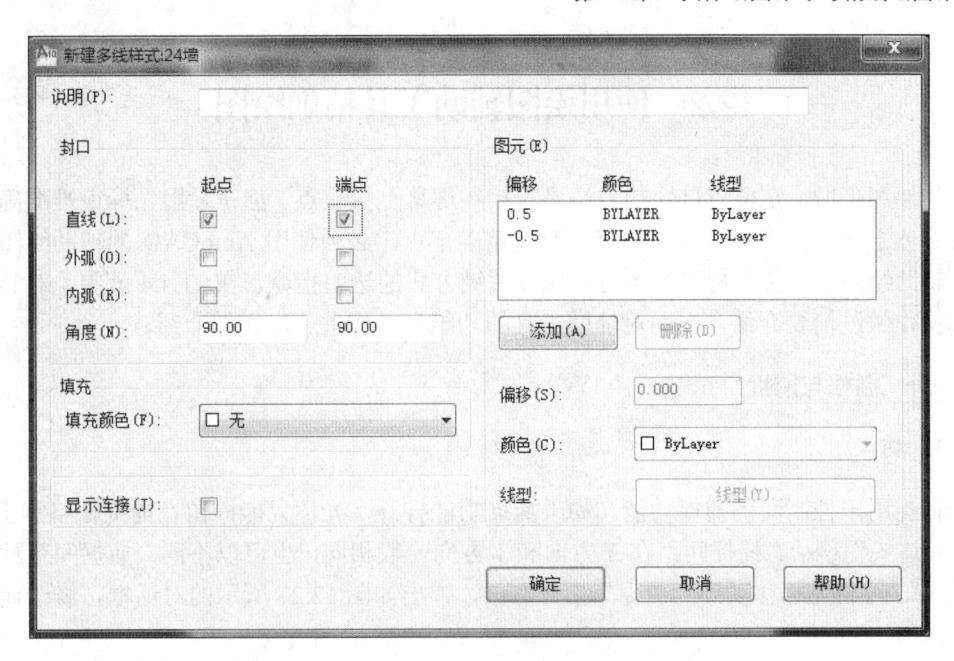

图 12.24 "新建多线样式："对话框

3）在"新建多线样式："对话框中，可选择某一元素（即多线中的一条线），设定其颜色、线型、偏移量。若单击"添加"按钮，则增加一个元素，可按需要设置偏移量、颜色、线型等特性。设置好后，单击"确定"返回多线式样对话框。

4）在框中还可设置多线起点、端点的头部形状，包括直线、外弧、内弧和角度（输入斜角）。各种端头的形状如图 12.25 所示。

（a）直线　　（b）外弧　　（c）内弧　　（d）角度

图 12.25　端头形状

5）如在原多线样式基础上，选中"显示连接"选项创建新样式，则画图后在多线各段转折处显示接缝。图 12.26 所示为不显示连接和显示连接的两种多线样式绘图的不同效果。

（a）不"显示连接"的效果　　（b）"显示连接"的效果

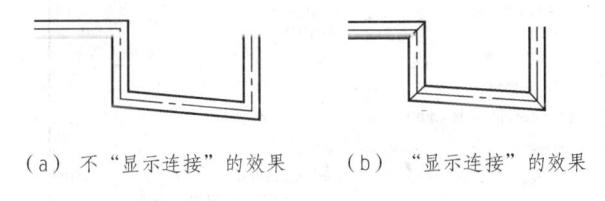

图 12.26　是否"显示连接"的不同效果

6）打开"填充"，并选择颜色，可为多线设置背景颜色，如图 12.20 所示。

7）设置好多线样式后，单击"确定"，新建立的多线式样就进入当前图形的多线列表；单击文件下拉菜单的保存命令，就永久存入当前图形文件中，供以后使用。

8）多线用于绘制建筑图的墙线比较方便，多条多线相交和接头的地方需要进行编辑。关于多线的编辑将在第 14 章介绍。

12.2 使用绘图辅助工具精确绘图

绘制图形时，定位点最快的方法是直接在屏幕上拾取点。但是，用光标很难准确地直接定位于对象上某一个特定的点。快速精确定点，必须使用 AutoCAD 的辅助绘图工具。辅助绘图工具位于屏幕的下方，属开关键方式的透明指令，在 11.4.4 节中，对其功能和操作做过简要介绍，下面对辅助工具的功能和操作进一步详细介绍。

12.2.1 栅格与捕捉

1. 捕捉

捕捉用于控制间隔捕捉功能。如果捕捉功能打开，光标只能停留在捕捉栅格点上，作"步进式"移动。捕捉间距在 X 方向和 Y 方向一般相同，也可以不同。捕捉间距默认值是 10，可将光标移动到"捕捉"指令右击，弹出如图 12.27 所示的对话框，修改捕捉间距数值。

> **提 示**
>
> 启用捕捉可以提高绘图速度，但光标不能停留在非栅格点上，有时会影响正常绘图，所以应谨慎启用。

2. 栅格

栅格是显示可见的参照网格点。当栅格打开时，它在图形界限范围内显示出来。栅格既不是图形的一部分，也不会输出，只对绘图起辅助作用，如同坐标纸一样，栅格点的间距值可以和捕捉间距相同，也可以不同，栅格间距默认值是 10，可以根据需要，将光标移动到"栅格"指令右击，弹出如图 12.27 所示的对话框，修改栅格间距数值。当屏幕缩放到栅格点几乎彼此相接时，会提示"栅格太密不能显示"。

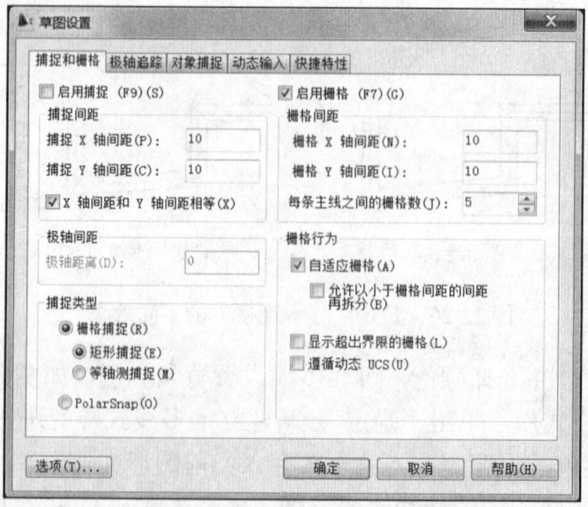

图 12.27 "草图设置"中的"捕捉和栅格"对话框

12.2.2 正交模式

使用正交模式能迫使鼠标画线时所画的线平行于 X 轴或 Y 轴,它的作用类似于丁字尺和三角板,保证绘出的线为水平线或垂直线。使用时按下辅助工具栏的"正交"切换开关,或快捷键 F8 皆可,此时极轴追踪状态为"仅正交追踪",如图 12.28 所示。

> **提 示**
>
> 画水平和竖直线时一定要在"正交"状态下画线,既可提高绘图速度又能保证质量,用眼观察、人工控制很难保证直线的水平和竖直,出现误差后修改比较麻烦。

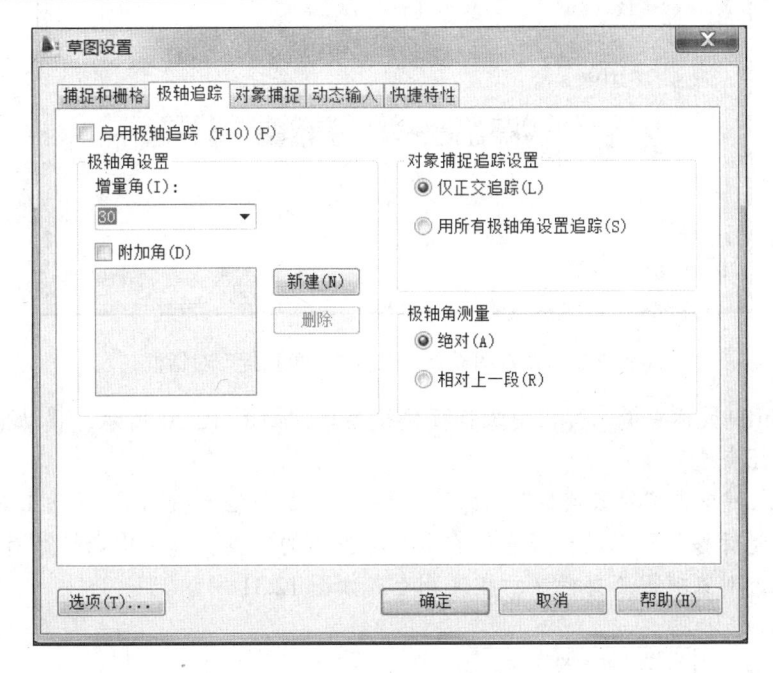

图 12.28 草图设置中的"极轴追踪"对话框

12.2.3 对象捕捉

对象捕捉用于捕捉已绘图形对象上的特征点,例如直线的端点或中点,圆、圆弧的圆心,圆周上的四个象限点、切点、垂足、文本或块的插入点等。对象捕捉有临时捕捉和固定捕捉两种。

1. 固定捕捉

右击"对象捕捉"工具按钮,弹出"草图设置"的"对象捕捉"对话框,如图 12.29 所示,在其中设置需要捕捉的特征点,可同时选择多个特征点。在对象捕捉按钮按下的状态绘图时,光标接近设置过的特征点时会在点上出现黄色标记并显示点的名称,按下鼠标左键即可捕捉到需要的点。因此,这种捕捉方式又称自动捕捉。

2. 临时捕捉

在绘图需要"已绘图形对象特征点",而该特征点未设为固定捕捉时,可启用临时

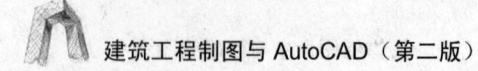

捕捉。临时捕捉有如下两种方式。

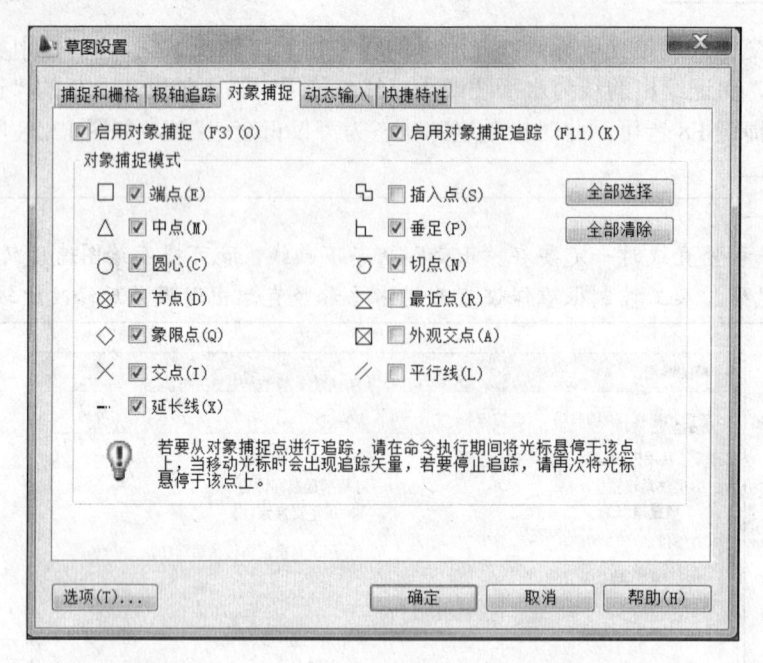

图 12.29 "草图设置"中的"对象捕捉"对话框

- 按 Shift+鼠标右键，弹出对象捕捉快捷菜单，如图 12.30 所示，移动鼠标选择需要特征点选项。
- 鼠标左键单击"对象捕捉"浮动工具栏中需要的特征点按钮。（浮动工具栏打开方法：光标移动到工具栏任意处右击，在弹出的工具栏选项中选择"对象捕捉"工具栏，对象捕捉工具栏显示在屏幕上，如图 12.31 所示。）

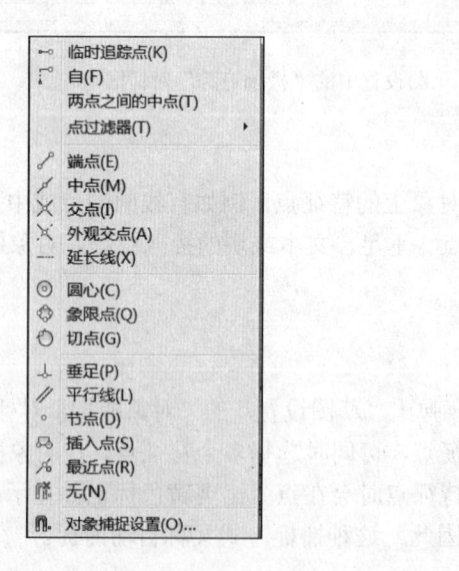

图 12.30 "临时捕捉"右键菜单　　　图 12.31 "对象捕捉"工具栏

3. 对象捕捉举例

（1）固定捕捉应用举例

【例 12.3】 绘制如图 12.32 所示的矩形，并过矩形的角点 A 作对角线 BC 的垂线 AE。

【分析】 垂足 E 点应由对象捕捉获得。

【作图】 如图 12.32 所示。

1）右击辅助工具栏的对象捕捉图标，弹出如图 12.29 所示的"草图设置"的"对象捕捉"对话框，单击端点、交点、垂足图标左侧的小方框将其选中，设为固定捕捉。

2）执行画直线命令，起点捕捉交点 A，然后光标移至 BC 线上的过 A 点所做垂线的垂足 E 点附近，出现垂足捕捉图标时按下鼠标左键，完成 AE 线绘制。

（2）临时捕捉应用举例

【例 12.4】 绘制如图 12.33 所示的图形，并过 A 点画一直线 AB 与圆相切。

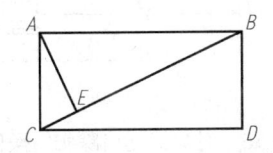

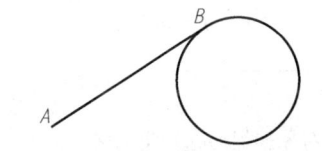

图 12.32 "对象捕捉"应用举例（一）　　图 12.33 "对象捕捉"应用举例（二）

【分析】 执行直线命令的起点应为 A 点，端点 B 要与圆相切，但目测位置不准确，应由对象捕捉获得。

【作图】 如图 12.33 所示。

1）右击工具栏任意位置，在工具栏选项中选定"对象捕捉"工具栏，使"对象捕捉"工具栏呈现在屏幕上。

2）单击绘图工具栏的画直线命令，起点先单击对象捕捉工具栏的节点图标，然后将光标移至 A 点附近出现点标记时按下鼠标左键，再单击对象捕捉工具栏的切点图标，移动鼠标至圆周上切点附近，当出现切点标记时按下鼠标左键，切线 AB 完成绘制。

12.2.4 极轴追踪

极轴追踪和正交模式只能交替使用，画指定倾斜角度的直线用极轴追踪。极轴追踪应先按下极轴追踪按钮使其为开启状态，并设置极轴角为所画线的角度方向。方法是鼠标右击"极轴追踪"工具栏，弹出如图 12.34 所示的选项菜单，左键单击与所画直线一致的增量角将其选中。当选项菜单中显示的增量角没有所画直线的角度时，左键单击"设置"

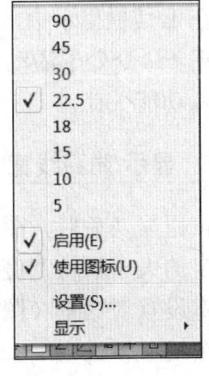

图 12.34 "极轴追踪"右键选项菜单

选项弹出如图 12.28 所示的对话框,在增量角窗口中输入所需角度,单击确定。

12.2.5 对象捕捉追踪

对象捕捉追踪是以捕捉到的点为基点按提示的角度和长度进行追踪。极轴追踪、对象捕捉、对象捕捉追踪同时使用,可完成复杂的工程图作图,下面举例说明。

【例 12.5】 绘制图 12.35 所示的图形。已知点 1、点 3 位置,在点 1、点 3 之间画水平线 12 和倾斜线 23,使 23 线与水平线呈 60°。

【作图】 如图 12.36 所示,设定极轴追踪角度为 30°,打开极轴追踪,执行画直线命令,起点为 3 点,移动鼠标出现与 3 点成 60°追踪线时,再捕捉 1 点出现水平追踪线与 60°追踪线相交,鼠标左键单击该点即确定满足条件的 2 点,单击鼠标左键,画出 32 线,接下来捕捉 1 点画出 12 线。

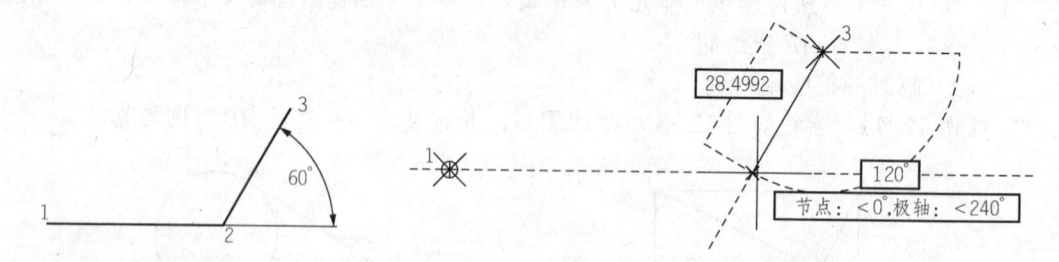

图 12.35 "对象捕捉追踪"实例(一)

图 12.36 对象捕捉追踪实例操作

【例 12.6】 如图 12.37 所示,已知直线上 A 点,要求 C 点与已知圆圆心在同一水平线上,且距圆心 60mm,求做直线 AC。

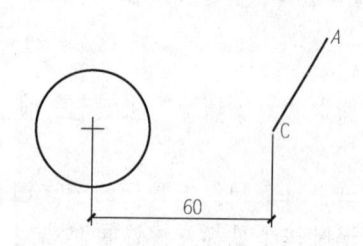

【作图】 设定极轴追踪角度为 0°,打开极轴追踪,执行画直线命令,起点捕捉圆心但不单击,移动鼠标向右,引线长度提示 60 或输入数值 60 单击鼠标左键确定 C 点,再捕捉 A 点画出 AC 线。

图 12.37 对象捕捉追踪实例(二)

12.2.6 动态输入

该工具图标呈彩色时动态输入功能开启,输入数值显示在工具栏提示中,光标旁边显示的工具栏提示信息,将随着光标的移动而动态更新。当某个命令处于活动状态时,可以在工具栏提示中输入数值;该工具图标呈黑白时,动态输入功能关闭。

12.2.7 显示/隐藏线宽

该按钮呈灰色时,图形中所有图线都以默认的最细线显示,该键按下,呈彩色时图层中设定的大于默认宽度的图线可以以较粗的图线显示。右击该图标,选择设置选项,弹出线宽设置对话框(图 12.38),左右移动"调整显示比例"滑钮,可以改变大于默认宽度的图线显示的粗细;当滑钮移至左侧最小值时,图形屏幕上显示的所有图线不再有粗细之分,都为默认值。

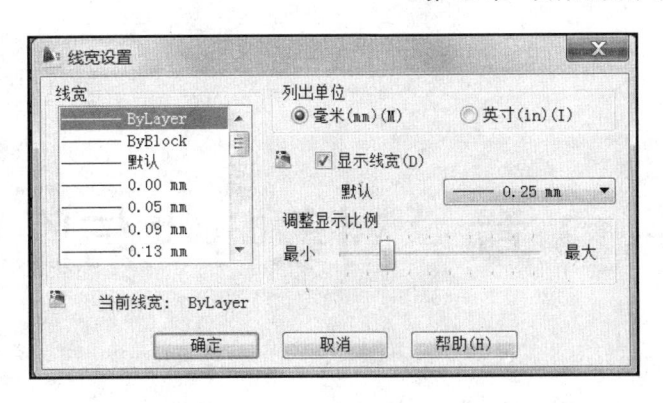

图 12.38 "线宽设置"对话框

思 考 题

12.1 如何在画直线时做到尺寸准确和提高速度?
12.2 画圆的方式有哪些?如何操作?
12.3 如何根据已知条件选择画弧方式?
12.4 用直线命令和多段线命令画出的图形有哪些区别?
12.5 怎样在已知矩形中画一个椭圆与四边相切?
12.6 怎样画带圆角和倒角的矩形?
12.7 如何画线宽渐变的多段线?
12.8 多线如何与指定点对齐?
12.9 多线式样如何设定?

第 13 章 对象特性与图层

本章主要介绍对象特性（图层、颜色、线型、线宽等）的设置与控制，修改和编辑图形的对象特性，以及如何获知图形对象的有关信息。

对象特性是指对象的图层、颜色、线型、线宽和打印样式，它是 AutoCAD 提供的一类辅助绘图命令。图层类似于透明胶片，用来分类组织不同的图形信息；颜色可以用来区分图形中相似的图形对象；线型、线宽使所绘制工程图符合有关国家标准；打印样式可以控制图形的输出形式。用图层来组织和管理图形对象可使图形更加清晰和易于管理。

13.1 对象特性

13.1.1 图层（Layer）

AutoCAD 图形对象必须绘制在某一层上。图层如图 13.1 所示，其特点如下：

1）每一层对应一个图层名，系统默认设置的图层为零层，其余图层由用户根据绘图需要创建命名，数量不限。

2）各图层具有同一坐标系，好像透明纸重叠在一起。每一图层对应一种颜色、一种线型、一种线宽；新建图层继承上一层的对象特性，可以修改，一般在一个图层上创建图形对象时，就自然采用该层对应的颜色、线型和线宽，称为随层（Bylayer）方式。

3）当前作图使用的图层称为当前层，当前层只有一个，但可以切换。

4）图层具有以下特征，用户可以根据需要进行设置。

- 打开（On）/关闭（Off）。控制图层上的实体在屏幕上的可见性。图层打开，则该图层上的对象可见；图层关闭，则该图层上的对象从屏幕上消失。

- 冻结（Freeze）/解冻（Thaw）。也影响图层的可见性，并且控制图层上的实体在打印输出时的可见性。图层冻结，该图层的对象不仅在屏幕上不可见，而且也不能打印输出。另外，图形重生成时，冻结图层上的对象不参加计算，因此可明显提高绘图速度。

- 锁定（Lock）/解锁（Unlock）。控制图层上的图形对象能否被编辑修改，但不影响其可见性。图层锁定，该图层上的对象仍然可见，但不能对其做删除、移动等图形编辑操作。

当前对象的这三项特性对应显示在绘图区上方的工具栏内，如图 13.2 所示。AutoCAD 的自带图层是零层，零层缺省设置是随层（Bylayer）；颜色为黑色，线型为连续线，线宽为缺省值。

图 13.1 "图层特性管理器"对话框

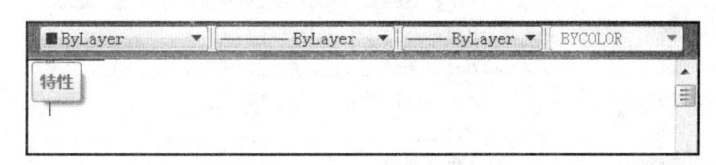

图 13.2 "对象特性"工具栏

13.1.2 颜色（Color）

颜色是图形对象的一个重要特性，AutoCAD 2010 系统提供"选择颜色"对话框，如图 13.3 所示，共 255 种索引颜色，并以 1～255 数字命名。其中颜色索引列出除标准颜色以外的所有可用颜色：1～7 分别对应红、黄、绿、青、兰、洋红、白七种标准颜色；250～255 对应逻辑颜色不同的灰度级。可以单击颜色图标选择，也可以输入颜色号选择，从而为任何对象和图层指定相同及不同的颜色。

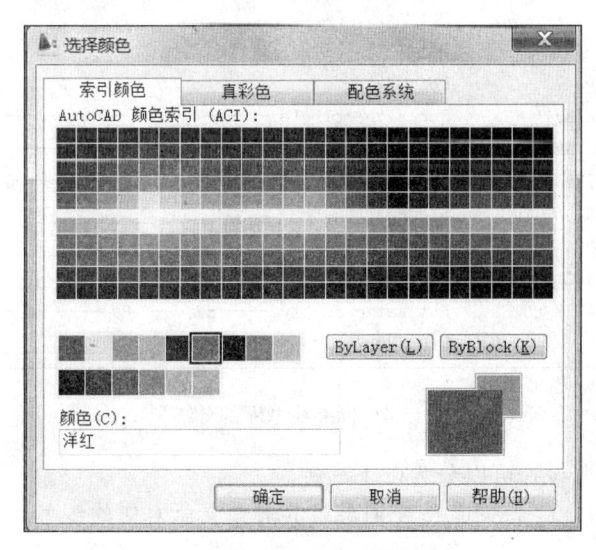

图 13.3 "选择颜色"对话框

图形对象的颜色设置可以分为以下三种方式。
- 随层（Bylayer）。依对象所在图层，具有该层所对应的颜色。
- 随块（Byblock）。当对象创建时，具有系统默认设置的颜色（白色），当该对象定义到块中，并插入到图形中时，具有块插入时所对应的颜色。
- 指定颜色。图形对象不随层、不随块时，可以具有独立于图层和图块的颜色。

图形对象的颜色设置一般采用随层方式，随层颜色在图层设置时选定。

13.1.3 线型（Linetype）

AutoCAD 提供标准线型库线型，相应的库文件名为 acadiso.lin，标准线型库提供了 59 种线型，图 13.4 所示为其部分线型。

线型	说明
ACAD_ISO14W100	ISO dash triple-dot __ . . . __ . . . __
ACAD_ISO15W100	ISO double-dash triple-dot __ __ . . . __ __
BATTING	Batting SSSSSSSSSSSSSSSSSSSSSSSSSSSSSS
BORDER	Border __ __ . __ __ . __ __ . __ __ .
BORDER2	Border (.5x) __.__.__.__.__.__.__.__.
BORDERX2	Border (2x) ____ ____ . ____ ____ .
CENTER	Center ____ _ ____ _ ____ _ ____
CENTER2	Center (.5x) ___ _ ___ _ ___ _ ___
CENTERX2	Center (2x) _____ __ _____ __
DASHDOT	Dash dot __ . __ . __ . __ . __ . __
DASHDOT2	Dash dot (.5x) _._._._._._._._._._.
DASHDOTX2	Dash dot (2x) ____ . ____ . ____ .
DASHED	Dashed __ __ __ __ __ __ __ __ __
DASHED2	Dashed (.5x) _ _ _ _ _ _ _ _ _ _ _
DASHEDX2	Dashed (2x) ____ ____ ____ ____
DIVIDE	Divide ____ . . ____ . . ____ . .
DIVIDE2	Divide (.5x) __..__..__..__..__..
DIVIDEX2	Divide (2x) _____ . . _____
DOT	Dot . . . .
DOT2	Dot (.5x) ....
DOTX2	Dot (2x) . . . .
FENCELINE1	Fenceline circle ----O-----O----O-----O----O
FENCELINE2	Fenceline square ----[]-----[]----[]-----[]-
GAS_LINE	Gas line ----GAS----GAS----GAS----GAS----GAS
HIDDEN	Hidden __ __ __ __ __ __ __ __
HIDDEN2	Hidden (.5x) _ _ _ _ _ _ _ _ _ _
HIDDENX2	Hidden (2x) ____ ____ ____ ____
HOT_WATER_SUPPLY	Hot water supply ---- HW ---- HW ---- HW
JIS_02_0.7	HIDDEN0.75 _ _ _ _ _ _ _ _ _ _

图 13.4　标准线型库部分线型

图形对象的线型设置可以分为以下三种。
- 随层（Bylayer）。依对象所在图层，具有该层所对应的线型。
- 随块（Byblock）。当对象创建时，具有系统默认设置的线型。当该对象定义到块中，并插入到图形中时，具有块插入时所对应的线型。

- 指定线型。图形对象不随层、不随块时，可以具有独立于图层和图块的线型。

图形对象的线型设置一般采用随层方式，随层线型在图层设置时选定。

AutoCAD 自带图层的默认线型是实线（Continuous），新建图层或对象要改为其他线型需通过如图 13.5 所示的"线型管理器"与图 13.6 所示的图层"选择线型"对话框中的"加载"命令弹出如图 13.7 所示的"加载或重载线型"对话框，选定所需线型，调入"线型管理器"，再赋予该图层或对象。

Acadiso.lin 标准线型库中所设的单点长划线和虚线的线段长短和间隔长度，乘以全局线型比例值（全局比例因子）才是图样上的实际线段长度和间隔长度。线型比例值设成多少为合理，这是一个经验值，一般设为 0.2~0.5。改变全局线型比例，可修改该图形文件中所有虚线和单点长画线点的间隔与线段长短。

绘制建筑工程图时建议中心线（单点长画线）选择 CENTER、CENTER2 或 CENTERX2，虚线选择 HIDDEN、HIDDEN2 或 HIDDENX2，双点长画线选择 PHANTOM、PHANTOM2 或 PHANTOMX2，再选择合适的全局比例因子，使所绘图线符合相关标准。

图 13.5　"线型管理器"对话框

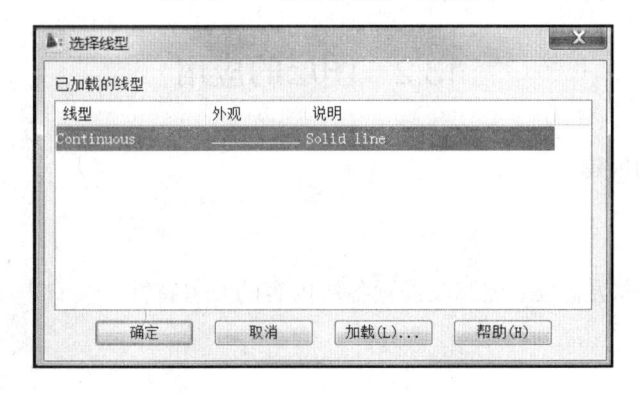

图 13.6　"选择线型"对话框

图 13.7 "加载或重载"线型对话框

13.1.4 线宽（Lweight）

线宽是指打印出图时的图线宽度。AutoCAD 自带图层的默认线宽是 0.25mm，可以通过格式下拉菜单的"线宽"或命令"Lweight"弹出如图 13.8 所示的"线宽设置"对话框。在此对话框中改变各图层或对象的线宽，调整图线在屏幕上的显示宽度。如"调整显示比例"区域中移动滑块，当打开屏幕下方的"线宽"按钮时，显示的线宽会发生变化。

线宽是否显示可通过 AutoCAD 屏幕下方的透明指令"线宽"按钮控制，不显示线宽可提高图形显示速度。

图 13.8 "线宽设置"对话框

13.2 图层的应用

13.2.1 图层的创建

1. 功能

图层的创建的功能为：控制及设置各层内容的对象特性。

2. 操作

单击图层工具栏图标 ；或"格式"下拉菜单的"图层"命令；或命令行输入命令

"Layer"。弹出如图 13.1 所示的"图层特性管理器"对话框；然后单击对话框的图标或文字，完成新建图层、改变图层颜色、线型、线宽等的操作。

3. 说明

（1）创建新图层

单击"图层特性管理器"对话框的工具按钮 ，可创建新图层，如图 13.9 所示。新图层继承上一层的对象特性，默认层名为图层1、图层2、图层3 等，可单击层名重命名。

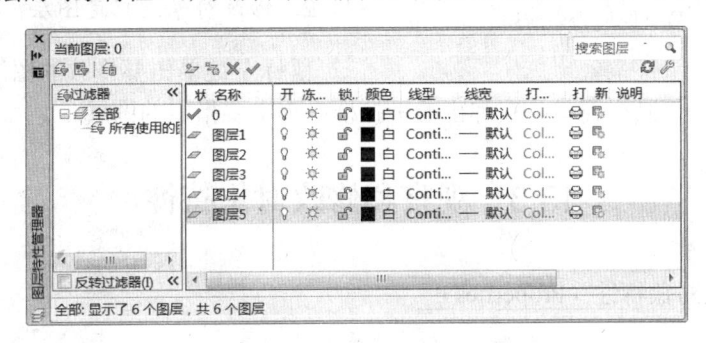

图 13.9　创建新图层

（2）设置新建各层的颜色

单击"图层特性管理器"对话框的该层颜色图标或颜色名称，弹出如图 13.3 所示的对话框，移动鼠标选定一种颜色即完成该层颜色设置。

（3）设置各层线型

单击"图层特性管理器"对话框的该层线型名称，弹出如图 13.6 所示的"选择线型"对话框，缺省的是连续线 Solid，赋予该层其他线型。若该对话框内没有，需先单击"加载"按钮，弹出如图 13.7 所示的"加载或重载线型"对话框，选定所需线型，再回到图 13.6 所示的对话框，移动鼠标到所需线型单击，使所需线型赋予该层。

（4）设置各层线宽

单击"图层特性管理器"对话框中该层对应的线宽，弹出如图 13.10 所示的"线宽选择"对话框，光标移至所需线宽，单击即选择了该线宽赋予该层。

图 13.11 为绘制建筑工程图所创建的图层。

图 13.10　"线宽选择"对话框　　　　　图 13.11　创建图层实例

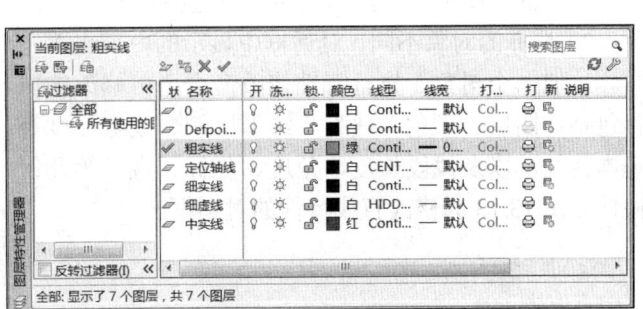

13.2.2 图层的应用

1. 设置某层为当前层

单击图层工具栏窗口右侧的黑三角，弹出图层下拉框，单击欲置为当前层的图层，如图 13.12 所示，完成当前图层设置。

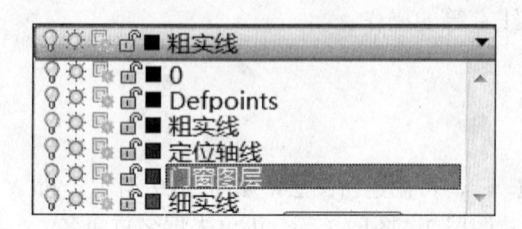

图 13.12 置某图层为当前层

2. 修改对象到指定图层

鼠标左键单击要修改的图层对象，将其选中，单击图层工具栏窗口，在弹出的下拉框中单击要指定的图层。

13.3 观察和修改对象特性

13.3.1 修改对象特性（Properties）

1. 功能

修改对象特性（Properties）的功能为：修改所选对象的图层、颜色、线型、线型比例、线宽、厚度等基本属性及几何特性。

2. 操作

1）单击标准工具栏中的工具栏图标；或下拉菜单"修改"中选择"特性"；或在命令行输入命令"Properties"。

2）选择要修改对象特性的对象，弹出"特性"对话框，光标移动到需修改特性单击，输入或选择新信息。

3. 说明

1）选择要修改的对象可用以下两种方法：一是用夹点选中对象再调用命令；二是先调用命令打开"特性"对话框（图 13.13），然后用夹点选择对象。

2）选择的对象不同，对话框中显示的内容也不一样。选取一个对象，执行特性修改命令，可修改的内容包括：图层、颜色、线型、线型比例、线宽厚度等基本特性，以及线段长度、角度、坐标、直径等几何特性。图 13.13 为修改直线特性的对话框。

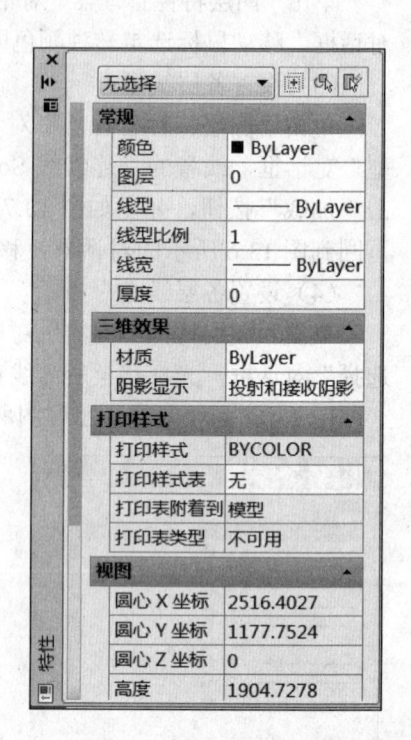

图 13.13 "特性"对话框

13.3.2 特性匹配（Matchprop）

1. 功能

特性匹配（Matchprop）的功能为：把源对象的图层、颜色、线型、线型比例、线宽和厚度特性复制到目标对象。

2. 操作

单击标准工具栏中的图标按钮 ；或下拉菜单"修改"中的"特性匹配"；或命令行输入"Matchprop"。

3. 命令区提示

命令：Matchprop
选择源对象：（拾取一个对象）
当前活动设置：颜色 图层 线型 线型比例 线宽 厚度 打印样式 标注 文字 填充图案 多段线 视口 表格材 阴影显示。
选择目标对象或[设置（S）：（拾取目标对象）

执行拾取目标对象的操作，则源对象的基本特性复制到目标对象上。

选择选项"设置（S）"，将打开"特性设置"对话框，如图 13.14 所示，从中可设置复制源对象的指定特性。

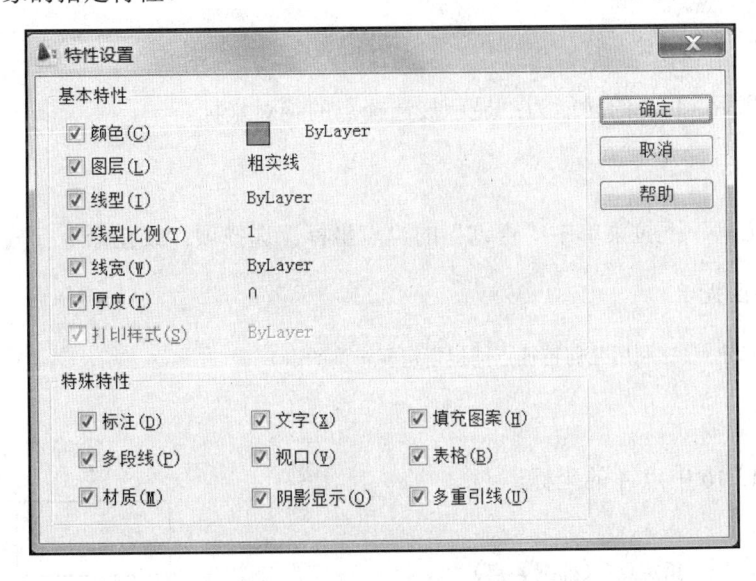

图 13.14 "特性设置"对话框

13.4 图形查询

AutoCAD 提供了多个命令以显示图形中对象的有关信息，这些命令对图形没有任何影响，在文本窗口中显示通过查询命令得到的信息。使用功能键 F2 在绘图窗口与

AutoCAD 文本窗口之间进行切换,查询信息可全屏显示。查询命令用于计算对象的距离和角度及复杂几何图形的面积。图形的查询包括点坐标测量、距离测量和面积测量等。查询命令位于"工具"下拉菜单的"查询",如图 13.15 所示。

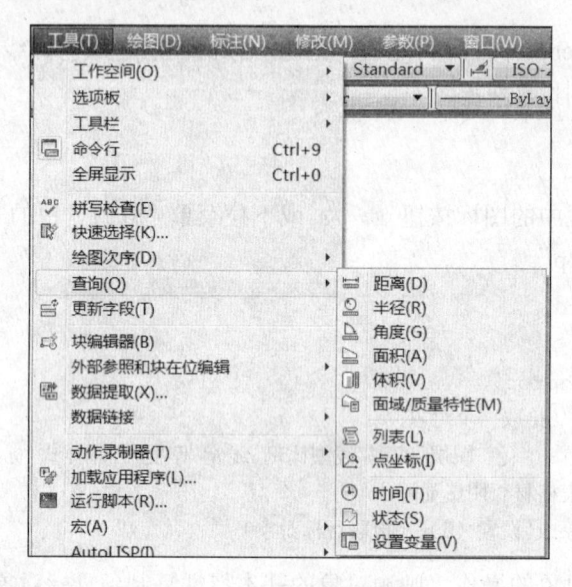

图 13.15　查询下拉菜单

13.4.1　点坐标测量（Id）

1. 功能

点坐标测量（Id）的功能为：显示被选择点的绝对坐标。

2. 操作

单击"工具"下拉菜单中"查询"的"点坐标"选择项；或在命令行输入"Id"。

3. 命令区提示

　　Id 指定点：（利用几何特征点捕捉指定要查询的点）

4. 实例

查询图 13.16 中点 A 的坐标。

　　　　命令：id
　　　　指定点：（捕捉 A 点）
　　查询结果：
　　X=1264.4630,
　　Y=1480.2852, Z=0.0000

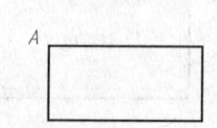

图 13.16　查询 A 点坐标

5. 说明

1) 在提示状态下,经常结合对象捕捉,来查询指定点的坐标。

2）该命令将查询过的点坐标存储为上一点坐标，可以在提示输入点时输入@来引用上一点坐标。

13.4.2 距离测量（Dist）

1. 功能

距离测量（Dist）的功能为：计算两点之间的距离，同时给出 ΔX、ΔY、ΔZ 坐标差、两点连线在 XY 平面中的角度和与 XY 平面的夹角。ΔX、ΔY、ΔZ 坐标差是 Dist 命令中指定的第二点相对于第一点的坐标增量。

2. 操作

单击"工具"下拉菜单中"查询"的"距离"选择项；或在命令行输入"Dist"。

3. 命令区提示

```
Disd
指定第一点：（利用几何特征点捕捉指定要测距的第一点）
指定第二点：（利用几何特征点捕捉指定要测距的第二点）
```

4. 实例

查询图 13.17 中线段 *AB* 的长度。

```
命令：dist
指定第一点：（捕捉 A 点）
指定第二点：（捕捉 B 点）
查询结果：
距离=48.9642 ，XY 平面中倾角=25，与 XY 平面的夹角=0
X 增量= 44.2322，Y 增量= 21.0000 ，Z 增量=0.0000
```

图 13.17　查询 *AB* 长度

5. 说明

1）要想得到精确距离，应使用对象捕捉模式来指定两点。
2）在查询角度信息时，指定线段端点的顺序不一样，结果也不一样。

13.4.3 查询面积与周长（Area）

1. 功能

查询面积与周长（Area）的功能为：查询圆或多点构成的多边形的面积和周长，可以加入或减去多个对象计算带有孔和内部轮廓的面积和周长。

2. 操作

单击"工具"下拉菜单中"查询"中"面积"选择项；或在命令行输入"Area"。

3. 命令区提示

命令：area
指定第一个角点或[对象（O）/加（A）/减（S）]：（指定第一角点或输入选项）
指定下一角点：（指定第二角点）
指定下一角点：（指定第三角点）

4. 说明

1）指定第一角点。计算由一组点定义的多边形面积。在指定第一点后，出现"指定下一角点"提示，依次按顺时针或逆时针方向捕捉角点即可。当选择完所有点后，按"Enter"键结束选取。

2）对象（O）。执行该选项后，点选如圆、多义线、椭圆、多边形、样条线和三维实体等对象一次即可查询出面积。

3）加（A）。该选项用于在总面积中加上选定对象的面积。

4）减（S）。该选项用于在总面积中减去选定对象的面积。

5）先用"Pedit"命令把由多个对象组成的图形转化成多段线，然后查询时就可用"对象（O）"方式查询面积。

5. 实例

查询图 13.18 中阴影部分的面积。

命令：area
指定第一角点或[对象（O）/加（A）/减（S）]：（选择加（A））
指定第一角点或[对象（O）/加（A）/减（S）]：（选择对象（O））
"加"模式选择对象：（选择矩形）
查询结果：
面积=4000.0000，周长=260.0000,
总面积=4000.0000
（回车，结束"加"模式选择对象）
指定第一角点或[对象（O）/加（A）/减（S）]：（选择减（S））
指定第一角点或[对象（O）/加（A）/减（S）]：（选择对象（O））
"减"模式选择对象：（选择圆）
查询结果：
面积=1017.8760，圆周长=113.0973,
总面积=2982.1240

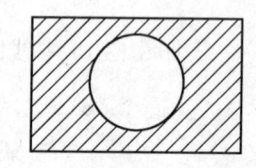

图 13.18 查询图中阴影部分的面积

思 考 题

13.1 图层有什么特点？为什么要使用图层？AutoCAD 中的图层有哪些属性？

13.2 图层的关闭与冻结有何异同？锁定图层有何作用？

13.3 可以通过什么方式来设置当前层？
13.4 如何在不删除对象的情况下，修改绘错图层的对象？
13.5 如果设置了某层上的线型为 Center 线型，但绘制出来的看上去像实线，是哪些原因引起的？如何解决？
13.6 在图层对话框中设置了对象的线宽，但是没有显示出来，如何让其显示？
13.7 如何清除已经定义但没有使用的图层？
13.8 如何快速定义新对象使其与图中已有对象具有相同的特性？
13.9 如何计算多边形的周长及面积？

第 14 章 图形编辑

图形编辑即对已有图形进行移动、旋转、复制、镜像及其他修改操作，AutoCAD 对选择已有对象进行图形编辑提供了多种选择方法和编辑命令。本章主要介绍选择集的构造技巧及各种图形编辑命令的功能与操作，以提高绘图效率。

14.1 选择对象

AutoCAD 在执行编辑或其他一些命令时，必须选择对象，然后才能进行操作，在许多命令之后都会出现"选择对象"提示，为有效地编辑对象，用户有必要理解对象选择提供的各种选项，用户可使用各种选择方法的组合或多次使用同一种方法，来构造选择集。特别是对于复杂的图形，创造性地使用各种方法选择对象将使绘图过程事半功倍。

14.1.1 对象选择次序

AutoCAD 提供两种对象选择方式，即先调用编辑命令再选择编辑的对象方式与先选择编辑的对象再调用编辑命令。我们可把前者称为"动词/名词"方式，后者称为"名词/动词"方式。前者效率较低，但任何时候都能使用；后者必须保证图 14.1 所示的"选项"对话框中选择集模式中的"先选择后执行"选中。

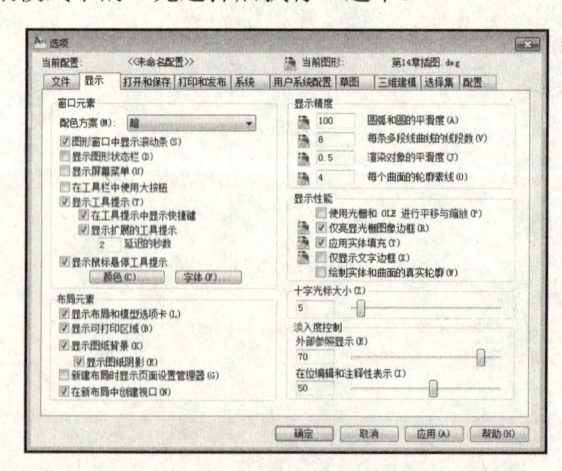

图 14.1 "选项"对话框

14.1.2 对象选择方式

1. 一般选择方式

当用户要对图形进行编辑时，系统将提示："选择对象："，如果用户不知道都有什么样的选择方式，可以在提示后输入"？"，并按"回车"，系统将在命令行显示 AutoCAD 的各种选择方式。

需要点或窗口（W）/上一个（L）/窗交（C）/框（BOX）/全部（ALL）/栏选（F）/圈围（WP）/圈交（CP）/编组（G）/添加（A）/删除（R）/多个（M）/前一个（P）/放弃/U）/自动（AU）/单个（SI）/自对象（SU）/对象（O）

以上各种方式的功能如下：

1）点选。该方式是缺省的选择方式，用鼠标直接单击要选择的对象。

2）窗口（W）选择方式。输入"W"并回车，指定角点，创建矩形窗口选择，完全包含在窗口内的对象将被选中，窗口外及与窗口相交的对象均不能被选中。如图 14.2（a）中"窗口"选择框，将选中小段圆弧和圆，被选中的对象用虚线表示，如图 14.2（b）所示。

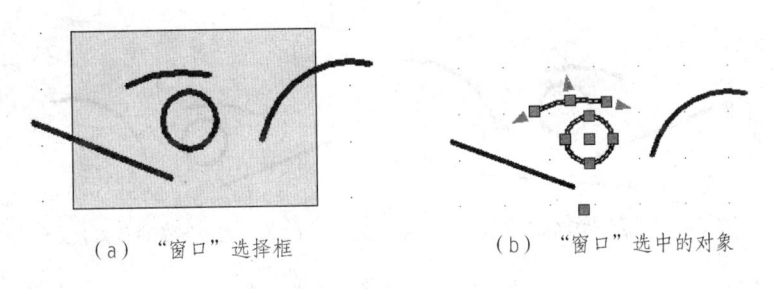

（a）"窗口"选择框　　　　　（b）"窗口"选中的对象

图 14.2　"窗口"选择方式

3）上一个（L）为选择最后创建的对象。该选项用于绘制某对象后立即对其进行编辑。

4）窗交（C）选择方式。直接从右向左拖动窗口，或输入"C"并回车，指定角点，创建矩形窗口选择，窗口内及与窗口相交的对象均能被选中，如图 14.3 所示，选中所有对象，被选中的对象用虚线表示。

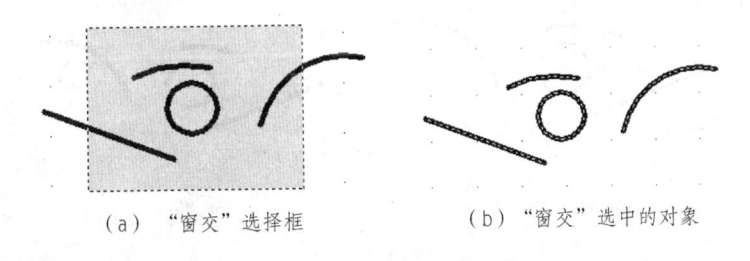

（a）"窗交"选择框　　　　　（b）"窗交"选中的对象

图 14.3　"交叉窗口"选择方式

5）框（BOX）。其作用相当于窗口和窗交方式的综合，当从左至右拾取窗口角点时，则执行窗口方式；当从右至左拾取窗口角点时，则执行窗交方式。

6）全部（ALL）。输入"ALL"并回车，选取当前窗口中除了冻结或锁定图层外的所有对象。

7) 栏选（F）。输入"F"并回车，可用此项构造任意折线，该折线以虚线显示，折线跨越的所有对象都被选择。图14.4中将选中除圆以外的对象，被选中的对象用虚线表示。

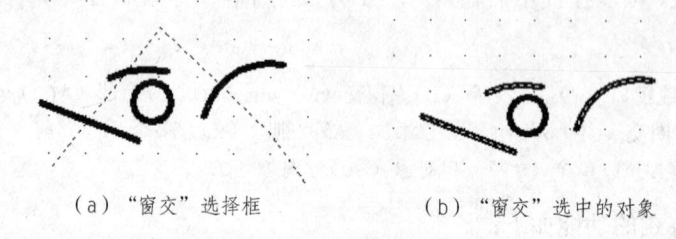

（a）"窗交"选择框　　　　　（b）"窗交"选中的对象

图14.4　"栏选"方式

8) 圈围（WP）。其是多边形窗口选择方式。输入"WP"并回车，与窗口方式类似，只是该方式构造的是任意多边形窗口，完全包含在窗口内的对象将被选中，窗口外及与窗口相交的对象均不能被选中，如图14.5所示，选中小圆弧和圆，被选中的对象用虚线表示。

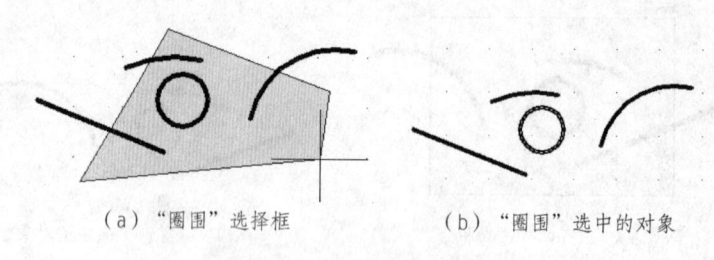

（a）"圈围"选择框　　　　　（b）"圈围"选中的对象

图14.5　"圈围"选择方式

9) 圈交（CP）。其为多边形窗交选择方式。输入"CP"并回车，与窗交方式类似，只是该方式构造的是任意多边形窗口，窗口内及与窗口相交的对象均能被选中，如图14.6所示，选中所有对象，被选中的对象用虚线表示。

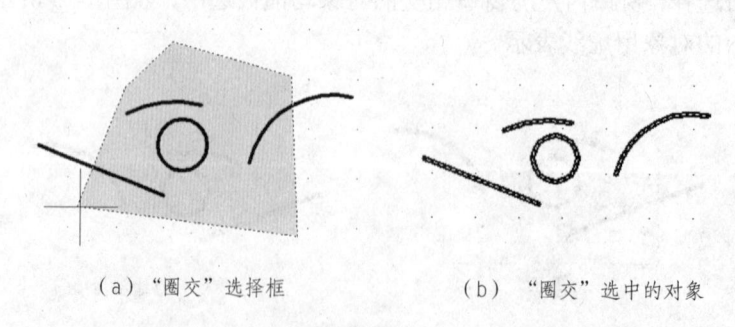

（a）"圈交"选择框　　　　　（b）"圈交"选中的对象

图14.6　"圈交"选择方式

10) 编组（G）。输入已定义的对象组名。系统提示"输入编组名："时，输入已用"选择"或"编组"命令创建的选择集的名称。

11) 添加（A）选择方式。输入"A"并回车，可以将另外的对象加入选择集中，此时可以单个地或使用任何其他选择方式将对象加入选择集中,经常用在"R"选项之后。

12)删除(R)选择方式。在"选择对象:"的提示下,输入"R"并回车,提示变为"删除对象:",这时可用前面所述的各种对象选择的方式,从选择集中选择不该被选中的对象,这些对象就从被选中的虚线状态变回到原状态。

> **提示**
> 当某区域中有许多用户要选择的对象,却有一两个不需要选择的对象时,可先选择全部对象,再用"R"去除不需要部分。或用更简单的方法,即选择全部对象后,按住 Shift 键,单击不需选择的对象。

13)多个(M)选择方式。输入"M"并回车,用点选方式逐个选取对象,选择完成按回车后才高亮显示并提示选择和找到的目标数。

14)前一个(P)选择方式。输入"P"并回车,可以选中上一个使用编辑命令构造的选择集作为这次的选择集。

15)放弃(U)选择方式。输入"U"并回车,用于在不退出"选择对象"提示下放弃上一个选择对象,如果重复撤销,将在选择集中逐次后退,撤销最后添加进选择集中的对象,而且可以继续进行对象选择。

16)自动(AU)选择方式。输入"AU"并回车,该选项实际上是三个选项,即等效于点选、窗口方式和窗交方式,若拾取点处正好有一个实体则选中该对象,若拾取框选择的点不是对象上的点,则为"窗口"或"窗交"方式,具体为何种方式取决于第二点与第一点的相对位置。第二点在第一点右侧,为窗口方式;第二点在第一点左侧,为窗交方式。

17)单个(SI)选择方式。输入"SI"并回车,只选择一次即终止选择,并执行命令的下一步骤。一次选择的对象可以是一个,也可以是一组。

2. 快速选择方式

1)在绘图区单击鼠标右键,在弹出的快捷菜单中选择"快速选择";或在"工具"下拉菜单中选择"快速选择";或在命令行输入"QSELECT"都可以发出快速选择的命令。

2)发出命令后,AutoCAD 将出现如图 14.7 所示的"快速选择"对话框。

"快速选择"方式使用户能按属性选择对象。可以根据特性(如颜色、线宽等)进行选取,也可以只选择图形中所有红色的对象而不选择其他对象,或者除红色对象以外的所有对象。快速选择命令用于指定过滤条件,

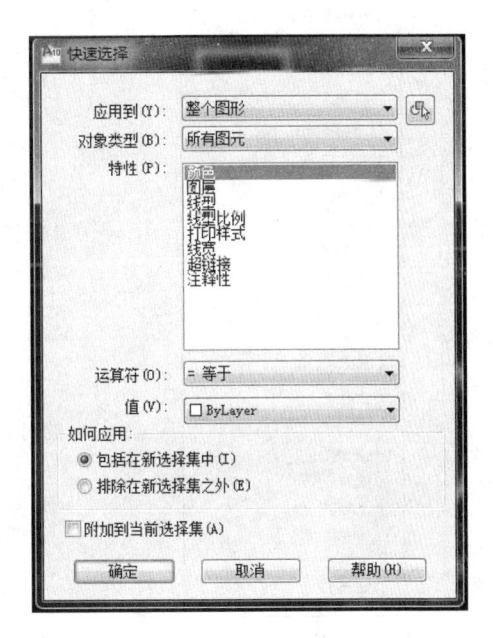

图 14.7 "快速选择"对话框

及 AutoCAD 根据过滤条件创建选择集的方式。过滤条件的组合使用几乎没有限制，可以用新创建的选择集，或在当前的选择集中添加新的选择集等。

例如，在当前绘图区中选中所有"文字"，可在"快速选择"对话框中"对象类型"选文字，"值"选择随层。

3）说明：
- 对于局部打开的图形，"快速选择"不考虑未被加载的对象。
- 如果当前屏幕中没有任何实体，执行快速选择命令后，系统不会打开快速选择对话框。
- 被关闭、锁定或冻结的图层上的实体，不能用该命令选择。

14.2 编辑命令

在绘图过程中，对已绘制的图形经常要做移动、复制和删除等操作，这时就需要使用编辑功能。AutoCAD 提供了强大的图形编辑功能，在实际绘图中将绘图命令与编辑命令有机地结合起来，减少重复的绘图操作，能有效地提高绘图效率。本章介绍常用的修改命令、相应的"修改"工具栏图标如图 14.8 所示，"修改"下拉菜单如图 14.9 所示。

图 14.8　修改命令工具栏

14.2.1　删除（Erase）

1. 功能

删除（Erase）的功能为：删除选定实体。

2. 操作

单击修改工具栏中的图标按钮 ⌫；或下拉菜单"修改"中的"删除"命令；或命令行输入"Erase"。

3. 命令区提示

命令：Erase
选择对象：（用前面介绍的对象选择方式选择要删除的对象）
选择对象：（空回车）

4. 说明

1）也可以通过键盘上的"Delete"键删除对象。
2）在不退出当前图形的情况下，可以用"Oops"或"U"来恢复被删除的实体。

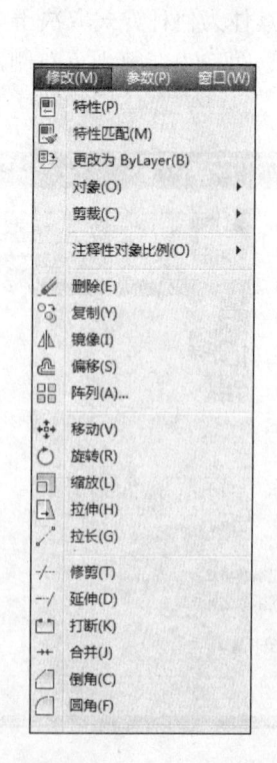

图 14.9　"修改"下拉菜单（部分）

5. 实例

【例 14.1】 删除图 14.10 中的直线和圆。

图 14.10 删除实体实例

【作图】 如图 14.10 所示。

  命令：Erase
  选择对象：找到 1 个　　　　　　　　（选择圆）
  选择对象：找到 1 个，总计 2 个　　　（选择直线）
  选择对象：　　　　　　　　　　　　（不再选对象，空回车结束命令）

14.2.2 恢复（Oops）

1. 功能

恢复（Oops）的功能为：恢复最近一次删除的实体。

2. 操作

在命令行输入"Oops"。

3. 命令区提示

  命令：Oops

4. 说明

"Oops"命令不能恢复图层上被"Purge"命令删除的对象。

14.2.3 放弃（U/Undo）

1. 功能

放弃（U/Undo）的功能为：取消最近的几次操作，可一直恢复到最近保存过的状态。

2. 操作

单击标准工具栏中的图标按钮 或命令行输入"Undo"。

3. 命令区提示

  命令：undo
  输入要放弃的操作数目或[自动（A）/控制（C）/开始（BE）/结束（E）/标记（M）/后退（B）]〈1〉：

4. 说明

1）缺省。按"Enter"键，效果与执行"U"命令的操作是一样的。如果输入数值，则取消指定数目的命令，这和执行同样次数的"U"命令效果是一样的，唯一不同是"Undo"命令只执行一次操作。

2）自动（A）。输入"A"，系统提示"输入 Undo 自动模式[开（ON）/关（OFF）]〈当前模式〉："，当设置为 On 时，则选用任一菜单项后，不论其包含了多少步操作，只要执行一次"Undo"命令，则将这些操作视为一步来取消；当设置为 Off 时，只能一步一步取消。

3）控制（C）。用于限制或完全禁止"Undo"命令的执行。

4）开始（BE）/结束（E）。选项使用户在"开始"和"结束"之间输入的所有操作都被当作一个命令来对待。也就是说，执行一次"U"命令就可删除掉"开始"和"结束"之间的所有操作。

5）标记（M）/后退（B）。"标记"在放弃信息中放置标记。"后退"放弃直到该标记为止所做的全部工作。只要有必要，可以放置任意个标记。"后退"一次即后退一个标记，并删除该标记。

6）"Undo"命令可以撤销任何已执行命令，但不能取消"Save"、"Saveas"及其本身。

14.2.4 重做（Redo）

1. 功能

重做（Redo）命令是"U/Undo"命令的逆操作，必须紧随放弃命令之后才有效。如果放弃有误，可以恢复刚刚取消的操作。

2. 操作

单击标准工具栏中的图标按钮；或命令行输入"Redo"。

3. 命令区提示

命令：Redo

4. 说明

无命令运行和无对象选定的情况下，在绘图区域单击右键，然后选择"重做"。

14.2.5 打断（Break）

1. 功能

打断（Break）的功能为：可将直线、弧、圆、多段线、椭圆、样条曲线、射线等分成两个实体或删除对象的一部分。

2. 操作

单击修改工具栏中的图标按钮；或下拉菜单"修改"中的"打断"命令；或命令

行输入"Break"。

3. 命令区提示

命令：Break
选择对象：（单击对象上一点）
指定第二个打断点[或第一点（F）]：（单击对象上另一点或输入"F"）

4. 说明

1）指定第二个打断点。其是以选择对象时给定的点作为断开的第一点，在该提示下给定断开的第二点，则第一点和第二点之间的部分被删除。

2）第一点（F）。输入"F"并回车，则结合几何特征点捕捉可以重新精确地指定断开的第一点和第二点。

5. 实例

【例 14.2】 打断图 14.11（a）中的线段 AB 段。
【作图】 如图 14.11（b）所示。

命令：Break
选择对象：（单击矩形上 A 点）
指定第二个打断点[或第一点（F）]：（单击矩形上 B 点）

完成打断操作如图 14.11（b）所示。

【例 14.3】 打断图 14.12（a）中的圆 AB 段。
【作图】 如图 14.12（b）所示。

命令：Break
选择对象：（选择圆）
指定第二个打断点[或第一点（F）]：（输入 F）
指定第一个打断点：（单击圆上 B 点）
指定第二个打断点：（单击圆上 A 点）

完成打断操作，如图 14.12（b）所示（圆上 B 点和 A 点之间的逆时针圆弧被打断）。

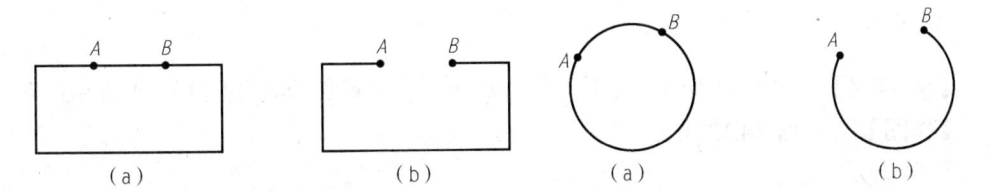

图 14.11 打断实体实例（一）　　图 14.12 打断实体实例（二）

14.2.6 修剪（Trim）

1. 功能

修剪（Trim）的功能为：在一个或多个对象定义的边界上精确地修剪对象。

2. 操作

单击修改工具栏中的图标按钮 ✶；或下拉菜单"修改"中的"修剪"命令；或命令行输入"Trim"。

3. 命令区提示

 命令：Trim
 当前设置：投影=UCS，边=无
 选择剪切边界
 选择对象<或全部选择>：（选择作为剪切边界的对象一个或多个）
 选择对象：（空回车或按右键结束剪切边界选择）
 选择要修剪的对象或按住 shift 键选择要延伸的对象：
 [栏选（F）/窗交（C）/投影（P）/边（E）/删除（R）/放弃/U）]：（单击被修剪对象要修剪的部位或输入选项后选择要修剪部分）

4. 说明

1）首先要选择修剪边界。作为边界的对象可以是一个或若干个，当选择完边界后按"Enter"键，或鼠标右键结束边界选择，接下来提示选择要被修剪的对象。

2）执行修剪命令。按住"Shift"键选择对象，可将指定的修剪边界作为延伸边界来完成对象的延伸操作。

3）投影（P）。确定命令执行的投影空间。输入"P"后，系统将提示："输入投影选项[无（N）/UCS（U）/视图（V）]<UCS>：",

- 无（N）。该项按三维方式剪切。
- UCS（U）。设定为用户坐标系。
- 视图（V）。在当前视图上进行剪切。

4）边（E）。确定实体的修剪模式，有延伸（E）和不延伸（N）两种模式。

- 延伸（E）。按延伸方式剪切。当剪切边界与剪切对象不相交时，则系统将假定延伸剪切边界与剪切对象相交，随后进行剪切。
- 不延伸（N）。按边的实际情况进行剪切。当剪切边界与剪切对象不相交时，则不进行修剪。

5. 实例

【例 14.4】 打断图 14.13（a）所示的形状，将其修改为图 14.13（b）所示的形状。
【作图】 如图 14.13 所示。

 命令：Trim
 当前设置：投影=UCS，边=无
 选择剪切边界
 选择对象<或全部选择>：（选择 1、2、3、4 直线作为剪切边界）
 选择对象：（空回车或按右键结束剪切边界选择）
 选择要修剪的对象或按住 shift 键选择要延伸的对象：
 [栏选（F）/窗交（C）/投影（P）/边（E）/删除（R）/放弃/U）]：（单击 1、2、3、4

直线要修剪的部位)
选择对象:(空回车)
完成所要的修剪,如图 14.13(b)所示。

【例 14.5】 将图 14.14(a)所示的形状,修剪为如图 14.14(b)所示的形状。

【作图】 如图 14.14 所示。

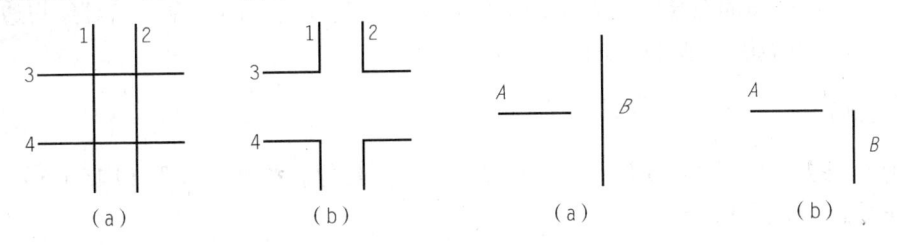

图 14.13 修剪实体实例(一)　　　　图 14.14 修剪实体实例(二)

命令:Trim
当前设置:投影=UCS,边=无
选择剪切边界
选择对象<或全部选择>:(选择水平直线 A 作为剪切边界)
选择对象:(空回车或按右键结束剪切边界选择)
选择要修剪的对象或按住 shift 键选择要延伸的对象:
[栏选(F)/窗交(C)/投影(P)/边(E)/删除(R)/放弃/U)]:(单击竖直直线 B 上端)

执行修剪命令后,剪去 B 线在 A 线之上的部分,如图 14.14(b)所示。

14.2.7 延伸(Extend)

1. 功能

延伸(Extend)的功能为:将直线、弧、多段线等图形对象的一端延长到指定边界。

2. 操作

单击修改工具栏中的图标按钮 ；或下拉菜单"修改"中的"延伸"命令;或命令行输入"Extend"。

3. 命令区提示

命令:Extend
当前设置:投影=UCS,边=无
选择边界的边
选择对象:(单击作为边界的对象上任一点)
选择对象或<全部选择>:找到一个
选择对象:(空回车)
选择要延伸的对象或按住 shift 键选择要修剪的对象:[栏选(F)/窗交(C)/投影(P)/边(E)/放弃(U)]

4. 说明

1)首先选择延伸的边界,延伸的边界可以是一个对象或多个对象,可以在一次选择边界的选择对象时完成,也可以多次执行选择对象给定所有的边界,直至空回车结束选择边界;接下来指定要被延伸的对象。

2)选定被延伸的对象时,要单击延伸对象靠近延伸边界的一端。当对象与边界无相交趋势时,不能执行延伸的操作。

5. 实例

【例14.6】 将图14.15(a)所示的 B、C 直线延伸到 A 线,如图14.15(b)所示。

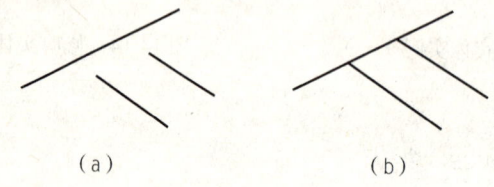

【作图】 如图14.15所示。

图14.15 延伸实体实例(一)

命令:Extend
当前设置:投影=UCS,边=无
选择边界的边
选择对象:(选择 A 直线作为延伸边界)
选择对象或<全部选择>:找到一个
选择对象:(空回车)
选择要延伸的对象或按住 shift 键选择要修剪的对象:
[栏选(F)/窗交(C)/投影(P)/边(E)/删除(R)/放弃/U)]: (单击二直线要延伸的一端)
选择对象:(空回车)

完成延伸操作,如图14.15(b)所示。

【例14.7】 将图14.16(a)中的 B 线,延伸到 A 线,如图14.16(b)所示。

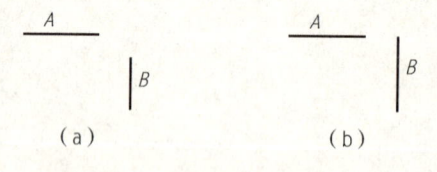

【作图】 如图14.16所示。

图14.16 延伸实体实例(二)

命令:Extend
当前设置:投影=UCS,边=无
选择边界的边
选择对象:(单击 A 直线作为延伸边界)
选择对象或<全部选择>:找到一个

选择对象:（空回车）
选择要延伸的对象或按住 shift 键选择要修剪的对象:
[栏选（F）/窗交（C）/投影（P）/边（E）/删除（R）/放弃（U）]:（单击 B 直线要延伸的一端）
选择对象:（空回车）

完成延伸操作，如图 14.16（b）所示。

14.2.8 拉长（Lengthen）

1. 功能

拉长（Lengthen）的功能为：延伸或缩短直线长度及圆弧的圆心角。

2. 操作

单击下拉菜单"修改"中的"拉长"命令；或命令行输入"Lengthen"；或单击对象出现对象特征点夹点后，拖动对象将其拉伸或缩短。

3. 命令区提示

命令：Lengthen
选择对象或[增量（DE）/百分数（P）/全部（T）/动态（DY）]:（单击对象上一点）
选择对象或[增量（DE）/百分数（P）/全部（T）/动态（DY）]:（输入选项）

4. 说明

各项选择的功能如下:
1）增量（DE）。通过输入长度或角度增量来延长或缩短对象，正值表示延长，负值表示缩短。
2）百分数（P）。通过输入百分比来改变对象的长度或圆心角大小。所输入的百分比不允许为负值，大于 100 为延长，小于 100 为缩短。
3）全部（T）。通过制定对象的总长度或包含角度来改变对象的长度或角度。
4）动态（DY）。以动态方式拖动改变对象，从靠近对象选择点的端点开始，根据光标位置修改对象的长度或角度。
5）单击对象出现对象特征点夹点，单击激活某个夹点，可拖动对象修改对象的长度或角度。

5. 实例

【例 14.8】 将图 14.17（a）中 A 线，拉长至如图 14.17（b）所示的形状。
【作图】 如图 14.17 所示。

(a) (b)

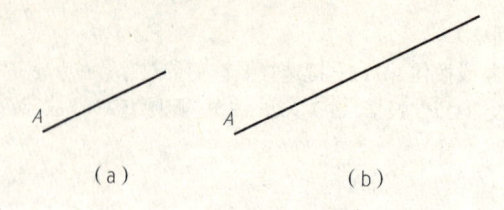

图 14.17　拉长实体实例（一）

命令：Lengthen
选择对象或[增量（DE）/百分数（P）/全部（T）/动态（DY）]：（单击直线 A 上右侧一点）
选择对象或[增量（DE）/百分数（P）/全部（T）/动态（DY）]：（输入 P）
输入长度百分数（100）：（输入 50）

完成拉长操作，如图 14.17（b）所示。

【例 14.9】　将图 14.18（a）中的圆弧拉长，圆弧拉长至如图 14.18（b）所示的形状。

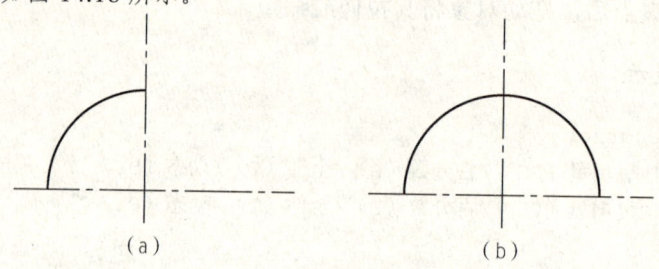

【作图】　如图 14.18 所示。

(a) (b)

图 14.18　拉长实体实例（二）

命令：Lengthen
选择对象或[增量（DE）/百分数（P）/全部（T）/动态（DY）]：（选择圆弧）
选择对象或[增量（DE）/百分数（P）/全部（T）/动态（DY）]：（输入 P）
输入长度百分数（100）：（输入 200）

14.2.9　倒角（Chamfer）

1. 功能

倒角（Chamfer）用于将两条非平行直线或多段线作出有斜度的倾角。

2. 操作

单击修改工具栏中的图标按钮　；或下拉菜单"修改"中的"倒角"命令；或命令行输入"Chamfer"。

3. 命令区提示

命令：Chamfer
（"修剪"模式）当前倒角距离 1=0.0000，2=0.0000

选择第一条直线或[多段线（P）/距离（D）/角度（A）/修剪（T）/方式（E）]：（单击对象上一点或输入选项）

4. 说明

1）默认倒角距离是 0，要执行倒角操作需给出倒角的距离或角度，倒角对于第一实体和第二实体的距离可以不同。

2）对于用矩形命令或多段线命令绘出的图形，倒角需先输入多段线（P）选项，再选定对象和给出倒角距离。命令会对图形的多处角点同时倒角。用直线命令绘制的图形可直接单击对象，每个角点逐一倒角。

3）默认倒角结果是修剪掉被倒角部分，若要保留，需先修改修剪（T）方式。

4）倒角可以用给定倒角的角度（A）方式，这时需指定第一实体上的倒角距离和倒角线相对于第一实体的角度。

5）倒角距离太大或倒角角度无效，系统会给出错误提示信息。

5. 实例

【例 14.10】 将图 14.19（a）的矩形，修改为有倒角形状，如图 14.19（b）所示。

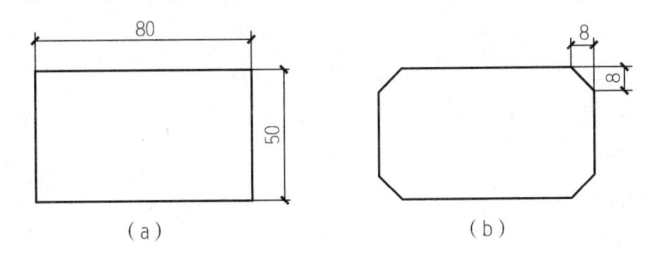

【作图】 如图 14.19 所示。

图 14.19 倒角实体实例

命令：Chamfer
("修剪"模式)当前倒角距离 1=0.0000，2=0.0000
选择第一条直线或[多段线（P）/距离（D）/角度（A）/修剪（T）/方式（E）]：（输入选项 D）
指定第一个倒角距离：（输入 8.00）
指定第二个倒角距离（8.00）：（直接回车）
选择第一条直线或[多段线（P）/距离（D）/角度（A）/修剪（T）/方式（E）]：（输入选项 P）
选择二维多段线：（单击矩形上一点）
完成倒角操作，如图 14.19（b）所示。

14.2.10 圆角（Fillet）

1. 功能

圆角（Fillet）的功能为：将直线、弧、圆、多段线、椭圆、样条曲线、射线等分成两个实体或删除对象的一部分。

2. 操作

单击修改工具栏中的图标按钮 ⌐；或下拉菜单"修改"中的"圆角"命令；或命令行输入"Fillet"。

3. 命令区提示

命令：Fillet
当前设置：模式=修剪，半径=0.0000
选择第一个对象或[放弃（U）/多段线（P）/半径（R）/修剪（T）/多个（M）]：（单击对象上一点或输入选项）

4. 说明

1）默认圆角半径是 0，要执行圆角操作，需给出大于 0 的圆角半径。
2）对于用矩形命令或多段线命令绘出的图形圆角，需先输入多段线（P）选项，再选定对象，给出圆角半径，命令会对图形的多处角点同时圆角。用直线命令绘制的图形可直接单击对象，每个角点逐一圆角。
3）默认圆角结果是修剪掉被圆角部分，若要保留，需先修改修剪（T）方式。

5. 实例

【例 14.11】 将图 14.20（a）所示的矩形，修改为带圆角矩形，如图 14.20（b）所示。

【作图】 如图 14.20 所示。

命令：Fillet
（模式=修剪，圆角半径=0.0000）
选择第一个对象或[放弃（U）/多段线（P）/半径（R）/修剪（T）/多个（M）]：（输入选项 R）
指定圆角半径：（输入 8）
选择第一个对象或[放弃（U）/多段线（P）/半径（R）/修剪（T）/多个（M）]：（输入选项 P）
选择二维多段线：（单击矩形上一点）

执行圆角操作，如图 14.20 所示。

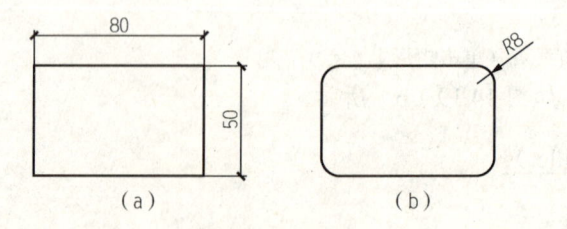

图 14.20 圆角实体实例（一）

【例 14.12】 将图 14.21（a）中的圆和直线，以半径为 $R20$ 的圆角连接，如图 14.21（b）所示。

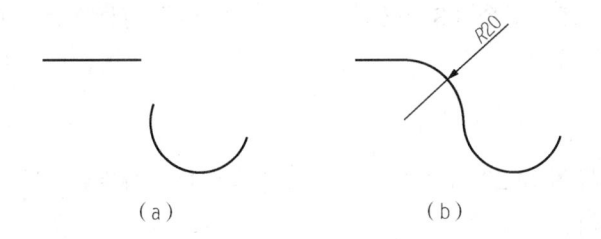

【作图】 如图 14.21 所示。

(a)　　　　　　　(b)

图 14.21　圆角实体实例（二）

命令：Fillet
（模式=修剪，圆角半径= 0.0000）
选择第一个对象或[放弃（U）/多段线（P）/半径（R）/修剪（T）/多个（M）]（输入选项 R）
指定圆角半径：（输入 20）
选择第一个对象或[放弃（U）/多段线（P）/半径（R）/修剪（T）/多个（M）]：（单击直线上一点）
选择第二个对象：（单击圆弧上一点）

执行圆角操作，如图 14.21 所示。

14.2.11　复制（Copy）

1. 功能

复制（Copy）用于产生多个相同的对象。复制的对象与原对象方向、大小均相同。

2. 操作

单击修改工具栏中的图标按钮；或下拉菜单"修改"中的"复制"命令；或命令行输入"Copy"。

3. 命令区提示

命令：Copy
选择对象：（单击对象上一点）
选择对象：（单击第二个对象上一点）
选择对象：（空回车）
当前设置：复制模式=多个
指定基点或[位移（D）/模式（O）]：（单击屏幕上一点或输入选项）
指定第二点或[位移]

4. 说明

1）基点。基点是指复制对象的基准点，选择对象后单击图形上某一点或屏幕上任一点，AutoCAD 即以该点为复制的基点；指定时通常结合对象捕捉选取图形上角点、圆心等特殊点。

2）位移（D）。当选择该选项时，默认位移第一点为坐标系原点，位移第二点为在屏幕上单击指定的点。

3) 模式（O）。有"单个（S）/多个（M）<多个>"两种选项，默认多次复制，直至不再指定新的位置。

5. 实例

【例 14.13】 将图 14.22（a）中的折线，连续复制到指定位置点 1，如图 14.22（b）所示。

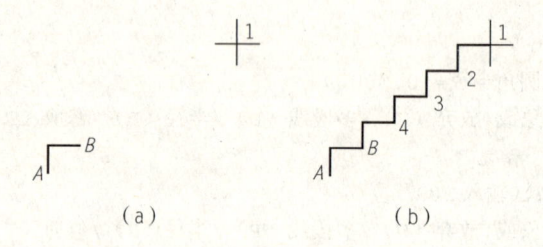

【作图】 如图 14.22 所示。

(a)　　　　　(b)

图 14.22　复制实体实例

命令：Copy
选择对象：（选中折线）
选择对象：（空回车）
当前设置：复制模式=多个
指定基点或[位移（D）/模式（O）]：（单击折线的 B 点）
指定第二点或[位移]：（单击 1 点、2 点、3 点、4 点）

完成复制操作，如图 14.22（b）所示。

14.2.12　偏移（Offset）

1. 功能

偏移（Offset）用于相对于已存在的对象创建平行的或相似的对象。当偏移对象是直线时，则偏移出与其平行的直线；当偏移对象是圆、正多边形、矩形、多段线等封闭图形时，则偏移出与原图相似的图形。

2. 操作

单击修改工具栏中的图标按钮；或下拉菜单"修改"中的"偏移"命令；或命令行输入"Offset"。

3. 命令区提示

命令：Offset
当前设置：删除源=否图层=源 OFFSETGAPTYPE=0.0000
指定偏移距离或[通过（T）/删除（E）/图层（L）]<通过>：（给定偏移距离或输入选项）
选择要偏移的对象，或[退出（E）/多个（M）/放弃（U）]<退出>：（单击对象偏移侧的一

点或输入选项）

4. 说明

1）偏移距离。对于直线，没有限制；对于封闭图形向内偏移时，其值要小于封闭图形边界到中心的距离。

2）删除（E）。可选择偏移生成新的对象后，是否要删除源对象。

3）图层（L）。可选择偏移产生的新对象是在当前层，还是在源对象层上生成。默认时 AutoCAD 是在源对象层上生成新对象的。

5. 实例

【例 14.14】 将图 14.23（a）中的 A 线，应用偏移命令，按指定条件绘制成图 14.23（b）所示的形状。

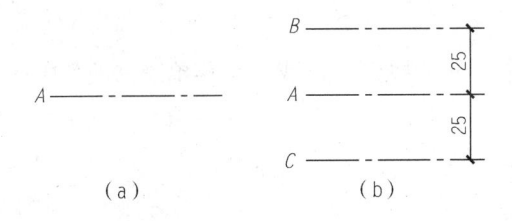

【作图】 如图 14.23 所示。

图 14.23 偏移实体实例（一）

命令：Offset
当前设置：删除源=否 图层=源 OFFSETGAPTYPE=0.0000
指定偏移距离或[通过（T）/删除（E）/图层（L）]<通过>：(输入 25)
选择要偏移的对象，或[退出（E）/多个（M）/放弃（U）]<退出>：(单击 A 直线)
指定要偏移的那一侧上的点，或[退出（E）/多个（M）/放弃（U）]<退出>：(单击 A 线上部一点)
选择要偏移的对象，或[退出（E）/多个（M）/放弃（U）]<退出>：(单击 A 直线)
指定要偏移的那一侧上的点，或[退出（E）/多个（M）/放弃（U）]<退出>：(单击 A 线下部一点)

完成偏移操作，如图 14.23（b）所示。

【例 14.15】 应用偏移命令，将图 14.24（a）中的图形绘制为图 14.24（b）所示的形状。

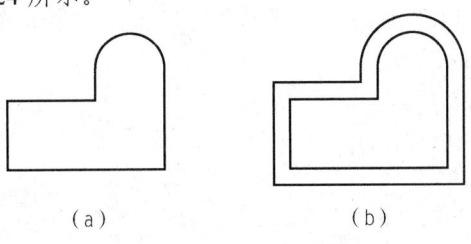

【作图】 如图 14.24 所示。

图 14.24 偏移实体实例（二）

```
命令：Offset
当前设置：删除源 = 否　图层 = 源　OFFSETGAPTYPE = 0.0000
指定偏移距离或[通过(T)/删除(E)/图层(L)]<通过>：(输入 5)
选择要偏移的对象，或[退出(E)/多个(M)/放弃(U)]<退出>：(单击给出的多段线图形上一点)
指定要偏移的那一侧上的点，或[退出(E)/多个(M)/放弃(U)]<退出>：(单击图形外部一点)
```

完成偏移操作，如图 14.24（b）所示。

14.2.13　镜像（Mirror）

1. 功能

镜像（Mirror）命令可以生成所选对象的对称图形。

2. 操作

单击修改工具栏中的图标按钮；或下拉菜单"修改"中的"镜像"命令；或命令行输入"Mirror"。

3. 命令区提示

```
命令：Mirror
选择对象：(选择需要镜像的对象)
选择对象：(空回车)
指定镜像线的第一点：(单击镜像线上一点)
指定镜像线第二点：(单击镜像线上另一点)
是否删除源对象？[是(Y)/否(N)/]  (N)
```

4. 说明

1）镜像对象可以是一个或多个，在空回车后结束对象选择，接下来需要指定镜像线。
2）镜像线可以是任意方向，也可以是在屏幕上指定两点的连线方向。
3）以 AutoCAD 设置的默认方式镜像文字时，文字关于镜像线不像图形一样颠倒。要产生文字关于镜像线颠倒的效果可执行"Mirrtext"命令，改其新值为1。

5. 实例

【例 14.16】　将图 14.25（a）中的多边形，以指定线为对称线，镜像为图 14.25（b）所示的图形。

【作图】　如图 14.25 所示。

```
选择对象：(选择所给图形)
选择对象：(空回车)
指定镜像线的第一点：(单击直线上一点)
指定镜像线第二点：(单击直线上另一点)
是否删除源对象？[是(Y)/否(N)/] (N)
```

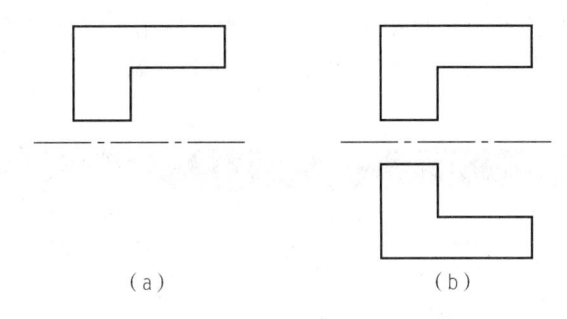

完成镜像操作，如图 14.25（b）所示。

(a)　　　　　　　　　(b)

图 14.25　镜像实体实例

14.2.14　列阵（Array）

1. 功能

列阵（Array）用于将所选择的对象按照矩形或环形方式进行多重复制。阵列后的对象不是一个整体，可对其中的每个实体进行单独编辑。

2. 操作

修改工具栏中的图标按钮 ▦ ；或下拉菜单"修改"中的"阵列"命令；或命令行输入"Array"。

3. 命令区提示

系统打开如图 14.26 所示"阵列"的对话框，默认是矩形阵列，也可选择环形阵列。

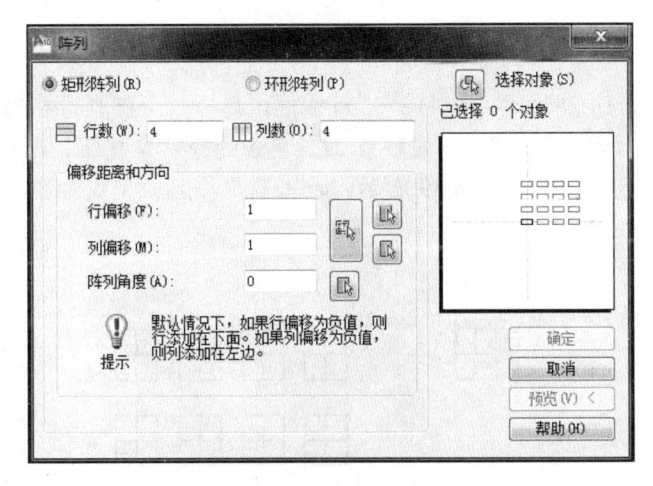

图 14.26　"矩形阵列"对话框

4. 说明

1）矩形阵列。直接在对话框中单击选择对象图标指定阵列对象，给出行数、列数、行偏移量和列偏移量。偏移量可正可负，行偏移为正向上阵列行，反之向下阵列；列偏移量为正向右阵列列,反之向左。

2)环形阵列。直接在对话框中单击选择对象图标指定阵列对象,如图 14.27 所示。单击阵列中心点图标指定阵列中心点,给出阵列项目总数、阵列填充角、阵列时是否旋转。默认阵列填充角是 360°。

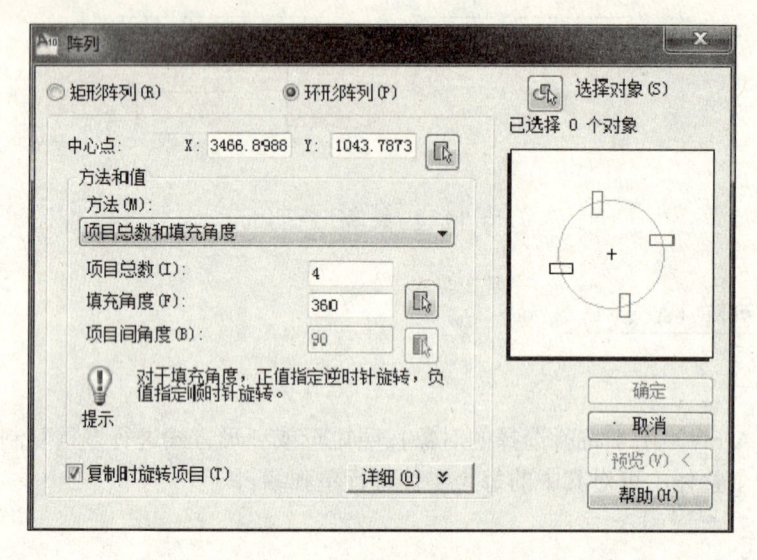

图 14.27 "环形阵列"对话框

5. 实例

【例 14.17】 将图 14.28(a)中的图形阵列为图 14.28(b)所示的图形。行间距=11mm,列间距=7mm。

【作图】 如图 14.28 所示。

　　命令: Array

系统打开如图 14.26 所示的"阵列"对话框,选择矩形阵列,在对话框中输入行数 3 和列数 4,输入行偏移量-29,列偏移量 22,单击选择对象按钮,选择图 14.28（a）的所给图形,对话框各参数如图 14.29 所示,单击确定按钮,完成如图 14.28（b）所示的图形。

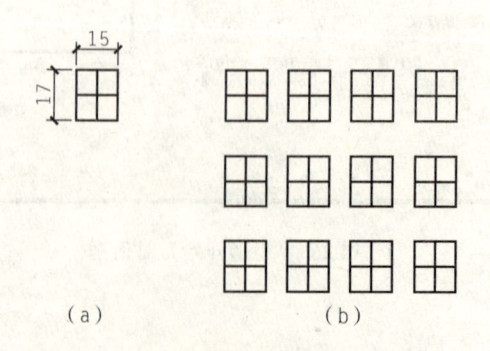

图 14.28 矩形阵列实例（单位：mm）

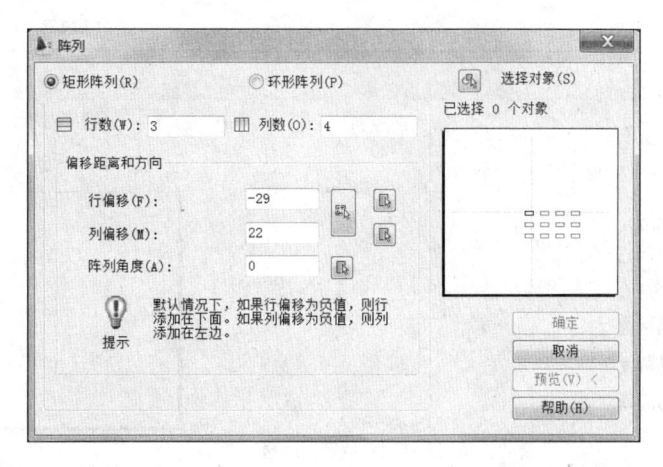

图 14.29 "矩形阵列实例"对话框

【例 14.18】 将图 14.30（a）中的图形，应用环形阵列命令形成如图 14.30（b）所示的图形。

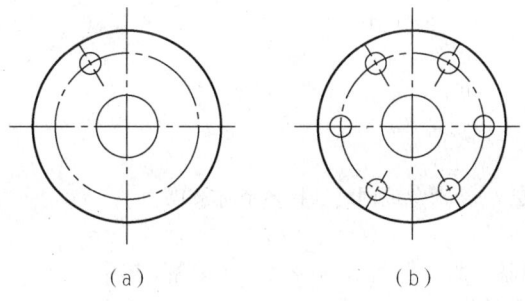

【作图】 如图 14.30 所示。

图 14.30 环形阵列实例

命令：Array

系统打开如图 14.26 所示的"阵列"对话框，选择环形阵列。在对话框中输入项目总数 6 和阵列角度数（默认为 360°），单击中心点按钮，确定阵列中心，单击选择对象按钮，选择图 14.29（a）所示的图形，单击确定按钮，对话框如图 14.31 所示，完成如图 14.30（b）所示的图形。

14.2.15 移动（Move）

1. 功能

移动（Move）命令用于把一个或多个对象从当前位置移至新位置，对象大小和方向不变。

2. 操作

单击修改工具栏中的图标按钮；或下拉菜单"修改"中的"移动"命令；或命令行输入"Move"。

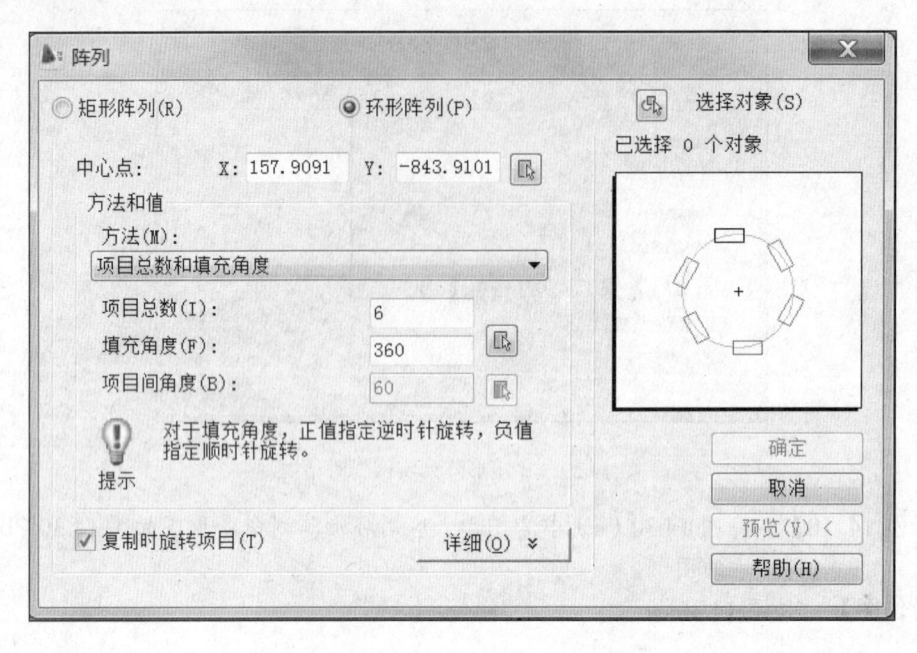

图 14.31 "环形阵列实例"对话框

3. 命令区提示

命令：Move
选择对象：（点选一个对象或同时选择多个对象）
选择对象：（空回车）
指定基点或[位移（D）]：（单击屏幕上一点或输入选项）
指定第二个点或<使用第一个点作位移>：（单击第二个点）

4. 说明

1）移动对象可以是一个或多个，在空回车后结束对象选择，随后指定基点。
2）基点可以是实体上一点或屏幕上任意点。

5. 实例

【例14.19】 修改图 14.32（a）中的图形为图 14.32（b）所示形状。
【分析】 从图 14.32（a）到图 14.32（b），需把带凹槽圆弧从原位置向下移动，接下来要绘制水平中心线。需执行移动（Move）和画直线（Line）两步操作。
【作图】 如图 14.32 所示。

命令：Move
选择对象：（点选圆弧及凹槽）
选择对象：（空回车）
指定基点或[位移（D）]：（单击圆弧圆心）
指定第二个点或<使用第一个点作位移>：（单击竖直中心线下方一点）
命令：Line
指定第一点：（捕捉圆左侧水平象限点，水平向右追踪 3mm）

（单击透明指令打开正交模式）

指定下一点（或放弃）：（捕捉圆右侧水平象限点，水平向左追踪3mm）

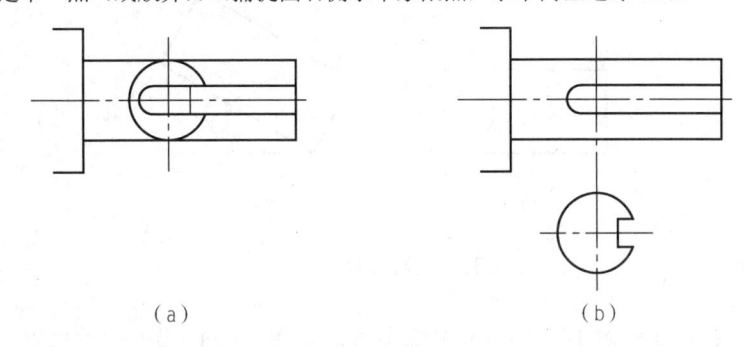

图 14.32　移动实体实例

14.2.16　旋转（Rotate）

1. 功能

旋转（Rotate）命令用于绕指定基点旋转一个或多个对象。

2. 操作

单击修改工具栏中的图标按钮 ；或下拉菜单"修改"中的"旋转"命令；或命令行输入"Rotate"。

3. 命令区提示

命令：Rotate
选择对象：（依次点选对象或同时选中多个对象）
选择对象：（空回车）
指定基点：（单击屏幕上一点）
指定旋转角度，或[复制（C）/参照（R）]<0>：（输入旋转角度或选项）

4. 说明

1）旋转角度默认单位为度（°），逆时针为正，顺时针为负。
2）复制（C）。复制即对象旋转前实体保留。
3）参照（R）。当对象的旋转角度没有给出数值，需根据图形计算得出时，采用该方式，AutoCAD 会根据对象的新旧位置计算出需旋转的角度。

5. 实例

【例 14.20】　将图 14.33（a）中的矩形旋转 30°，新位置如图 14.33（b）所示。
【作图】　如图 14.33 所示。

命令：Rotate
选择对象：（单击矩形将其选中）
选择对象：（空回车）
指定基点：（单击矩形左下角点）

指定旋转角度，或[复制（C）/参照（R）]<0>：（输入 30）

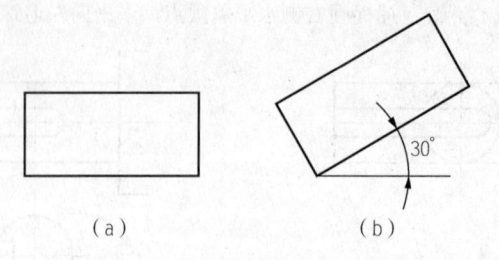

图 14.33　旋转实体实例（一）

【例 14.21】　旋转图 14.34（a）中矩形条，至图 14.34（b）所示位置。

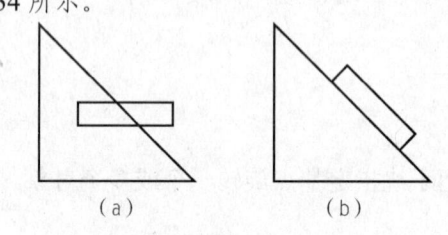

【作图】　如图 14.34 所示。

图 14.34　旋转实体实例（二）

命令：Rotate
选择对象：（单击矩形将其选中）
选择对象：（空回车）
指定基点：（单击矩形水平下边与斜线交点）
指定旋转角度，或[复制（C）/参照（R）]<0>：（输入 R）
指定参考角<0>：（单击矩形水平下边与斜线交点）
指定第二点：（单击矩形下方水平线右下角点）
指定新角度：（单击斜线右下角点）

14.2.17　拉伸（Stretch）

1. 功能

拉伸（Stretch）命令用于按指定的方向和角度拉长或缩短对象。拉长和缩短的部分与没有改变的部分保持相连。

2. 操作

单击修改工具栏中的图标按钮　；或下拉菜单"修改"中的"拉伸"命令；或命令行输入"Stretch"。

3. 命令区提示

命令：Stretch
以交叉窗口或交叉多边形选择对象：（窗交选择对象，要拉伸部分包围在窗口内，不变部分留在窗口外）

选择对象：（空回车）
指定基点或[位移（D）]：（单击屏幕上一点或输入选项）
指定第二个点或<使用第一个点作为位移>：

4. 说明

1）选择对象时，必须以交叉窗口或交叉多边形方式选择对象，将拉伸部分包围在窗口内，不变部分留在窗口外。若所有部分都在窗口内，则所做的操作等同于移动。

2）该命令只能拉伸线段、弧、多段线、矩形、正多边形、和圆环等实体，不能拉伸圆、文本、块和点对象。

3）在正交状态下只在 X 轴方向或 Y 轴方向拉伸和压缩，在非正交状态下可同时在 X 和 Y 轴方向拉伸和压缩，原图可以变形，如矩形变为平行四边形。

5. 实例

【例 14.22】 修改图 14.35（a）中的门、窗位置与尺寸，修改后的位置如图 14.35（b）所示。

【分析】 将图 14.35（a）中的图形修改为图 14.35（b），窗需向左右各水平拉伸 100mm，门需向右移动 250mm，执行三次拉伸命令，可达到修改目标。

【作图】 如图 14.35 所示。

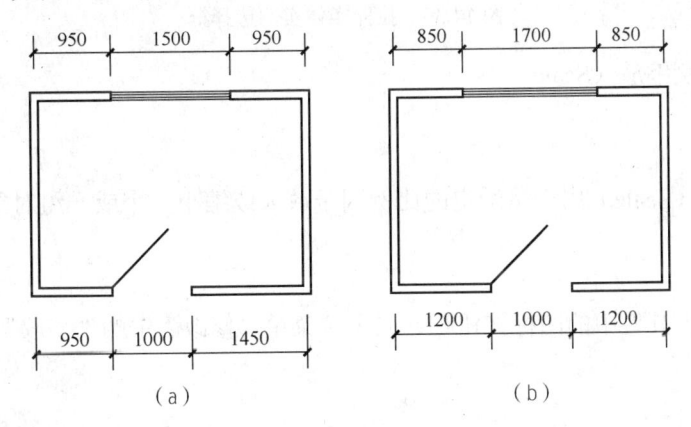

图 14.35 拉伸实体实例

命令：Stretch
以交叉窗口或交叉多边形选择对象：（从右向左拉出选择框，如图 14.36 所示的矩形框 A，窗部分被圈在矩形框 A 内）
选择对象：（空回车）
指定基点或[位移（D）]：（单击屏幕上一点）
指定第二个点或<使用第一个点作为位移>：（先水平向左移动鼠标出现水平追踪线，再输入数值 100）
命令：Stretch
以交叉窗口或交叉多边形选择对象：（从右向左拉出选择框，如图 14.36 所示的矩形框 B，窗部分被圈在矩形框 B 内）
选择对象：（空回车）
指定基点或[位移（D）]：（单击屏幕上一点）

指定第二个点或<使用第一个点作为位移>：（先水平向右移动鼠标出现水平追踪线，再输入数值100）

命令：Stretch

以交叉窗口或交叉多边形选择对象：（从右向左拉出选择框，如图14.36所示的矩形框C，门完全被圈在矩形框C内）

选择对象：（空回车）

指定基点或[位移（D）]：（单击屏幕上一点）

指定第二个点或<使用第一个点作为位移>：（先水平向右移动鼠标出现水平追踪线，再输入数值250）

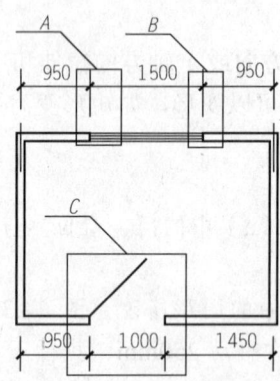

图 14.36 拉伸实体实例选择框

14.2.18 比例缩放（Scale）

1. 功能

比例缩放（Scale）用于按给定的比例因子放大或缩小一个或一组对象。

2. 操作

单击修改工具栏中的图标按钮；或下拉菜单"修改"中的"缩放"命令；或命令行输入"Scale"。

3. 命令区提示

命令：Scale
选择对象：（点选一个对象或同时选择多个对象）
选择对象：（空回车）
指定基点：（单击屏幕上一点）
指定比例因子或[复制（C）/（参照（R）]<1.00>：（输入比例因子或选项）

4. 说明

1) 缩放对象可以是图形和文字。

2) 比例因子大于1为放大实体，大于0小于1为缩小实体，比例因子也可以用分数表示。

3) 基点的选择影响缩放后的位置，基点应选择在原点或图形的几何特征点上。

5. 实例

【例 14.23】 将图 14.37（a）放大两倍为图 14.37（b）所示形状。
【作图】 如图 14.37 所示。

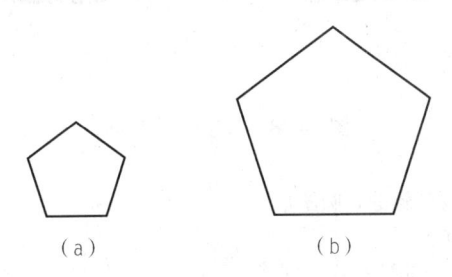

图 14.37 比例缩放实体实例

命令：scale
选择对象：（点选一个对象或同时选择多个对象）
选择对象：（空回车）
指定基点：（单击屏幕上一点）
指定比例因子或[复制（C）/（参照（R）]<1.00>：2 （输入比例因子或选项）

14.2.19 分解（Explode）

1. 功能

分解（Explode）命令用于将复合对象还原成单个对象。

2. 操作

修改工具栏中的图标按钮 ；或下拉菜单"修改"中的"分解"命令；或命令行输入"Explode"。

3. 命令区提示

命令：Explode
选择对象：（选择要分解的对象）
选择对象：（空回车）

4. 说明

1）该命令可将图块、图案填充、多线、多段线及尺寸标注等对象分解。但尽量不要对其做分解，因为分解后会增加文件所占磁盘空间，而且不便于编辑。

2）多段线分解后线宽特性消失；图案填充、尺寸标注分解后关联性消失；绘制的多线不能再用多线编辑工具进行编辑。

5. 实例

【例 14.24】 将图 14.38（a）分解为直线和圆弧，如图 14.38（b）所示。
【作图】 如图 14.38 所示。

(a)   (b)

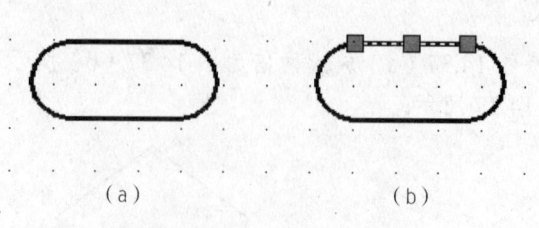

图 14.38 　分解实体实例

命令：Explode
选择对象：（选择要分解的长圆图形）
选择对象：（空回车）

接下来，可单击直线或圆弧部分，观察夹点情况，确定是否分解。单击直线如图 14.38（b）所示。

14.2.20 　编辑多段线（Pedit）

1. 功能

编辑多段线（Pedit）命令用于对多段线的线宽等特性进行修改，也可将非多段线的实体（直线、圆、圆弧等命令绘制的平面图形）转换为多段线。

2. 操作

单击下拉菜单"修改"中的"对象"中的"多段线"命令；或命令行输入"Pedit"。

3. 命令区提示

命令：Pedit
选择多段线或[多条（M）]：（单击多段线上一点）
输入选项[闭合（C）/合并（J）/宽度（W）/编辑顶点（E）/拟合（F）/样条曲线（S）/非曲线化（D）/线型生成（L）/反转（R）/放弃（U）/]：（输入选项字母或按鼠标右键选择选项）

4. 说明

1）闭合（C）/打开（O）。打开或闭合多段线。当执行闭合后，多段线会封闭，同时该选项变为"打开"；反之，此提示变为"闭合（C）"。

2）合并（J）。将非多段线连接成多段线。执行该选项后提示："选择对象："，此时选择首尾相连的多个对象。

3）宽度（W）。改变选定多段线的新宽度。

4）编辑顶点（E）。用于编辑多段线的顶点。执行该选项后提示：[下一个（N）/上一个（P）/打断（B）/插入（I）/移动（M）/重生成（R）/拉直（S）/切向（T）/宽度（W）/退出（X）]（N）。各选项意义如下：

- 下一个（N）。当选择"编辑顶点"时，系统自动在多段线的第一个顶点处用"X"来标记，且以该点作为当前的编辑顶点。当执行"下一个（N）"选项后，系统会把此标记移至下一个顶点。

- 上一个（P）。执行该选项会把标记定位在前一个顶点，即当前点前移。

- 打断（B）。用于删除多段线中的部分线段，此时系统把当前编辑的顶点作为第一断点，将继续提示：[下一个（N）/上一个（P）//转至（G）/退出（X）]（N）"。"下一个"和"上一个"选项分别用来选择第二断点；"转至"选项则用于删除两个顶点之间的线段；"退出"表示退出"打断（B）"操作，返回到上一级提示。
- 插入（I）。其用于在多段线上当前编辑的顶点后插入一新顶点，执行该项后，直接指定新顶点位置即可。
- 移动（M）。其用来移动当前编辑顶点的位置，执行该项后，直接指定新位置即可。
- 重生成（R）。该选项用来重生成编辑后的多段线，使其编辑的特性显示出来。
- 拉直（S）。该选项用来拉直多段线之间的部分线段。执行该选项后，将继续提示：[下一个（N）/上一个（P）//转至（G）/退出（X）]（N）"。"下一个"和"上一个"选项分别用来选择第二个拉直点；"转至"选项执行对多段线中所确定的第一与第二拉直点之间各线段的拉直，并用一条直线代替它们；"退出"表示退出"拉直（S）"操作，返回到上一级提示。
- 切向（T）。该选项用来指定当前所编辑顶点的切线方向。执行该选项后，可直接输入切线的角度，也可拾取一点，拾取点与多段线上当前点的连线作为切线方向，同时还用箭头表示出当前点的切线方向。
- 宽度（W）。该选项用来改变多段线中当前编辑顶点后的那一条线段的起始和终止宽度。执行该选项后，提示输入起始和终止宽度，输入后并不立即改变，只有执行"重生成"后，图形才发生变化。
- 退出（X）。退出"编辑顶点"状态，返回上一级提示。

5）拟合（F）。执行该项后，系统将用圆弧组成的光滑曲线拟合多段线。

6）样条曲线（S）。用B样条曲线对多段线进行拟合，其中所编辑的各顶点作为样条曲线的控制点。

7）非曲线化（D）。该选项用来删除用"拟合"和"样条曲线"选项额外插入的顶点，且拉直多段线中的所有线段，并保留多段线顶点的所有切线信息。

8）线型生成（L）。其用于控制非连续线型在各顶点处的绘线方式。

9）放弃（U）。该选项用来取消"Pedit"命令的上一次操作。

5. 实例

【例14.25】 将图14.39（a）所示的两段线编辑为图14.39（b）所示的多段线。

【分析】 需执行两步操作，先执行"Pedit"命令，把图14.39（a）中的直线和圆弧拟合为一条曲线，再执行"Offset"命令，偏移得到图14.39（b）所示的图形。

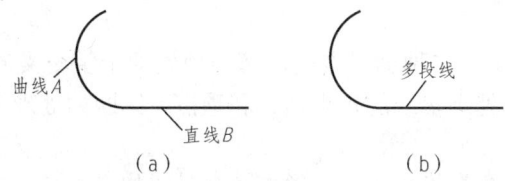

图14.39 多段线编辑实体实例

【作图】 如图 14.39 所示。

　　命令：`Pedit`
　　选择多段线或[多条（M）]：（单击圆弧上一点）
　　是否将其转换为多段线 （Y）：（按回车键，默认 Y）
　　输入选项[闭合（C）/合并（J）/宽度（W）/编辑顶点（E）/拟合（F）/样条曲线（S）/非曲线化（D）/线型生成（L）/反转（R）/放弃（U）/]：（输入 J）
　　选择对象：（单击圆弧上一点）
　　选择对象：（单击直线上一点）
　　选择对象：（按回车键，结束选择）

直线和圆弧合并为一个整体。

　　命令：`Offset`
　　当前设置：删除源 = 否　图层 = 源　OFFSETGAPTYPE = 0.0000
　　指定偏移距离或[通过（T）/删除（E）/图层（L）]<通过>：（输入 20）
　　选择要偏移的对象，或[退出（E）/多个（M）/放弃（U）]<退出>：（单击多段线图形上一点）
　　指定要偏移的那一侧上的点，或[退出（E）/多个（M）/放弃（U）]<退出>：（单击图形上部一点）

14.2.21　编辑多线（Mledit）

1. 功能

编辑多线（Mledit）命令可以对由"Mline"命令绘制的多线的交接、断开、形体进行控制和编辑。

2. 操作

单击下拉菜单"修改"中"对象"的"多线"命令；或命令行输入"Mledit"，将弹出如图 14.40 所示的"多线编辑工具"对话框。

3. 命令区提示

　　命令：`Mledit`
　　弹出如图 14.40 所示的对话框，选择其中的一项编辑方式后提示：
　　选择第一条多线：（单击对象上一点）
　　选择第二条多线：（单击对象上一点）

4. 说明

1）对话框中提供了十二种编辑方式，第一列处理十字交叉的多线，第二列处理 T 形相交的多线，第三列处理多线的角点结合和顶点，第四列处理多线的剪切或接合。具体各图标功能如下：

- 十字闭合。两条多线的交叉部分形成一个封闭的交叉口。在该方式中，第二条多线保持原状，第一条多线被修剪。
- 十字打开。两条多线的交叉部分形成一个相互连通的交叉口。在该方式中，第二条多线的内部保持原状，第一条多线内部的线被修剪。

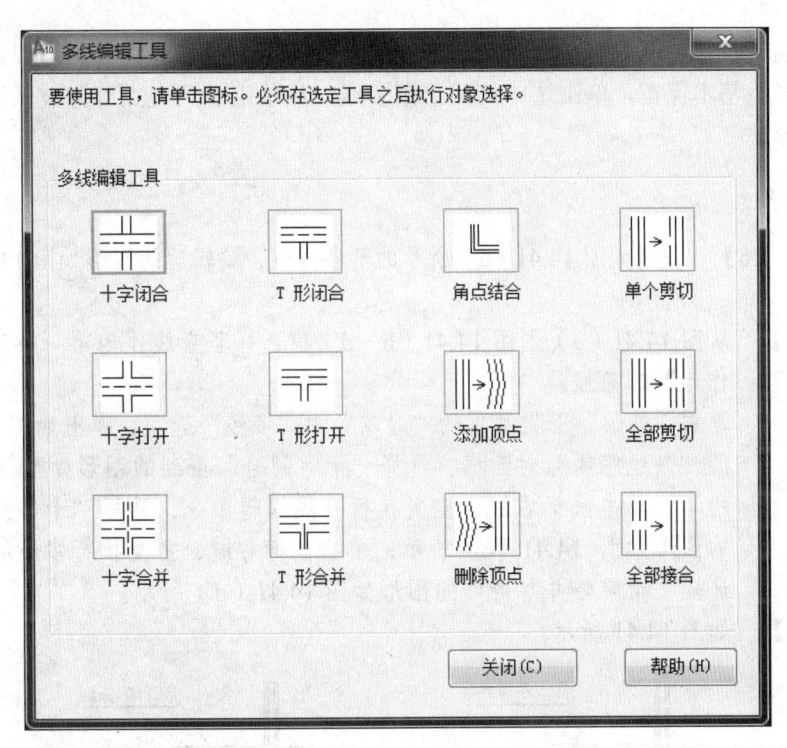

图 14.40 "多线编辑工具"对话框

- 十字合并。两条多线的交叉部分形成一个相互汇合的交叉口。在该方式中，两条多线的内部直线交叉重叠部分被断开。
- T 形闭合。两条多线的交叉部分形成一个封闭的 T 形交叉口。在该方式中，第一条多线被修剪到与第二条多线相接为止，第二条多线保持原状。
- T 形打开。两条多线的交叉部分形成一个开放的 T 形交叉口。在该方式中，第一条多线被修剪到与第二条多线相接为止，第二条多线的最外部的线被断开到与第一条多线相交叉的部分。
- T 形合并。两条多线的交叉部分形成一个汇合的 T 形交叉口。在该方式中，第一条多线修剪或延长到与第二条多线相接为止，第二条多线的所有直线都被修剪到与第一条多线相交叉的部分。
- 角点结合。修剪或延长两条多线直到它们接触形成一个相交角。两条多线的拾取部分保留，并将其相交部分全部断开剪去。
- 添加顶点。在多线上产生一个顶点并显示出来，相当于打开显示连接开关，显示交点一样。
- 删除顶点。删除多线转折处的交点，使其变为直线多线。删除某顶点后，系统会将该顶点两边的另外两个顶点连接成一条多线线段。
- 单个剪切。在多线中的某条线上拾取的两个点之间的部分暂时不显示。
- 全部剪切。在多线上拾取的两个点之间的多线暂时不显示。
- 全部结合。重新显示所选两点间的任何切断部分。

2) 对于 T 形打开、T 形合并、角点结合这三种编辑方式，单击选中的第一条多线为主要被编辑对象,单击选中的第二条多线主要作为第一条多线的修剪边界。单击选中的第二条多线基本保留,单击选中的第一条多线,从单击点到交点部分被保留,另一部分被编辑掉。

5. 实例

【例 14.26】 编辑如图 14.41(a)所示的两条多线,编辑后的图形如图 14.41(b~d)所示。

【分析】 从图 14.41(a)到图 14.41(b~d)应选择竖直线作为第一条线,水平线作为第二条线。

单击"修改"下拉菜单的"对象"中"多线"选项,弹出如图 14.40 所示的"多线编辑"对话框,选择"十字闭合"得到的图形如图 14.41(b)所示;单击鼠标右键,重复执行多线编辑命令,选择"十字打开"得到的图形如图 14.41(c)所示;单击鼠标右键,重复执行多线编辑命令,选择"十字合并"得到的图形如图 14.41(d)所示。

【作图】 如图 14.41 所示。

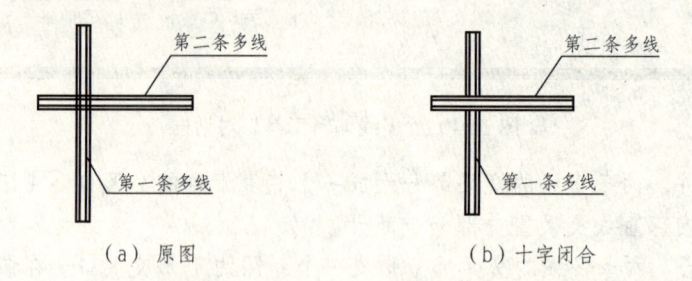

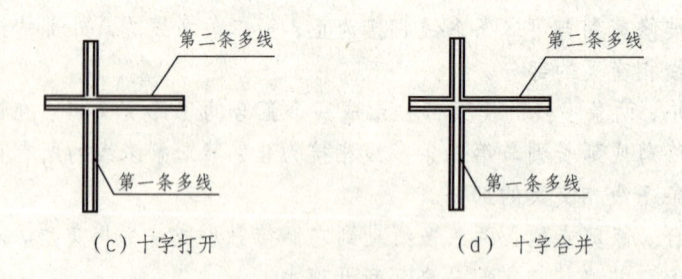

(a)原图　　　　　　　　(b)十字闭合

(c)十字打开　　　　　　　(d)十字合并

图 14.41　多线编辑实例(一)

命令:Mledit

弹出如图 14.40 所示的对话框,选择十字闭合后提示:

选择第一条多线:(单击第一条多线上一点)

选择第二条多线:(单击 第二条多线上一点)

得图 14.41(b)所示图形。

命令:Mledit

弹出如图 14.40 所示的对话框,选择十字打开后提示:

选择第一条多线:(单击第一条多线上一点)

选择第二条多线：（单击第二条多线上一点）

得图 14.41（c）所示图形。

命令：Mledit

弹出如图 14.40 所示的对话框，选择十字闭合并后提示：

选择第一条多线：（单击第一条多线上一点）

选择第二条多线：（单击）第二条多线上一点

所得图形如图 14.41（d）所示。

【例 14.27】 编辑如图 14.42（a）所示的两条多线，编辑后的多线如图 14.42（b~d）所示。

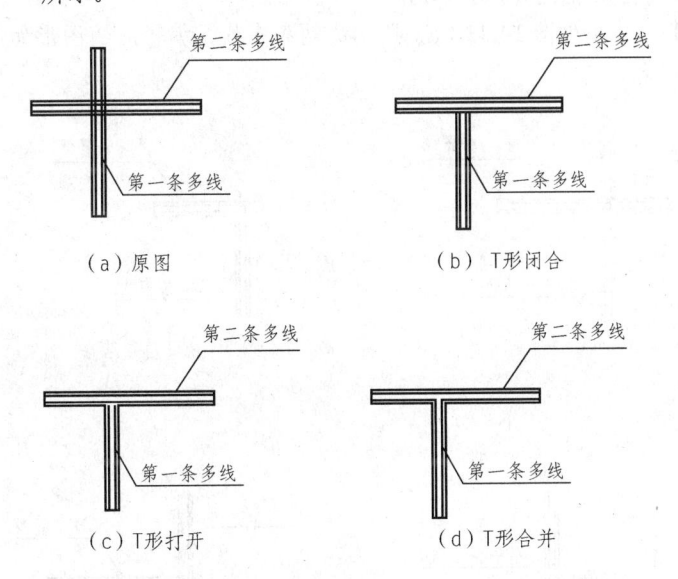

图 14.42　多线编辑实例（二）

【分析】 从图 14.42（a）到图 14.42（b~d）应选择竖直线作为第一条线，水平线作为第二条线，选择第一条线时，应单击 A 段上的一点，使其最后作为保留段。

单击"修改"下拉菜单的"对象"中"多线"选项，弹出如图 14.40 所示的"多线编辑"对话框，选择"T 形闭合"得到的图形如图 14.42（b）所示；单击鼠标右键，重复执行多线编辑命令，选择"T 形打开"得到图 14.42（c）所示；单击鼠标右键，重复执行多线编辑命令，选择"T 形合并"的图形如图 14.42（d）所示。

【作图】 如图 14.42 所示。

命令：Mledit

弹出如图 14.40 所示的对话框，选择 T 形闭合后提示：

选择第一条多线：（单击第一条多线 A 段上一点）

选择第二条多线：（单击第二条多线上一点）

多线编辑后的图形见图 14.42（b）。

命令：Mledit

弹出如图 14.40 所示的对话框，选择 T 形打开后提示：

选择第一条多线：（单击第一条多线 A 段上一点）
选择第二条多线：（点击第二条多线上一点）

多线编辑后的图形见图 14.42（c）。

命令：Mledit

弹出如图 14.40 所示的对话框，选择 T 形合并后提示：

选择第一条多线：（单击第一条多线 A 段上一点）
选择第二条多线：（单击第二条多线上一点）

多线编辑后的图形见图 14.42（d）。

【例 14.28】 编辑如图 14.43（a）所示的两条多线，编辑后的图形如图 14.43（b~d）所示。

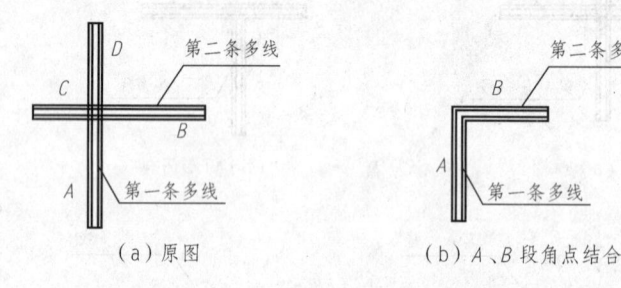

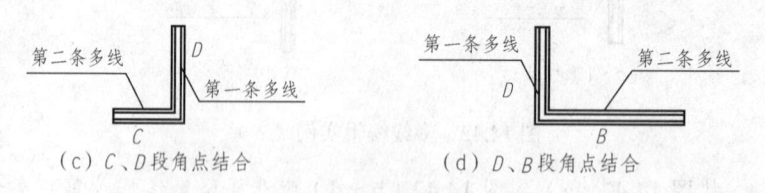

（a）原图　　（b）A、B 段角点结合

（c）C、D 段角点结合　　（d）D、B 段角点结合

图 14.43　多线编辑实例（三）

【分析】 从图 14.43（a）到图 14.43（b~d）应选择竖直线作为第一条线，水平线作为第二条线。选择第一条线时，应单击 A 段上的一点，以使其最后作为保留段。选择第二条多线时，应单击 B 段上的一点，使其最后作为保留段。

单击"修改"下拉菜单的"对象"中的"多线"选项，弹出如图 14.40 所示的"多线编辑"对话框，选择"角点结合"，得到的图形见图 14.43（b）；单击鼠标右键，重复执行多线编辑命令，选择"角点结合"，单击 D 段、C 段，得到的图形见图 14.43（c）；单击鼠标右键，重复执行多线编辑命令，选择"角点结合"，单击 D 段、B 段，得到的图形见图 14.43（d）。

【作图】 如图 14.43 所示。

命令：Mledit

弹出如图 14.40 所示的对话框，选择 T 形闭合后提示：

选择第一条多线：（单击第一条多线 A 段上一点）

选择第二条多线：（单击第二条多线 B 段上一点）

多线编辑后的图形如图 14.43（b）所示。

  命令：Mledit
  弹出如图 14.40 所示的对话框，选择十字打开后提示：
    选择第一条多线：（单击第一条多线 D 段上一点）
    选择第二条多线：（单击第一条多线 C 段上一点）

多线编辑后的图形如图 14.43（c）所示。

  命令：Mledit

弹出如图 14.40 所示的对话框，选择十字闭合并后提示：

    选择第一条多线：（单击第一条多线 D 段上一点）
    选择第二条多线：（单击第二条多线 B 段上一点）

多线编辑后的图形如图 14.43（d）所示。、

14.3 夹 点 编 辑

夹点编辑是一种快速编辑图形的方式，可以帮助用户快速完成使用率最高的"拉伸"、"移动"、"旋转"、"比例缩放"和"镜像"等操作。

14.3.1 夹点概念

在使用"名词/动词"方式时，先选取欲编辑的对象，选定的对象变为虚线，且在选取的对象的几何特殊位置上会出现若干个小正方形，这些小正方形称为夹点，这些点用来标记对象上的控制位置。图 14.44 显示的是矩形、圆和直线对象的夹点。

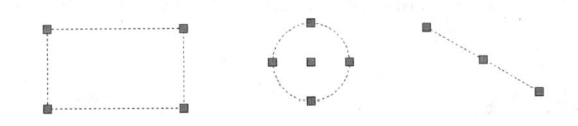

图 14.44 夹点显示状态

使用夹点编辑，需要在夹点上单击，使夹点成为基点并且显示为红色小方块。要将多个夹点成为基点，需在选择夹点时按住"Shift"键。

说明：
- 若要取消夹点模式，可按两次"Esc"键或在右键菜单上选择退出。
- 若要从选择集中移去对象，可按住"Shift"键在移去对象上单击。
- 选中基点后，首先进入"拉伸"命令，要进入其他操作，可以按空格键、回车键或通过右键快捷菜单及快捷键在编辑模式中循环切换。

14.3.2 夹点设置

夹点的设置可在"工具"下拉菜单的"选项"对话框中"选择"选项卡进行，可对夹点的颜色、夹点的大小等各种状态进行设置。

操作：

1）从"工具"下拉菜单的"选项"对话框中打开"选择"选项卡，如图 14.45 所示。

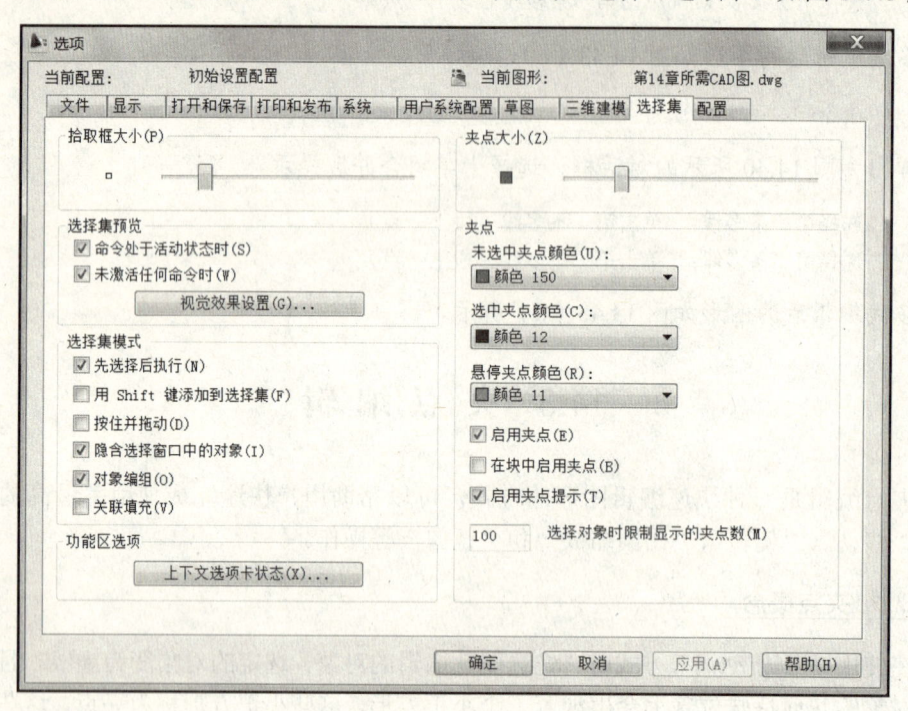

图 14.45 "选择"选项卡

2）拖动"夹点大小"栏中的滑块来改变夹点的大小。
3）设置完成后，单击"确定"。

14.3.3 利用夹点编辑对象

1. 夹点拉伸

当对象处于选定状态，且指定基点后，系统会提示："指定拉伸点或[基点（B）/复制（C）/放弃（U）/退出（X）]:"。命令行提示功能如下：

1）指定拉伸点。指定拉伸的目标点。
2）基点（B）。指定一点作为拉伸基点。
3）复制（C）。在拉伸的同时复制实体。
4）放弃（U）。取消刚才所做的操作。
5）退出（X）。退出夹点编辑。

说明：

- 若夹点位于直线、多段线、多线、圆、圆环、椭圆等实体的中点或圆心时，则"拉伸"功能等同于"移动"夹点编辑方式。
- 对于圆环、椭圆、弧线等实体，若夹点位于圆周上时，则"拉伸"功能等同于"比例缩放"夹点编辑方式。对于圆环，若夹点位于0°、180°象限点或位于90°、270°象限点时，拉伸的结果不同。
- 若同时指定多个夹点实体时，则只有选定拉伸基点的实体被拉伸。
- 同一实体只能指定一个拉伸基点。
- 当夹点位于直线、多段线、多线等实体的端点时，则在该方式下能完成拉伸和旋转。

2. 夹点移动

夹点编辑命令是自动循环执行，在拉伸方式下按回车键、空格键或鼠标右键，可切换到"移动"方式，系统提示："指定移动点或[基点（B）/复制（C）/放弃（U）/退出（X）]:"。在该方式下可移动夹点所在形体及复制夹点所在形体等编辑。命令行提示功能如下：

1）指定移动点。指定移动的目标点即可。
2）其余选项如前所述，这里不再阐述。

说明：
- 若同时指定多个夹点实体，则这些实体会同时移动。
- 若在同一实体指定多个夹点，但只以最后一个夹点为基点移动。

3. 夹点旋转

在拉伸方式下按回车键、空格键或鼠标右键，可切换到"旋转"方式，系统提示："指定旋转角度或[基点（B）/复制（C）/放弃（U）/参照（R）/退出（X）]:"。在该方式下可旋转夹点等编辑。命令行提示功能如下：

1）旋转角度。指定对象旋转角度。
2）参照（R）。以指定的角度方向为基准来旋转实体。
3）其余各项如前所述，这里不再阐述。

说明：
- 若同时指定多个夹点实体，则这些实体会同时旋转。
- 默认选项把指定的夹点作为旋转基点来旋转对象，"基点"选项用于旋转设置一个参考点，以参考点为基准旋转；"复制"选项可旋转并复制夹点所在实体。

4. 夹点比例缩放

在旋转方式下按回车键、空格键或鼠标右键，可切换到"比例缩放"方式，系统提示："指定比例因子或[基点（B）/复制（C）/放弃（U）/参照（R）/退出（X）]:"。在该方式下可放大或缩小夹点所在形体及复制夹点所在形体等编辑。命令行提示功能如下：

1）指定比例因子。指定缩放比例因子即可。
2）参照（R）。可给定一参考长度，然后以新长度与参考长度的比值作为缩放比例因子。

3）其余各项如前所述，这里不再阐述。

说明：

- 若同时指定多个夹点实体，则这些实体会同时被缩放。
- 默认选项可将夹点所在形体以指定点为基点进行比例缩放，"基点"选项用于先设置一个参考点，然后夹点所在形体以参考点进行等比例缩放；"复制"选项可缩放并复制生成新的实体。

5. 夹点镜像

在比例缩放方式下按回车键、空格键或鼠标右键，可切换到"镜像"方式，系统提示："指定第二点或[基点（B）/复制（C）/放弃（U）/退出（X）]："。在该方式下可镜像夹点所在形体，也可以镜像线镜像、复制镜像等编辑。命令行提示功能如下：

1）指定第二点：以指定的夹点为第一点，提示指定镜像线的第二点。

2）其余各项如前所述，这里不再阐述。

说明：

- 若同时指定多个夹点实体，则这些实体会同时被镜像。
- "基点"选项用于先设置一个参考点作为镜像线上的第一点，然后再指定一点作为镜像线第二点来镜像夹点所在形体。

思 考 题

14.1 使用"Erase"命令删除的图形对象能否被恢复？如果可以，有哪几种方式？它们有何异同？

14.2 "Qffset"命令与"Copy"命令有何异同？

14.3 "Move"命令和"Pen"命令有何不同？

14.4 "Zoom"命令和"Scale"命令有何不同？

14.5 如何延长一条直线到同它不相交的隐含边界上？

14.6 在倒角（Chamfer）或圆角（Filler）命令中距离或半径为0时能完成哪些工作？

14.7 使用拉伸（Stretch）命令时，应注意怎样选择对象？在什么情况下拉伸和移动的操作结果完全相同？

14.8 矩形阵列中，当行距为负值时，复制的实体排列在原实体的哪边？当列距为负值时，复制的实体排列在原实体的哪边？

14.9 使用断开（Break）命令时，当用鼠标选取要断开的线段时，屏幕提示"指定第二个打断点或[第一点（F）]："，括号中的提示是什么意思？用该命令断开圆和圆弧时有哪些规定？

14.10 分解线宽不为0的多段线后，会有怎样的结果？

第 15 章 标注和填充

工程图上的内容除图形外,还包括文字说明、尺寸标注以及断面填充图例等,图形外的这些内容在 AutoCAD 中称为注释对象,注释对象可以选择有注释性或无注释性,带有注释性的注释对象显示的大小等于其样式中的大小乘以本图中注释比例。使用注释比例绘制图形时,注释对象应选择有注释性的。本章的学习内容是如何在图形文件中进行注释对象的样式设置、应用及修改。

15.1 文本标注

一个完整的文本标注过程包括创建和编辑文字样式、添加文字和编辑文字,AutoCAD 2010 自带的文字样式有 Standard 和 Annotative 两种,默认为 Standard。Annotative 与 Standard 的区别是其注释性,即输入文字时,文字采用当前文字样式,即 AutoCAD 的文本样式工具栏窗口中显示的文本样式;可以修改 AutoCAD 自带的文字样式,或创建新的文字样式,在文本注写时置为当前样式使用。AutoCAD 提供了多种添加文字的方法。对简短的文字使用"单行文字"输入,对带有内部格式的较长的文字使用"多行文字"输入或从 Word 文档输入。

15.1.1 创建和编辑文字样式

文字样式用于设置文字的字体、字号、角度、方向和其他特性。要用 AutoCAD 标注出符合建筑制图标准的文本说明、尺寸数字和标高符号等,需对 AutoCAD 自带文字样式的缺省设置作出必要的修改和创建新的文本样式。文字样式所能控制的特性及其缺省值和说明如下:

1) 样式名。新创建的文字样式系统自动命名为样式 1、样式 2 等,可以修改文字样式名,名称最多可以有 255 个字符,可包括字母、数字、中文字符和其他特殊字符。

2) 字体名。文字样式所选用的字体名称。系统提供的各种字体的文字外观不同,如带有@的字体可直接竖向排列所书写文字。有些字体在注写文本时有局限性,如在单行文本输入时,仿宋体写出的字符"ϕ"为"□"等。AutoCAD 2010 系统默认的字体是"宋体",该字体使用下面讲到的宽度系数调整后写出的字,即长方字,字体外观基本与仿宋字接近,同时该字体能写出直径符号"ϕ"等字符。

3）使用大字体。大字体用于非 ASCII 字符集的特殊型定义文件。选择以西文字符命名的字体名时可同时选择大字体。

4）字体样式。字体样式分为不使用大字体对应的"常规"样式和使用大字体对应的各种样式，字体名和字体样式的正确配合能达到所要的字符创建效果。例如字体名为 gbenor.shx，同时选中大字体，字体样式选择 gbcbig.shx 则用该文字样式能在单行文本输入时创建汉字，能在尺寸标注时写出直径符号"ϕ"。

5）大小。不勾选"注释性"，则创建字符为字符输入时的指定值；若勾选"注释性"，则创建字符大小等于字符输入时的指定值乘以本图的注释比例。

6）高度。字符高度，高度为零。在用确定的文本样式输入字符时可根据需要，灵活给定高度；字符高度为某一数值，在用该文字样式输入字符时字符高度为给定高度，不再询问字体高度，可加快字符输入的运行速度。

7）宽度比例。字符宽度与高度的比值，默认值是 1；数值小于 1 时，字符呈长方形。

8）反向。反向写出文字。

9）颠倒。倒置写出文字。

10）垂直。垂直或水平写出文字。

1. 创建文字样式

单击文字样式工具图标 A；或"格式"下拉菜单中的"文字样式"；或在命令区输入"Style"。完成上述操作之一，弹出如图 15.1 所示的对话框。对话框中显示的为当前文字样式的特性。操作此对话框，可以修改缺省的文字样式的缺省设置或新建文字样式。单击新建按钮，弹出如图 15.2 所示的对话框，新的文字样式可采用默认文字样式名或重命名。然后单击"确定"按钮弹出如图 15.3 所示的对话框，对需修改的内容逐一修改后单击应用，则保存该文字样式。

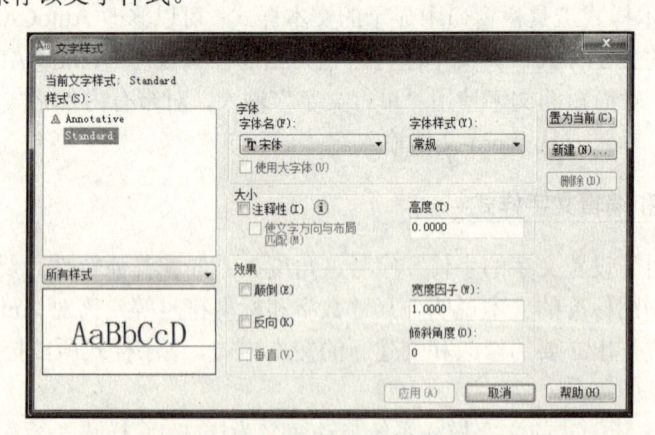

图 15.1 "文字样式"对话框

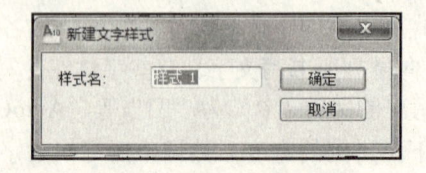

图 15.2 "新建文本样式命名"对话框

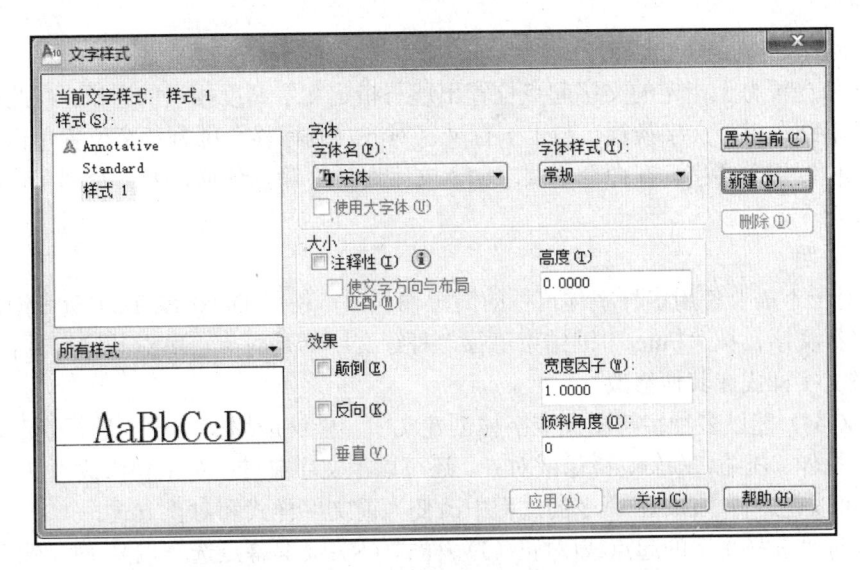

图 15.3 "新建文本样式'样式 1'"对话框

2. 编辑文字样式

若编辑修改某文字样式,首先要打开文字样式对话框,打开文字样式对话框的操作与新建文字样式相同,即单击文字样式工具图标 A;或单击"格式"下拉菜单的"文字样式"选项;或在命令区输入"Style"打开文字样式对话框。单击要修改的文字样式,其对应的各项特性及数值按需要修改。

3. 置某文字样式为当前文字样式

置某文字样式为当前文字样式,最简单的操作是:单击文字样式窗口的黑三角,弹出已创建的各种文字样式,选中要置为当前的文字样式,如图 15.4 所示。也可以同新建文字样式操作一样,打开"文字样式"对话框,单击要置为当前的文字样式选中,然后单击"置为当前"按钮。

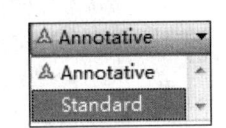

图 15.4 文本样式窗口

15.1.2 标注文字

1. 标注单行文字(Dtext 或 Text)

(1)功能

绘制建筑图时经常需要标注单行文字,如图名、说明、标题等简短文字。

(2)操作

单击下拉菜单"绘图"中的"文字""单行文字"选项;或命令行输入"Dtext"或"Text"。

(3)命令区提示

  命令:Dtext
  当前文字样式"Standard",文字高度"2.5",注释性"否"
  选择文字的起点或[对正(J)/样式(S):(屏幕点选一点)
  指定高度<2.500>:(给定新的文字高度值或直接回车用默认高度 2.500)

指定文字的旋转角度<0>：（文字字头向上即为 0，直接回车即可）

接下来在屏幕上指定的文字起点位置出现与指定文字高度相当的方框，在此输入文字，按一下回车键，文字换行，与上一行文字对齐，光标移至屏幕任意位置单击，可在指定的新位置输入文字。在命令行要求输入文字时，不输入任何内容，空回车，则结束单行文字命令。

（4）说明

1）对于不需要使用多种字体或行的简短输入项，使用 Dtext 或 Text 命令创建单行文字或多行文字，按"Enter"键结束每行，每行文字都是对象，可对其进行重新定位、重新调整文字样式或其他修改。

AutoCAD 能以多种字符图案或字体创建文字。能够应用文字样式进行修改，也可以将字体拉伸、压缩、倾斜、镜像或对齐、还可以把文字旋转、对正和修改为任意大小。

2）可以在运行"Dtext"命令的过程中改变当前文字样式和对正方式。

在运行"选择文字的起点或[对正（J）/样式（S）：（屏幕点选一点）"时，输入"J"或"S"选项，切换成新的文字样式和对齐方式后，再运行到"选择文字的起点或[对正（J）/样式（S）：（屏幕点选一点）"，点选文字的指定位置。对于不清楚的已有文字样式，可以在运行"样式（S）"，出现输入样式名[?]<standard>_____时，输入"?"。随后会弹出已有文字样式特性的文本框，例如，当前图形文件只有 Standard 和 Annotative 两种文字样式时，弹出的文本样式临时窗口如图 15.5 所示，单击命令区，该窗口消失。

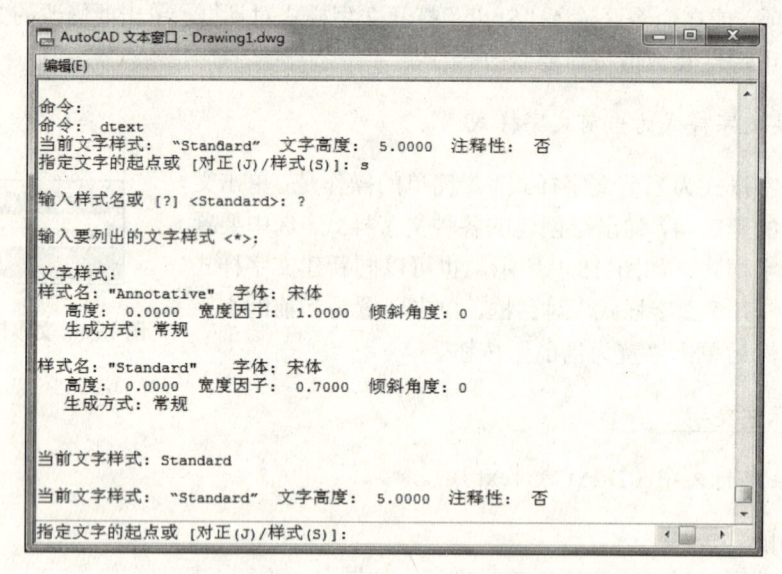

图 15.5　文字样式临时窗口

3）"Dtext"命令运行过程中，指定文字高度，可以用指定屏幕两点来代替输入高度值。

2. 标注多行文字（Mtext）

（1）功能

标注多行文字（Mtext）用于创建复杂、较长的文字。

(2）操作

绘图工具栏中的图标按钮 A；或下拉菜单"绘图"中的"文字""多行文字"；或命令行输入"Mtext"。

(3）命令区提示

命令：Mtext

当前文字样式"Standard"，文字高度"2.5"，注释性"否"

指定第一角点：（屏幕点选框格的一角点或屏幕上任意一点）

指定对角点或[高度（H）/对正（J）/行距（L）/旋转（R）/样式（S）/宽度（S）/栏（C）]：（拖动鼠标单击屏幕上框格另一角点或任意的另一点）

弹出如图 15.6 所示的对话框。

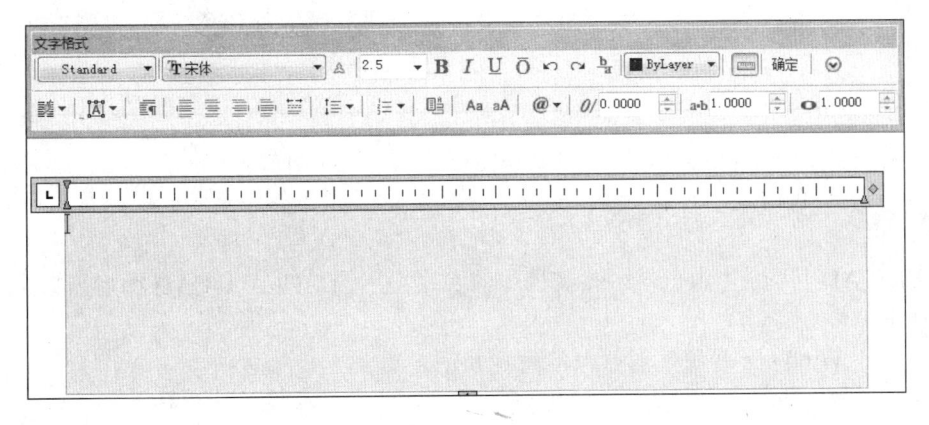

图 15.6 "多行文字编辑器"对话框

(4）说明

1）首先要创建一个文本边框，此边框限定了段落文字的左右边界。当指定了文本框的第一个角点后，再拖动光标指定矩形分布区域的另一个角点。建立了文本边框，即打开了多行文字编辑口。

2）在对话框中可以创建复杂的文字说明，可以方便地添加特殊符号，所有的文字桅民一个单独的实体，可以对其进行移动、旋转、复制等编辑操作。

3. 输入外部文本文件（Word 文件）

由于 AutoCAD 的文字编辑功能不强，在需要大量输入文字时（如输入《建筑施工说明》和《结构施工说明》等）很不方便。此时，可以在 Word 中输入文字，而后调用。

1）同上所述调用多行文字编辑器，在图 15.6 所示的"多行文字编辑器"对话框中，光标移入文本编辑窗口点击鼠标右键，弹出右键菜单，选择"输入文字"选项如图 15.7 所示。

2）在"打开"对话框中选择要输入的文本文件后选择"打开"按钮，多行文字编辑器窗口中自动显示该文本文件的内容。

3）可以在多行文字编辑器窗口中对该文本文件的内容进行编辑。

4）做好所有设置后，选择"确定"按钮，图形中指定的区域出现该文本文件的内容。

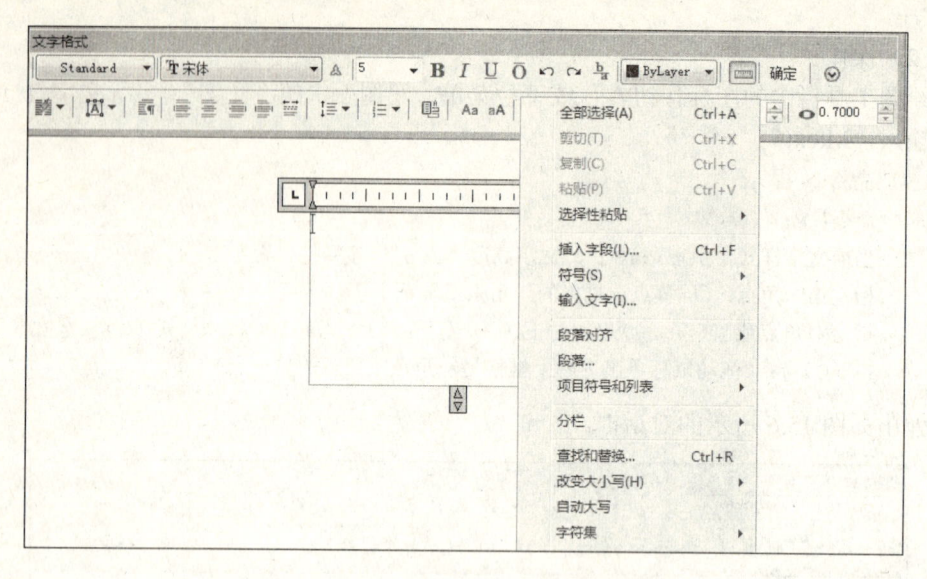

图 15.7 "输入外部多行文字"对话框

4. 拖曳外部文本文件（Word 文件）

AutoCAD 可以把*.doc 或*.txt 文档中的文字拖入当前的 AutoCAD 图形窗口中，其操作如下：
- 打开 Windows 资源管理器，但保持其不充满全屏。
- 显示要拖曳的文本文件所在的目录。
- 选择该文本文件，并拖曳到 AutoCAD 图形中。
- AutoCAD 把 OLE 文本对象放在图形中拖至的位置。如果该文本文件是*.txt 格式，插入后作为一个多行文字对象，可以用多行文字编辑器编辑这些对象。如果该文本文件不是*.txt 格式，则显示如图 15.8 所示的对话框，在对话框中设置插入区域的大小和比例及文字的字体和大小等。

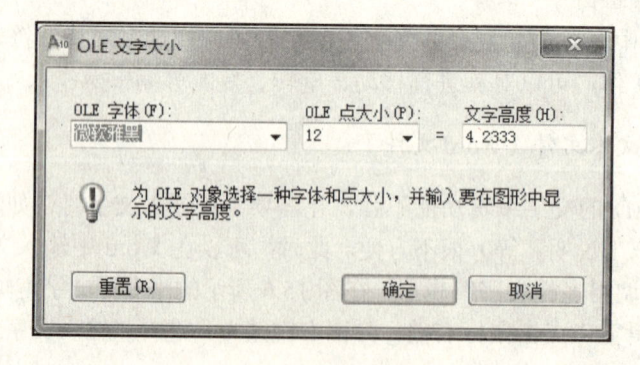

图 15.8 OLE 特性

15.1.3 编辑文字

文字对象可以改变所在图层、文字样式、文字内容及文字的其他特性，可以同图形对象一样完成移动、旋转、缩放、复制和删除等编辑工作。

1. 修改单行文字

方法一：快捷方式。

在要编辑的单行文字上单击鼠标左键，如果只需修改文字的内容而不修改特性，在弹出的对话框中直接删除原来的文字，输入新的文字内容，如图 15.9 所示。如果需修改文字的高度等特性，鼠标左键单击对话框下部，展开的对话框如图 15.10 所示，选中需修改的选项进行修改。

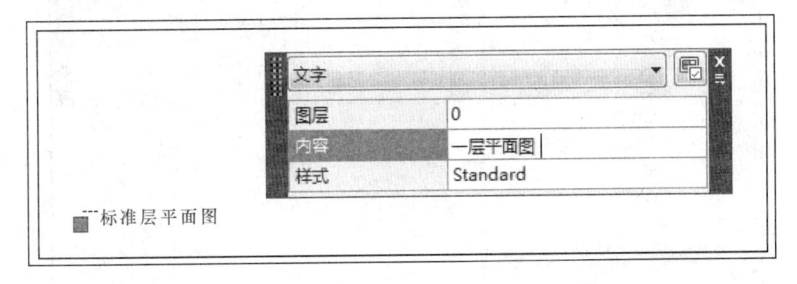

图 15.9 修改单行文字内容

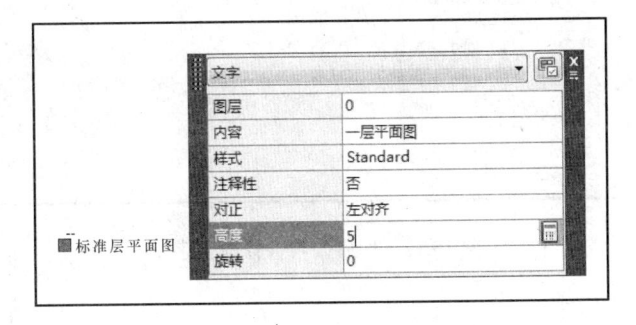

图 15.10 修改单行文字对象的特性

方法二：下拉菜单方式。

单击"修改"下拉菜单"对象"中"文字"中的"编辑"选项，然后单击文字，文字呈现可编辑状态，如图 15.11 所示，删除原文字，输入新文字即可。

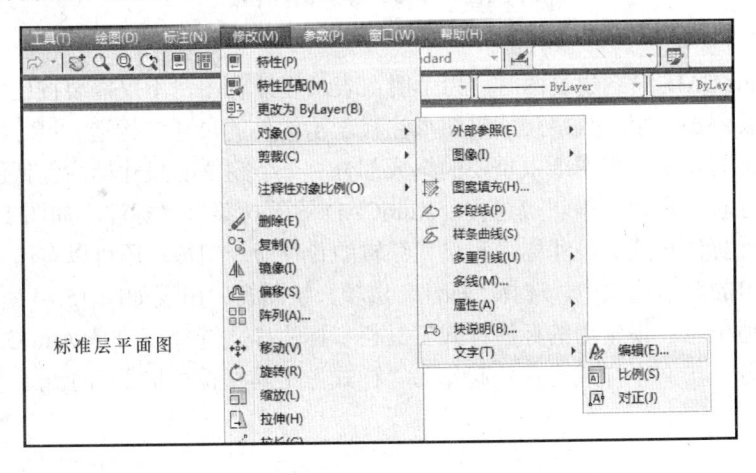

图 15.11 使用修改对象的文字选项修改文字

方法三：工具栏方式。

单击标准工具栏的修改特性图标；或"修改"下拉菜单的"特性"选项，弹出如图 15.12 所示的对话框，修改对话框中的文字内容或文字特性，都可实现修改目的。

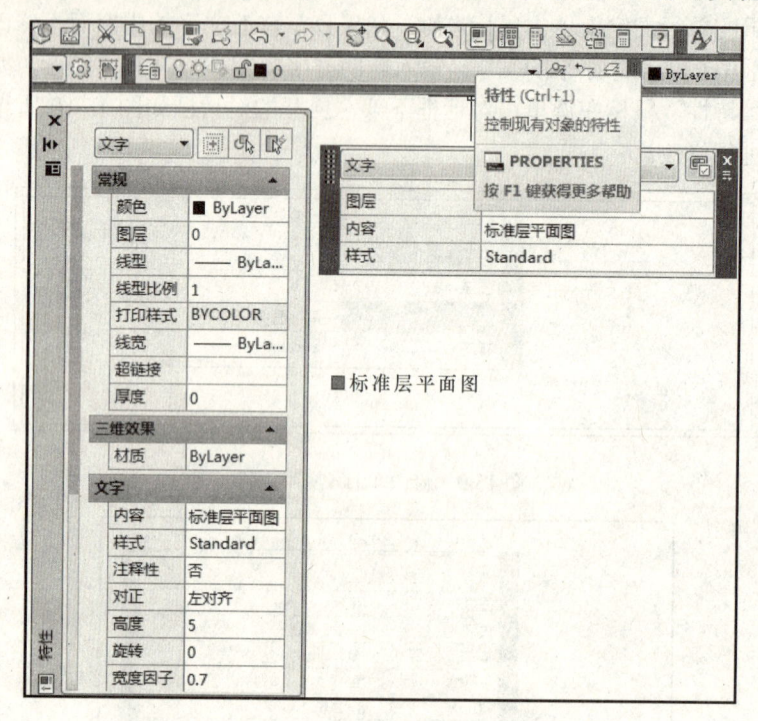

图 15.12　用修改特性修改文字

2. 修改多行文字

修改多行文字的方法操作与单行文字基本相同，只是多行文字的修改是回到多行文字输入的对话框进行，在此不再赘述。

15.2　尺　寸　标　注

在用 AutoCAD 绘制建筑图时，为了明白表示设计意图，不仅需要按比例精确地绘图，而且需要添加文字、数字尺寸等图形注释表示构件的尺寸与构造。尺寸标注是一种常用的图形注释，是工程图纸中重要的组成部分。一个完整的尺寸标注包括创建尺寸标注形式、尺寸标注和尺寸编辑等过程。AutoCAD 的下拉菜单"标注"如图 15.13 所示，其由创建尺寸标注形式、尺寸标注和尺寸编辑的各种命令组成；还可以右击工具栏任意位置，在弹出的菜单选项中，选择"标注"选项，绘图窗口出现如图 15.14 所示的图标，将其拖至合适位置。最常用的标注样式工具栏和标注样式选择窗口是 AutoCAD 常驻工具栏的一部分，与文本样式合在一起作为"样式"工具栏位于屏幕右上方，如图 15.15 所示。

图 15.13 "尺寸标注"下拉菜单

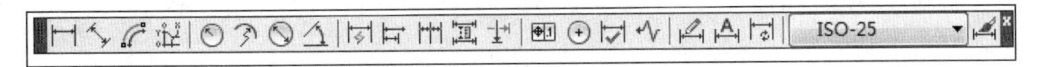

图 15.14 "尺寸标注"工具栏

图 15.15 "样式"工具栏

15.2.1 设置尺寸标注样式

尺寸标注包括尺寸界线、尺寸线、尺寸起止符号和尺寸数字基本四要素,建筑工程图、机械工程图中对于这四要素的标准存在较大差异,AutoCAD 是能绘制所有工程图的通用软件,提供一种默认标注样式。若这种默认标注样式不能满足需要时,可创建一种(或几种)新的尺寸标注样式。

1. 功能

按建筑制图标准创建用于线性标注、直径标注、半径标注、角度标注等不同要求,适于该图注释比例的各种标注样式。

2. 操作

工具栏中的图标按钮 ；或下拉菜单"格式"中的"标注样式";或命令行输入"Dimstyle"。弹出如图 15.16 所示的"标注样式管理器"对话框。

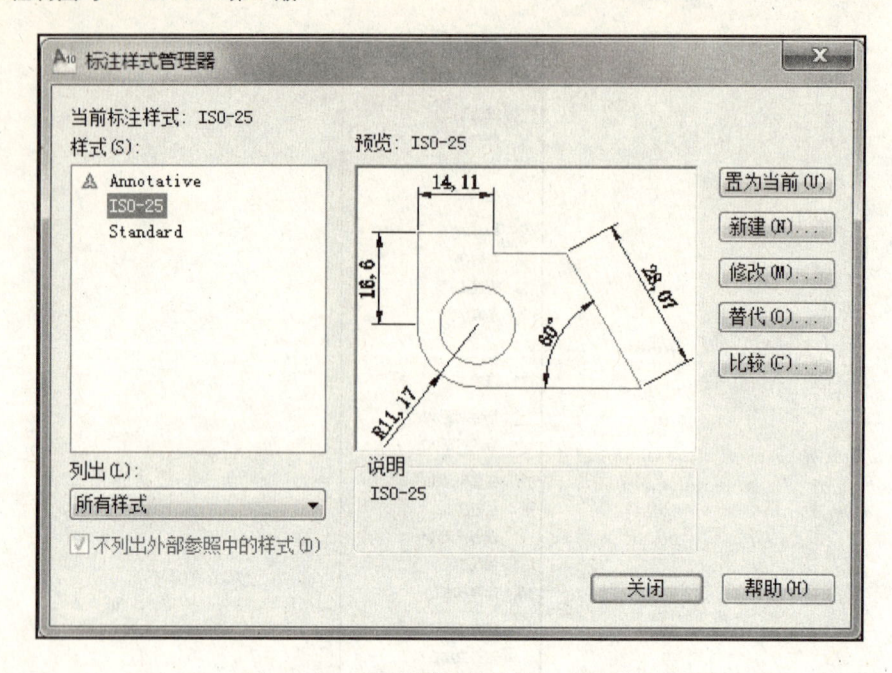

图 15.16 "标注样式管理器"对话框

3. 命令区提示

命令：Dimstyle

4. 说明

"标注样式管理器"对话框（图 15.16）内容说明：

1）当前标注样式。其显示当前正在使用的样式名称。

2）"样式"列表框。AutoCAD 自带三种标注样式，即 Annotative、ISO-25 和 Standard，其中 ISO-25 为默认标注样式，以毫米为单位。

3）"列出"。从该下拉列表框中选择在样式列表框中显示的样式种类，根据"所有样式"或"正在使用的样式"而显示不同内容。

4）"预览"显示框。窗口内显示当前标注样式的标注效果。

5）"至于当前"按钮。在样式列表框中选择一个标注样式，单击该按钮，将选中的样式置位当前使用样式。

6）"新建"按钮。单击该按钮，弹出"创建新标注样式"对话框，如图 15.17 所示。其中在新样式名文本框中输入新建样式的名称，如"建筑工程图"；"基础样式"下拉列表框用于选择从哪个样式开始创建新样式，即选择基础样式，如 Annotative；"用于"下拉列表框用来限定新建样式的应用范围，例如"所有标注"。

单击"继续"按钮，将打开如图 15.18 所示的"新建标注样式"对话框。该对话框上部有 7 个选项卡，用于定义标注样式的不同状态和参数，通过预览可以观察所定义或修改的效果，通过修改其中参数可以使新建的标注样式达到符合用户需要的标注效果。

7）"修改"和"替换"。选中某一样式后，单击该按钮，同样可以打开与"新建标注样式"内容相同的对话框，可以分别对选中样式的设置进行修改和替换。修改后的标注样式，会对已标注的尺寸产生影响，替代则不会。

图 15.17 "创建新标注样式"对话框

8)"比较"按钮。该选项用于比较两种标注样式的不同点。

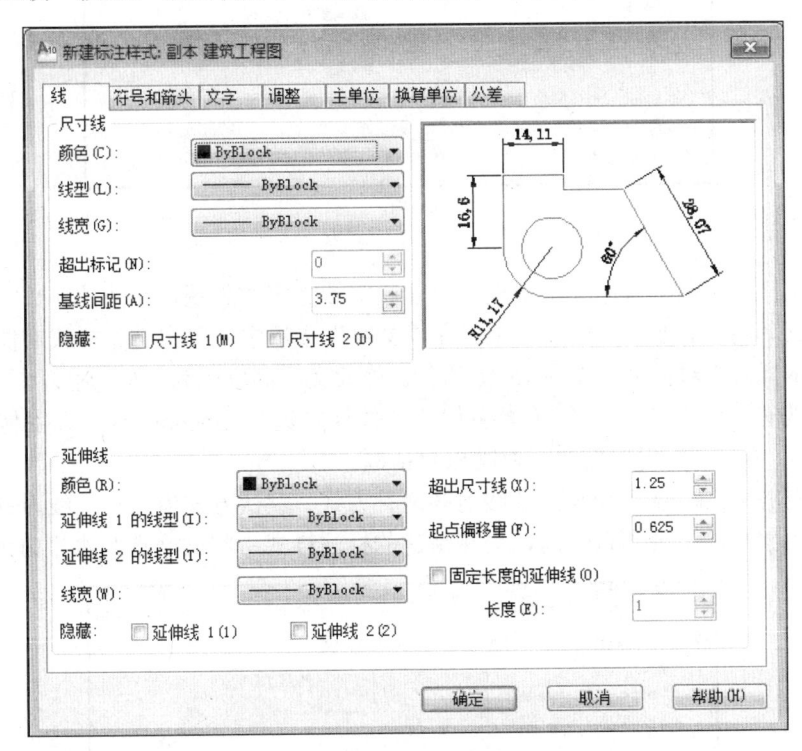

图 15.18 "新建标注样式"对话框

5. "新建标注样式"对话框中的 7 个选项卡的功能

在图 15.18 所示的对话框中有"线"、"符号和箭头"、"文字"、"主单位"等 7 个的选项,单击各选项将切换成不同的参数选项对话框,以建立新的标注样式。各项参数建议按建筑工程制图标准作如下修改。

1)"线"选项。该选项用于设置尺寸线、延伸线的样式。按照建筑制图国家标准的有关规定,建议基线间距(相邻两道尺寸线间的距离)改为 7,尺寸界线超出尺寸线改为 3,尺寸界线的起点偏移量改为 2,其他选项可不做变动。

2)"符号和箭头"选项。该选项用于设置箭头、圆心标记、折断标注、弧长符号、半径折转标注和线性折转标注等样式。箭头选用"建筑标记",建议箭头大小取 2,圆心标记取 2.5,其余均取默认值,如图 15.19 所示。

333

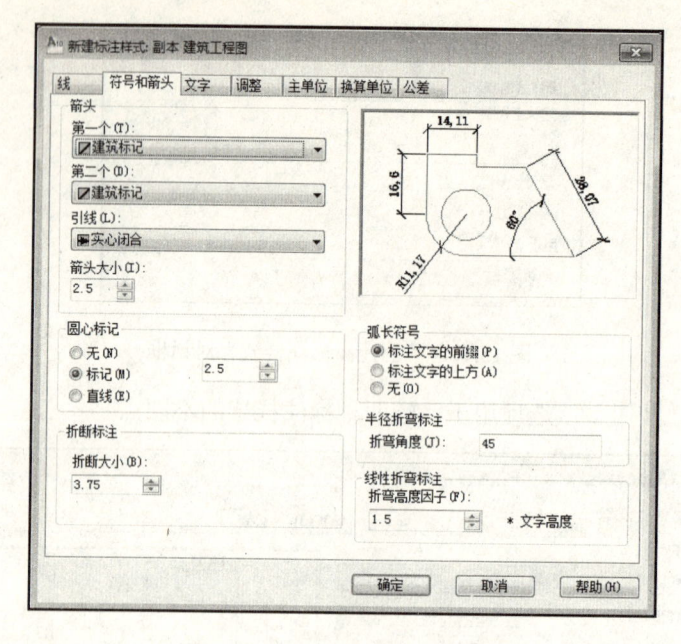

图 15.19 "符号和箭头"选项卡

3)"文字"选项。该选项用于设置尺寸数字和文字的外观,并能控制数字的位置以及对齐方式等特性,如图 15.20 所示。在"文字"选项中,单击文字样式右侧的按钮,弹出"文本样式"对话框,如图 15.21 所示。修改文字高度改为 3.5,宽度因子改为 0.7,字体名改为西文字体,选中使用大字体,字体样式选择 gbenor.shx,大字体样式选择 gbcbig.shx,单击"应用"按钮后返回原对话框。

文字对齐方式有水平和与尺寸线对齐两种方式,默认方式为与尺寸线对齐。当需标注角度、引出标注半径和直径时,需在新建的标注样式中将文字选为水平方式。

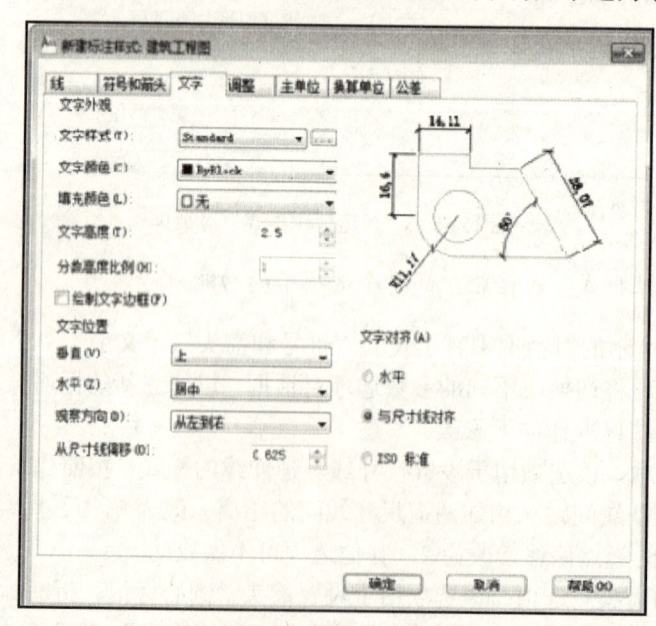

图 15.20 "文字"选项卡

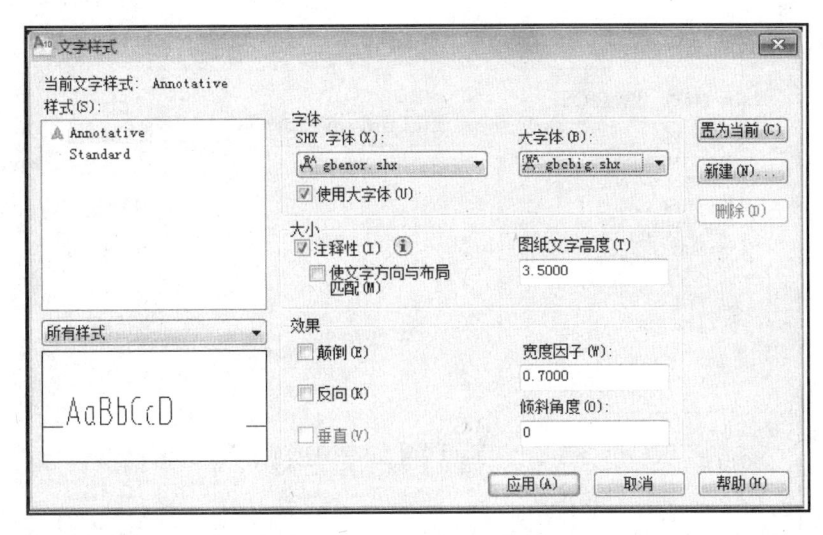

图 15.21　文本样式设置

4)"调整"选项。该选项用于调整尺寸标注中标注文字、数字、箭头、引线和尺寸线的位置关系,使尺寸标注在图面上清晰地显示出来。

5)"主单位"选项。该选项用于设置尺寸文字的显示精度和比例,并能给标注文字加前缀和后缀。建筑制图常用比例为 1∶100,可将测量比例改为"100"。

建筑工程图一般不对"换算单位"和"公差"项做修改,采用系统默认值。

针对建筑工程图中线性尺寸、角度、半径、直径等不同的尺寸起止符号和文字方向的要求,基于一个基础样式下可以新建多个子样式,来保证 AutoCAD 的尺寸标注符合建筑制图标准。

6. 新建标注子样式

单击"新建"按钮,新样式名为"副本 建筑工程",基础样式为"建筑工程图","用于"窗口中选为"线性标注",如图 15.22 所示;单击"继续"按钮,回到"标注样式管理器",因该子样式与基本样式完全相同,直接单击"确定"按钮,即创建线性标注子样式。

再单击"新建"按钮,基础样式名与新样式名仍为"建筑工程图",仅在"用于"窗口中选择"角度标注",如图 15.23 所示。单击"继续"按钮,进入"标注样式管理器"对话框,修改尺寸起止符号为"实心箭头",文字方向为"水平",单击"确定"按钮,角度子样式预览框如图 15.24 所示。

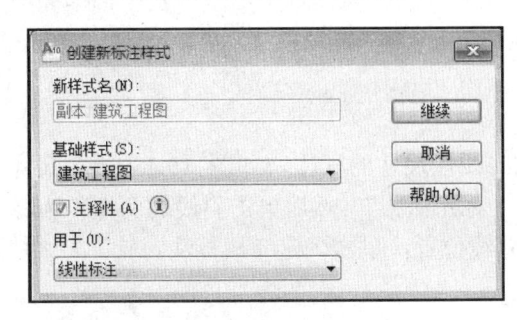

图 15.22　"线性标注子样式"对话框 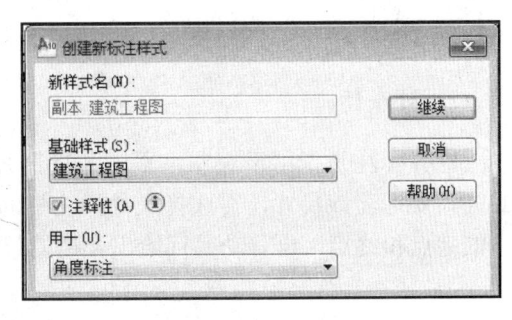　　图 15.23　"角度标注子样式"对话框

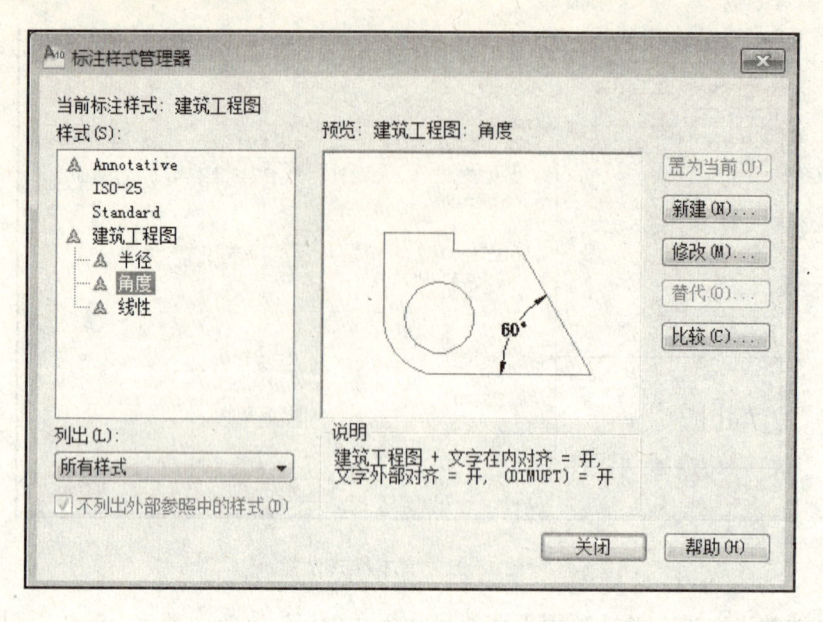

图 15.24 "角度标注子样式"预览框

同样的操作可完成"半径标注"和"直径标注"等子样式创建。

15.2.2 常用尺寸标注

AutoCAD 提供了多种智能标注类型,如图 15.13 所示的下拉菜单和图 15.14 所示的工具栏。在标注尺寸时,一般要选定尺寸界线的起点、终点及尺寸线位置,AutoCAD 可以自动测量标注对象的值,并产生相应的标注文字,也可以修改标注文字的内容和位置。在标注尺寸之前,透明指令的正交方式、端点和交点的对象捕捉应处于打开状态。当前标注样式应切换为所需的标注样式,下面采用前面创建的"建筑工程图"标注样式,讲述各标注命令的应用。

1. 线性标注

线性标注是指用于对水平方向线性尺寸和竖直方向线性尺寸的标注,如图 15.25 所示尺寸 2376 和 3660。单击被标注对象起点,再单击被标注对象终点,沿与两点连线垂直方向拖动鼠标,在离开轮廓线的适当距离位置单击鼠标左键,即完成线性标注。

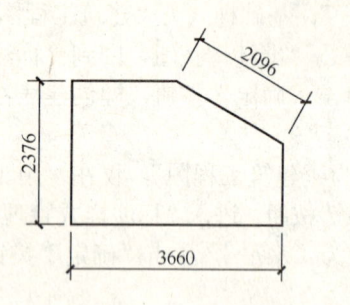

图 15.25 线性尺寸与对齐尺寸标注实例

2. 对齐标注

对齐标注是指用于对非水平、非竖直方向线性尺寸的标注,如图 15.25 所示尺寸 2096。要标注该尺寸,需选择尺寸标注中的"对齐标注",然后单击斜线的两端作为标注的起点和终点,再移动鼠标给出合适的尺寸线位置,单击确定完成标注。

3. 半径标注

半径标注是指用于对半圆和小于半圆的圆弧的尺寸标注。选择半径标注方式，单击需标注半径的圆弧，弹出小方框，移动方框在圆弧适当位置，即标出半径值，半径值前有字符 R。建筑施工图上常见有对齐方式标注和引出水平标注两种，一般默认为对齐方式标注；用引出水平方式标注需在对齐方式基础上创建新标注样式，其中文字改选为"水平"。如图 15.26（a）所示，圆半径标注的标注样式中文字方向为对齐方式；如图 15.26（b）所示，圆半径标注的标注样式中文字方向为水平方式。

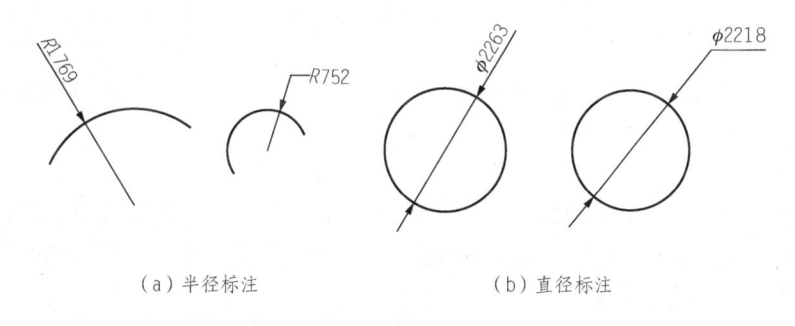

（a）半径标注　　　　　　　（b）直径标注

图 15.26　半径、直径标注实例

4. 直径标注

直径标注是指用于对圆和大于半圆圆弧的尺寸标注。操作基本同半径标注，测量出的值为圆弧直径，直径数字前有直径符号 ϕ，如图 15.26（b）所示。

5. 角度标注

角度标注用于标注角度值，单位为度（°）。单击被标注角度的起始线段上一点，再逆时针移动鼠标，单击被标注角度另一条线段上任一点，然后沿过角点的半径方向拖动鼠标，在离开角点的适当位置单击鼠标左键，即完成角度标注。需要说明的是，AutoCAD 默认的角度标注是角度数字对齐标注，而我国技术制图标准规定角度数字是水平书写，因此需设置角度标注的文字方向为水平，如图 15.27 所示。

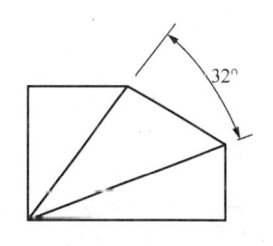

图 15.27　角度标注实例

6. 连续标注

连续标注是指用于建筑施工图上同一道尺寸线的标注。同一道尺寸线的若干个尺寸，如图 15.28 所示，第一个尺寸最左侧的"900"用"线性"标注，其他各尺寸用"连续"标注。"连续"标注只需指定紧邻线性尺寸标注的下一个端点，它默认起点为"线性"标注的端点，尺寸线与"线性"标注的尺寸线在一条直线上。其标注效率高、外观整齐，是建筑施工图尺寸标注使用最多的，必须熟练掌握的尺寸标注命令。

7. 基线标注

基线标注是指用于建筑施工图上同起点的多道尺寸的标注，如图 15.29 所示。同一起点多道尺寸，第一个尺寸用"线性"标注，其他各尺寸用"基线"标注。"基线"标注只需指定紧邻线性尺寸标注的下一个端点，它默认起点为"线性"标注的起点，尺寸线与"线性"标注的尺寸线距离为尺寸样式设置的基线间距。

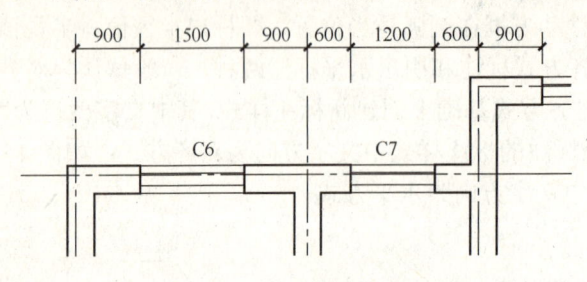

图 15.28 连续标注实例　　　　图 15.29 基线标注实例

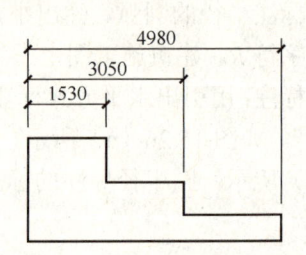

15.2.3 尺寸编辑

对已标注的尺寸，出于图面美观的目的或者由于设计的调整变更等原因，需要对尺寸标注或图形对象和尺寸标注一起进行编辑。在 AutoCAD 中，可以用夹点编辑或编辑命令两种模式之一进行编辑。

1. 夹点编辑

当用鼠标左键单击已有的尺寸标注对象时，尺寸界线的两端起点、尺寸线、尺寸数字有多个要素处出现夹点小方框，这些小方框捕捉的点称为夹点。如图 15.30 所示，可用夹点编辑做简单编辑修改，如改变尺寸标注样式或所在图层；也可通过移动夹点位置做复杂编辑，如改变尺寸界线的起始位置等。

（1）修改标注对象的标注样式

用鼠标左键单击所要修改的尺寸标注对象，出现夹点后，鼠标左键单击标注样式工具栏窗口，弹出所有的标注样式，光标移至所要改成的标注样式，然后按"Esc"键退出。

（2）修改标注对象的所在图层

用鼠标左键单击已有的尺寸标注对象，出现夹点后，鼠标左键单击图层工具栏窗口，弹出所有的图层，光标移至所要改成的图层，然后按"Esc"键退出。

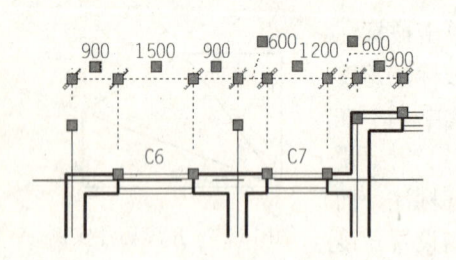

图 15.30 尺寸标注夹点编辑

（3）修改尺寸界线起点

将光标移至其中任一方框，从而选中该方框，可移动其位置进行编辑。以图 15.31 为例，介绍夹点编辑尺寸界线起点的步骤。

步骤 1 明确需要编辑的对象和移动到的指定位置，为方便操作，可以作辅助线，在编辑完后予以消除。图 15.31（a）修改成图 15.31（c），可以从 6 点向右引一条水平线辅助线，作为编辑后的尺寸界线起点位置。

步骤 2 鼠标左键单击需要编辑的尺寸标注，将其选中，如图 15.31（b）所示，

步骤 3 拖动夹点到指定位置，依次将 3、4、5 点选中，竖直移动到辅助线位置，

作为尺寸界线的起点位置。

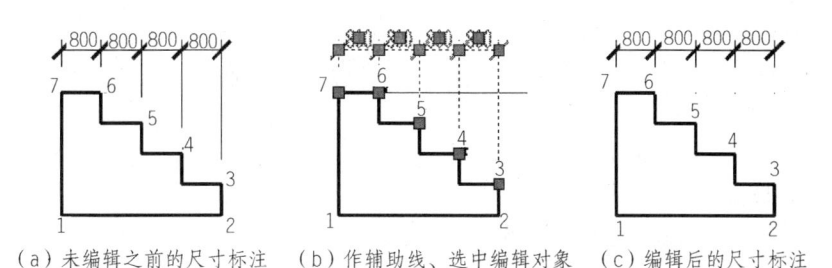

(a) 未编辑之前的尺寸标注　　(b) 作辅助线、选中编辑对象　　(c) 编辑后的尺寸标注

图 15.31　尺寸界线位置的夹点编辑

步骤 4　删除辅助线。完成尺寸编辑后的尺寸标注如图 15.31 (c) 所示。

2. 编辑命令编辑

编辑命令包括图形编辑命令和尺寸标注编辑命令，图形编辑命令包括移动、缩放、拉伸等各种图形编辑命令，将图形对象和其对应的尺寸标注一起选中，图形对象和尺寸标注将同时变化，相应的数字会随之改变。这些常用命令前面章节已经详细介绍过，在此不再赘述。AutoCAD 提供"编辑标注"、"编辑标注文字"等命令，可以对尺寸标注进行编辑。

(1) 编辑标注文字

1) 功能。用于移动和旋转标注文字，有动态拖动文字的功能。

2) 操作。下拉菜单"标注/对齐文字"或输入命令"Dimtedit"。

3) 执行编辑标注文字后的命令提示信息。

　　命令：Dimtedit
　　为标注文字指定新位置或[左对齐(L)/右对齐(R)/居中(C)/默认(H)/角度(A)]：(输入选项字母或按鼠标右键选择)

4) 说明。各选项功能如下：

- "为标注文字指定新位置"。选中尺寸标注对象后移动鼠标，则尺寸标注的文字及尺寸线位置随鼠标移动动态变化，在尺寸线和尺寸数字移至合适位置后，单击鼠标左键即确定尺寸线及尺寸数字新位置。若需改变尺寸数字为指定新位置，可按鼠标右键选择以下的选项。
- 左对齐(L)。尺寸数字靠近左面尺寸线。
- 右对齐(R)。尺寸数字靠近右面尺寸线。
- 居中(C)。尺寸数字居于尺寸线中间。
- 默认(H)。尺寸数字居于默认位置。
- 角度(A)。尺寸数字与尺寸线倾斜。

也可选择下拉菜单"标注""对齐文字"执行以上各选项的操作。

(2) 编辑标注

1) 功能。用于修改选定标注对象的文字位置、内容、尺寸界线以及旋转尺寸文字。

2) 操作。下拉菜单"标注/倾斜"或输入命令"Dimedit"。

3）执行编辑标注后的命令提示信息。

命令：Dimedit
选择标注
输入标注编辑类型[默认（H）/新建（N）/旋转（R）/倾斜（O）]：（输入选项字母或按鼠标右键选择）

4）说明。各选项功能如下：
- 默认（H）。不做任何更改。
- 新建（N）。更改所选标注对象文字内容。
- 旋转（R）。所选标注对象尺寸数字旋转指定角度。
- 倾斜（O）。所选标注尺寸界线倾斜指定角度。

执行编辑标注的新建选项尺寸数字修改后，该尺寸标注则失去关联性。

（3）标注更新
1）功能。可以用指定的标注样式更新图形中已标注的尺寸。
2）操作。下拉菜单"标注/更新"或输入命令"Dimstyle"。
3）执行标注更新后的命令提示信息。

命令：Dimstyle
输入标注样式选项：（将新样式置为当前样式）
选择对象：（选择要更新的尺寸标注对象）
选择对象：（空回车结束命令）

15.3 图案填充

在建筑图纸中，常需要绘制剖面图或断面图，在剖面图或断面图中一般要填充行业标准规定的材料图例以表达材料。AutoCAD 的图案填充功能就是把各种类型的图案填充到指定区域中，用户可以选择已有的图案，并选择合适的比例完成填充，也可以自定义图案满足特殊的填充需要。

15.3.1 图案填充

1. 功能

图案填充的功能是把各种类型的图案填充到指定区域中。

2. 操作

在绘图工具栏中点击图标按钮；或下拉菜单"绘图"中的"图案填充"；或命令行输入"Hatch"。

弹出"图案填充与渐变色"对话框，如图 15.32 所示。单击"类型和图案"中"图案"选项后的黑三角或其右侧的图标，选择所需图案，设定合适的比例和角度，再单击"边界"中按钮，回到绘图界面，在封闭区域内单击或选择封闭区域，确定好图案填充区域，最后单击对话框下部的"确定"按钮，则自动完成图案填充。

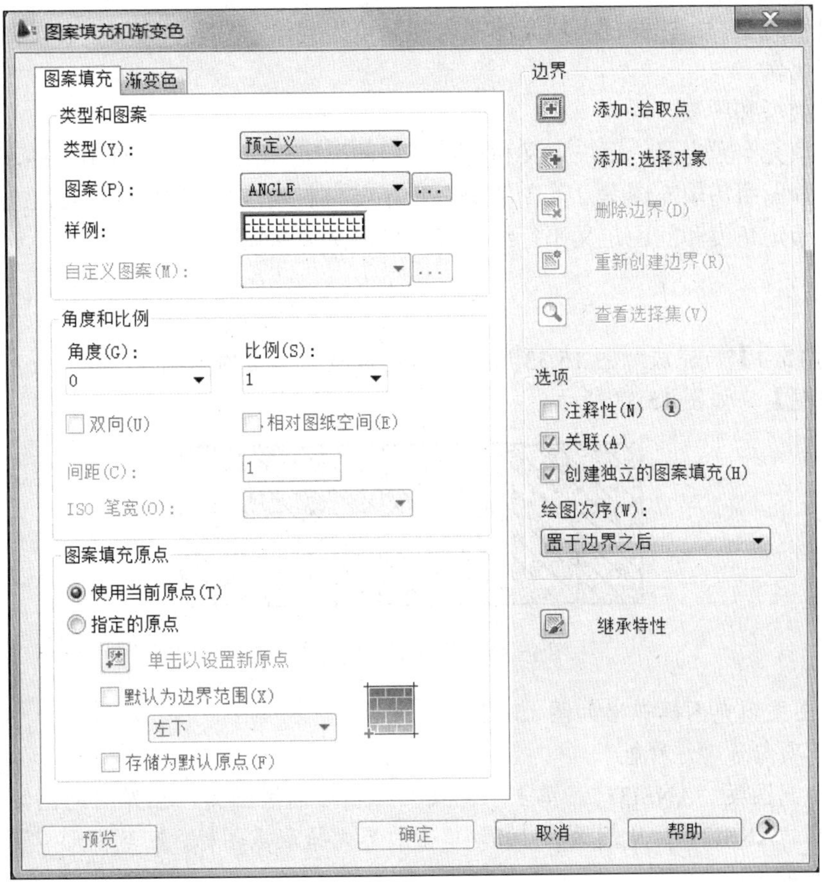

图 15.32　图案填充

3. 说明

图案填充与渐变色对话框选项。

(1)"关联"填充

图案填充有关联填充和非关联填充之分，当形成填充区域的边界大小形状改变时，填充图案也随着改变，保持充满封闭边界这种性质称为关联性。在图案填充对话框中，勾选"关联"选项，则接下来完成的填充与边界有关联性。

(2) 注释性

勾选了对话框中"注释性"后，则填充图案是以其定义的尺寸乘以绘图的注释比例显示在图形中。在 1∶50、1∶100、1∶200 绘制建筑施工图时，这是填充图案能正常显示的重要原因。

(3) 继承特性

当需要独立填充多个封闭区域，而这些封闭区域图案一样时，在完成第一个封闭区域的填充后，再填充其他区域时，先单击"继承特性"，回到绘图界面再单击填充图案，最后单击需填充新封闭区域内一点，即完成同一图案的填充。

(4) 角度和比例

各种填充图案在不同图形中所需填充比例不同，当比例不合适时，比例过大填充图案可能显示为空白;比例过小填充图案可能显示为实体。图案填充时,需根据填充效果调整图案比例。

(5) 类型和图案

图案填充有预定义、用户定义和自定义三种类型,预定义图案有 101 种,基本包括了各类工程图所需填充图案,其中 ANSI31 为 45°斜线,AR-CONC 为混凝土图案。用户定义可指定角度和间距定义平行线图案,自定义较麻烦。

4. 举例

【例 15.1】 完成如图 15.33 所示的钢筋混凝土图案的填充。

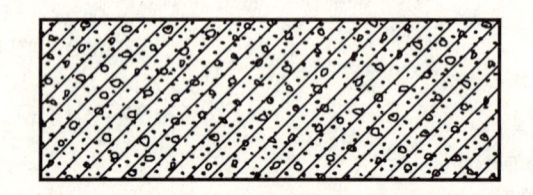

【作图】 如图 15.33 所示。

图 15.33 钢筋混凝土图案填充

单击图案填充图标弹出如图 15.32 所示对话框。

1) 选项勾选"注释性"。
2) 填充图案"ANSI31"。单击"图案"选项右侧黑三角,在弹出的图案清单中选择"ANSI31";比例改为 100,单击边界内拾取点图标,回到图形界面,单击图形内任一点。
3) 填充图案"AR-CONC"。单击"图案"选项右侧黑三角,在弹出的图案清单中选择"AR-CONC";比例输入数值 5,单击边界内拾取点图标,回到图形界面,单击图形内任一点,即完成钢筋混凝土图案填充。

15.3.2 渐变色填充

1. 功能

渐变色填充的功能为:指定单色或双色渐变填充到指定区域中。

2. 操作

在绘图工具栏中点击图标按钮 ▦;或下拉菜单"绘图"中的"渐变色";或命令行输入"Gradient"。

弹出如图 15.34 所示的对话框,单击单色或双色前的按钮,切换单色或双色填充。单击色条右侧的按钮 ⋯ ,弹出"选择颜色"对话框,设定合适的渐变方式。再单击边界按钮 ▦ ,回到绘图界面,在封闭区域内单击或选择封闭区域,确定好渐变填充区域,最后单击对话框下部的确定按钮,则自动完成渐变填充。

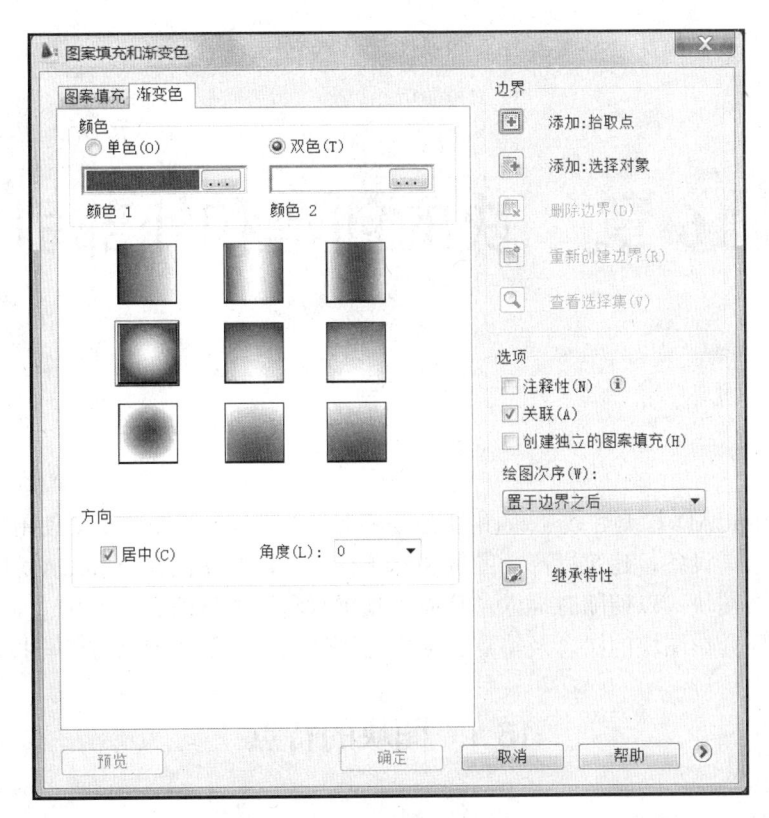

图 15.34　渐变色填充

思 考 题

15.1　文本标注包括哪几个过程？

15.2　文本样式是如何创建的？

15.3　单行文本、多行文本和外部文本是什么？如何标注单行文本和多行文本？外部文本如何引用？

15.4　尺寸标注包括哪几个过程？

15.5　建筑制图中常见的尺寸标注有哪几种？如何标注？

15.6　图案填充的方式有哪些？对封闭区域和非封闭区域区域填充时有何区别？如何进行？

第 16 章 块的创建和外部引用

在用 AutoCAD 绘制建筑工程图的过程中经常会遇到一些需要反复使用的图形，如门窗、室内家具设备、建筑标高、图框和标题栏等，这些图例在 AutoCAD 中都可以由用户自定义为图块，以便随时插入，从而达到重复利用的目的。

本章主要介绍图块的概念及特点、图块的属性以及图块的使用方法与技巧。

16.1 图块的特点

16.1.1 图块的概念

"图块"是一组图形实体的总称。在一个图块中，各图形实体均有各自的图层、线型、颜色等特征，但 AutoCAD 是把"图块"作为一个单独的、完整的对象来操作。用户可以根据实际需要将"图块"按指定的缩放系数和旋转角度插入到指定位置，可以对整个图块进行复制、移动、旋转、比例缩放、镜像、删除和阵列等编辑修改，也可以将图块分解为它的组成对象。

16.1.2 图块的对象特征

如果图块的组成对象在零层，并且对象的颜色、线型和线宽设置为随层，当把此块插入到当前图层时，AutoCAD 将指定该块的颜色、线型和线宽与当前图层的特性一样。也就是说，当前图层的特性将替代此块在零层创建时的特性。

如果块的组成对象的颜色、线型和线宽设置为随块，当把此块插入到当前图层时，AutoCAD 将保留创建时的特性。

16.1.3 使用图块的优点

在 AutoCAD 中使用图块主要有以下优点。

（1）便于创建图形库

在 AutoCAD 绘图过程中，将经常使用的某些图形（如门窗、室内家具设备、定位轴线、建筑标高、图框和标题栏等）定义为图块，并保存在磁盘上，就形成了图形库。当需要使用某个图形块时，只要从图形库中调用将其插入到图中即可，大大有利于提高工作效率和实现资源的共享。

（2）节省磁盘空间

在图形数据库中，插入当前图形中的同名块只存储为一个块定义，而不记录每一个对象的特征参数，这将极大地减少文件所占用的磁盘空间。图块越复杂，插入的次数越多，其优越性越明显。

（3）提高设计与绘图的效率

图块的使用避免了大量重复劳动，大大提高了工作效率。设计或修改过程中，对于相同的内容，使用块插入、重定位和复制可以提高绘图速度，也易于保证图纸质量，比重复绘制许多单个的对象具有无可比拟的优势。

（4）方便编辑

在 AutoCAD 中，插入当前图形中的块是单个对象，但可以把块分解为互相独立的对象，并编辑这些独立的对象，重新定义这个块。因为插入当前图形中的同名块只存储为一个块定义，所以同名块定义时，图中插入的所有该图块自动更新。

（5）便于数据管理

块的定义还可以携带文本信息，即属性。在块插入时带入或者重新输入文本信息，这些文本信息可以从图形中提取出来，为后续的企业数据管理提供数据源。

16.2 图块的定义

图形中需要定义为图块的对象，是我们在当前图形中或其他图形中需要多次重复使用的对象。这些对象可以在不同的图层上，拥有不同的对象特性。定义图块时，组成块的对象在屏幕上必须是可见的，对已定义的图块可以插入、分解和重定义，插入的同时可以进行比例缩放和旋转。

1. 操作

单击绘图工具栏图标；或绘图下拉菜单"图块""创建"；或命令行输入命令"Block（或 Bmake）"。弹出如图 16.1 所示的"块定义"对话框；然后在对话框的"名称"窗口输入图块名称，单击"基点"图标回到绘图界面选取基点，单击"选择对象"图标回到绘图界面，选取要创建为块的对象，单击"确定"完成创建块的操作。

2. 说明

"块定义"对话框各选项说明如下：

1）块名。在对话框中，指定块的名称，块名最长可到 255 个字符，其中可以包括字母、数字、空格以及特殊字符。

2）基点。基点即为块插入时的基准点，它也是块在插入过程中旋转或缩放的基点，从理论上讲，可以选择块上的任意一点或图形区中的一点作为基点，但为了作图方便，应根据图块的结构选择基点，一般将基点选择在块的重心、左下角或其他特征点，AutoCAD 默认的基点是坐标原点。用在屏幕上指定插入点方式指定基点，单击拾取点左侧的按钮，AutoCAD 暂时关闭对话框并提示指定插入基点，指定基点后，又重新显示"块定义"对话框。也可以直接输入插入基点的绝对坐标值来确定基点。

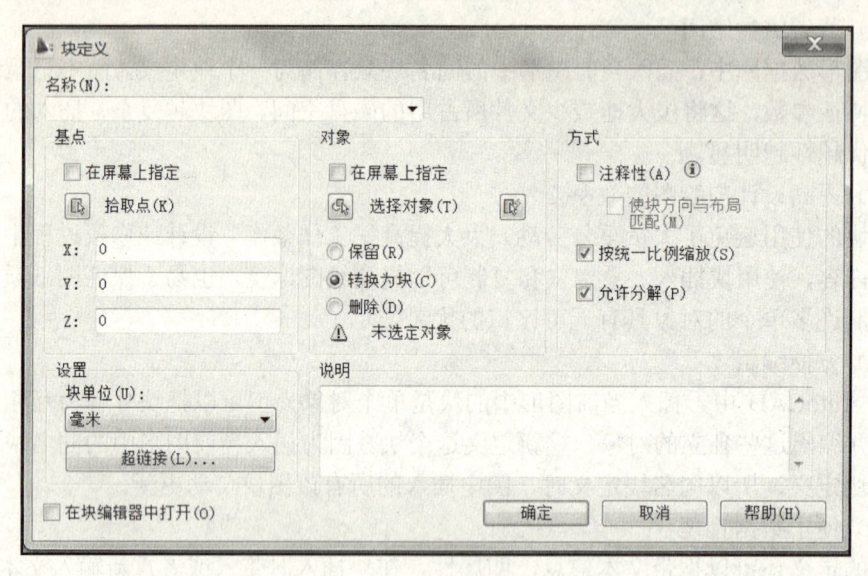

图 16.1 "块定义"对话框

3) 对象。图形界面上的图形、文字、尺寸标注等都可以作为定义图块的对象，输入图块名称后，单击"选择对象"左侧按钮图标，将暂时关闭图 16.1 所示的对话框，回到图形界面，选择要定义为块的对象，选择对象的操作与编辑命令选择对象的操作相同，选择对象完成后，回到图 16.1 所示的"块定义"对话框 。也可以按特性快速选择要定义为块的对象，当单击"选择对象"右侧按钮图标时，将暂时关闭图 16.1 所示的对话框，弹出图 16.2 所示的"快速选择"对话框，可在"特性"选项窗口中选择要定义为块的对象。

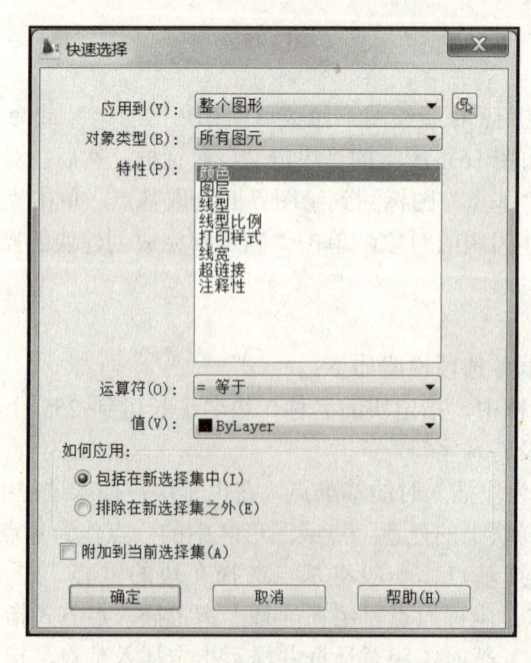

图 16.2 "快速选择"对话框

4）方式。勾选"注释性"后，定义的图块插入图形时，按本图的注释比例插入当前图形中。

完成所有操作后单击确定，块定义完成。

16.3 图块的存盘

用前述 Block（或 Bmake）定义的块，只存在于当前图形中，也只能在当前图形中应用，不能被其他图形文件使用。如果要在其他图形中调用此图块，须将图块单独以图形文件（*.dwg）的形式存盘，使图块成为公共图块。如建筑制图中经常要用到的家具、设备、图框和标题栏等，不仅在当前图形文件中用到，而且在其他的图中也会用到，这就要将块作为独立图形文件保存。

在 AutoCAD 中，用"Wblock"或"-Bblock"命令将图块存盘，其存储的文件后缀也是".dwg"。该命令与 SAVE 命令存储的文件格式相同，只是块存盘命令只存储图形中已用到的信息。例如，一个图形建立了六个图层，而只用到了三个，没用到的将不被保存；而 SAVE 命令则存储图形中所有信息，不管其是否有用。

1. 操作

"Wblock"或"-Bblock"命令未列入下拉菜单，只能通过键盘输入命令的方式启动，启动"Wblock"或"-Bblock"命令后，弹出如图 16.3 所示的"写块"对话框，下面予以说明。

图 16.3 "写块"对话框

2. 说明

1)"源"栏。在该栏中，用户可以指定要存盘的对象或图块，以及插入点。其主要选项的功能如下：
- "块"单选项。选中该项是把当前图形中已定义的图块保存到磁盘文件中，可从其右边的窗口中单击黑三角弹出下拉列表从中选择，这时基点和对象栏都不可用。
- "整个图形"单选项。选中该项是把整个图形作为一个图块存盘。这时基点和对象栏都不可用，块存盘的基点默认为图形原点，对象为整个图形的所有内容。
- "对象"单选项。从当前图形中选择对象定义成块，并将其保存到磁盘文件中。这时块右边的窗口不可用，而基点和对象栏可用。

2)"目标"栏。该栏是用于指定输出文件的名称、路径以及文件作为块插入时的单位。
- "文件名和路径"窗口。指定块存盘的路径及要存盘的文件名。单击其右侧的按钮，显示浏览文件夹对话框，从中选择另外的文件保存路径。
- "插入单位"窗口，指定块插入时的单位。

16.4 图块的插入

定义块的目的是为了应用。使用图块的插入命令可以将已存盘的块和当前图形中定义的块插入到当前图形中，插入块的操作就是将已定义的块，按照用户指定的位置、比例和旋转角度插入到当前图形中。

1. 操作

单击绘图工具栏图标；或"插入"下拉菜单的"块"；或命令行输入命令"Insert"。弹出如图 16.4 所示的"插入"对话框。完成块的插入过程要经过如下步骤：

步骤 1　确定要插入的块或图形文件。
步骤 2　指定块插入点；确定插入块的缩放比例。
步骤 3　确定插入块的旋转角度。

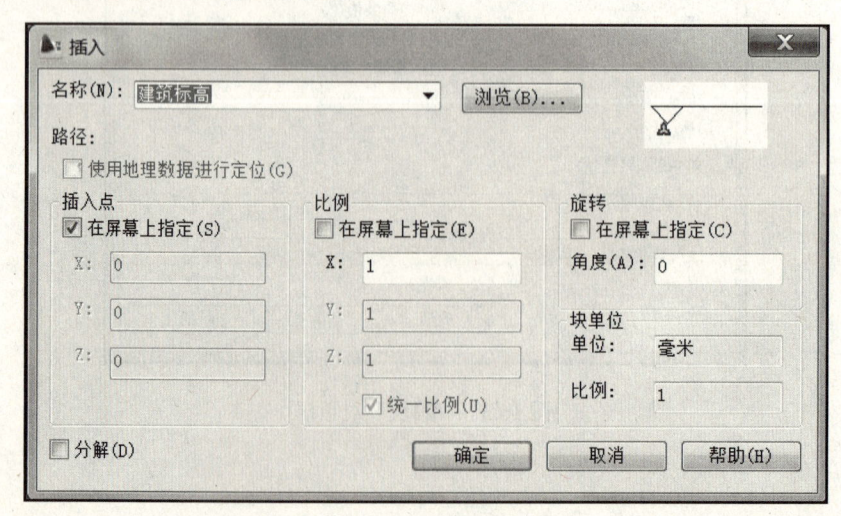

图 16.4　"插入"对话框

2. 说明

1)"名称"下拉列表。单击黑三角,在弹出的下拉列表中,用户可以选择要插入的块的名称或要作为块插入的图形文件的名称。

2)"浏览"按钮。如果要插入的不是当前图形中的块,而是图形文件,则要单击该按钮,打开"选择图形文件"对话框,从中选择所需的文件。

3)"插入点"栏。该栏用于指定块插入的基点。可以选中"在屏幕上指定"复选框,单击对话框,确定按钮后回到图形屏幕,用鼠标直接在图形区域中拾取一点作为插入点,也可在对话框中输入 X、Y、Z 坐标的绝对值确定插入基点。

4)"比例"栏。该栏用于确定块插入时的缩放比例。在三个坐标轴方向可以采用不同的缩放比例,也可以采用相同的缩放比例。如果选择了"统一比例"复选框,则强制在三个方向上采用相同的缩放比例。如果在定义块时复选了按统一比例缩放,则"统一比例"选择框已被选中,且不可更改,即插入块只能按统一比例。

默认的比例因子是 1,如指定 0 和 1 之间的比例因子,则插入的块比原块要小;如指定一个大于 1 的比例因子,则放大原块。另外还可以输入一个负值的比例因子,这样就会插入一个关于插入点的块的景象,如果两个方向上都取-1,则会"双镜像"对象,等同于插入的图块旋转 180°。图 16.5 说明了插入图块时不同比例因子的效果。

X比例因子=1　　X比例因子=-1　　X比例因子=1　　X比例因子=1
Y比例因子=1　　Y比例因子=1　　Y比例因子=-1　　Y比例因子=-1

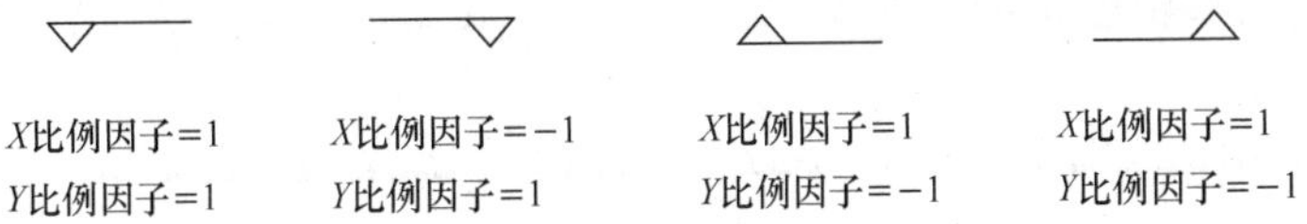

图 16.5　块插入时不同比例因子的效果

如果选择了"在屏幕上指定"复选框,则是在命令行输入缩放比例,或用鼠标直接在图形区域中来指定缩放比例。应注意的是,当用指定两个点来确定比例时,第二点应位于插入点右上方,否则,所确定的缩放比例将是负数,而插入原始图形的镜像图。

5)"旋转"栏。该栏用于确定块插入时的旋转角度。可以在"角度"文字框输入一个正或负的角度值。按逆时针方向旋转的角度是正角度。0°角的方向为当前 UCS 的 X 轴方向。

如果选择了该区域中的"在屏幕上指定"复选框,则是在命令行输入旋转角度,或用鼠标直接在图形区拖动块旋转到合适的角度。

6)"块单位"栏。该栏显示有关"块单位"和"比例"的信息。

16.5　块的属性

16.5.1　块属性的概念

块属性是包含在块定义中的可变文字信息。若需要包含文字信息的图块,在插入时,其文字信息宜需要输入。例如带有标高数值的标高图块,在插入时,指定标高值可通过创建属性块和插入属性块来实现。

16.5.2 属性定义命令

单击"绘图"下拉菜单的"块"中"定义属性"命令,弹出如图16.6所示的"定义属性"对话框。

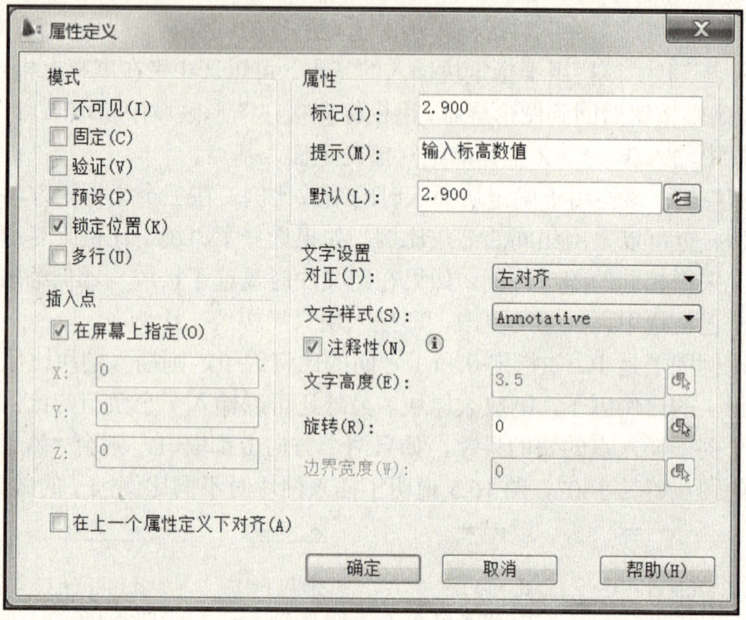

图16.6 "定义属性"对话框

在对话框中属性的标记、提示、默认各窗口中输入该属性块所需信息。文字设置和文字样式等选取该属性块所需选项,在屏幕上指定属性插入点,单击确定按钮定义属性,这时会在屏幕指定属性插入点显示属性标记内容。

16.5.3 创建属性块

创建属性块步骤分为以下三步:
步骤1　绘制要创建块的图形。
步骤2　定义属性。
步骤3　用定义图块命令或写块命令创建图块,选择对象时要把属性包含在对象范围内。

16.5.4 创建及插入属性块实例

实例:创建及插入带有建筑标高数值的建筑标高属性块。
(1) 在图形界面绘制建筑标高图形符号

该图拟以1:100比例打印出图,则建筑标高符号为:图形是高度为3的等腰直角三角形,水平边延伸线为10。插入图块时,"比例"为100。

(2) 定义属性

执行"绘图""图块"中的定义属性命令,弹出如图16.6所示的"定义属性"对话框。

"插入点"勾选"在屏幕上指定","属性"其他信息如图 16.6 所示。单击"确定"按钮,用鼠标点取指定放置属性的位置(应在建筑标高图形符号水平线的左上方附近一点)。

(3)创建带有属性的块

执行创建块命令,弹出"块定义"对话框,如图 16.1 所示。其中"基点"点取三角形下面的顶点,"对象"选取标高符号加属性 2.900。单击"确定"按钮,弹出"编辑属性"对话框。在该对话框中单击"确定"按钮,即完成属性块的创建。

(4)插入图块

执行绘图工具栏图标，或下拉菜单"插入""块"命令,弹出如图 16.4 所示的对话框,浏览选择"标高属性块",比例值改为 100,对话框如图 16.7 所示。在屏幕上指定插入点,关闭对话框,命令行提示"输入标高数值<默认 2.900>:",输入新标高数值 5.800,按"Enter"键确认,则在指定位置插入标高为 5.800 的新图块。重复块插入命令可输入其他不同标高值的图块,如图 16.8 所示。

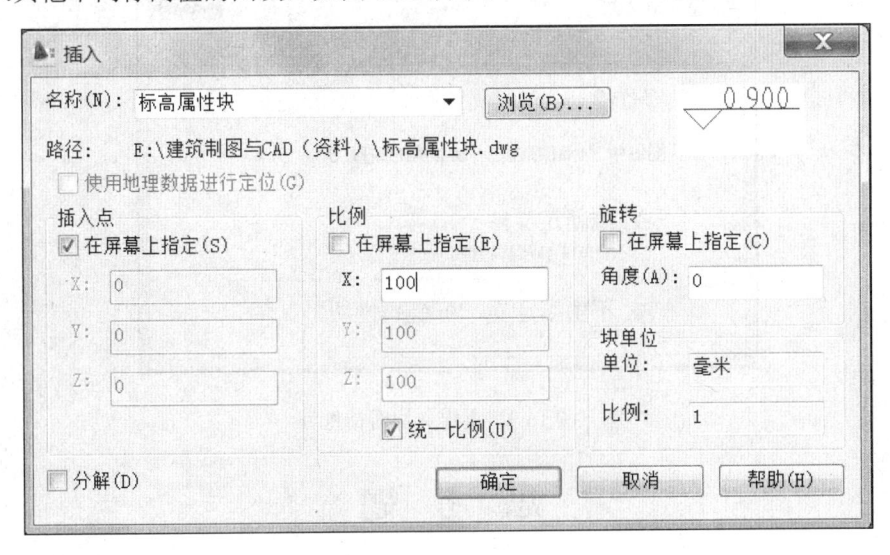

图 16.7 "插入"对话框

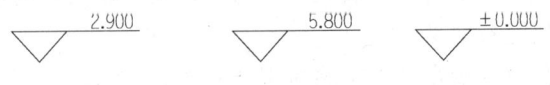

图 16.8 "标高属性块"插入实例

16.6 块的分解与块的更新

16.6.1 块的分解

图块插入图形时,将其中的所有元素默认为一个整体,图形编辑和修改时需将其分解,分解的方法有以下两种:

1)块插入时,勾选"分解"复选框。

在"插入"对话框中,"分解"复选框用于将构成块的对象分解开,而不是作为一个整体来插入。选择了该复选框后,"统一比例"复选框也被选中,用户只能指定统一的比例因子。

2）用 Explode 命令来分解已插入的图块。

单击修改工具栏图标，或输入"Explode"命令，则图块被分解。多次执行分解命令，图块中的尺寸标注和多段线等可进一步被分解。

16.6.2 块的更新

将新图形或已分解修改的图块，用已存在的图块名命名，则图形中所有该图块名的图块内容更新为新定义的图块内容，该方法常用来快速编辑和修改带有图块的图形。

例如，对插入图形界面内的四个标高属性块的其中一个进行分解和修改，再以"标高属性块"定义图块，则会弹出"重新定义块"对话框，如图 16.9 所示。单击"重新定义块"选项，则所插入的其他三个图块，也会被更改为重新定义的内容。

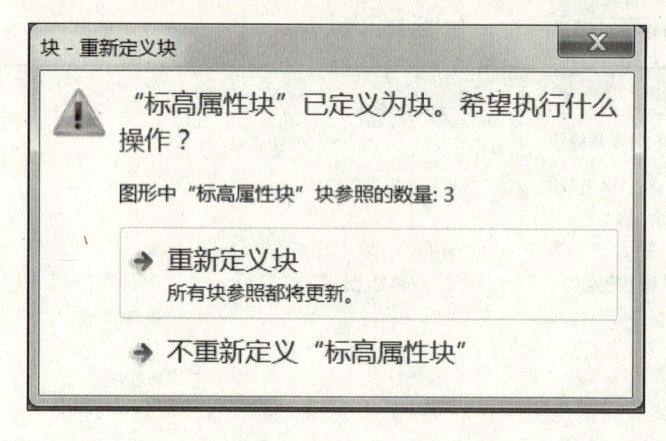

图 16.9　重定义块对话框

思 考 题

16.1　什么是图块？图块有哪些特性？在绘图时使用图块有哪些优点？

16.2　如何对图块进行定义？

16.3　如何调用图块存盘命令？如何对图块存盘？

16.4　图块是怎样插入的？

16.5　对已插入的图块进行修改，如何进行？

第 17 章 布局和图形输出

打印输出图纸是 AutoCAD 绘图中的一个十分重要的环节。AutoCAD 系统为我们提供两个虚拟的计算机绘图设计空间，即模型空间和图纸空间。之前我们只接触到了模型空间，这是因为通常情况下的设计绘图和图形修改工作多数是在模型空间中进行的。在模型空间内，我们可以打印输出二维图形对象，也可以打印输出三维图形对象，但是只能以单个视口的形式打印输出。当我们绘制的图形对象需要以多个视口的形式打印输出时，就必须进入 AutoCAD 的另一种工作空间——图纸空间，然后规划视图的位置与大小。在图纸空间中，不仅可以打印输出二维和三维图形对象，还可以打印输出布局在模型空间中不同视角下产生的视图，或者将不同比例的两个以上的视图安排在一张图纸上，并为它们加上图框、标题栏、文字注释等内容。

17.1 图 纸 布 局

17.1.1 模型空间和图纸空间

1. 模型空间和图纸空间的概念

模型空间是创建工程模型针对图形实体的空间。通常在绘图中，无论是二维图形还是三维图形的绘制与编辑工作都是在模型空间下进行的，它为用户提供了一个广阔的绘图空间，用户在模型空间中不必担心绘图空间是否足够大。

图纸空间是一种工具，用于图纸的布局。在图纸空间里用户所要考虑的是图形在整张图纸中如何布局。在图纸空间也可以绘制图形对象，但这些对象对模型空间的对象没有影响，即在图纸空间绘制的图形不会在模型空间显示出来。而在模型空间中绘制的图形在换到图纸空间后，可以显示出来。

2. 布局

所谓布局是指在图纸空间进行图面规划。布局是一种图纸空间环境，它模拟图纸页面，提供直观的打印设置，一旦进行布局，即进入了图纸空间。在一个布局中，可以使用图纸的尺寸，也可以创建视口对象、添加标题栏或其他几何图形等。

对于同一个图形，可以为其创建多个布局以显示其不同视图。布局显示的图形与图纸页面上打印出来的图形完全一致。默认情况下，新建图形有两个布局选项卡，即布局1和布局2；单击创建布局按钮可以创建布局3、布局4等新布局。

3. 模型空间和图纸空间的切换

在 AutoCAD 中，模型空间与图纸空间的切换通过屏幕底部的按钮来实现。单击屏幕底部的"模型"按钮进入"图纸"空间。在模型空间单击屏幕底部的布局按钮，可直接进入图纸空间的布局1；也可以单击快速查看布局按钮，在弹出已有布局选项中选择切入的布局。在图纸空间单击屏幕底部的，进入模型空间。

17.1.2 打印设置

1. 绘图仪驱动的安装

在 AutoCAD 中进行打印配置之前，必须先配置好打印设备驱动。AutoCAD 为打印机设置了许多不同于 Windows 系统打印机的专业驱动，使输出质量更高。如果采用这些专业驱动，就需要为其添加新的打印机。单击菜单栏的"文件/绘图仪管理器"，或者打开 Windows 的"控制面板"内的"Autodesk 打印机管理器"；将出现"Plotters"文件夹，打开其中的"添加绘图仪向导"文件，将出现如图 17.1 所示的"添加绘图仪—简介"对话框，按本计算机设置选择正确选项，单击"下一步"按钮，依次选择打印机的品牌型号以配置相应的驱动设置，直至出现如图 17.2 所示的"添加打印机—完成"对话框，单击"完成"按钮，即完成绘图仪驱动程序安装。不同的输出设备有不同的选项，配置过程也不尽相同，但基本步骤是一致的，用户应根据自己具体的设备进行设置。

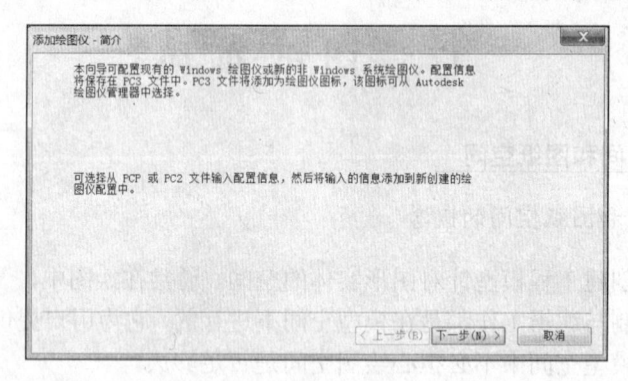

图 17.1 "添加绘图仪—简介"对话框

2. 打印样式设置

打印样式是用来控制和修改打印图形的外观效果的。修改对象的打印样式，就能替代对象原有的颜色、线型和线宽。用户可以指定端点连接和填充样式，也可以指定抖动、灰度、绘图笔和淡显等打印属性。通常一个打印样式只控制输出图形某一方面的打印效果，要使打印样式控制一张图纸的打印效果，需要有一组打印样式。

1) 单击菜单栏的"文件/打印样式管理器"，或者打开 Windows"控制面板"内的"Autodesk 打印机管理器"；将出现"Plot styles"文件夹，打开其中的"添加打印样式表向导"文件，将出现如图 17.3 所示的"添加打印样式表"对话框。

第 17 章　布局和图形输出

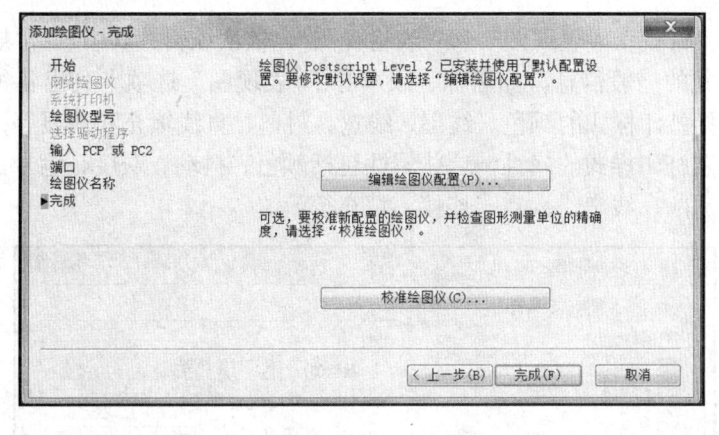

图 17.2　"添加绘图仪—完成"对话框

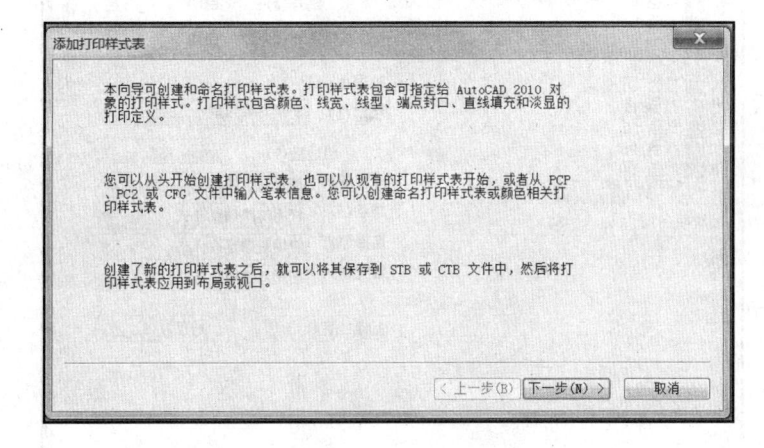

图 17.3　"添加打印样式表"对话框

2）点击"下一步"按钮，根据对话框中的提示，添加所需要的打印样式表，依次完成，直至出现如图 17.4 所示的"添加打印样式表—完成"对话框。

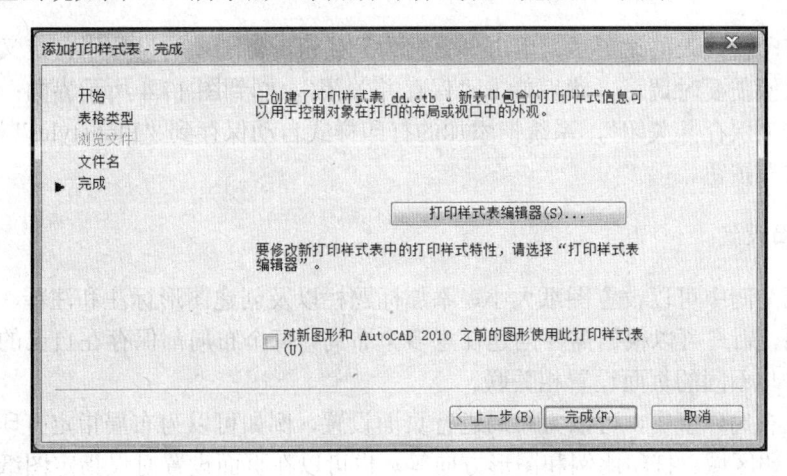

图 17.4　"添加打印样式表—完成"对话框

3）单击"打印样式表编辑器"按钮，出现如图 17.5 所示的对话框，该对话框有三

355

个选项卡，即"常规"、"表现图"和"表格视图"，依次编辑。其中，"常规"选项卡用于显示打印样式的一般信息，如名称、版本等；"表现图"选项卡列出各种不同打印样式的属性，包括打印样式的颜色、线型、线宽、封口、直线填充和淡显等；"表格视图"选项卡用来设置打印样式的属性，这些属性包括颜色、抖动、灰度、笔号、虚拟笔、淡显、线型、自适应、线宽、端点、连接、填充等。

图 17.5 "打印样式表编辑器"对话框

完成打印样式表的设置后，单击"另存为"按钮，将刚才的设置用自定义的名称保存起来，以便需要时调用，然后单击"保存并关闭"，回到图 17.4 所示界面；或者也可以直接单击"保存并关闭"，系统把添加的打印样式自动保存到"Plot styles"文件夹内。单击"完成"按钮。

3. 页面设置

在图纸空间中可以设置图纸大小、添加标题栏以及创建图形标注和注释。布局代表打印的页面，用户可以根据需要创建任意多个布局，每个布局都保存在自己的布局选项卡中，可以与不同的页面设置相关联。

在图纸布局环境中，可以为布局进行页面设置，例如可以为布局指定打印设备、图纸尺寸、打印区域、打印比例和图形方向等。也可以在页面设置时仅指定图纸尺寸和图形方向，其余内容在打印图纸时再进行设置。

执行命令的方法：单击屏幕下部的"快速查看布局"按钮，弹出"模型"、"布局 1"、"布局 2"等，在"布局 1"或"布局 2"标签上单击右键，在弹出的快捷菜单上选择"页面设置管理器";或者单击下拉菜单栏中的"文件/页面设置管理器",将出现"页面设置管理器"对话框,如图 17.6 所示。创建布局时一般首先对布局的页面进行初步设置,步骤如下:

步骤1 在"页面设置管理器"对话框中单击"新建"按钮,弹出"新建页面设置"对话框,如图 17.7 所示。

步骤2 在该对话框中的"新页面设置名"窗口,输入页面设置名称(默认为"设置 n"),单击"确定"按钮,弹出"页面设置"对话框,如图 17.8 所示。

步骤3 在"页面设置"对话框中,进行各选项设置,如"图纸尺寸"窗口的下拉列表中选择图纸尺寸,在"打印机/绘图仪"窗口"名称"下拉列表中选择打印机等,单击"确定"按钮。

步骤4 在"页面设置管理器"中,单击"关闭"按钮,完成图纸空间下的页面设置。

图 17.6 "页面设置管理器"对话框 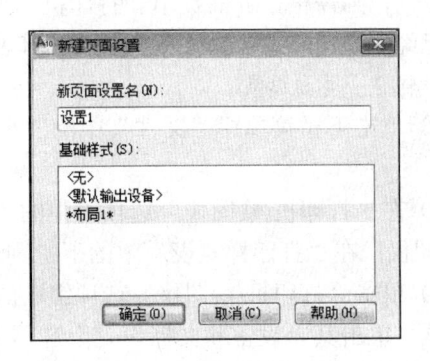 　　图 17.7 "新建页面设置"对话框

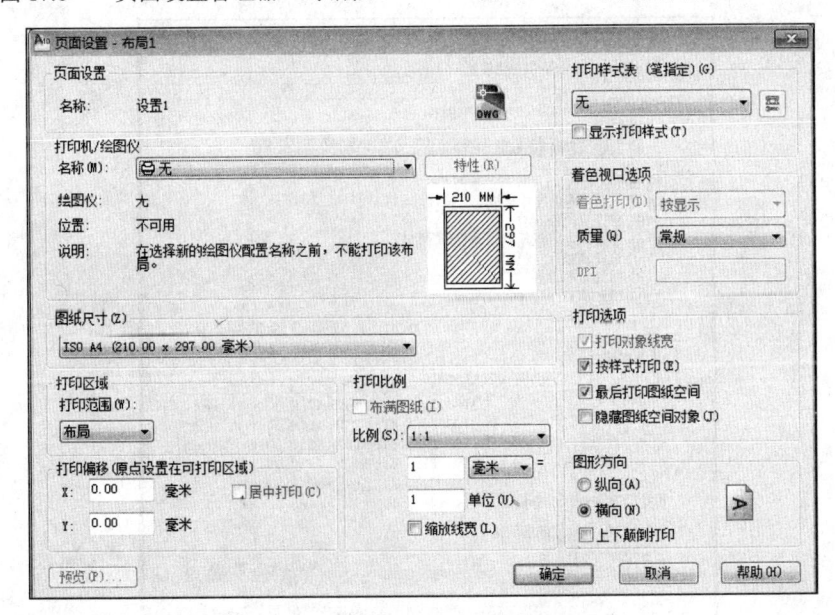

图 17.8 "页面设置"对话框

17.2 打印出图

17.2.1 从模型空间直接打印出图

模型空间没有界限，画图方便，当在模型空间完成画图后，也可以选择在模型空间出图，在模型空间打印输出二维图形可以分为两步，首先在模型空间中设置打印页面，然后输出二维图形。通常情况下，为了使我们打印的图纸符合国家标准，一般采用上述操作，对所设打印机（绘图仪）的所选图纸的可打印区域进行修改，这样打印出来的图纸符合国家标准。如果直接采用系统默认的打印区域时，打印出来的图纸图框比国家标准规定的图纸图框要小一些。在模型空间中打印出图，其步骤如下：

步骤1 打印机设置。

当完成绘图准备出图时，如果是第一次出图，又选择了 AutoCAD 为打印机提供的专业驱动，则需根据界面提示和打印机的型号，逐项设置；如果不是第一次出图，或者系统已经安装了专业驱动，则直接介入步骤2进行页面设置。

步骤2 页面设置。

1）单击下拉菜单栏"文件"中的"页面设置"命令，弹出"页面设置—模型"对话框。

2）在"打印机/绘图仪"选项组中的"名称"下拉列表中选择对应所用型号的打印机/绘图仪；在"打印样式表"中的下拉列表框内选择打印样式。

3）单击"打印机/绘图仪"选项组中的"特性"按钮，弹出"绘图仪配置编辑器"对话框，单击其"设备和文档设置"选项卡中的"修改标准图纸尺寸（可打印区域）"选项，如图17.9所示。

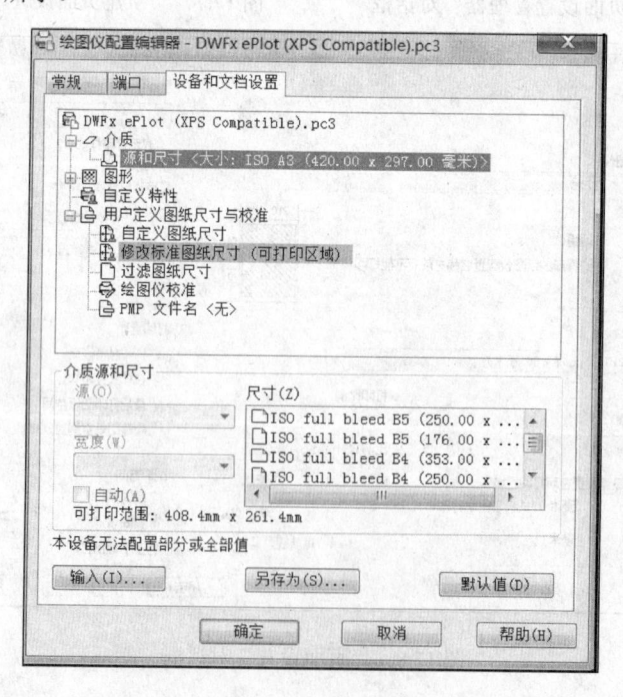

图17.9 "绘图仪配置编辑器"对话框

4）在下部的"修改标准图纸尺寸"选项组内选择"ISOA2 图表框"（或其他图表框）。点击"修改"按钮，弹出"自定义图纸尺寸—可打印区域"对话框，将对话框中"上"、"下"、"左"、"右"选项中的数字设为"0"（即页边距为 0），如图 17.10 所示。

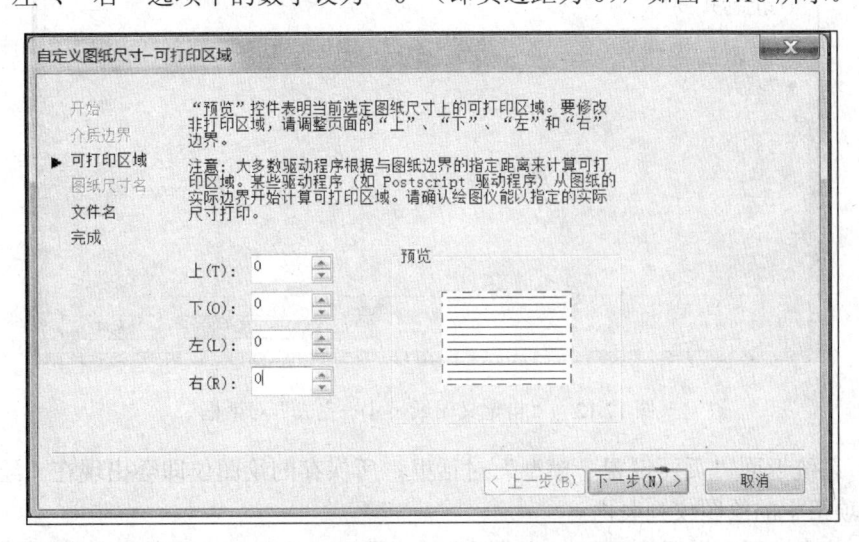

图 17.10 "自定义图纸尺寸—可打印区域"对话框

5）单击"下一步"按钮，弹出"自定义图纸尺寸—文件名"对话框，采用系统默认的 PMP 文件名，如图 17.11 所示。

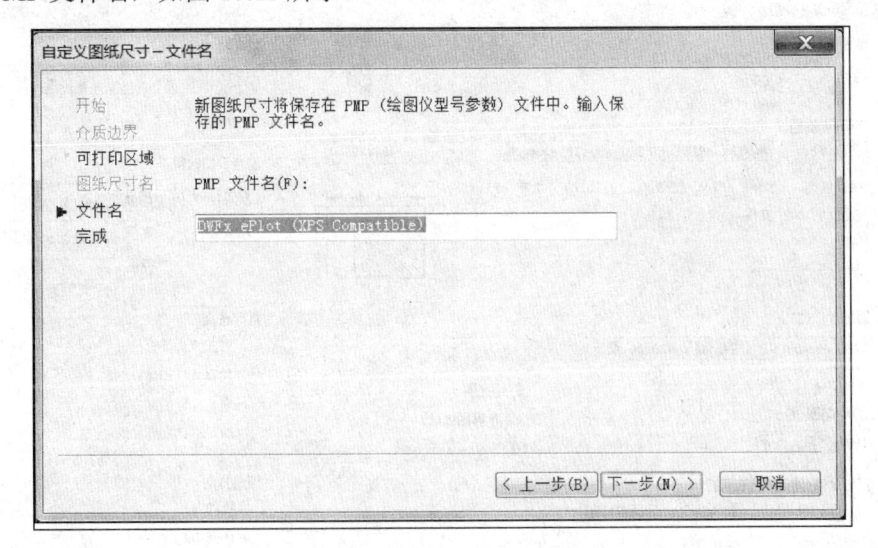

图 17.11 "自定义图纸尺寸—文件名"对话框

6）单击"下一步"按钮，在打开的"自定义图纸尺寸—完成"对话框中列出所修改后的标准图纸的尺寸，如图 17.12 所示，单击"完成"按钮，返回到如图 17.9 所示的对话框。

7）单击"绘图仪配置编辑器"对话框上的"另存为"按钮，在弹出的"另存为"对话框中，将修改后的绘图仪及打印区域命名保存。这样该型号的绘图仪打印输出的"ISOA2 图表框"和国家标准所规定的 A2 图框的大小就一样了。

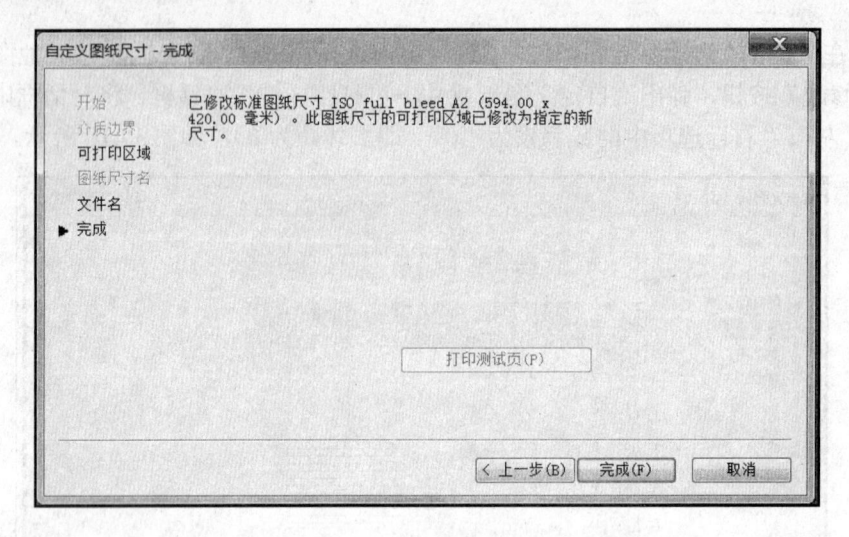

图 17.12 "自定义图纸尺寸—完成"对话框

8）系统返回"页面设置—模型"对话框，所保存的绘图仪即会出现在"绘图仪配置"选项组中的绘图仪列表内。

9）单击"页面设置管理器"对话框中的"图纸尺寸"下拉列表框内选择图框尺寸。

10）在"页面设置—模型"对话框中设置打印的图形方向（横向或竖向）、打印比例以及打印区域等参数，如图 17.13 所示。

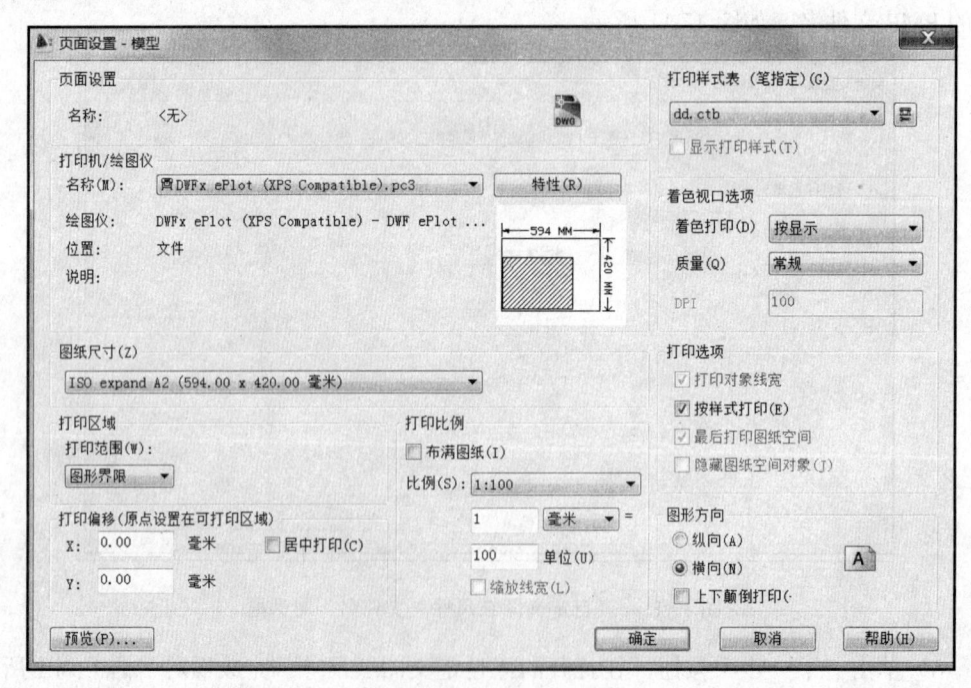

图 17.13 设置完参数的"页面设置—模型"对话框

需要说明的是，以上的页面设置也可以在"打印"对话框中进行设置。

步骤3 图纸打印。

单击工具栏图标 🖨；或下拉菜单栏"文件"中的"打印"命令；或者输入命令"Plot"。执行命令后，弹出"打印"对话框，该对话框与"页面设置"对话框的设置基本相同，只是在"名称"右边增加了"添加"按钮。

如果此时打印机处于开机状态，单击"确定"按钮即可在模型空间打印出图。如果想提前观察打印效果，可单击"预览"按钮，对预览的打印效果不满意可以再进行调整。

17.2.2 从图纸空间打印出图

图纸空间输出图纸更加合理。工程图样上的比例不管是原值比例还是缩小比例，工程图样都可以在模型空间按 1：1 绘制，这样便于图纸之间的图形数据交换。在图纸空间，用布局视口设置的比例来反映工程图样上的比例，并在图纸空间进行尺寸标注、文字注写等。这样可避免在模型空间出图时，工程图样上的缩小或放大比例影响尺寸数字及注释文字的高度，也不必进行额外的缩放步骤，具体操作步骤这里不再赘述。

思 考 题

17.1 什么是模型空间？什么是图纸空间？
17.2 图纸布局内容有哪些？
17.3 如何使 AutoCAD 打印出的图纸幅面和国标相一致？
17.4 在模型空间如何打印出图？
17.5 在图纸空间如何打印出图？
17.6 模型空间打印出图和图纸空间打印出图有什么区别？

第 18 章 绘图应用实例

建筑施工图实际尺寸较大，用 AutoCAD 按 1∶1 绘图，以 1∶100 或 1∶200 打印到纸面上，要设置图形界限、图层、线型、比例、文字样式、尺寸标注样式、多线样式等以适合建筑施工图的绘图环境；若要进一步提高出图速度，还可以把门窗图例、轴线编号、标题栏创建为块。本章结合建筑施工图的特点和建筑设计规范的要求，详细介绍了建筑施工图用 AutoCAD 绘图，以 1∶100 比例在 A3 图纸上打印出图所需的绘图环境设置和绘图的方法步骤。

18.1 实例 1——建筑施工图绘图环境设置

1. 设置图层及线型比例

单击工具栏上的 按钮，弹出"图层特性管理器"对话框。连续单击新建图层 按钮五下，新建五个图层，并依次命名为粗实线、定位轴线（单点长划线）、细实线、虚线、中实线。

要保证单点长划线和虚线等非连续线型能在绘图时正常显示，能打印出符合建筑制图规范的线型，需加载线型库中合适的线型赋予该层，并需在"格式"、"线型"的对话框中，设置线型比例为合适的数值。

本例中定位轴线加载线型库中的 CENTEN 线型，细虚线加载 HITTEN 线型，线型比例设为 0.4。

对各图层应赋予不同的颜色以使图样上内容显示更清晰，打印出图时各层颜色宜一律换成黑色。

粗实线图层线宽设置为 0.7，中实线线宽设置为 0.35，虚线线宽设置为 0.35，所有细线的线宽均为 0.18。

2. 设置透明指令状态

"正交"模式按钮、"对象捕捉"、"对象追踪捕捉"按钮呈彩色时为开启状态，观察其颜色，若为黑白色，则单击使其改为彩色。右键单击对象捕捉按钮，在弹出的菜单中选择"设置"，弹出"草图设置"对话框，单击"全部选择"按钮，再单击"确定"按钮，使对象特征点固定捕捉全部处于开启状态。

3. 设置文字样式

单击创建文字样式图标，弹出文字样式对话框，选择字体如图 18.1 所示。该字体写出的字为长方字，符合建筑规范要求，且该字体用于尺寸标注时，能注写出所有中文和西文符号。

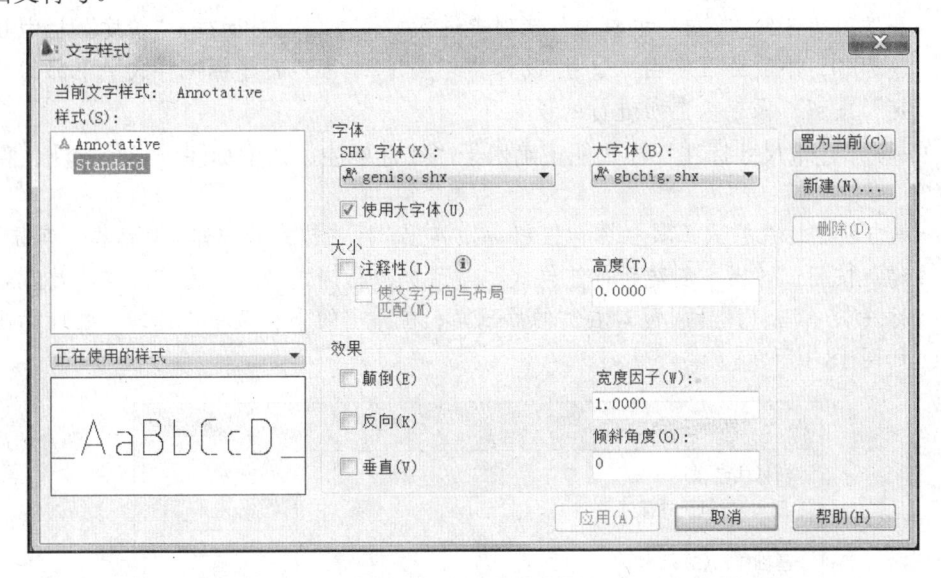

图 18.1 建筑图文字样式

4. 设置尺寸标注样式

1）根据建筑制图标准，创建用于建筑施工图的基础标注样式，即建筑尺寸标注。
- 单击工具栏标注样式窗口右侧黑三角，在弹出的下拉框中选择注释性尺寸样式 Annotative 为当前标注样式。
- 单击创建标注样式工具栏图标按钮，弹出"标注样式管理器"对话框，单击"新建"按钮，弹出"创建新标注样式"对话框，输入新样式名"建筑尺寸标注"，如图 18.2 所示。

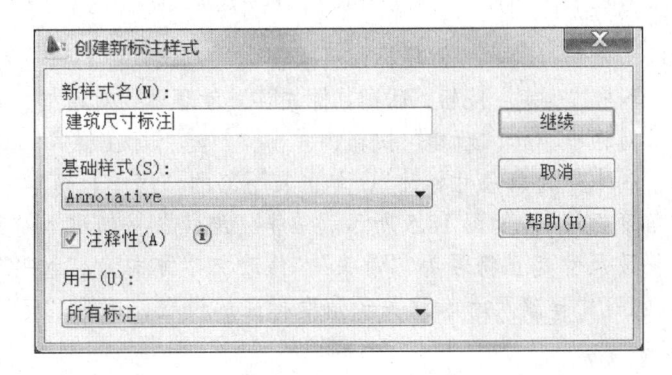

图 18.2 新建尺寸标注样式"建筑尺寸标注"

- 单击"创建新标注样式"对话框"继续"按钮,进入"新建标注样式"对话框,单击该对话框上部"线"选项卡,进入线对话框,按照建筑制图标准,"基线间距"由 3.75 改为 7,"超出尺寸线"改为 2,尺寸界线"起点偏移量"改为 1。单击"符号和箭头"选项卡进入"符号和箭头"对话框,箭头第一个单击其右侧的黑三角,在弹出的选项中选择"建筑标记",箭头第二个则自动更换为"建筑标记"。单击"文字"选项卡进入文字对话框,文字样式改为 Annotative,文字高度改为 3.5。单击"主单位"选项卡进入"主单位"对话框,"精度"栏由 0.00 改为 0,小数分隔符由"逗号"改为"句点"。单击"新建标注样式"下部的"确定"按钮,保存以上所进行的设置。

2) 使"建筑尺寸标注"样式能正确用于"线性标注、角度标注、半径标注、直径标注"。

- 单击创建标注样式工具栏图标按钮 ,弹出"标注样式管理器"对话框,单击"新建"按钮,弹出"创建新标注样式"对话框,新样式名默认为"副本 建筑尺寸标注",单击"用于"窗口右侧的黑三角,在弹出的下拉菜单中选择"线性标注",如图 18.3 所示。

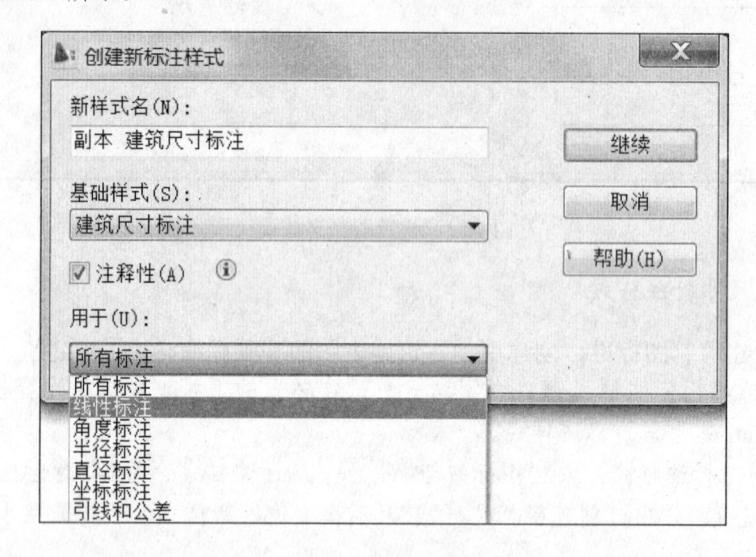

图 18.3 新建尺寸标注样式"副本 建筑尺寸标注"

- 单击"继续"按钮,进入"新建标注样式副本 建筑尺寸标注"对话框,不需做任何变动,单击"确定"按钮,回到"标注样式管理器"对话框,如图 18.4 所示。
- 接下来在该对话框单击"新建"按钮,弹出"创建新标注样式"对话框,新样式名默认为"副本 建筑尺寸标注",单击其下部的"用于"窗口,在弹出的下拉表中选"角度标注",如图 18.5 所示。单击"继续"按钮进入"新建标注样式"对话框,修改尺寸起止符号为"箭头",修改文字方向为"水平",接下来单击"确定"按钮完成建筑尺寸标注关于角度标注的设置,回到"标注样式管理器"对话框。

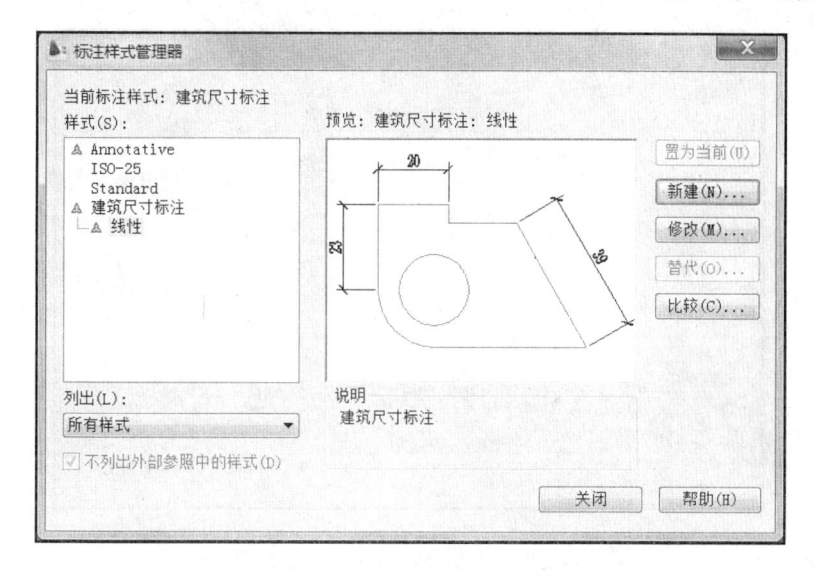

图 18.4 标注样式管理器"建筑尺寸标注—线性"

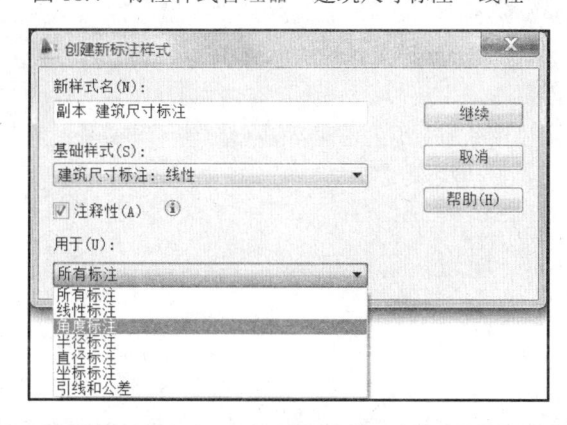

图 18.5 创建尺寸标注"副本 建筑尺寸标注—角度标注"

- 接下来进行与以上基本相同的操作完成"半径标注"、"直径标注"的设置，如图 18.6 所示。单击对话框下部的"确定"按钮，完成设置尺寸标注样式的所有操作。

5．设置多线样式

图样上绘制的多线取决于多线样式和绘制多线时所给定的参数两个方面。本例中绘制多线时比例因子定为墙宽，设置建筑施工图上所用到的两种多线操作如下：

单击"格式"下拉菜单的"多线样式"命令，在弹出的对话框中单击"新建"按钮，在弹出的"创建新的多线样式"对话框中"新样式名"栏输入新建样式名"内墙"，然后单击"继续"按钮，在弹出的对话框，单击"封口"为直线方式的起点和端点对应的小方框，设置多线的起点端和端点端自动以直线封口。偏移值 0.5 和-0.5 保持不变。修改完成后如图 18.7 所示。单击"确定"按钮完成内墙多线设置。同样的操作创建外墙，外墙的偏移值为 0.676 和-0.324。外墙的设置如图 18.8 所示，单击该对话框下部的"确定"按钮完成多线设置。

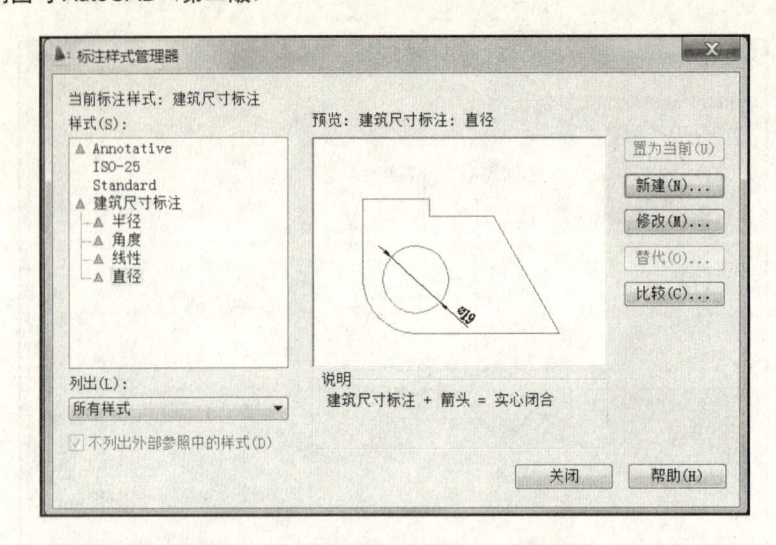

图 18.6 标注样式管理器建筑尺寸各类标注

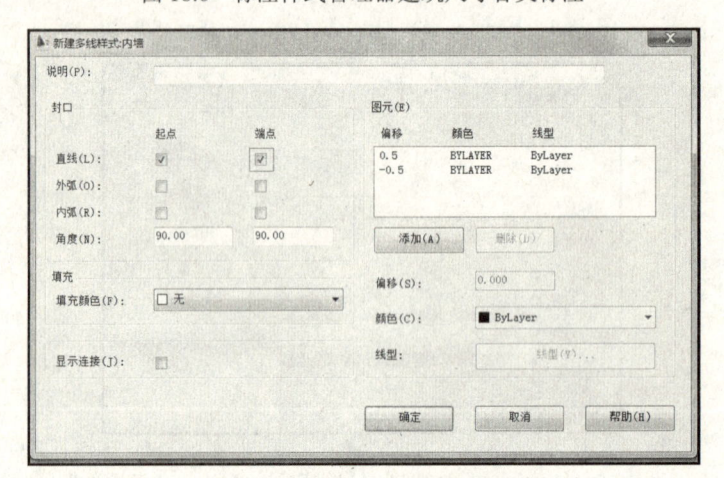

图 18.7 新建多线样式"内墙"

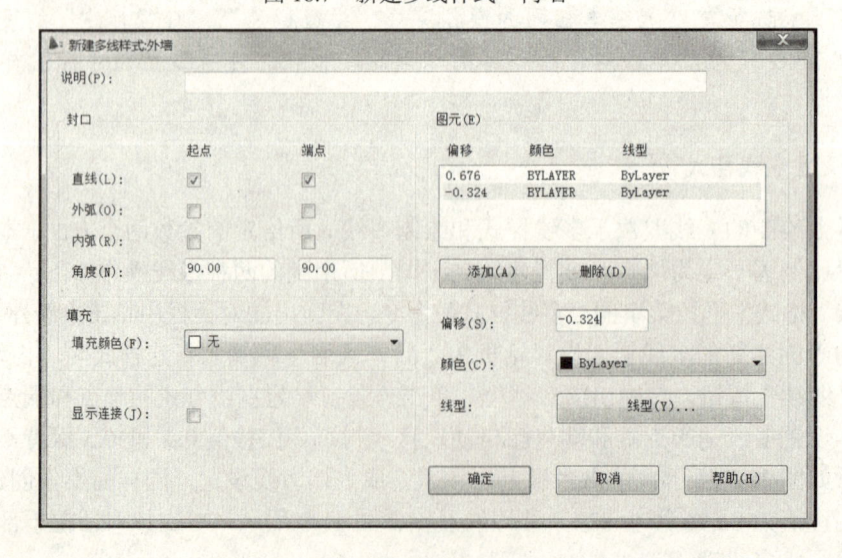

图 18.8 新建多线样式"外墙"

6. 创建"窗"图块

为了使"窗"图块能够适应不同宽度的窗和不同的墙体厚度,可绘制一个单位窗,如图 18.9 所示,即"窗"图块的宽度和厚度都是 1,在插入时根据具体情况,选择与窗洞口的宽度、墙体厚度相适应的比例,就能把窗插入到施工图中。

(1) 绘制单位窗

1) 在细实线图层,绘制边长为 1 的矩形。

2) 执行分解命令将其分解为四条直线。

3) 执行偏移命令上下两条水平线向矩形内偏移 0.4。

4) 删除矩形左右两条直线。

(2) 创建"窗"图块

在工具栏"绘图"下拉菜单中点击"块/创建",弹出"块定义"对话框,在"名称"输入栏中输入"单位窗","基点"选择矩形左边上端点,"对象"选择单位窗图形,如图 18.9 所示。单击确定完成单位窗的图块创建。

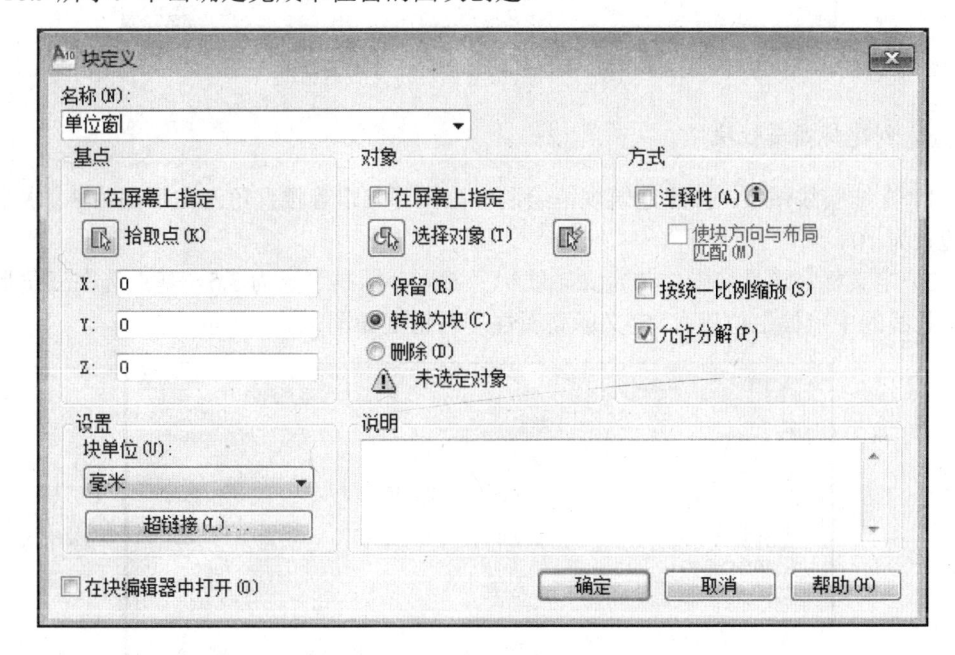

图 18.9 "单位窗图块创建"对话框

7. 创建轴线编号属性块

1) 按建筑制图标准绘制轴线编号,即直径为 10mm 的圆。

2) 定义轴线编号属性。执行"绘图"下拉菜单中"绘图/块"的"定义属性"命令,在弹出的对话框中文字样式选择 Standred(注意不能用注释性文字),字高为 5mm,其他选项如图 18.10 所示。

3) 创建轴线编号属性块。执行"绘图"下拉菜单中"块/创建",弹出"块定义"对话框,"基点"选择圆心,对象选择圆和轴线编号属性,"块定义"对话框中 "名称"填写"轴线编号属性快",其余内容与图 18.9 相同。单击"确定"按钮完成轴线编号属性块创建。

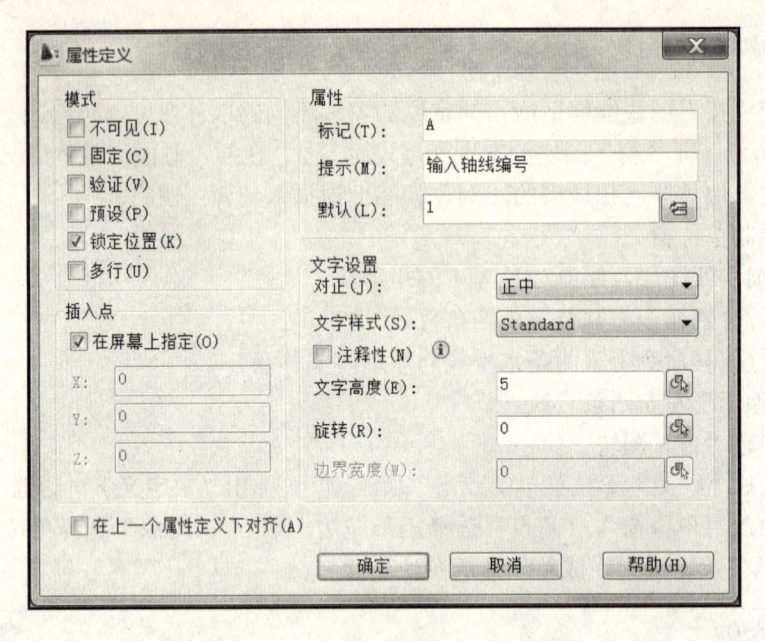

图 18.10 "轴线编号属性定义"对话框

8. 创建标高属性块

1）在细实线图层，按照建筑规范绘制标高图形，即等腰直角三角形高为 3，水平延长边长为 10。

2）定义标高属性。操作与定义轴线标号相同，标高字高为 3.5，基点选在三角形水平延长线的中点偏上位置。"定义标高属性"对话框如图 18.11 所示。

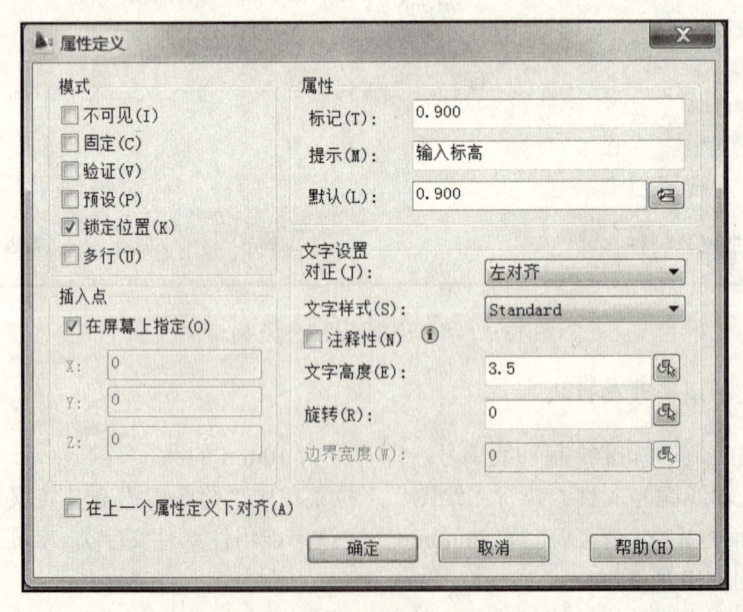

图 18.11 "标高属性块定义"对话框

3）创建标高属性块。执行"绘图"下拉菜单"块/创建"命令，弹出"块定义"对话框。"基点"定在三角形下面角点，选择标高图形和标高属性为定义对象。"块定义"

对话框中名称填写"标高属性块",其余内容同图 18.9 所示,单击 "确定"按钮完成标高属性块创建。

9. 创建标题栏块

(1) 绘制标题栏
在图纸任意位置,按建筑制图标准给出的尺寸和线型绘制标题栏框格。

(2) 填写各框格文字
文字样式 Stardand,字体为仿宋体,字宽度比例为 0.7。图名框格字高为 7,其他框格字高为 5。

(3) 创建标题栏图块
执行"块定义"命令,块名为"标题栏","基点"为标题栏右下角。
标题栏图块在出图前插入图中即可,插入基点为图框右下角,插入比例为打印比例的倒数,插入后需分解,删除其右边框和下边框。标题栏的文字内容可用文字编辑命令修改。

10. 设置图形界限

设定新的图形界限是为保证能在绘图时按施工图上所标注实际数据画图,并使整图方便地显示在屏幕上。本例是以 1∶1 绘图,在 A3 幅面上以 1∶100 打印建筑施工图,为此需执行图形界限命令,图形界限的右上角由(420,297)改为(42 000,297 000),执行显示全图命令(ZOOM ALL)。

11. 存盘

以上设置可存为样板文件*.dwt,也可存为普通图形文件*.dwg,当图形资料较多时,样板文件更易于查找。本例中存为 A3.dwg 文件。

18.2 实例 2——绘制建筑平面图

以第 8 章中底层平面图(图 8.17)为例,绘制建筑平面图。该"底层平面图"为对称结构,所以先绘制其一半,到必要时再镜像,以减少工作量。

(1) 打开 A3.dwg,另存为"底层平面图.dwg"

(2) 绘制轴线

1) 置定位轴线图层为当前层,在屏幕左下角任意位置绘制水平线长 30 000,竖直线长 15 000。然后按图 8.17 中所标的各定位轴线间距偏移。

2) 插入对应的轴线编号以便于后面画图时观察尺寸。执行插入图块命令,插入"轴线编号属性块",插入比例为 100,绘制完成如图 18.12 所示的轴线网。

(3) 绘制墙线

1) 置粗实线图层为当前层,置外墙样式为当前多线样式,绘制轴线偏置的外墙,比例为 370;置内墙样式为当前多线样式,绘制关于轴线对称的内墙,绘制比例以所绘墙线为据,比例为 370 或 240 或 120,绘制完成的图样如图 18.13 所示。

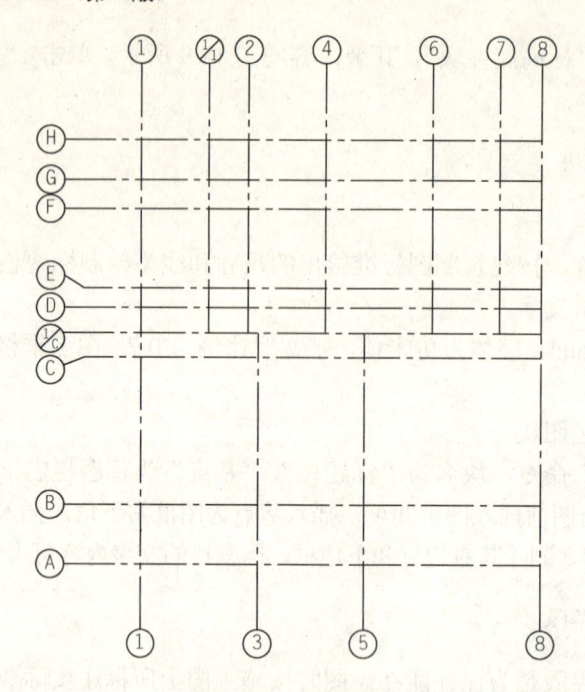

图 18.12　绘制轴线网

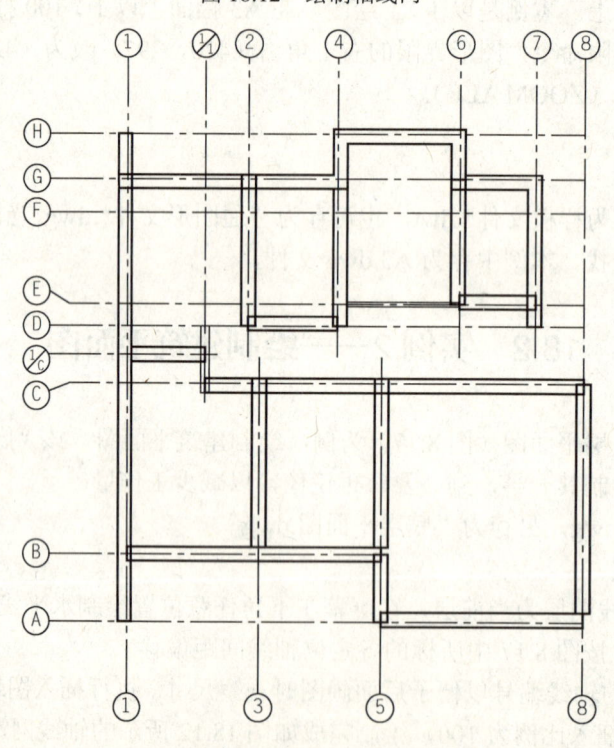

图 18.13　多线命令绘制墙线

2）执行"修改"下拉菜单的"多线"编辑命令，弹出"多线编辑工具"对话框，选择执行"T形打开"，编辑T形交接处墙线；选择执行"十字合并"，编辑十字交接处图线。接下来执行"分解"命令分解所绘墙线，使其能用"修剪"、"擦除"等命令进行编辑修改。修改后的墙线如图 18.14 所示。

图 18.14 编辑修改墙线

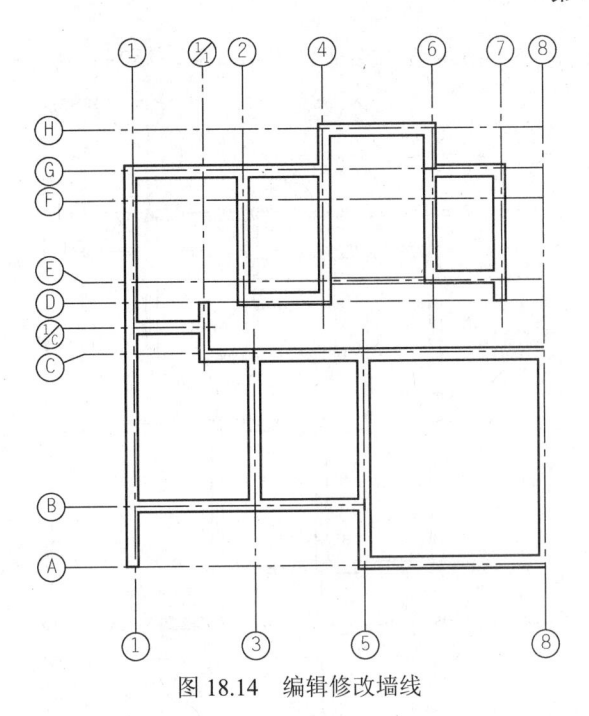

(4) 开门窗洞

1) 绘制门窗洞口线。进入粗实线图层,执行"直线"命令,按图 8.17 所标的尺寸绘制各门窗洞口线。

2) 修剪各门窗洞口。执行"修剪"命令,剪去门窗洞口处直线,如图 18.15 所示。

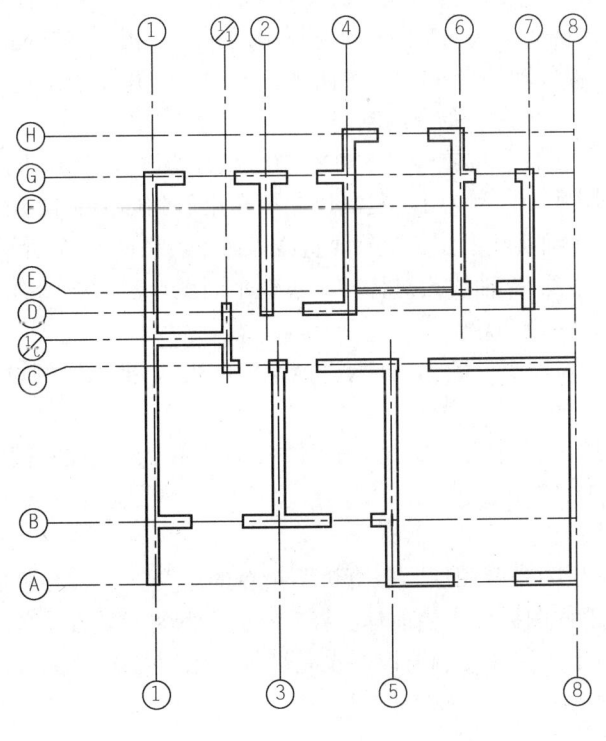

图 18.15 修剪门窗洞口

(5) 绘制窗、门、柱、散水线和楼梯（图 18.16），填写各标记

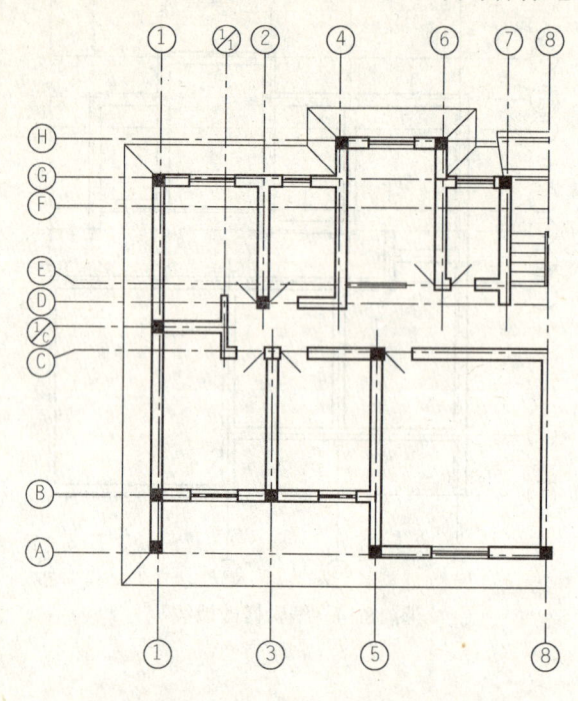

图 18.16 绘制窗、门、柱、散水线和楼梯

进入细实线层，完成以下工作。

1) 插入"单位窗"块绘制窗。图 8.17 中外墙厚为 370，窗洞有 1800、1500、1200 三种尺寸，窗插入比例 Y 向为 370，X 向为窗洞尺寸，在相应位置插入窗。

2) 绘制门。设置极轴角为 45°，关闭正交方式，打开极轴方式，按图 8.17 所示各门的方向和尺寸执行"直线"命令绘制门。

3) 绘制柱。在图上任意位置绘制 370×370 矩形，填充 ANSI 图案，填充比例为 10，再填入 AR-CONC 图案，比例为 1。复制以上填充矩形到如图 8.17 所示的各柱位置。

4) 绘制散水。在细实线图层，执行"直线"命令，按图 8.17 所示的图形绘制散水。

5) 绘制楼梯。以第 8 轴线为对称轴，镜像平面图，然后查阅有关楼梯详图尺寸，执行"直线"命令绘制楼梯。

6) 执行"插入"、"块"命令，插入"标高属性块"，插入比例设为 100，标注楼梯间平台和储藏室标高。

7) 执行"绘图"、"文字"、"单行文字"命令，字高 350，注写门窗代号、房间代号等文字内容，如图 18.17 所示。

(6) 标注平面图尺寸

1) 置细实线图层为当前图层，检查透明指令的正交方式、对象捕捉为开启状态，置前面创建的建筑工程图标注为当前标注样式；打开尺寸标注工具图标。

2) 单击屏幕右下角注释比例窗口，设置注释性比例为 1∶100。

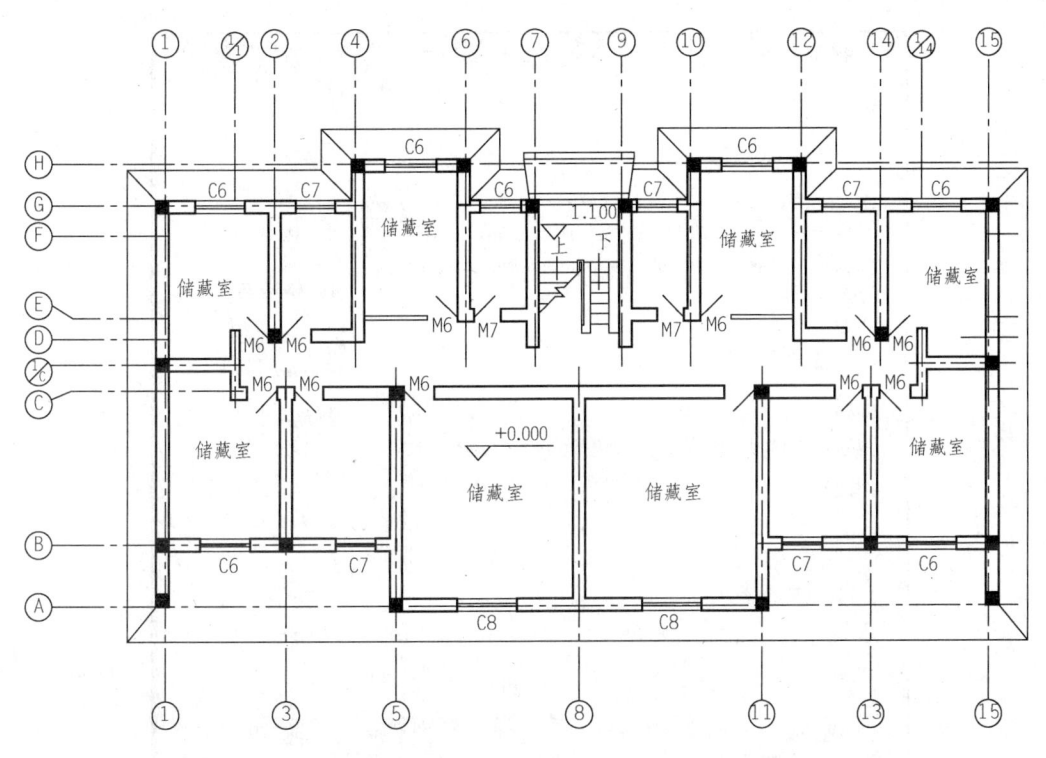

图 18.17　填写门、窗代号及各房间名称

3）执行"线性标注"命令及"连续标注"命令，先标注最靠近图形的第一道尺寸，然后标注各房间定位轴线尺寸及墙厚，再标注整个建筑的总长和总宽，最后标注各内墙及门的有关尺寸。适时执行"编辑标注文字"命令，将一些尺寸标注的文字移至更适当的位置。

4）执行"移动"命令，调整轴线标号到适当位置。夹点捕捉各轴线，调整为适当长度，加注剖切符号等。完成底层平面图的绘制（如原图 8.17）。

（7）绘制图框线，插入标题栏

1）该图为 A3 图纸横放，在粗实线图层执行"矩形"命令绘制图框线，插入标题栏图块，比例为 100，插入点为图框右下角，插入后修改有关文字内容。

2）移动平面图，使其在图中处于适当位置，执行"绘图"、"文字"、"单行文字"命令，注写平面图名称和比例。

3）黑白图打印时，可改变各层颜色为黑色，以便保证较清晰的打印效果。

（8）打印出图

选择默认的模型空间出图。

1）执行"文件"下拉菜单的"页面设置"命令，选择图纸方向为"横向"。

2）执行"打印"命令，弹出打印对话框，选择本系统连接的打印机型号，打印参数设置如图 18.18 所示。按图形界限打印，图纸幅面选为 ISO A3 full bleed（420×297），打印比例 1∶100，居中打印。（注：A3 图打印有 ISO A3 420×297，ISO A3 expend 420×297 及 ISO A3 full bleed420×297 三种，只有 ISO A3 full bleed420×297 在按图形界限打印时能打印出图框以及图框内的所有内容。）

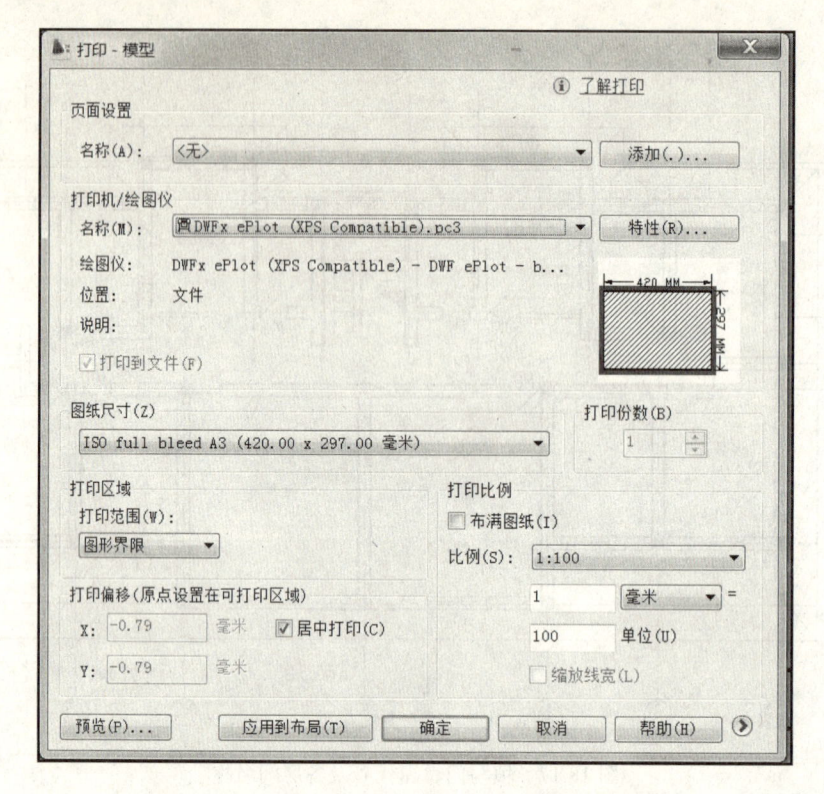

图 18.18　打印对话框 A3 图 1∶100 打印参数设置

18.3　实例 3——绘制建筑立面图

以第 8 章中①~⑬立面图（图 8.22）为例，绘制建筑立面图。绘制建筑立面图一般是在建筑平面图绘制完成之后，建筑平面图上的很多信息可以直接在立面图绘制时使用。这些信息包括建筑施工图绘图环境设置，平面图中的轴线、墙线、门窗等信息，同时由于模型空间是没有限制的，可以选择在模型空间利用平面图的已有信息绘制立面图。

（1）画轴线、外墙、地下室窗口的平面位置线，作室外地面、檐口、地下室窗口的竖直位置线

1）打开"底层平面图"，另存为"　"，将图框和标题栏创建为块，在图中删除。

2）从"底层平面图"引出轴线、外墙、底层窗口的平面位置线，作室外地面、檐口、底层窗口的竖直位置线，如图 18.19 所示。

（2）绘制底层窗

修剪图线完成底层窗口线绘制。水平移动底层平面图，使其远离立面图的图线。

（3）绘制各层窗、窗口嵌套线、阳台及装饰分割线

1）打开"标准层平面图"（图 8.18），执行编辑下拉菜单的"带基点复制"命令，复制"标准层平面图"到当前的立面图。以平面图外墙的左上角为基点，复制黏贴到当前立面图下方。

2）从"标准层平面图"中延伸出各窗口平面位置线，作第一层门窗左右位置线。

3）修剪图线完成第一层窗、窗口嵌套及阳台绘制。

4)复制第一层窗及阳台到第二~四层。画出外墙装饰分隔线,如图 18.20 所示。

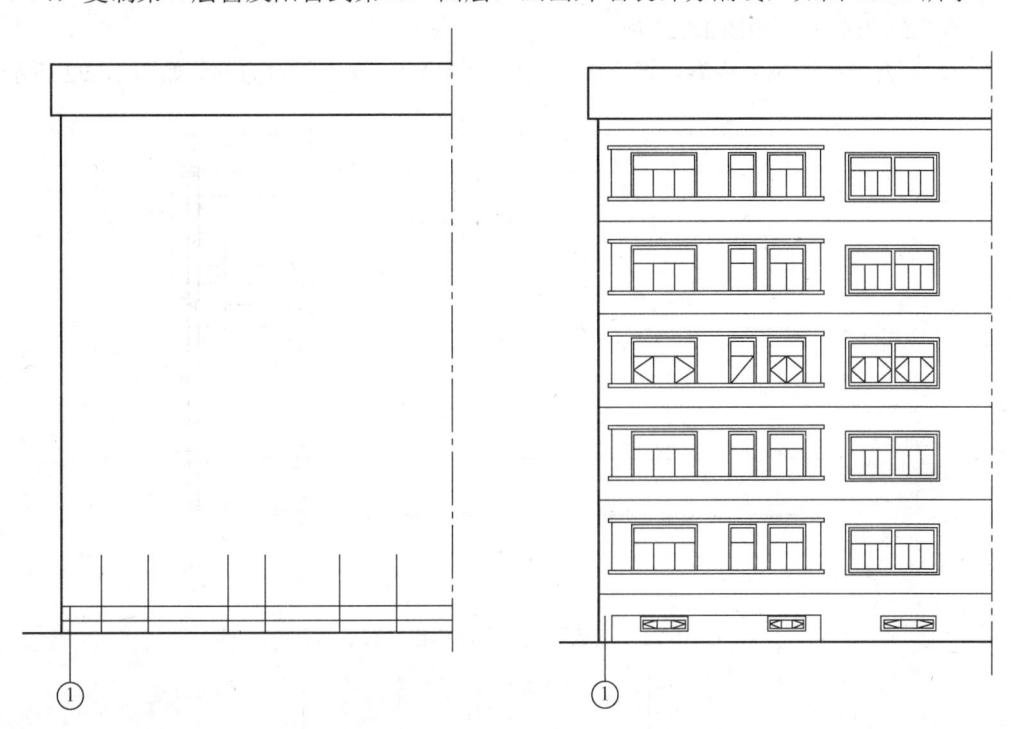

图 18.19　从底层平面图引出轴线、墙线和窗口线　　图 18.20　绘制各层的窗口嵌套线及装饰分割线

(4)绘制室外地面线,标注标高、定位轴线和图名

执行"多段线"命令,绘制地面特粗线,线宽为 1.0;执行插入块命令,插入各标高;将平面图中的定位轴线及编号移动到立面图。修改图名为"①~⑬立面图"。

(5)绘制图框线,插入标题栏块

具体操作同"底层平面图"。

完成立面图的绘制(图 8.22)。打印立面图前,需插入图框及标题栏块,并移动立面图在图中处于合适位置。

18.4　实例 4——绘制建筑剖面图

以第 8 章中 1—1 剖面图(图 8.25)为例,绘制建筑剖面图。绘制建筑剖面图是在建筑平面图绘制完成之后。建筑平面图上的很多信息可以直接在剖面图绘制中使用,这些信息包括建筑施工图绘图环境设置,平面图中的轴线、墙线、门窗等信息,同时由于模型空间是没有限制的,所以可以选择在模型空间利用平面图的已有信息绘图。

(1)画墙体、轴线、门、台阶和楼梯的平面位置线

1)打开"底层平面图"(图 8.17),另存为"1—1 剖面图"。

2)执行"直线"命令。由平面图(图 8.17)的剖切符号,确定其剖切后向左侧投影。从平面图左侧引出对应直线,画出通过 1—1 剖切平面的 B、C、G 轴线、外墙线、

门位置线和楼梯平台位置线。为便于阅读，图线分别绘制在相应的轴线图层、中实线图层和细实线图层上，如图 18.21 所示。

3）删去平面图主要内容，将所画出图线旋转-90°变为竖直方向，如图 18.22 所示。

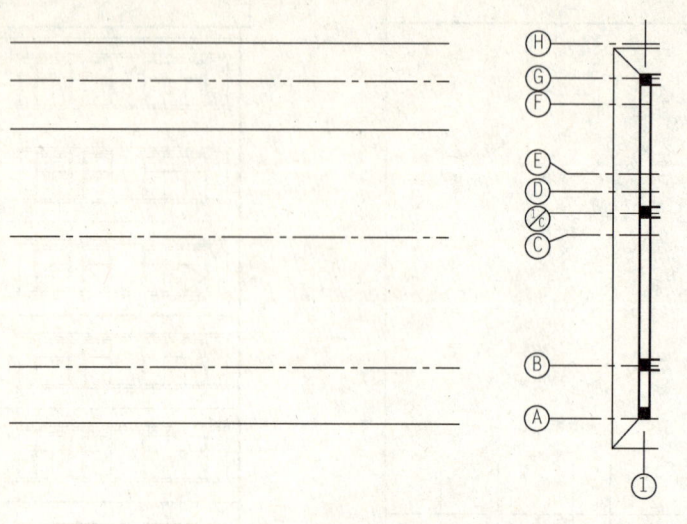

图 18.21　从地下室平面图引出轴线、墙线

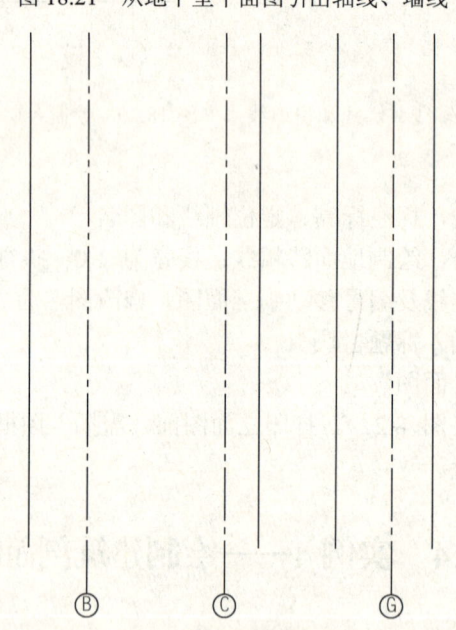

图 18.22　旋转所绘图线至 1—1 剖面图方位

（2）作室内外地面、各楼层及窗口的竖直位置线

画第一条水平线为室外地面线，然后按给定设计高度画出室内底层地面线、各层楼板地面线和屋顶线，如图 18.23 所示。

（3）绘制墙、楼板、地下室、楼顶、过梁、门、阳台

1）绘制墙体。底层墙体厚 370，按墙体对轴线的距离偏移轴线并修剪，画出底层墙体；上部的各楼层至楼顶墙厚 240，按墙体对轴线的距离偏移轴线并修剪，画出上

部的墙体。按墙厚分别对轴线偏移绘制底层和上部分墙体，并把绘制的墙线切换到粗实线图层。

2）绘制楼板。二层楼面线向下偏移 100 绘出该层楼面线；向下偏移 180 画出该层横梁底面线。

3）绘制底层地面。底层地面线向下偏移 80 和 140，画出底层地面混凝土分界线和二层楼梯平台段。

4）绘制楼顶。楼顶线向内偏移楼顶板厚度并修剪，绘制屋面板；按给出尺寸完成屋檐处的绘制；按所标尺寸画出底层和二层的门、窗口位置线。

5）绘制圈梁、过梁。在各楼层和楼面下面都设有梁，楼面下外墙上的梁断面大小为 370×400，各楼层梁断面大小为 240×370，执行矩形命令绘制相应大小的矩形。

6）绘制二层阳台。阳台地面较楼层面低 20mm，按该尺寸绘制阳台地面，其他部位尺寸按图的标注执行"直线"、"偏移"、"修剪"命令等绘出。

完成以上绘制后，所得图形如图 18.24 所示。

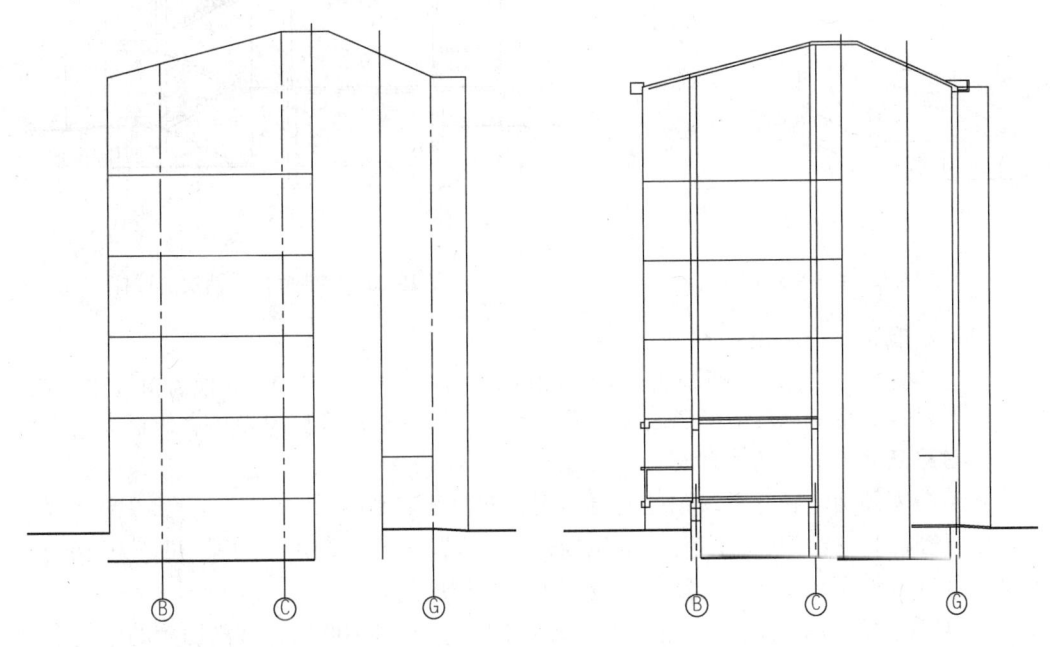

图 18.23　绘制地面、楼面及屋顶位置线　　　图 18.24　绘制墙体、楼板、屋面及阳台

（4）绘制底层和二层楼梯

1）绘制平台。平台地面线向下偏移厚度 60，绘制平台地板下底，按图所给尺寸绘制平台边界竖直线。

2）绘制楼梯梁。

3）绘制楼梯。首先绘制底层楼梯，下底层楼梯踏面宽 300，踢面高 157，执行"直线"命令绘制一个梯段，如图 18.25 所示。复制该梯段，基点为踢面下脚点 A，第二点为踏步右端点 C，重复复制，复制个数为梯段数，画出楼梯如图 18.26 所示。重复以上"绘图"命令，完成底层和二层梯段的绘制。

4）绘制楼梯板底面线。连接相邻两个踏步对应点，该线方向为楼梯板底面线方向，楼梯板厚度为 100，作该线平行线，完成楼梯板底面线绘制。

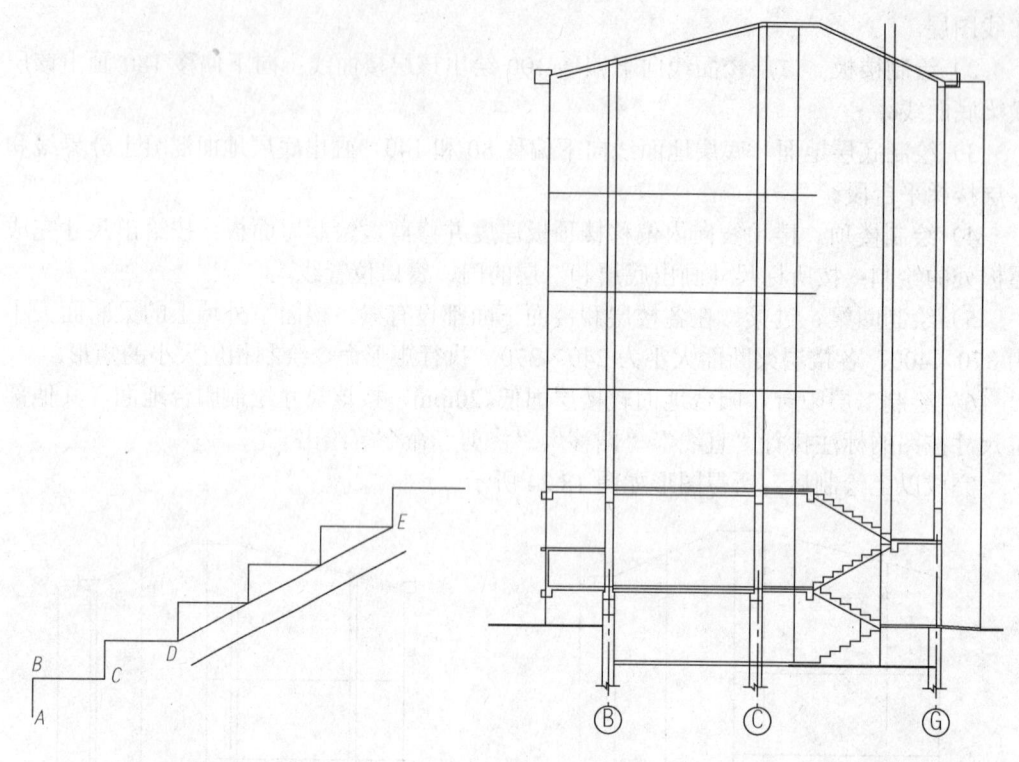

图 18.25　绘制楼梯步骤　　　　　图 18.26　绘制底层上两层的楼梯

(5) 绘制窗、门，填充图例

1) 绘制窗。各层窗位于层楼面线上 900 的位置，高度为 1550，其顶为窗过梁底边。
- 开窗洞。绘制一层的窗底边线，复制到三～六各层；修剪掉墙体上的窗底边线到过梁底边部分，剪去的部分即为窗洞。
- 绘制窗图例。在一层窗洞绘制窗图例，然后复制到各层。

2) 绘制门。沿剖视方向绘制各居室的外门，位置从平面图中已引出，尺寸为 1000×2100，执行直线命令，在细实线图层上画出第二层的门。

3) 填充图例。在剖面图中当绘图比例小于或等于 1∶100 时，被剖切到的钢筋混凝土断面一般涂黑表示。因此，执行"图案填充"命令，把剖面图中被剖到的楼面、屋面、梯段、过梁等构件进行填充，填充图案为"Solid"。

4) 执行复制命令，复制已绘制填充的一层楼面、楼梯、门等图形到各层，完成整个单元的图形绘制。

5) 绘制楼梯栏杆。执行"直线"命令，按图中尺寸绘制底层和二层楼梯栏杆，之上各层楼梯复制该栏杆。

(6) 标注尺寸、标高、定位轴线和图名

1) 标注高度尺寸。外墙的高度尺寸为三道：第一道为门、窗洞的高度尺寸和洞间墙的尺寸；第二道为层高尺寸，即各层楼面间尺寸、室内外高度差等；第三道为建筑物的总高尺寸。执行"线性标注"和"连续标注"命令标注即可。

2) 标注标高。在剖面图中需要标注主要部位的标高，包括室外地面、各层楼面、楼梯休息平台、屋面等处的标高，执行"插入"、"块"命令，将标高符号输入到图中的相应位置。

3）标注定位轴线尺寸。执行"线性标注"和"连续标注"命令标注轴线间距。

4）注写图名比例。修改平面图保留的图名，改为 1—1 剖面图。

完成所有绘制工作后的图即为图 X-XXX。

（7）绘制图框线，插入标题栏块

具体操作同"底层平面图"。

完成 1—1 剖面图的绘制（图 8.22）。打印剖面图前，需插入图框及标题栏块，并移动剖面图在图中处于合适位置。

思 考 题

18.1　如何创建绘图环境？

18.2　如何创建新图层？如何创建文本样式和尺寸标注样式？

18.3　在 AutoCAD 中作图，对构配件的比例如何选择？

18.4　建筑平面图的作图步骤是什么？

18.5　尺寸标注的特征比例和测量单位比例的含义是什么？标注时如何给定数值？

18.6　建筑平面图中可供立面图和剖面图利用的信息有哪些？如何作立面图和剖面图？

主要参考文献

丁宇明，黄水生．2007．土建工程制图[M]．2版．北京：高等教育出版社．

符明娟．2004．道路工程制图与CAD[M]．北京：科学出版社．

何铭新，郎宝敏，陈星铭．2008．建筑制图[M]．4版．北京：高等教育出版社．

龙马工作室．2010．AutoCAD 2010中文版完全自学手册[M]．北京：人民邮电出版社．

毛家华，莫章金．2000．建筑工程制图与识图[M]．北京：高等教育出版社．

王芳．2010．AutoCAD 2010建筑制图实例教程[M]．北京：清华大学出版社．

曾刚．2010．AutoCAD 2010建筑制图教程[M]．北京：高等教育出版社．

郑国权．2000．道路工程制图[M]．北京：人民交通出版社．

朱福熙．2000．建筑制图[M]．北京：高等教育出版社．